高等院校物理类规划教材

理论物理概论

上册

胡承正 周 详 缪 灵 编著

WUHAN UNIVERSITY PRESS
武汉大学出版社

图书在版编目(CIP)数据

理论物理概论. 上/胡承正,周详,缪灵编著. —武汉: 武汉大学出版社,2010.12

高等院校物理类规划教材

ISBN 978-7-307-08058-4

Ⅰ. 理… Ⅱ. ①胡… ②周… ③缪… Ⅲ. 理论物理学—高等学校—教材 Ⅳ. O41

中国版本图书馆 CIP 数据核字(2010)第 150109 号

责任编辑:任仕元 史新奎　　责任校对:黄添生　　版式设计:马 佳

出版发行: **武汉大学出版社** (430072 武昌 珞珈山)

(电子邮件: cbs22@whu.edu.cn 网址: www.wdp.com.cn)

印刷:湖北省京山德兴印务有限公司

开本: 720 × 1000 1/16 印张:19.75 字数:341 千字 插页:1

版次:2010 年 12 月第 1 版 2010 年 12 月第 1 次印刷

ISBN 978-7-307-08058-4/O · 430 定价:30.00 元

序

理论物理包括理论力学、电动力学、热力学与统计物理学、量子力学，俗称“四大力学”。它是物理类本科生极为重要的专业基础课程，难度也比较大。对于非物理类理工科(特别是应用物理专业)学生，由于以后所从事的工作和在校学时的安排，他们既需要学习这方面的所有核心知识点和主要内容，又无须学得过深、过细，且难度上也应有所降低。因此，在高等院校的物理教学中通常都把它整合成一门课程，即理论物理予以讲授。不过，适合理论物理这门课程的教材却不多见。国内外已出版的同类著作虽然也有一些，但有的过于专深；有的虽简单，但大多是将传统的四大力学内容压缩后分开编写的。本教材的编写立足于将理论物理看做一个整体，注重将四大力学有机地结合，内容上包括四大力学的基本概念、理论和方法，程度上又便于非物理类理工科学生接受。

学生在学习新知识时往往会遇到要利用所学过的知识作基础的情况，然而以前学过的概念、定理却不一定能直接导出所涉及的内容。比如：热力学与统计物理学中双原子分子的转动能就要利用到理论力学中转动的知识。双原子分子的转动可以视为一个自由转子，属二维刚体(刚性杆)的定点转动，但理论力学中刚体的转动能是用三个欧拉角表示的，属三维刚体的定点转动，这就需要将后者化简成前者。另外，刚体的转动能在理论力学中通常写成角速度的函数，但双原子分子的转动能却要表示成广义动量的形式，这就需要利用理论力学中广义坐标和广义动量的定义式。经过以上两步才能得到恰当的双原子分子转动能的表示式。当然，这样的推导在将四大力学分开单独出版发行的教材中是难以找到的。这一来是它们的作者各不相同，二来是各不相同的作者追求的是自成体系，而非彼此间的联系。这样的推导在将四大力学整合成一门理论物理课程出版发行的教材中也是难以找到的。这是因为过于专深的教材不屑于此，而相对浅显的教材又未顾及此。本教材将尽可能弥补这些方面的不足或遗憾，借以让那些喜欢打破沙锅问到底的读者对此类问题搜索的结果不再是空白。

本教材作者无意追求涵盖面之广博，论述点之高深，而力争做到使讲授者易教，学习者易学，阅读者易懂。

作者

2010年8月

于武汉珞珈山

前　言

理论力学、电动力学、热力学与统计物理学、量子力学是物理类本科生极为重要的四门专业基础课程，理论性强，难度大。为了使非物理类理工科学生既学习了这方面的理论和方法，又略去不必要的内容和适当降低难度，在高等院校的物理教学中通常都把它整合成一门课程，即理论物理予以讲授。本书的编写立足于把理论物理看做一个整体，注重将四大力学有机地结合，内容上包括四大力学的基本概念、理论和方法，程度上便于非物理类理工科学生接受。

(1)本书分上、下两册，以便于讲授者根据专业具体情况有选择地教学。上册介绍基本理论，内容包括牛顿力学、热现象的基本规律、电磁理论、狭义相对论、量子力学初步、近独立粒子体系。下册是这些理论的综合、提高与应用，内容包括分析力学、振动与转动、碰撞与散射、经典与量子理想气体、原子与原子核、万有引力与天体。

(2)本书无意追求内容之广博、论证之深奥，而力求将基本理论讲清楚，将实际应用讲明白，将计算推导讲细致；争取做到使讲授者易教，学习者易学，阅读者易懂。

(3)本书各章结尾处均配有相关的示范性例题和难易程度不等的习题，以帮助读者加深对所学知识的理解。

(4)本书还安排了一些对应的阅读材料来介绍对物理学的发展作出过重要贡献的人物以及物理学的进步对社会和人类生活的巨大影响。希望读者能从中得到启发，受到教益。

(5)为了配合讲授、学习和阅读，本套教材还有配套的包含各章重点、难点及全部习题题解的《理论物理概论学习指导》。

(6)随着教材的使用和推广，还将在广泛征求意见的基础上推出与本套教材配套的多媒体电子课件。真诚地欢迎使用本套教材的广大老师和读者与作者或出版社联系，多提宝贵意见，多谈教学心得体会，多提供课件素材。

本书的出版是与武汉大学出版社、武汉大学教务部、武汉大学物理科学与技术学院的支持分不开的。在此，作者对为本书能够得以出版提供过帮助的领导和同仁致以衷心的谢意。作者特别感谢武汉大学出版社任仕元老师为本书出版所付出的辛劳。

由于水平有限，书中难免有不当或疏漏之处，恳请读者批评指正。

作者

2010 年 8 月

于武汉珞珈山

目　录

上　册

第1章　牛顿力学

本章内容包括质点(质点系)运动学、静力学与动力学。运动学介绍参考系与坐标系、速度与加速度、运动方程等。静力学介绍力的分析、力的合成与分解、力的平衡、力矩等。动力学介绍牛顿三定律、功与能、动量与冲量、动能定理与动量定理、机械能守恒等。

1.1　物体的运动

1.1.1　机械运动、质点和刚体

客观存在是由物质所构成的，而物质都在运动。力学是研究物体机械运动一般规律的科学。所谓**机械运动**是指物体在空间的位置随时间的变化。机械运动是一种最简单、最常见的运动。力学研究中，物体通常抽象为**质点**和**刚体**两种模型。如果物体运动的范围比物体本身尺度大很多，我们可以把它看做没有形状大小、只有一定质量的几何点，称其为**(质)点**。如果物体的形状大小不能忽略，但在所研究的问题中，它的形变可以忽略，则物体便可抽象为**刚体**。除非特别声明，下面所讨论的主要是指质点的机械运动。

1.1.2　参考系与坐标系、运动方程

实际中并不存在绝对静止的物体，因此物体的运动只能相对地描写。为了确定一个物体在空间的位置，必须先选择某一特定物体作参考物，这个被选作参考的标准物体叫做**参考系**。选择不同的参考系来描写同一个物体的运动可能有不同的结果。比如：坐在火车车厢里的乘客，以运动的火车为参考系，乘客是静止的；而以路面为参考系，则乘客随火车一道运动。又如：从高处自由落到地面的重物，站在地面上的人观察，它做直线运动；而坐在车厢里的人观察，它做曲线运动。这些事实说明运动具有相对性。所谓运动和静止都是相对

选定的参考系而言的。

参考物体确定后，为了定量描写任意物体相对这一参照物在空间的位置，还必须引入固连其上的**坐标系**。这个坐标系称为**参考坐标系**，也简称**参考系**。质点的运动可以很方便地利用参考坐标系来描写。例如：质点在时刻 t 的位置 P，可以用一个从原点 O 到 P 点的有向线段(矢量)$\boldsymbol{r}$ 来表示。$\boldsymbol{r}$ 称为**位置矢量**，或**位矢**，它是时间的函数，即

$$\boldsymbol{r}=\boldsymbol{r}(t) \tag{1.1.1}$$

上述方程叫做**质点的运动方程**。随着时间的变化，$\boldsymbol{r}$ 的端点 P 在空间描绘出一条曲线，叫做**质点的运动轨迹(或轨道)**。方程(1.1.1)是运动方程的矢量形式，它也可以表示成分量形式。例如：在直角坐标系中，运动方程变成如下形式：

$$\boldsymbol{r}=\boldsymbol{r}(t)=x(t)\boldsymbol{i}+y(t)\boldsymbol{j}+z(t)\boldsymbol{k}$$

或

$$x=x(t),\quad y=y(t),\quad z=z(t) \tag{1.1.2}$$

式中：x，y，z 是 $\boldsymbol{r}$ 在三个坐标轴上的投影，$\boldsymbol{i}$、$\boldsymbol{j}$、$\boldsymbol{k}$ 分别是 x 轴、y 轴、z 轴上的单位矢量。

1.1.3 位移、速度和加速度

若质点在时刻 t 位于 P，位矢为 $\boldsymbol{r}=\boldsymbol{r}(t)$，经过 Δt 后位于 P'，位矢为 $\boldsymbol{r}'=\boldsymbol{r}(t+\Delta t)$(见图 1.1)，则 Δt 时间内位矢的改变量叫做该段时间内质点的位移。它是一个矢量，记为

$$\Delta\boldsymbol{r}=\boldsymbol{r}'-\boldsymbol{r}=\boldsymbol{r}(t+\Delta t)-\boldsymbol{r}(t) \tag{1.1.3}$$

质点在 Δt 时间内运动的快慢可以用 Δt 时间内的位移 $\Delta\boldsymbol{r}$ 与 Δt 之比来表示，记为

$$\bar{\boldsymbol{v}}=\frac{\Delta\boldsymbol{r}}{\Delta t} \tag{1.1.4}$$

叫做质点在 Δt 时间内的**平均速度**。平均速度也是一个矢量，它的方向与位移方向相同。平均速度不能反映质点在 t 时刻(又称瞬时)运动的快慢。为此，可逐渐减小 Δt 使之趋近于零，这时，平均速度将趋于一个极限值，它就是质点在瞬时 t 的速度，叫做**瞬时速度**，或**即时速度**，也简称**速度**，记为①

$$\boldsymbol{v}=\boldsymbol{v}(t)=\lim_{\Delta t\to 0}\frac{\Delta\boldsymbol{r}}{\Delta t}=\frac{\mathrm{d}\boldsymbol{r}}{\mathrm{d}t}=\dot{\boldsymbol{r}} \tag{1.1.5}$$

---

① 变量上方的点号表示该变量对时间的一次导数。

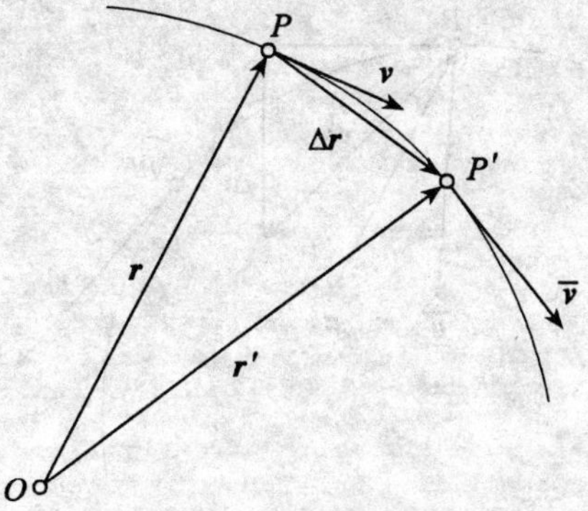

图 1.1　速度示意图

显然，速度为矢量，在国际(SI)单位制中，它的单位是米/秒(m/s)。由图可见，当$\Delta t\to 0$，P'点将越来越靠近P点，$\Delta\boldsymbol{r}$的方向最终将与P点的切线方向一致，因此，速度方向即沿该时刻质点所在运动轨道对应点处的切线方向且指向运动的前方。速度的大小通常称**速率**，记为

$$v=|\boldsymbol{v}|=\left|\frac{\mathrm{d}\boldsymbol{r}}{\mathrm{d}t}\right|=\lim_{\Delta t\to 0}\frac{|\Delta\boldsymbol{r}|}{\Delta t} \tag{1.1.6}$$

如果以Δs表示Δt时间内质点沿轨道所走过的路程，那么当$\Delta t\to 0$时有$|\Delta\boldsymbol{r}|\to\Delta s$，因此

$$v=\lim_{\Delta t\to 0}\frac{|\Delta\boldsymbol{r}|}{\Delta t}=\lim_{\Delta t\to 0}\frac{\Delta s}{\Delta t}=\frac{\mathrm{d}s}{\mathrm{d}t}=\dot{s} \tag{1.1.7}$$

质点运动时，不仅速度的大小可能改变，而且速度的方向也可能改变(见图 1.2)。在运动学中，用**加速度**来描写速度大小和方向的变化情况。设时刻t，质点在P处的速度为$\boldsymbol{v}(t)$，时刻$t+\Delta t$，质点在P'处的速度为$\boldsymbol{v}(t+\Delta t)$，那么时间$\Delta t$内，质点的**平均加速度**定义为

$$\overline{\boldsymbol{a}}=\frac{\Delta\boldsymbol{v}}{\Delta t}=\frac{\boldsymbol{v}(t+\Delta t)-\boldsymbol{v}(t)}{\Delta t} \tag{1.1.8}$$

当$\Delta t\to 0$时，平均加速度趋向一个极限值，称为质点在时刻t的瞬时加速度，简称加速度，记为①

$$\boldsymbol{a}=\lim_{\Delta t\to 0}\frac{\Delta\boldsymbol{v}}{\Delta t}=\frac{\mathrm{d}\boldsymbol{v}}{\mathrm{d}t}=\frac{\mathrm{d}^2\boldsymbol{r}}{\mathrm{d}t^2}=\dot{\boldsymbol{v}}=\ddot{\boldsymbol{r}} \tag{1.1.9}$$

---

①　变量上方的两点表示该变量对时间的二次导数。

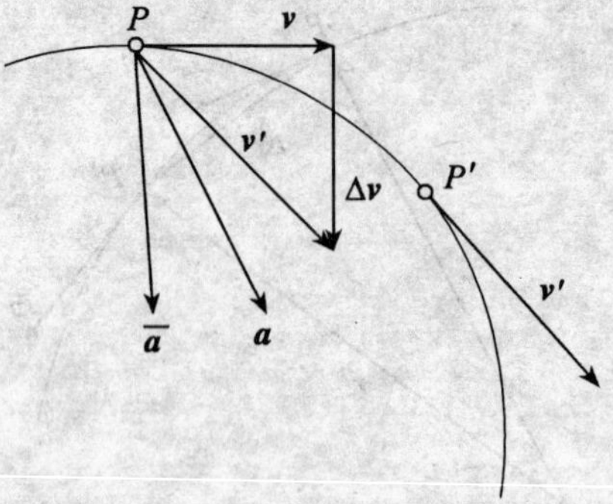

图 1.2 加速度示意图

加速度同样是矢量，在国际(SI)单位制中，它的单位是米/秒^2($\mathrm{m/s^2}$)。$\boldsymbol{a}>0$ 时，物体做加速运动；$\boldsymbol{a}<0$ 时，物体做减速运动，通称加速运动，但加速度可取正、负值。

1.1.4 几种坐标系中速度与加速度的表达式

1. 直角坐标系

任意一个矢量都可以表示成它在三个坐标轴上的投影(分量)的矢量和，因此

$$\boldsymbol{r}(t)=x(t)\boldsymbol{i}+y(t)\boldsymbol{j}+z(t)\boldsymbol{k}$$

$$\boldsymbol{r}(t+\Delta t)=x(t+\Delta t)\boldsymbol{i}+y(t+\Delta t)\boldsymbol{j}+z(t+\Delta t)\boldsymbol{k} \tag{1.1.10}$$

进而

$$\Delta\boldsymbol{r}=\boldsymbol{r}(t+\Delta t)-\boldsymbol{r}(t)=\Delta x\,\boldsymbol{i}+\Delta y\boldsymbol{j}+\Delta z\boldsymbol{k} \tag{1.1.11}$$

式中：$\Delta x=x(t+\Delta t)-x(t)$ $\Delta y=y(t+\Delta t)-y(t)$ $\Delta z=z(t+\Delta t)-z(t)$

由此得

$$\boldsymbol{v}=\lim_{\Delta t\to 0}\frac{\Delta\boldsymbol{r}}{\Delta t}=\lim_{\Delta t\to 0}\frac{\Delta x}{\Delta t}\boldsymbol{i}+\lim_{\Delta t\to 0}\frac{\Delta y}{\Delta t}\boldsymbol{j}+\lim_{\Delta t\to 0}\frac{\Delta z}{\Delta t}\boldsymbol{k}$$

$$=\frac{\mathrm{d}x}{\mathrm{d}t}\boldsymbol{i}+\frac{\mathrm{d}y}{\mathrm{d}t}\boldsymbol{j}+\frac{\mathrm{d}z}{\mathrm{d}t}\boldsymbol{k}$$

或

$$\boldsymbol{v}=v_x\boldsymbol{i}+v_y\boldsymbol{j}+v_z\boldsymbol{k}=\frac{\mathrm{d}x}{\mathrm{d}t}\boldsymbol{i}+\frac{\mathrm{d}y}{\mathrm{d}t}\boldsymbol{j}+\frac{\mathrm{d}z}{\mathrm{d}t}\boldsymbol{k}=\dot{x}\boldsymbol{i}+\dot{y}\boldsymbol{j}+\dot{z}\boldsymbol{k} \tag{1.1.12}$$

这里，v_x，v_y，v_z 是 $\boldsymbol{v}$ 在三个坐标轴上的投影(或分量)，而 $\boldsymbol{v}$ 的大小，即速率

$$v=\sqrt{v_x^2+v_y^2+v_z^2}=\sqrt{\dot{x}^2+\dot{y}^2+\dot{z}^2} \tag{1.1.13}$$

$\boldsymbol{v}$ 的方向由三个方向余弦确定：

$$\cos(\boldsymbol{v},\boldsymbol{i})=\frac{v_x}{v}=\frac{\dot{x}}{v}\qquad\cos(\boldsymbol{v},\boldsymbol{j})=\frac{v_y}{v}=\frac{\dot{y}}{v}\qquad\cos(\boldsymbol{v},\boldsymbol{k})=\frac{v_z}{v}=\frac{\dot{z}}{v} \tag{1.1.14}$$

这里，$\cos(\boldsymbol{v},\boldsymbol{i})$，$\cos(\boldsymbol{v},\boldsymbol{j})$，$\cos(\boldsymbol{v},\boldsymbol{k})$分别表示 $\boldsymbol{v}$ 与 x 轴、y 轴、z 轴正向的夹角。

$$\boldsymbol{a}=a_x\boldsymbol{i}+a_y\boldsymbol{j}+a_z\boldsymbol{k}=\frac{\mathrm{d}v_x}{\mathrm{d}t}\boldsymbol{i}+\frac{\mathrm{d}v_y}{\mathrm{d}t}\boldsymbol{j}+\frac{\mathrm{d}v_z}{\mathrm{d}t}\boldsymbol{k}=\ddot{x}\boldsymbol{i}+\ddot{y}\boldsymbol{j}+\ddot{z}\boldsymbol{k} \tag{1.1.15}$$

$\boldsymbol{a}$ 的大小为

$$a=\sqrt{a_x{}^2+a_y{}^2+a_z{}^2}=\sqrt{\ddot{x}^2+\ddot{y}^2+\ddot{z}^2} \tag{1.1.16}$$

$\boldsymbol{a}$ 的方向由下面方向余弦确定：

$$\cos(\boldsymbol{a},\boldsymbol{i})=\frac{a_x}{a}=\frac{\ddot{x}}{a}\quad\cos(\boldsymbol{a},\boldsymbol{j})=\frac{a_y}{a}=\frac{\ddot{y}}{a}\quad\cos(\boldsymbol{a},\boldsymbol{k})=\frac{a_z}{a}=\frac{\ddot{z}}{a} \tag{1.1.17}$$

$\boldsymbol{i}$, $\boldsymbol{j}$, $\boldsymbol{k}$ 为 x 轴、y 轴、z 轴上的单位矢量。

2. 平面极坐标系

如果质点的运动局限在一平面内，那么可以选择**平面极坐标**来描写它的运动。令 $\boldsymbol{i}$ 表示沿位矢且指向离开原点方向的单位矢量，$\boldsymbol{j}$ 表示与 $\boldsymbol{i}$ 垂直且指向极角 θ 增加方向的单位矢量。值得注意的是，与直角坐标系的情形不同，这里 $\boldsymbol{i}$ 和 $\boldsymbol{j}$ 是两个方向会发生改变的单位矢量(**变矢量**)。如在位置 P 为 $\boldsymbol{i}$，而在位置 P' 为 $\boldsymbol{i}'$(见图 1.3)，其改变量为

$$\Delta\boldsymbol{i}=\boldsymbol{i}'-\boldsymbol{i} \tag{1.1.18}$$

大小为

$$|\Delta\boldsymbol{i}|=2|\boldsymbol{i}|\sin\frac{\Delta\theta}{2}=2\sin\frac{\Delta\theta}{2} \tag{1.1.19}$$

式中：$|\boldsymbol{i}|=1$，$\Delta\theta$ 是位矢 $\boldsymbol{OP}$ 与 $\boldsymbol{OP}'$ 间的夹角。当 $\Delta t\to0$ 时，$\Delta\theta\to0$，$\sin\frac{\Delta\theta}{2}\sim\frac{\Delta\theta}{2}$，$\Delta\boldsymbol{i}\perp\boldsymbol{i}$，即沿 $\boldsymbol{j}$ 方向。由此得到单位矢量 $\boldsymbol{i}$ 随时间的变化率：

$$\frac{\mathrm{d}\boldsymbol{i}}{\mathrm{d}t}=\lim_{\Delta t\to0}\frac{\Delta\boldsymbol{i}}{\Delta t}=\lim_{\Delta t\to0}\frac{2\cdot\Delta\theta/2}{\Delta t}\boldsymbol{j}=\dot{\theta}\,\boldsymbol{j} \tag{1.1.20}$$

类似地，有

$$\frac{\mathrm{d}\boldsymbol{j}}{\mathrm{d}t}=\lim_{\Delta t\to0}\frac{\Delta\boldsymbol{j}}{\Delta t}=\lim_{\Delta t\to0}\frac{2\cdot\Delta\theta/2}{\Delta t}(-\boldsymbol{i})=-\dot{\theta}\boldsymbol{i} \tag{1.1.21}$$

在极坐标中 $\boldsymbol{r}=r\boldsymbol{i}$，所以

$$\boldsymbol{v}=\frac{\mathrm{d}\boldsymbol{r}}{\mathrm{d}t}=\frac{\mathrm{d}r}{\mathrm{d}t}\boldsymbol{i}+r\frac{\mathrm{d}\boldsymbol{i}}{\mathrm{d}t}=\dot{r}\boldsymbol{i}+r\dot{\theta}\,\boldsymbol{j}$$

$$\boldsymbol{a}=\frac{\mathrm{d}\boldsymbol{v}}{\mathrm{d}t}=\frac{\mathrm{d}\dot{r}}{\mathrm{d}t}\boldsymbol{i}+\dot{r}\frac{\mathrm{d}\boldsymbol{i}}{\mathrm{d}t}+\frac{\mathrm{d}(r\dot{\theta})}{\mathrm{d}t}\boldsymbol{j}+r\dot{\theta}\frac{\mathrm{d}\boldsymbol{j}}{\mathrm{d}t}$$

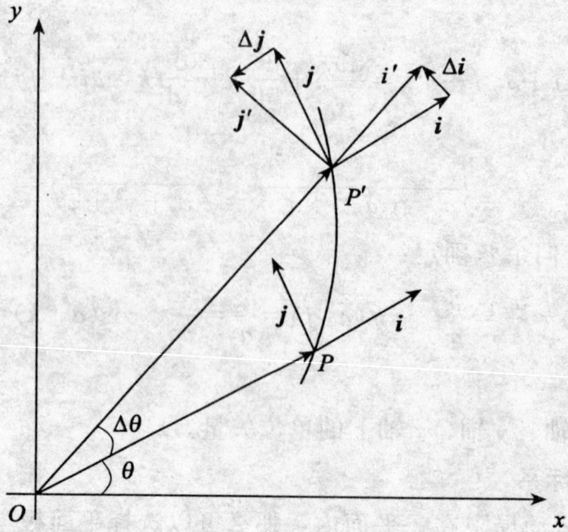

图 1.3 极坐标中方向矢量时间变化率

$$=\ddot{r}\boldsymbol{i}+\dot{r}\dot{\theta}\,\boldsymbol{j}+(\dot{r}\dot{\theta}+r\ddot{\theta})\,\boldsymbol{j}+r\dot{\theta}(-\dot{\theta}\boldsymbol{i})=(\ddot{r}-r\dot{\theta}^2)\boldsymbol{i}+(r\ddot{\theta}+2\dot{r}\dot{\theta})\,\boldsymbol{j} \tag{1.1.22}$$

即

$$\boldsymbol{v}=v_r\boldsymbol{i}+v_\theta\,\boldsymbol{j}=\dot{r}\boldsymbol{i}+r\dot{\theta}\,\boldsymbol{j}$$

$$\boldsymbol{a}=a_r\boldsymbol{i}+a_\theta\,\boldsymbol{j}=(\ddot{r}-\dot{r}\dot{\theta}^2)\boldsymbol{i}+(r\ddot{\theta}+2\dot{r}\dot{\theta})\,\boldsymbol{j} \tag{1.1.23}$$

式中：$\boldsymbol{i}$ 和 $\boldsymbol{j}$ 相当于沿位矢和垂直位矢的两个坐标轴，而下标 r、θ 则表示沿这两个坐标轴的分量。

3. 自然坐标系

运动轨迹为一条平面曲线的质点，除了用上面的平面极坐标系描写外，通常还利用自然坐标系描写。令 $\boldsymbol{\tau}$ 表示沿速度即轨道切线方向的单位矢量，$\boldsymbol{n}$ 表示与切线垂直(法线)且指向曲率中心的单位矢量。所谓**自然坐标系**就是用这两个方向上的分量来表示一个矢量的坐标系。应该注意，$\boldsymbol{\tau}$ 和 $\boldsymbol{n}$ 同样是变矢量。例如：位置 P 处切线上单位矢量为 $\boldsymbol{\tau}$，位置 P' 处切线上单位矢量为 $\boldsymbol{\tau}'$(见图 1.4)，它们改变量的大小为

$$|\Delta\boldsymbol{\tau}|=|\boldsymbol{\tau}'-\boldsymbol{\tau}|=2|\boldsymbol{\tau}|\sin\Delta\theta/2=2\sin\Delta\theta/2 \tag{1.1.24}$$

这里，$\Delta\theta$ 是 P 与 P' 处法线间的夹角。当 $\Delta t\to 0$ 时，$\Delta\theta\to 0$，$P'\to P$，两法线交点位置趋向于曲率中心。设位置 P 处曲率半径为 ρ，那么 $\boldsymbol{\tau}$ 随时间的变化率

$$\frac{\mathrm{d}\boldsymbol{\tau}}{\mathrm{d}t}=\lim_{\Delta t\to 0}\frac{\Delta\boldsymbol{\tau}}{\Delta t}=\lim_{\Delta t\to 0}\frac{\Delta\theta}{\Delta t}\boldsymbol{n}=\lim_{\Delta t\to 0}\frac{\Delta s}{\Delta t}\frac{1}{\rho}\boldsymbol{n}=\frac{v}{\rho}\boldsymbol{n} \tag{1.1.25}$$

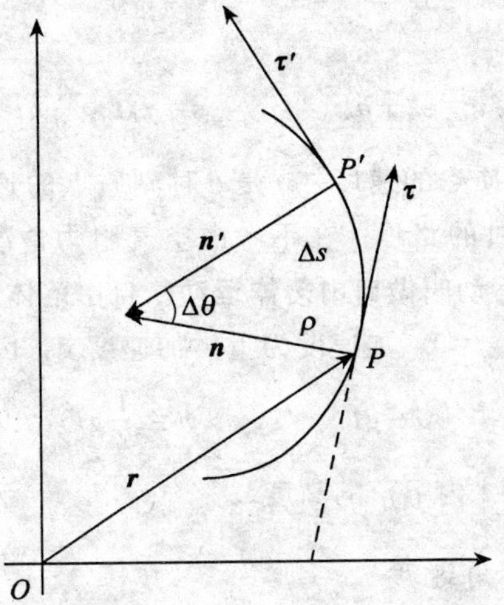

图 1.4　切线上单位矢量的变化

显然，在自然坐标系中

$$\boldsymbol{v}=\boldsymbol{v}(t)=v(t)\boldsymbol{\tau}\qquad v=v(t)=|\boldsymbol{v}(t)| \tag{1.1.26}$$

从而

$$\boldsymbol{a}=\frac{\mathrm{d}\boldsymbol{v}}{\mathrm{d}t}=\frac{\mathrm{d}v}{\mathrm{d}t}\boldsymbol{\tau}+v\,\frac{\mathrm{d}\boldsymbol{\tau}}{\mathrm{d}t}=\dot{v}\boldsymbol{\tau}+\frac{v^2}{\rho}\boldsymbol{n}$$

或

$$\boldsymbol{a}=a_\tau\boldsymbol{\tau}+a_n\boldsymbol{n}=\dot{v}\boldsymbol{\tau}+\frac{v^2}{\rho}\boldsymbol{n} \tag{1.1.27}$$

式中：a_τ 称为切向加速度，a_n 称为法向加速度。因为 a_τ 始终与速度同方向，所以它只能改变速度的大小，而不能改变速度的方向；因为 a_n 始终与速度垂直，所以它只能改变速度的方向，而不能改变速度的大小。

1.1.5　匀速直线运动与匀加速直线运动

轨迹为直线的运动叫做**直线运动**。质点做直线运动时，Δt 时间内走过的路程与 Δt 时间内产生的位移相等，$\Delta s=|\Delta\boldsymbol{r}|$；运动速度的方向不会改变，法向加速度总为零。如果这时速度的大小也不改变，则叫做**匀速直线运动**；如果速度大小发生改变，但加速度保持不变，则叫做**匀加速直线运动**。若时刻 $t=$

0 时，质点位矢 $\boldsymbol{r}=0$，那么：
对匀速直线运动

$$s=vt \tag{1.1.28}$$

对匀加速直线运动

$$v=v_0+at \qquad s=v_0t+\frac{1}{2}at^2 \tag{1.1.29}$$

式中：v_0 是 $t=0$ 时刻质点的速度，v 是 t 时刻质点的速度，s 是质点在 $\Delta t=t-0=t$ 这段时间所走过的路程。在不考虑空气阻力情况下，物体在重力作用下从静止开始下落的运动叫做**自由落体运动**。自由落体运动是一种最常见的匀加速直线运动，这时 $v_0=0$，加速度为重力加速度 g，因此式(1.1.29)可成为

$$v=gt \qquad h=\frac{1}{2}gt^2 \tag{1.1.30}$$

式中：h 是物体在时间 t 内下落的高度。

1.1.6 圆周运动与角速度

轨迹为曲线的运动叫**曲线运动**，圆(周)运动便是一种典型的曲线运动。质点做圆运动时，速度的方向随时在改变，但始终沿圆周的切线，因此法向加速度不为零且一直指向圆心，又称为向心加速度。圆运动，除了可以用位移、速度、加速度这些线量描写外，还可以用**角位移**(角度)、**角速度**、**角加速度**这些角量来描写。例如，若质点在 Δt 时间内转动的角度为 $\Delta\theta$(以弧度为单位)，则平均角速度为

$$\overline{\omega}=\frac{\Delta\theta}{\Delta t}$$

瞬时角速度为

$$\omega=\lim_{\Delta t\to 0}\frac{\Delta\theta}{\Delta t}=\frac{\mathrm{d}\theta}{\mathrm{d}t}=\dot{\theta} \tag{1.1.31}$$

角速度保持不变的圆运动，叫做匀速圆周运动，若质点在 Δt 时间内，角速度的增量为 $\Delta\omega$，则平均角加速度为

$$\overline{a}=\frac{\Delta\omega}{\Delta t}$$

瞬时角加速度为

$$a=\lim_{\Delta t\to 0}\frac{\Delta\omega}{\Delta t}=\frac{\mathrm{d}\omega}{\mathrm{d}t}=\dot{\omega}=\ddot{\theta} \tag{1.1.32}$$

显然，描写圆运动的角量与线量之间存在如下关系：

$$\Delta s = r\Delta\theta \qquad v = \omega r \qquad a_\tau = ar \qquad a_n = \omega^2 r \tag{1.1.33}$$

式中：r 是圆的半径，如果以 $\boldsymbol{k}$ 表示过圆心且与圆平面垂直的直线(转动轴)上的单位矢量，其指向与转动方向间的关系满足右手螺旋法则(即右手大拇指与四个手指垂直时，四个手指指向转动方向，大拇指指向 $\boldsymbol{k}$ 的方向)，那么上述关系式还可以写成矢量形式，例如

$$\boldsymbol{v} = \boldsymbol{\omega} \times \boldsymbol{r} \tag{1.1.34}$$

式中：$\boldsymbol{\omega}$ 沿 $\boldsymbol{k}$ 方向，$\boldsymbol{v}$ 是 $\boldsymbol{\omega}$ 与 $\boldsymbol{r}$ 的矢积①。

1.2　物体的平衡

1.2.1　力及其性质

1. 力与力的三要素

一个物体受其他物体作用，运动状态会发生改变，描述这种作用的物理量叫做力，或者说，力是改变物体运动状态的原因。在国际单位制中，力的单位是牛顿，记做 N。

力对物体的作用效果取决于：①力的作用位置或作用点；②力的方向；③力的大小。以上三点称为力的三要素②。力是矢量，通常用黑体或带箭头的字母表示，作用在质点上的力叫做集中力，否则叫做分布力，作用在同一物体上的一组力叫做力系。

2. 力的种类

力学中常见的力有三种：重力、弹性力和摩擦力。

地球上的物体受到地球对它的引力作用而具有重量，称为重力，这是一种彻体力，方向指向地心。

物体发生形变时产生的力叫弹性力，如绳子的张力与桌面的压力。

物体间发生相对运动或有相对运动趋势时，其接触面产生阻碍运动的力叫摩擦力。

---

①　两个矢量的矢积是一个矢量，用×表示，又称叉积。其方向由右手螺旋法则确定(即右手大拇指与四个手指垂直，四个手指指向由第一个因子矢量到第二个因子矢量方向，大拇指指向积矢量方向)，大小等于两个因子矢量的大小乘以它们夹角的正弦。

②　作用在刚体上的力可以沿其作用线移动而不改变对刚体的作用(运动等效)，力的这种性质称为力的可传递性。这时力的三要素可概括为大小、方向和作用线。

3. 力的合成与分解

力是矢量，力的合成与分解遵守矢量合成与分解的法则。例如，一质点同时受到两个力 $\boldsymbol{F}_1$、$\boldsymbol{F}_2$，这两个力共同作用的效果等效于一个力 $\boldsymbol{F}$ 的作用，$\boldsymbol{F}$ 称为 $\boldsymbol{F}_1$ 与 $\boldsymbol{F}_2$ 的合力，$\boldsymbol{F}_1$ 与 $\boldsymbol{F}_2$ 称为 $\boldsymbol{F}$ 的分力。$\boldsymbol{F}$ 的大小和方向由力的平行四边形法则确定：以 $\boldsymbol{F}_1$，$\boldsymbol{F}_2$ 为邻边作一平行四边形，这两邻边所夹的平行四边形对角线即为合力 $\boldsymbol{F}$。$\boldsymbol{F}$ 也可以由力的三角形法则确定，将 $\boldsymbol{F}_1$、$\boldsymbol{F}_2$ 首尾相接作一个三角形，此三角形的第三边即为合力 $\boldsymbol{F}$。反之，以 $\boldsymbol{F}$ 为对角线的任意一个平行四边形，其两邻边都表示组成 $\boldsymbol{F}$ 的一对分力 $\boldsymbol{F}_1$，$\boldsymbol{F}_2$。

如果质点同时受多个力的作用，比如 $\boldsymbol{F}_1$，$\boldsymbol{F}_2$，…，$\boldsymbol{F}_n$，那么我们可以依次利用平行四边形法则或三角形法则来确定它们的合力 $\boldsymbol{F}$，即先求 $\boldsymbol{F}_1$ 与 $\boldsymbol{F}_2$ 的合力 $\boldsymbol{F}_3'$，再求 $\boldsymbol{F}_3'$ 与 $\boldsymbol{F}_3$ 的合力 $\boldsymbol{F}_4'$，再求 $\boldsymbol{F}_4'$ 与 $\boldsymbol{F}_4$ 的合力……我们还可以利用多边形法则来确定 $\boldsymbol{F}$，那就是将它们首尾相接，即 $\boldsymbol{F}_2$ 的起点与 $\boldsymbol{F}_1$ 的终点相接，$\boldsymbol{F}_3$ 的起点与 $\boldsymbol{F}_2$ 的终点相接……$\boldsymbol{F}_n$ 的起点与 $\boldsymbol{F}_{n-1}$ 的终点相接，最后连接 $\boldsymbol{F}_1$ 的起点与 $\boldsymbol{F}_n$ 的终点，构成一个 $n+1$ 边多边形。$\boldsymbol{F}_1$ 的起点与 $\boldsymbol{F}_n$ 的终点的连线即表示合力 $\boldsymbol{F}$(见图 1.5)。

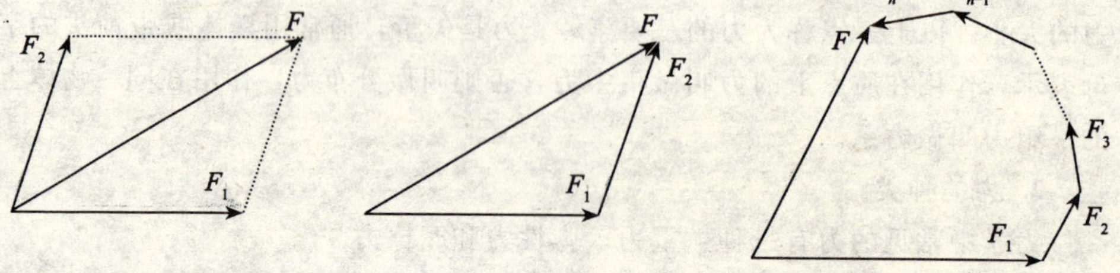

(a) 平行四边形法则　(b) 三角形法则　(c) 多边形法则

图 1.5　力的合成

特别地，力 $\boldsymbol{F}$ 沿三个坐标轴分解成的三个分量就等于 $\boldsymbol{F}$ 在三个坐标轴上的投影(见图 1.6)，即

$$\boldsymbol{F}=F_x\boldsymbol{i}+F_y\boldsymbol{j}+F_z\boldsymbol{k} \tag{1.2.1}$$

4. 力矩

一个静止的物体受力后，不仅会移动，而且还可能会转动，后者的发生，既取决于力本身，又取决于力与转心或转轴的相对位置，即力之矩(力矩)。

力 $\boldsymbol{F}$ 对点 O 的力矩 $\boldsymbol{M}_O$ 定义为

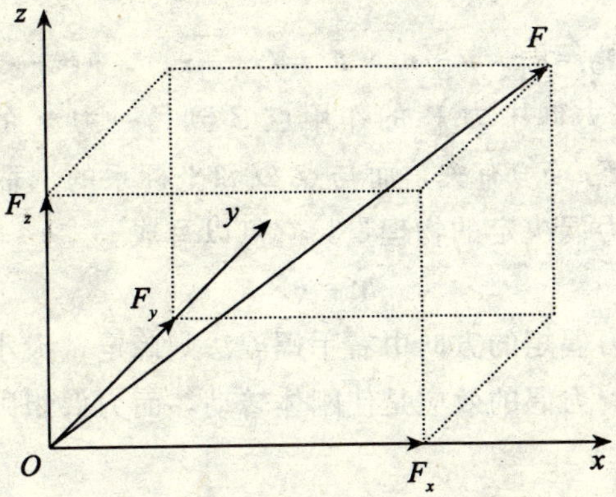

图 1.6 力的分解

$$\boldsymbol{M}_O=\boldsymbol{r}\times\boldsymbol{F} \tag{1.2.2}$$

式中：$\boldsymbol{r}$ 是 O 到 $\boldsymbol{F}$ 作用点的距离。在直角坐标系中，力 F 对坐标原点的力矩可写成

$$\boldsymbol{M}_O=\boldsymbol{r}\times\boldsymbol{F}=\begin{vmatrix}\boldsymbol{i} & \boldsymbol{j} & \boldsymbol{k}\\ x & y & z\\ F_x & F_y & F_z\end{vmatrix}=(yF_z-zF_y)\boldsymbol{i}+(zF_x-xF_z)\boldsymbol{j}+(xF_y-yF_x)\boldsymbol{k} \tag{1.2.3}$$

式中：$\boldsymbol{i}$、$\boldsymbol{j}$、$\boldsymbol{k}$ 是各坐标轴上的单位矢量，F_x，F_y，F_z 是力 $\boldsymbol{F}$ 在各坐标轴上的投影，x，y，z 是 $\boldsymbol{F}$ 作用点的坐标。

力 $\boldsymbol{F}$ 对轴 L 的力矩 $\boldsymbol{M}_L$ 可如下定义：将 $\boldsymbol{F}$ 分解成平行于 L 和垂直于 L 的两个分力 $F_{//}$、$F_{\perp}$，由于 $F_{//}$ 不可能使物体绕 L 转动，因此 $\boldsymbol{F}$ 对 L 的力矩 $\boldsymbol{M}_L(\boldsymbol{F})$ 即 $F_{\perp}$ 对 L 的力矩，而 $F_{\perp}$ 对 L 的力矩等同于力 $F_{\perp}$ 对点 O 的力矩 $M_O(F_{\perp})$，点 O 是 L 与过 $F_{\perp}$ 而垂直于 L 的平面交点。即

$$\boldsymbol{M}_L(\boldsymbol{F})=\boldsymbol{M}_O(F_{\perp}) \tag{1.2.4}$$

若取 L 为 z 轴，过 $F_{\perp}$ 且垂直于 L 的平面为 xy 平面，利用式(1.2.3)便有

$$\boldsymbol{M}_L(\boldsymbol{F})=(xF_y-yF_x)\boldsymbol{k} \tag{1.2.5}$$

5. 力偶

大小相等、方向相反但不在同一直线上的一对平行力称为力偶。力偶所在的平面称为力偶作用面，力偶间的垂直距离称为力偶臂。设 $\boldsymbol{F}$，$\boldsymbol{F}'$ 组成力偶

$(\boldsymbol{F}, \boldsymbol{F}')$，其中 $\boldsymbol{F}'=-\boldsymbol{F}$，若取任意一点 O 为坐标轴原点，则此力偶对 O 点的力矩为

$$\boldsymbol{M}_O=\boldsymbol{r}_A\times\boldsymbol{F}+\boldsymbol{r}_B\times\boldsymbol{F}'=(\boldsymbol{r}_A-\boldsymbol{r}_B)\times\boldsymbol{F}=\boldsymbol{r}\times\boldsymbol{F} \tag{1.2.6}$$

式中：$\boldsymbol{r}=\boldsymbol{r}_A-\boldsymbol{r}_B$ 是力偶中力 $\boldsymbol{F}'$ 的作用点 B 到另一力 $\boldsymbol{F}$ 的作用点 A 的距离。显然，$\boldsymbol{r}$ 只与力偶 $(\boldsymbol{F}, \boldsymbol{F}')$ 有关，而与点 O 和坐标系的选取无关。这表明，力偶矩是一个完全由力偶决定的物理量，它可以写成

$$\boldsymbol{M}=\boldsymbol{r}\times\boldsymbol{F} \tag{1.2.7}$$

根据矢积的定义，力偶矩的方向由右手螺旋法则确定，大小等于力偶中的一个力与力偶臂的乘积，力偶的效应是使刚体转动，而力偶矩则是这一效应大小的量度。

6. 力系

作用在同一物体(或物体系)上的一组力称为力系。如果作用在同一物体上的不同力系使物体产生相同的运动效果(物体各点的线加速度和角加速度相同)，那么它们称为等效力系。

如果力系中所有力都在同一平面内，那么此力系称为平面力系，否则称为空间力系。如果力系中所有力都交汇于一点，那么此力系称为汇交力系。如果力系中所有力互相平行，那么此力系称为平行力系。汇交力系与平行力系是两类具有代表性的力系。

任意一个力系总可以化简为通过任意一点(简化中心)的一个合力(主矢)和一个合力偶矩(主矩)。这时力系或者与一个力等效：

$$\sum_i \boldsymbol{F}_i \neq 0 \qquad \sum_i \boldsymbol{M}_i = 0 \tag{1.2.8}$$

或者与一个力偶等效

$$\sum_i \boldsymbol{F}_i = 0 \qquad \sum_i \boldsymbol{M}_i \neq 0 \tag{1.2.9}$$

或者与一个力加一个力偶等效

$$\sum_i \boldsymbol{F}_i \neq 0 \qquad \sum_i \boldsymbol{M}_i \neq 0 \tag{1.2.10}$$

式中：$\boldsymbol{F}_i$ 是作用在物体上力系中的各力，$\boldsymbol{M}_i$ 是各力偶矩①。将任意一个力系变成一个等效的力，或一个等效的力偶，或一个等效的力加力偶，这一过程称为力系的简化。

① 若合力与合力偶矩垂直，这时，原力系实质上等效为一个力；否则，力系等效为一个力螺旋(合力与合力偶矩方向平行)。

1.2.2　约束与约束力

一个物体的运动如果不受限制，那么这个物体称为自由体，如空中飞行的飞机；否则称为非自由体(或受约束体)，如铁轨上行驶的火车。由周围物体所构成的、限制物体自由运动的条件称为约束。

约束通常可以用力学体系中质点须满足的一个或一组方程来表示。例如

$$f(x, y, z)=0 \tag{1.2.11}$$

表示一个质点所受到的约束方程。这时质点独立坐标的数目(自由度)由原来的三个减为两个。

约束按照方程中是否包含时间而分为稳定约束和不稳定约束，方程不显含时间的约束称为稳定约束，否则称为不稳定约束。约束按照方程中是否包含坐标对时间的导数而分为完整约束和不完整约束，方程不包含坐标对时间的导数的约束称为完整约束，否则称为不完整约束。式(1.2.11)表示的约束即为稳定完整约束。

约束也可以按照受约束体与周围物体的连接方式而划分，工程中常见的有：柔性约束、光滑面约束和由铰链构成的约束。

柔性约束是指由完全柔软而不能伸长的绳、缆、带等构成的约束。这时，约束力是这些约束物体拉紧时产生的张力，其方向沿绳、缆、带。

光滑面约束是指由完全光滑的接触面所构成的约束。这时，约束力是沿接触面公法线方向且指向被约束物体的压力。

铰链常呈圆柱形，如门窗铰链、轴承、活塞销等。这种圆柱铰链又称柱铰，或简称铰链。圆柱铰链约束力的作用线过圆心且位于垂直圆柱轴线的平面内，但力的大小和方向不能预先确定。除了柱铰，还有一种球形铰链，简称球铰，如汽车变速箱的操纵杆，球形铰链约束力的作用线过球心，其大小和方向也不能预先确定。

在结构简图中铰链常用小圆圈“○”表示。

约束的存在限制了物体的运动，物体将用力摆脱这种约束，而约束也会对受约束体施以反作用力，这种力称为约束反作用力，或约束力。可见，约束作用的效果等同于约束力的存在，因此，约束也可以用约束力来表示。不过，与事先可以确定的主动力(如重力、电磁力等)不同，约束力是一种被动力，单靠约束力本身，并不能引起物体运动。另外，它只能从物体受力情况的分析与求解中得到。

1.2.3 摩擦与摩擦力

实际接触面并非完全光滑，大多存在摩擦和摩擦力。互相接触的物体发生相对运动或有相对运动趋势时，接触面处会产生阻碍运动或阻碍运动趋势的作用力，这一现象叫做摩擦，这一作用力叫做摩擦力。摩擦一般可分为静滑动摩擦、动滑动摩擦和滚动摩擦三种。

1. 静滑动摩擦

考察一个置于水平面上的重物(重量 G)，今对重物施加水平力 F。当 F 由小到大变化时，由于实际的接触面存在摩擦，其摩擦力 F_s 将阻碍物体运动，故重物仍然保持静止($F_s=F$)。这时的摩擦称为静滑动摩擦或静摩擦，相应的摩擦力称为静滑动摩擦力或静摩擦力。当 F 增大到某一临界值 F_m 时，摩擦力达到最大值 $F_s=F_m$，重物开始滑动，静摩擦力转变成动摩擦力。可见 $0\leqslant F_s\leqslant F_m$，$F_m$ 叫做最大静摩擦力。实验表明，最大静摩擦力方向与相对滑动的趋势相反，大小与正压力(F_N)成正比：

$$F_m=f_sF_N \tag{1.2.12}$$

上式即为库仑摩擦定律，式中 f_s 叫做静摩擦因数。

2. 动滑动摩擦

物体在支承面上滑动时发生的摩擦叫动滑动摩擦，简称动摩擦；相应的摩擦力叫做动滑动摩擦力或动摩擦力。动摩擦力 F_d 的方向总是与物体相对滑动的方向相反，大小也与正压力成正比，即

$$F_d=fF_N \tag{1.2.13}$$

式中：f 叫做动摩擦因素。一般 $f<f_s$，两者过去称为无量纲量，现在称为量纲一的量，大小只与接触物体的材料及接触面情况有关。

3. 滚动摩擦

物体在支承面上滚动时，会受到一个和物体滚动相反的力偶矩作用，这就是滚动摩擦，这一力偶矩 M_r 称为滚阻力偶矩(见图 1.7)。下面我们分析它产生的原因。

考察轮子在路面上滚动的情形。假设轮心 O 受一水平牵引力 F，在 F 作用下轮子有沿 F 方向的滑动趋势而受到反方向的摩擦力 F_s。力偶 F 和 F_s 引起轮子滚动(如图 1.7(a))。实际的轮子和路面均非理想刚体，接触处会发生少许形变而形成一个小接触面(如图 1.7(b))。这使得合力作用点沿 F 方向偏离原接触点 A 一微小距离 d。力偶 G 和 F_N 产生了阻碍物体滚动的反力偶矩(如

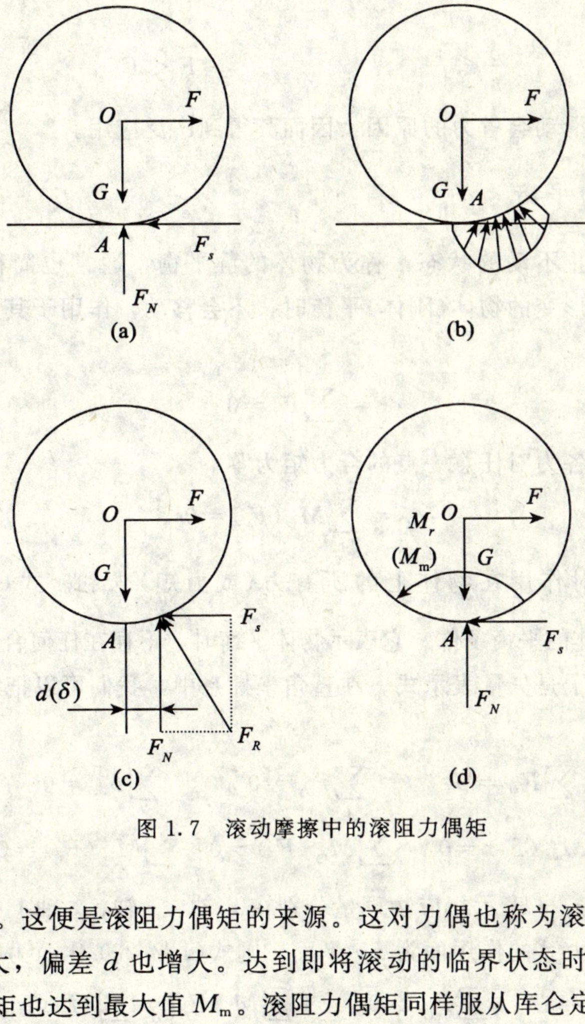

图 1.7　滚动摩擦中的滚阻力偶矩

图 1.7(c))①。这便是滚阻力偶矩的来源。这对力偶也称为滚阻力偶。随着牵引力 F 的增大，偏差 d 也增大。达到即将滚动的临界状态时，d 达到最大值 δ，滚阻力偶矩也达到最大值 M_m。滚阻力偶矩同样服从库仑定律

$$M_m = \delta F_N \tag{1.2.14}$$

式中：δ 称为滚阻系数，具有长度的量纲。

由上可知，要使物体滚动所需的最小水平牵引力为

$$F_r r = M_m = \delta F_N \qquad F_r = \frac{\delta}{r} F_N \tag{1.2.15}$$

而要使物体滑动所需的最小水平牵引力为

① 在力学简图中，亦可将 F_s 和 F_N 移向 O，并添加一力偶矩符号 ∩（如图 1.7(d)）。

$$F_d = f\,F_N \tag{1.2.16}$$

通常

$$\frac{\delta}{r} \ll f \qquad F_r \ll F_d \tag{1.2.17}$$

这就是滚动代替滑动会省力的原因，因而其得到广泛应用。

1.2.4 物体的平衡

物体处于静止不动的状态，称为物体的静平衡，通常也简称为物体的平衡。一个不发生形变的物体(刚体)平衡时，不会移动，作用于其上的各力的合力为零：

$$\boldsymbol{F} = \sum_i \boldsymbol{F}_i = 0 \tag{1.2.18}$$

它也不会转动，各力对任意一点的合力矩为零

$$\boldsymbol{M}_O = \sum_i \boldsymbol{M}_O(\boldsymbol{F}_i) = 0 \tag{1.2.19}$$

式中：$\sum\limits_i$ 表示对作用在物体上的所有力(或力矩)求和。式(1.2.18)和式(1.2.19)称为物体的平衡条件。它表示物体平衡时，不存在任何合力和合力矩。

上面两个式子是矢量表示式。在直角坐标系中，我们可以把它们写成标量形式

$$\sum_i F_{ix} = 0 \qquad \sum_i F_{iy} = 0 \qquad \sum_i F_{iz} = 0$$
$$\sum_i M_{ox}(F_i) = 0 \qquad \sum_i M_{oy}(F_i) = 0 \qquad \sum_i M_{oz}(F_i) = 0 \tag{1.2.20}$$

式中：下标 x，y，z 表示相应物理量分别在 x 轴、y 轴、z 轴上的投影。对于平面力系，若取力系的作用面为 xy 平面，则式(1.2.20) 化简为①

$$\sum_i F_{ix} = 0 \qquad \sum_i F_{iy} = 0 \qquad \sum_i M_o(F_i) = \sum_i M_{oz}(F_i) = 0 \tag{1.2.21}$$

确定静力学中物体平衡问题，必须善于分析作用在该物体上的各力，这一过程称为受力分析。可以说，受力分析的正确与否直接关系到解答这一静力学问题的成败。示例如下。

例 1： 拱形物件

① 对作用面为 xy 平面的平面力系，各力对 x 轴、y 轴的力矩均为零。

房屋和桥梁中常见的三铰拱由两对称部分通过固定铰 A、B 和中间铰 C 铰接成拱形结构(见图1.8)。若拱高 h，拱顶面均匀受力，拱长 l，每单位长荷载为 q，试分析它的受力情况和平衡条件。

解：拱顶面荷载产生的合力为 ql，此合力作用线过 C 点，因此拱形在 C 点处承受一负载产生的外力 $F_p=ql$，方向向下(为方便计此处未考虑拱顶面下的重量)。固定铰 A、B 作为支座施加此拱形上的作用力可以分解成沿水平方向和垂直方向的分力 $F_{A//}$，$F_{A\perp}$，$F_{B//}$，$F_{B\perp}$。

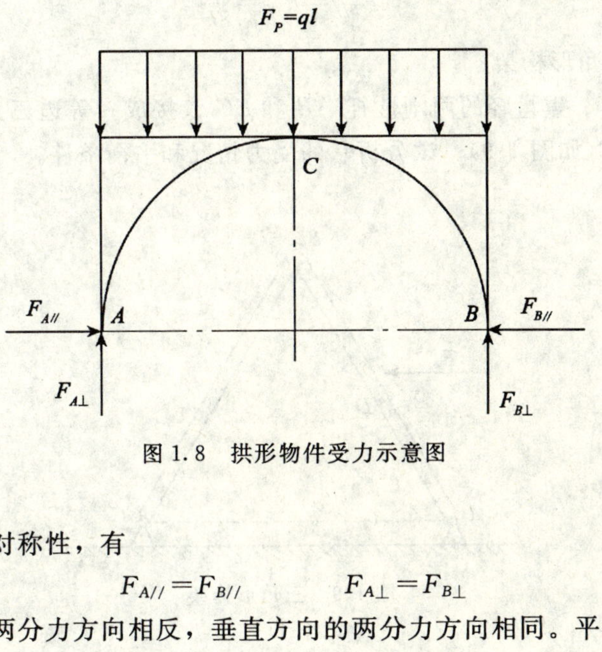

图1.8 拱形物件受力示意图

由构件的对称性，有

$$F_{A//}=F_{B//} \qquad F_{A\perp}=F_{B\perp}$$

但平行方向的两分力方向相反，垂直方向的两分力方向相同。平衡条件为①

$$F_{A\perp}+F_{B\perp}=F_p \qquad F_{A//}=F_{B//}$$

所以

$$F_{A\perp}=F_{B\perp}=\frac{1}{2}F_p=\frac{1}{2}ql \qquad F_{A//}=F_{B//}$$

若要进一步确定水平方向的分力，还需分析各部分构件的受力及平衡情况(局部分析)。由于对称性，可以只考虑左边(或右边)部分。这时拱顶面受力只

① 物体或物体系中其他部分对某部分的作用力，叫做内力；不属于这种类型的力，叫做外力。根据牛顿第三定律，物体内部一部分与另一部分间的相互作用力，总是大小相等，方向相反，在求物体合力时互相抵消，而不影响物体平衡。

有$\frac{1}{2}ql$，力的作用线也由 C 处移至距 C 处$\frac{l}{4}$远的地方。中间铰 C 对左边的作用也可分成水平和垂直方向的分力(在整体分析时，这一作用力为内力，可不予考虑)。利用平衡时合力矩为零的条件，得到左边部分各力对 C 点的合力矩为

$$F_{A//}\cdot h+\frac{ql}{2}\cdot\frac{l}{4}-F_{A\perp}\cdot\frac{l}{2}=0$$

由此知

$$F_{B//}=F_{//}=\frac{ql^2}{8h}$$

例 2：三角形构架

长度相等、重量轻的两刚性杆 AB 和 BC 铰接成一等边三角形，AB 中点受一水平力 F(如图 1.9)。试分析它的受力情况和平衡条件。

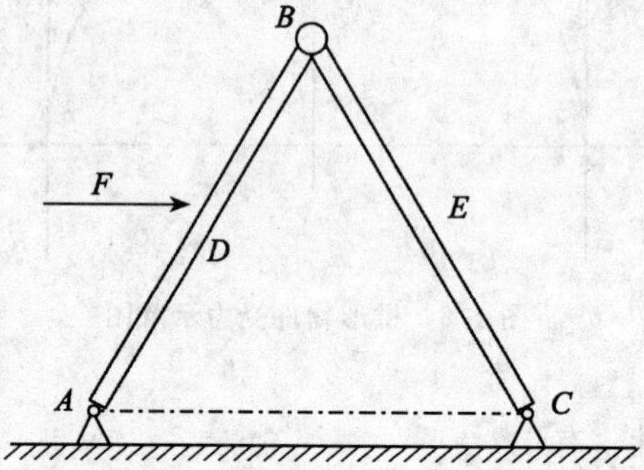

图 1.9　三角形构架

解：杆 BC 仅两端铰链 B、C 处受力，达到平衡时，这两个力必须大小相等、方向相反且沿 BC。由此可知，铰链 C 对 BC 的作用力 F_C 沿 BC 方向。而杆 AB 和 BC 组成的等边三角形共受到三个力的作用：铰链 A、C 的作用力和 AB 中点处的水平力 F。平衡时，这三个力必须汇交于一点，由于 F 的作用线过 BC 中点 E，因此这个交汇点即为 E。从而铰链 A 的作用力 F_A 应沿 AE 方向。将 F_A 和 F_C 分解成水平方向和垂直方向的分力 $F_{A//}$，$F_{A\perp}$，$F_{C//}$，$F_{C\perp}$，得出如下的平衡方程：

$$F_{A//}+F_{C//}=F$$

$$F_{A\perp}=F_{C\perp}$$

利用等边三角形的性质，有

$$F_{A//}=F_{A\perp}\tan 60^\circ=\sqrt{3}\,F_{A\perp}\qquad F_{C//}=F_{C\perp}\tan 30^\circ=\frac{\sqrt{3}}{3}F_{A\perp}$$

代入平衡方程求出①：

$$F_{A\perp}=F_{C\perp}=\frac{\sqrt{3}}{4}F\qquad F_{A//}=\frac{3}{4}F\qquad F_{C//}=\frac{1}{4}F$$

1.3 牛顿三定律

第一节我们讨论了物体的运动，属运动学范畴。第二节讨论了作用在物体上的力及力的平衡，属静力学范畴。本节将研究作用在物体上的力与物体运动状态变化的关系，即动力学问题。

远在古希腊，哲学家亚里士多德就认为力是保持物体运动的原因。这一观点长期被众多科学家和哲学家所接受。直到 17 世纪，意大利科学家伽利略发现，如果物体不受摩擦力的阻碍，那么它的运动会一直持续下去。据此，伽利略认为，力不是使物体运动的原因，而是使物体运动状态发生改变的原因。牛顿继承和发展了这一思想，提出著名的力学三定律。牛顿三定律奠定了动力学基础。

1.3.1 牛顿三定律

1. 牛顿第一定律

牛顿第一定律的内容是：物体在不受外力作用时，其运动状态保持不变，即做匀速直线运动或者保持静止。

牛顿第一定律表明，任何物体都有保持静止或匀速直线运动状态不变的性质。物体的这种性质叫惯性。所以牛顿第一定律又称惯性定律。物体的惯性可以用它的质量来描写，质量大的物体惯性大，质量小的物体惯性小。

由 1.1 节我们知道，物体的运动和静止都是针对某一选定的参考系而言的，能使牛顿定律成立的参考系叫做惯性参考系。在非常高的精度下，以太阳为原点、三个轴指向三颗恒星的坐标系(恒星参考系)可以看做一个理想的惯性

① 要确定铰链 B 的作用力，就需要如例 1 那样进行局部分析，该步骤请读者自行完成。

参考系。由于地球的自转和绕日旋转，与地球相联的参考系显然并非惯性参考系，但在一般的实际应用中，地球仍可以看做惯性参考系，除非地球运动的影响不可忽略。

2. 牛顿第二定律

牛顿第二定律的内容是：物体在力的作用下所产生的加速度($\boldsymbol{a}$)与其所受的力($\boldsymbol{F}$)成正比，加速度的方向与力的方向一致，即

$$\boldsymbol{a}\propto\boldsymbol{F} \tag{1.3.1}$$

如果写成等式，则为

$$\boldsymbol{a}=\frac{1}{m}\boldsymbol{F} \tag{1.3.2}$$

式中：比例系数 m 表示物体的质量。

由牛顿第二定律知，同样大小的力作用在不同物体上，所产生的加速度大小一般是不一样的。物体的质量越大，加速度越小，物体的运动状态越不容易改变，它保持原有运动状态的本领也就越大，即惯性也越大；反之，物体质量越小，加速度越大，运动状态越容易改变，惯性也越小。可见，物体的质量是物体惯性的量度，因此严格地说这一质量叫做惯性质量。

在国际(SI)单位制中，加速度的单位是米/秒^2($\mathrm{m/s^2}$)，质量的单位是千克(kg)，力的单位是牛顿(N)。如果物体同时受几个力的作用，那么 $\boldsymbol{F}$ 指的是这几个力的合力。

3. 牛顿第三定律

牛顿第三定律的内容是：力的作用总是相互的，即有作用力必有反作用力。作用力与反作用力大小相等、方向相反且在同一直线上。

牛顿第三定律指出，一个物体对另一个物体有作用力，则另一个物体对此物体必有反作用力，它们大小相等、方向相反且在同一直线上。如果将这两个物体看做物体系，那么它们的合力为零，物体系的质心运动状态不变，但组成物体系的两个物体，由于受作用力或反作用力的作用，都将发生加速运动。

与牛顿第一、第二定律不同，牛顿第三定律对任何参考系都是正确的。

1.3.2 质点运动微分方程

根据牛顿第二定律，有

$$m\ddot{\boldsymbol{r}}=\boldsymbol{F} \tag{1.3.3}$$

式中：m 是质点质量，$\boldsymbol{r}$ 是质点位矢，$\ddot{\boldsymbol{r}}=\boldsymbol{a}$ 是质点加速度，$\boldsymbol{F}$ 是质点所受的力

(当质点同时受几个力作用时，$\boldsymbol{F}$ 便是它们的合力)。式(1.3.3)是质点运动微分方程的矢量形式，在实际计算中，常常需要选择适当的坐标系，将它写成分量形式。在直角坐标系中，它的分量形式是：

$$m\ddot{x}=F_x \qquad m\ddot{y}=F_y \qquad m\ddot{z}=F_z \tag{1.3.4}$$

式中：x，y，z 是 $\boldsymbol{r}$ 在三个坐标轴上的投影，F_x，F_y，F_z 是 $\boldsymbol{F}$ 在三个坐标轴上的投影。质点运动微分方程是二阶微分方程，要完全确定其解还须知道其初始条件，比如初始时刻($t=0$)时质点的初位置 $\boldsymbol{r}_0$ 和初速度 $\boldsymbol{v}_0$。显然，如果 $\boldsymbol{F}$ 或它的某些分量为零，则质点整体或在这些方向上的分量运动将是匀速直线运动。

例 3：地面上一个质量为 m 的质点在 $t=0$ 时刻以与地面成 α 角的初速度 v_0 开始运动，它在空中的运动轨迹称为斜抛物体运动(见图 1.10)，它在空中与地面的最大距离(上升的最大高度)称为射高，它再次落到地面时与初始位置的水平距离称为射程。试确定斜抛物体运动的轨迹方程、射高和射程。

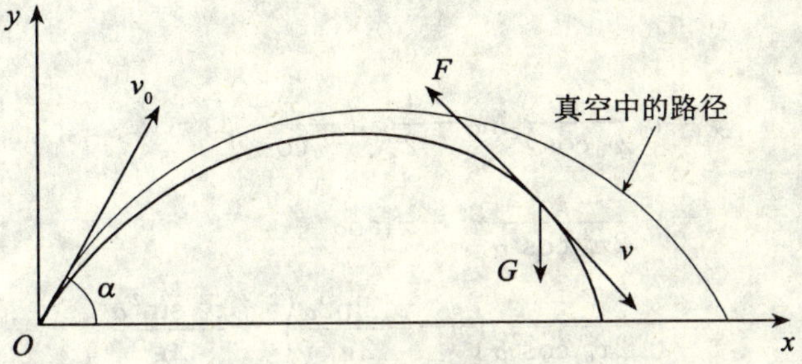

图 1.10　斜抛物体运动

解：考虑真空中的情形。这时质点仅受重力 mg($g=9.8\mathrm{m}\cdot\mathrm{s}^{-2}$ 为重力加速度)作用，质点的运动将局限在通过 $\boldsymbol{v}_0$ 且与地面垂直的平面内。选取此平面与地面的交线为 x 轴，方向顺着运动方向；与 x 轴垂直的直线为 y 轴，方向向上；原点为质点的初始位置。于是，式(1.3.4)化简成

$$m\ddot{x}=0 \qquad m\ddot{y}=-mg$$

对第一式积分且注意到初始条件($t=0$)$\dot{x}_0=v_0\cos\alpha$，$x_0=0$，有

$$\dot{x}=v_0\cos\alpha \qquad x=v_0t\cos\alpha$$

对第二式积分且注意到初始条件 $\dot{y}_0=v_0\sin x$，$y_0=0$，有

$$\dot{y}=v_0\sin\alpha-gt \qquad y=v_0t\sin\alpha-\frac{1}{2}gt^2$$

质点在空中上升到最大高度时，有

$$0=\dot{y}=v_0\sin\alpha-gt \qquad t=\frac{v_0\sin\alpha}{g}$$

由此给出射高

$$h=v_0\frac{v_0\sin\alpha}{g}\sin\alpha-\frac{1}{2}g\left(\frac{v_0\sin\alpha}{g}\right)^2=\frac{v_0^2\sin^2\alpha}{2g}$$

射程

$$S=v_0\frac{2v_0\sin\alpha}{g}\cos\alpha=\frac{v_0^2\sin2\alpha}{g}$$

可见当$\alpha=45°$时，射程达到最大值

$$S_{\max}=\frac{v_0^2}{g}$$

联立

$$x=v_0t\cos\alpha \qquad y=v_0t\sin\alpha-\frac{1}{2}gt^2$$

消去 t 得

$$\begin{aligned}y&=v_0\frac{x}{v_0\cos\alpha}\sin\alpha-\frac{1}{2}g\left(\frac{x}{v_0\cos\alpha}\right)^2\\&=-\frac{g}{2v_0^2\cos^2\alpha}x^2+x\tan\alpha\\&=-\frac{g}{2v_0^2\cos^2\alpha}\left(x-\frac{v_0^2\sin2\alpha}{2g}\right)^2+\frac{v_0^2\sin^2\alpha}{2g}\end{aligned}$$

上式表明，质点运动的轨迹方程是一抛物线。

例中，若$\alpha=90°$，质点的运动为上抛物体运动；若$\alpha=0°$，$x_0=0$，$y_0\neq0$，质点的运动为平抛物体运动。

实际的斜抛物体在运动中多少会受到空气的阻力，阻力一般沿速度的逆方向。这时运动的轨迹不再是抛物线，射高和射程也会减少。

1.3.3 非惯性参考系，惯性力

我们知道，如果一个参考系相对某一惯性参考系做匀速直线运动，那么这个参考系也是惯性参考系。如果一个参考系相对某一惯性参考系做加速运动，那么这个参考系就是非惯性参考系，简称非惯性系。这时，牛顿定律不再适用。为了让非惯性系中的观察者也能运用牛顿定律分析力学问题，必须引入某

些相应的力，这种力叫做惯性力。由于惯性力并不表示一个物体受到另外物体的作用，因此这种力不存在通常意义下的反作用力。典型的非惯性系有相对惯性系做匀加速直线运动的参考系和相对惯性系做匀角速度转动的参考系，下面分别予以讨论。

1. 相对惯性系做匀加速直线运动的参考系

例如火车出站时可近似看做匀加速直线运动。这时地面观察者看到，车厢内的小桌随火车做加速运动，而搁置在桌上的光滑小球，由于小球与桌面无摩擦，小球在水平方向不受力作用，在垂直方向重力与桌面支承力相平衡，小球处于静止状态。但在车厢内的观察者看来，桌子没有运动，而小球却逆火车前进方向加速运动，但如前所述，小球在水平方向并未受到作用力，与牛顿定律不符。为了让车厢内的观察者仍然能利用牛顿定律，应该在小球上添加一力($\boldsymbol{F}_{Ie}$)，其大小等于小球质量(m)与加速度(a)大小之积，其方向与火车加速度方向相反，即

$$\boldsymbol{F}_{Ie}=-m\boldsymbol{a} \tag{1.3.5}$$

这个力叫做惯性力。有了这一惯性力，车厢内的观察者就可以认为小球的加速运动是这一惯性力作用的结果。由此可见，处在相对惯性系做匀加速直线运动参考系上的观察者欲用牛顿定律分析物体的运动，则应在物体上计入一惯性力，其形式如式(1.3.5)所示。

2. 相对惯性系做匀角速度转动的参考系

设想一圆盘相对惯性系以恒角速度 ω 绕其圆心转动，一小球固定在圆盘上。这时惯性系上的观察者看到，小球随圆盘一道做匀速圆周运动，其线速度大小不变，但方向随时在变，产生量值为$\frac{v^2}{r}=\omega^2 r$的向心加速度。这一加速度的存在是因为圆盘施力于小球上的结果。不过，从随圆盘一道运动的观察者看来，小球处于静止状态，欲用牛顿定律分析小球的运动，则应添加一力 $\boldsymbol{F}_{Ie}$，其大小等于小球质量 m 和向心加速度的乘积，但方向应沿半径指向离开圆心的方向，即

$$\boldsymbol{F}_{Ie}=-m\boldsymbol{a}=m\omega^2\boldsymbol{r} \tag{1.3.6}$$

这个力叫惯性离心力，简称离心力。于是随圆盘运动的观察者便可以认为离心力与向心力平衡，小球处于静止状态，符合牛顿定律。

如果小球不是固定在圆盘上，而是以恒定速度 u 沿半径离开盘心，那么小球的受力情况如何？设时刻 t，小球离盘心距离为 r，横向速度为 ωr；时刻

$t'=t+\Delta t$，小球绕盘心转过角度 $\Delta\theta=\omega\Delta t$，小球离盘心距离为 $r+u\Delta t$，横向速度为 $\omega(r+u\Delta t)$。由于转动，小球在 t 和 t' 时刻的径向和横向指向是不同的(见图 1.11)。若以时刻 t 为标准，将时刻 t' 的两个速度按 t 时的径向和横向分解后，我们得到 Δt 后小球径向速度的增量为

$$\begin{aligned}\Delta v_r &= u\cos\Delta\theta-\omega(r+u\Delta t)\sin\Delta\theta-u \\ &= u\cos\omega\Delta t-\omega(r+u\Delta t)\sin\omega\Delta t-u \end{aligned} \tag{1.3.7}$$

和横向速度的增量为

$$\begin{aligned}\Delta v_\theta &= u\sin\Delta\theta+\omega(r+u\Delta t)\cos\Delta\theta-\omega r \\ &= u\sin\omega\Delta t+\omega(r+u\Delta t)\cos\omega\Delta t-\omega r \end{aligned} \tag{1.3.8}$$

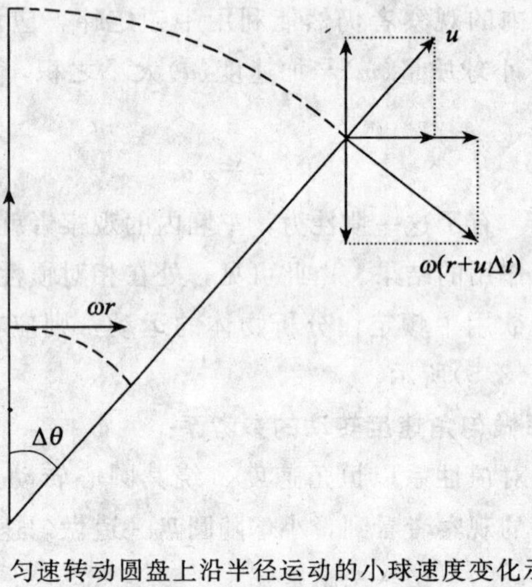

图 1.11　匀速转动圆盘上沿半径运动的小球速度变化示意图

因此，小球径向加速度和横向加速度分别为

$$a_r=\lim_{\Delta t\to 0}\frac{\Delta v_r}{\Delta t}=-\omega^2 r \qquad a_\theta=2u\omega \tag{1.3.9}$$

前者即向心加速度，后者称为科里奥利加速度(科氏加速度)。处于惯性参考系的观察者利用牛顿定律得出，圆盘对小球有两种作用力：产生向心加速度的向心力 $-m\omega^2 r$ 和产生科里奥利加速度的科里奥利力(科氏力)。但随同圆盘一道运动的观察者认为小球在做匀速直线运动，却受到上述两种力作用，这与牛顿定律不符。这时为了使牛顿定律仍然适用，就应该引入两种惯性力：惯性离心力 $F_{Ie}=m\omega^2 r$ 和科里奥利惯性力(科氏惯性力)，也称科里奥利力 $F_{Ic}=-2u\omega$。

于是，这两种惯性力和前面所述的圆盘作用力平衡，小球处于匀速直线运动状态。

由此可见，欲使相对惯性系以匀角速度(ω)运动的参考系仍然适用牛顿定律，应该引入两类惯性力：惯性离心力

$$\boldsymbol{F}_{Ie}=m\omega^2\boldsymbol{r} \tag{1.3.10}$$

和科里奥利惯性力

$$\boldsymbol{F}_{Ic}=-2m\boldsymbol{\omega}\times\boldsymbol{u} \tag{1.3.11}$$

式中：$\boldsymbol{u}$ 为物体相对匀角速转动参考系的速度。

1.4　动量与冲量

基于牛顿定律，加上一些适当的初始条件，原则上便可以确定物体的运动规律。但在实际应用中，特别是当质点系包含许多质点时，列出运动微分方程的复杂和求解这些方程的困难，使得这样做几无可能。而工程技术问题往往关注的只是质点系整体运动的规律，并非各个质点运动的细节。这时利用动量与冲量、动量矩与冲量矩、功与能来分析质点系的运动便显得十分便利与实用。它们提供了求解动力学问题的新途径，特别是基于它们的守恒定律更具有普遍性意义。下面几节，我们将分别予以介绍。

1.4.1　动量与冲量

利用牛顿第二定律 $\boldsymbol{F}=m\boldsymbol{a}$ 和加速度定义 $\boldsymbol{a}=\dot{\boldsymbol{v}}$ 可以得到①

$$\boldsymbol{F}\mathrm{d}t=m\mathrm{d}\boldsymbol{v}=\mathrm{d}(m\boldsymbol{v}) \tag{1.4.1}$$

上式左端的量称为冲量，它定义为力与力的作用时间之积；上式右端物体质量与其速度之积称为动量，记为 $\boldsymbol{p}=m\boldsymbol{v}$。式(1.4.1)表明，质点动量的改变等于它所受的(元)冲量②，它是动量定理的微分形式。

1.4.2　动量定理

对于更一般的情况，考虑由 n 个质点组成的质点系，其中任意一个质点，设为 i，它的质量为 m_i，速度为 $\boldsymbol{v}_i$，力为 $\boldsymbol{f}_i$。这时 $\boldsymbol{f}_i$ 可以分成两类：一类是

① 一般情况下，质点质量 m 不会改变。

② 经历时间极短的过程称为元过程，相应的物理量称为元物理量。

所有其余质点对该质点的作用力 $\boldsymbol{f}_i^{(i)}$，称为内力；一类是除了内力以外的力 $\boldsymbol{f}_i^{(e)}$ 称为外力。将式(1.4.1)运用到该质点上得到

$$\frac{\mathrm{d}}{\mathrm{d}t}(m_i\boldsymbol{v}_i)=\boldsymbol{f}_i=\boldsymbol{f}_i^{(i)}+\boldsymbol{f}_i^{(e)} \qquad (i=1,\ 2,\ \cdots,\ n) \tag{1.4.2}$$

将 n 个这样的等式相加给出

$$\frac{\mathrm{d}}{\mathrm{d}t}\sum_{i=1}^{n}m_i\boldsymbol{v}_i=\sum_{i=1}^{n}\boldsymbol{f}_i=\sum_{i=1}^{n}\boldsymbol{f}_i^{(i)}+\sum_{i=1}^{n}\boldsymbol{f}_i^{(e)} \tag{1.4.3}$$

上式左端的和式表示质点系的总动量，记为

$$\boldsymbol{p}=\sum_{i=1}^{n}m_i\boldsymbol{v}_i \tag{1.4.4}$$

右端第一个和式根据牛顿第三定律，其值为零

$$\sum_{i=1}^{n}\boldsymbol{f}_i^{(i)}=0 \tag{1.4.5}$$

第二个和式是质点系所受到的所有外力之和，即合外力

$$\boldsymbol{F}=\sum_{i=1}^{n}\boldsymbol{f}_i^{(e)} \tag{1.4.6}$$

于是

$$\frac{\mathrm{d}}{\mathrm{d}t}\boldsymbol{p}=\boldsymbol{F} \tag{1.4.7}$$

上式表明，质点系总动量随时间的变化率等于该质点系所受的合外力，这就是动量定理。式(1.4.7)是动量定理的矢量形式，在直角坐标系中的分量形式为

$$\frac{\mathrm{d}P_x}{\mathrm{d}t}=F_x \qquad \frac{\mathrm{d}P_y}{\mathrm{d}t}=F_y \qquad \frac{\mathrm{d}P_z}{\mathrm{d}t}=F_z \tag{1.4.8}$$

1.4.3 动量守恒定律

如果一个质点系所受的合外力等于零，那么由式(1.4.7)可知，质点系的总动量保持不变，即

$$\boldsymbol{p}=\sum_{i}m\boldsymbol{v}_i=\text{常矢量} \tag{1.4.9}$$

这一结论称为动量守恒定律。动量守恒定律虽然是从牛顿定律推导出来的，但它对宏观物体和微观物体同样正确。它是物体某种对称性(空间平移不变性)的反映，具有更为广泛的适用范围，是物理学中最重要的守恒定律之一。

如果一个质点系所受的合外力不等于零，但合外力在某个方向的分量等于零，比如 x 方向，那么由式(1.4.8)得质点系总动量在该方向分量不变，即

$$p_x = \sum_i m v_{ix} = \text{常量} \tag{1.4.10}$$

质点系中的内力不能改变系统的总动量，但能改变质点系内个别质点的动量。比如将炮弹与炮身看做一个质点系，炮弹反射时爆炸所产生的压力是此质点系的内力，它不能改变系统总动量，但爆炸力使炮弹获得向前的动量，根据系统总动量守恒，炮身获得一个大小相等、方向相反即向后的动量。炮弹发射时炮身后退的现象称为反座。

1.5　动量矩与冲量矩

1.5.1　动量矩与冲量矩

当一个质点绕某个固定点转动时，为了描写质点的转动状态，有必要引入动量矩与冲量矩概念。质点对某固定点的动量矩，又称角动量，等于该固定点到质点的矢径与质点动量的矢量积，即

$$\boldsymbol{L} = \boldsymbol{r} \times \boldsymbol{p} \tag{1.5.1}$$

质点系对某固定点的动量矩等于该系统中所有质点对该固定点的动量矩的矢量和，即

$$\boldsymbol{L} = \sum_i \boldsymbol{L}_i = \sum_i \boldsymbol{r}_i \times \boldsymbol{p}_i \tag{1.5.2}$$

物体转动时，描述使其转动状态改变的作用物理量称为冲量矩，它定义为力矩($\boldsymbol{M}$)与作用时间 Δt 之积 $\boldsymbol{M}\Delta t$。

1.5.2　动量矩定理

将式(1.5.1)两边对时间求导，得

$$\frac{\mathrm{d}}{\mathrm{d}t}\boldsymbol{L} = \frac{\mathrm{d}}{\mathrm{d}t}(\boldsymbol{r} \times \boldsymbol{p}) = \frac{\mathrm{d}\boldsymbol{r}}{\mathrm{d}t} \times \boldsymbol{p} + \boldsymbol{r} \times \frac{\mathrm{d}\boldsymbol{p}}{\mathrm{d}t} \tag{1.5.3}$$

注意到

$$\frac{\mathrm{d}\boldsymbol{r}}{\mathrm{d}t} = \boldsymbol{v}\ ,\ \boldsymbol{p} = m\boldsymbol{v}\ ,\ \frac{\mathrm{d}\boldsymbol{p}}{\mathrm{d}t} = \boldsymbol{F}$$

有

$$\frac{\mathrm{d}\boldsymbol{r}}{\mathrm{d}t} \times \boldsymbol{p} = 0$$

$$\frac{\mathrm{d}}{\mathrm{d}t}\boldsymbol{L} = \boldsymbol{r} \times \boldsymbol{F} = \boldsymbol{M} \tag{1.5.4}$$

这便是动量矩定理。它表明，质点对任一固定点的动量矩随时间的变化率等于

它所受外力对该点的力矩。

对质点系，式(1.5.4)对其中每一个质点都成立，例如第 i 个质点有

$$\frac{\mathrm{d}}{\mathrm{d}t}\boldsymbol{L}_i=\boldsymbol{M}_i \tag{1.5.5}$$

将上式对所有质点求和得

$$\frac{\mathrm{d}}{\mathrm{d}t}\sum_i\boldsymbol{L}_i=\sum_i\boldsymbol{M}_i \tag{1.5.6}$$

式中：$\boldsymbol{L}=\sum_i\boldsymbol{L}_i=\sum_i\boldsymbol{r}_i\times\boldsymbol{p}_i$ 是质点总角动量，$\boldsymbol{M}=\sum_i\boldsymbol{M}_i=\sum_i\boldsymbol{r}_i\times\boldsymbol{F}_i$ 是合力矩。

所以

$$\frac{\mathrm{d}\boldsymbol{L}}{\mathrm{d}t}=\boldsymbol{M}=\sum_i\boldsymbol{r}_i\times\boldsymbol{F}_i \tag{1.5.7}$$

这就是质点系的动量矩定理，也叫做角动量定理。它表明，质点系对任一固定点的动量矩对时间的导数，等于质点系上所有外力对同一固定点的力矩之矢量和。式(1.5.7) 在直角坐标系的投影给出分量形式

$$\frac{\mathrm{d}L_x}{\mathrm{d}t}=M_x \qquad \frac{\mathrm{d}L_y}{\mathrm{d}t}=M_y \qquad \frac{\mathrm{d}L_z}{\mathrm{d}t}=M_z$$

或

$$\begin{aligned}
&\frac{\mathrm{d}}{\mathrm{d}t}\sum_i m_i(y_i\dot{z}_i-z_i\dot{y}_i)=\sum_i(y_iZ_i-z_iY_i)\\
&\frac{\mathrm{d}}{\mathrm{d}t}\sum_i m_i(z_i\dot{x}_i-x_i\dot{z}_i)=\sum_i(z_iX_i-x_iZ_i)\\
&\frac{\mathrm{d}}{\mathrm{d}t}\sum_i m_i(x_i\dot{y}_i-y_i\dot{x}_i)=\sum_i(x_iY_i-y_iX_i)
\end{aligned} \tag{1.5.8}$$

式中：X_i，Y_i，Z_i 是 F_i 在三个坐标轴上的分量。与推导质点系动量定理类似，由于质点系中任意两个质点间的相互作用力(内力) 总是大小相等、方向相反且在同一直线上，因此所有内力产生的合力矩为零。这里的合力矩是指作用在质点系上所有外力产生的力矩之和。

1.5.3　动量矩守恒定律

如果作用在质点系上所有外力对某固定点的力矩之矢量和等于零，那么由式(1.5.7) 得质点系对该点的动量矩保持不变，即

$$\boldsymbol{L}=\text{常矢量} \tag{1.5.9}$$

这个结论叫做动量矩守恒定律，或角动量守恒定律。与动量守恒定律一样，虽然动量矩守恒定律也是依据牛顿定律得到的，但它具有更为广泛的适用范围，对宏观物体和微观物体同样正确。它是空间旋转不变性的反映，是物理学中又一条重要的守恒定律。

如果质点组所受的合外力矩不等于零，但合外力矩在某个方向(比如 z 方向)等于零，那么质点系的总动量矩在该方向的分量不变，即

$$L_z = \sum_i m_i (x_i \dot{y}_i - y_i \dot{x}_i) = \text{常量} \tag{1.5.10}$$

1.6 功　和　能

1.6.1　功

登山的人都体会到，从山脚攀登至山顶，径直走，路程虽短但费力；盘山走，省力却路程长。可见，登山的人付出的辛劳与力和路程都有关。物理上用功来表示物体所受外力与物体沿外力方向所移动距离之积这个量。定义式为

$$W = \boldsymbol{F} \cdot \boldsymbol{r} = Fr\cos\theta \tag{1.6.1}$$

式中：$\boldsymbol{F}$ 表示力，$\boldsymbol{r}$ 表示位移，$\boldsymbol{F} \cdot \boldsymbol{r}$ 是这两矢量的标积①，W 表示功，是一标量(与方向无关的变量)。在国际单位制中，功的单位是焦耳(J)，1J＝1N·m。单位时间内所做的功叫功率(N)，它可表示为

$$N = \frac{\mathrm{d}W}{\mathrm{d}t} = \boldsymbol{F} \cdot \boldsymbol{v} = Fv\cos\theta \tag{1.6.2}$$

功率单位为瓦特(W)，1W＝1J/s。

1. 重力所做的功

质量为 m 的物体在地球引力作用下具有重量 mg，即所受重力为 mg。若物体下落的高度为 h，则重力所做的功为

$$W = mgh \tag{1.6.3}$$

2. 弹力所做的功

形变较小时，弹簧的伸长(压缩)大小遵守胡克定律，即

$$F = -k\mathrm{d}s \tag{1.6.4}$$

---

① 两个矢量的标积，用“·”表示，又称点积，是一个标量。其大小等于两矢量大小与它们夹角余弦之积。

式中：F 是弹力；$\mathrm{d}s$ 是弹力作用下弹簧的伸长；k 是弹簧劲度系数；负号表明 F 与 $\mathrm{d}s$ 方向相反。由此得到弹簧自由端被拉长 s 时，弹力所做的功为

$$W=\int_0^s F\mathrm{d}s=-\int_0^s ks\,\mathrm{d}s=-\frac{1}{2}ks^2 \tag{1.6.5}$$

3. 摩擦力所做的功

摩擦力总是与物体相对运动的方向相反，因此一般动摩擦力恒做负功，这与前述两种情况不同。重力在物体举高时做负功，但物体下落时做正功；弹力在弹簧形变时做负功，在恢复原状时做正功。

4. 保守力和耗散力

由于重力和弹力做功的特点，物体从某个位置出发，位移的变化经一闭合曲线又回到原位置时，重力和弹力所做的功为零。这意味着物体由某个状态变到另一个状态时，这类力所做的功只与这两个状态有关，而与变化的过程无关。比如，将重物举高 h，不论是垂直举高，还是经任意角度的斜坡举高，只要后来的位置与原来位置的垂直距离是 h，那么反抗重力所做的功就都相同。这样的力叫保守力，而不具有这种性质的力(比如摩擦力)叫做耗散力。

1.6.2 势能

因为保守力所做的功只与路径两端点位置有关，而与路径本身无关，所以我们可以引入一个物理量，它是物体位置的单值函数，它由初始位置改变到终止位置，其值的增加等于这两个位置间保守力做功的负值。这个物理量叫做物体的势能，或位能。因此，保守力又叫有势力或有位力。

设相应某一保守力 $\boldsymbol{F}$ 的物体势能为 V，物体在位置 A 时，势能为 $V(A)$，物体在位置 B 时，势能为 $V(B)$。物体由 A 变化到 B 时，势能的增加为

$$\mathrm{d}V=V(B)-V(A) \tag{1.6.6}$$

保守力所做的功

$$\mathrm{d}W=\boldsymbol{F}\cdot\mathrm{d}\boldsymbol{r}\qquad \mathrm{d}\boldsymbol{r}=\boldsymbol{r}_B-\boldsymbol{r}_A \tag{1.6.7}$$

根据势能的定义

$$\mathrm{d}V=-\mathrm{d}W=-\boldsymbol{F}\cdot\mathrm{d}\boldsymbol{r} \tag{1.6.8}$$

即

$$F_x\mathrm{d}x+F_y\mathrm{d}y+F_z\mathrm{d}z=-\mathrm{d}V=-\left(\frac{\partial V}{\partial x}\mathrm{d}x+\frac{\partial V}{\partial y}\mathrm{d}y+\frac{\partial V}{\partial z}\mathrm{d}z\right)$$

$$F_x=-\frac{\partial V}{\partial x}\qquad F_y=-\frac{\partial V}{\partial y}\qquad F_z=-\frac{\partial V}{\partial z} \tag{1.6.9}$$

写成矢量形式为

$$\boldsymbol{F}=-\nabla V \qquad \left(\nabla=\boldsymbol{i}\frac{\partial}{\partial x}+\boldsymbol{j}\frac{\partial}{\partial y}+\boldsymbol{k}\frac{\partial}{\partial z}\right) \tag{1.6.10}$$

特别地，对重力，若取铅直方向为 z 轴，向上为正，地面为原点，则

$$V=mgz \tag{1.6.11}$$

对弹力，若弹簧取向为 x 轴，伸长为正，自由端不受力时位置为原点，则

$$V=\frac{1}{2}kx^2$$

1.6.3 动能、动能定理

根据牛顿定律

$$\boldsymbol{F}=m\boldsymbol{a}=m\frac{\mathrm{d}\boldsymbol{v}}{\mathrm{d}t} \tag{1.6.12}$$

两边同时点乘 $\boldsymbol{v}=\frac{\mathrm{d}\boldsymbol{r}}{\mathrm{d}t}$，得

$$\boldsymbol{F}\cdot\frac{\mathrm{d}\boldsymbol{r}}{\mathrm{d}t}=m\boldsymbol{v}\cdot\frac{\mathrm{d}\boldsymbol{v}}{\mathrm{d}t}=\frac{\mathrm{d}}{\mathrm{d}t}\left(\frac{1}{2}m\boldsymbol{v}\cdot\boldsymbol{v}\right)=\frac{\mathrm{d}}{\mathrm{d}t}\left(\frac{1}{2}mv^2\right)$$

即

$$\boldsymbol{F}\cdot\mathrm{d}\boldsymbol{r}=\mathrm{d}\left(\frac{1}{2}mv^2\right) \tag{1.6.13}$$

上式左边是力所做的功，上式右边是一个物理量的微小变化。$\frac{1}{2}mv^2$ 这个物理量叫做物体的动能。由于式(1.6.13)给出的是动能微小变化，说明这个过程经历的时间很短，这样的过程叫元过程，元过程中力所做的功叫做元功。由此可见，动能的微分等于作用力 $\boldsymbol{F}$ 所做的元功，这是动能定理的微分形式。对时间并非很短的有限过程，应将式(1.6.13)两边从初始位置 A 积分至终止位置 B，即

$$\int_{r_A}^{r_B}\boldsymbol{F}\cdot\mathrm{d}\boldsymbol{r}=\int_{v_A}^{v_B}\mathrm{d}\left(\frac{1}{2}mv^2\right)=\frac{1}{2}mv_B^2-\frac{1}{2}mv_A^2 \tag{1.6.14}$$

这里 $\boldsymbol{r}_A$，$\boldsymbol{r}_B$ 是质点在位置 A，B 时的位矢，v_A，v_B 是质点在 A，B 时的速度。式(1.6.14)是动能定理的积分形式。它表明，质点的动能在某一运动过程中的增加等于作用于质点上的力在此过程中所做的功。

对于由多个质点组成的质点系，式(1.6.13)和式(1.6.14)中的动能应理解成质点系的总动能，即组成质点系的所有质点动能的代数和。两式中力所做的

功应理解成作用在质点系中各质点上所有力做功的代数和。这里所讲的所有力既包括外力，也包括内力，因为虽然质点系所有内力的矢量和恒为零，但质点系所有内力的功的(代数)和却不一定为零。兹以两个质点组成的质点系为例。设两质点间相互作用力(内力)为 f，它们所做功之和为

$$\boldsymbol{f}\cdot \mathrm{d}\boldsymbol{r}+\boldsymbol{f}'\cdot \mathrm{d}\boldsymbol{r}'=\boldsymbol{f}\cdot \mathrm{d}\boldsymbol{r}-\boldsymbol{f}\cdot \mathrm{d}\boldsymbol{r}'=\boldsymbol{f}\cdot \mathrm{d}\boldsymbol{R} \tag{1.6.15}$$

式中：$\boldsymbol{R}=\boldsymbol{r}-\boldsymbol{r}'$ 是两质点间相对距离，$\mathrm{d}\boldsymbol{R}$ 是相对距离的改变，这一改变量是矢量，包含方向的改变和大小的改变。由于 $\mathrm{d}\boldsymbol{R}$ 方向的改变与 $\boldsymbol{f}$ 垂直，因此它们之间的点积为零。于是

$$\boldsymbol{f}\cdot \mathrm{d}\boldsymbol{r}+\boldsymbol{f}'\cdot \mathrm{d}\boldsymbol{r}'=f\mathrm{d}R \tag{1.6.16}$$

式中：$\mathrm{d}R$ 是两质点间相对距离大小的改变。一般地，质点系两质点间相对距离的大小是可变的，因此所有内力的功之和不一定等于零。但对于刚体，因为刚体不会发生形变，刚体内任意两点间距离始终不变，所以刚体所有内力所做功的代数和恒等于零。

1.6.4 机械能守恒定律

一般来说，若物体处在某种状态下可以对外做功，则物体具有能量。势能是物体由于在有势力场中所处位置而具有的能量①，动能是物体由于运动而具有的能量。势能和动能通称物体的机械能。

如果作用在质点上的力是保守力，则由式(1.6.10)和式(1.6.13)知

$$\mathrm{d}\left(\frac{1}{2}mv^2\right)=\boldsymbol{F}\cdot \mathrm{d}\boldsymbol{r}=-\boldsymbol{\nabla} V\cdot \mathrm{d}\boldsymbol{r}=-\mathrm{d}V$$

即

$$\mathrm{d}\left(\frac{1}{2}mv^2+V\right)=0 \tag{1.6.17}$$

记 $T=\dfrac{1}{2}mv^2$ 有

$$E=T+V=\text{常数} \tag{1.6.18}$$

上式表明，质点在保守力作用下，其机械能保持不变。这个结论叫做机械能守恒定律。如果作用在一个质点系上所有的力都是保守力，则称此质点系为保守系。对保守系，式(1.6.18)仍然成立，不过这里的 T 指质点系的总动能，V

---

① 力一般与质点位置有关，是其坐标的函数。这意味着空间某区域各点上都有力作用，我们把这一空间区域称为力场。

指质点系的总势能，E 指质点系的总机械能。文字表述为：保守系的总机械能守恒。对于非保守系的质点系，系统还受耗散力作用，质点系的总机械能会发生变化，一部分机械能将转化为其他形式的能，比如热能，但机械能与其他形式能的总量仍然是不变的，这就是普遍的能量守恒定律。

动量守恒定律、动量矩守恒定律和能量守恒定律是物理学中重要的三大守恒律，它构成了物理学的基础。

1.7　例　　题

1. 坐标系 S' 相对固定坐标系 S 运动，S' 的原点 O' 相对 S 原点 O 的坐标为 (ξ_0, η_0, ζ_0)。若质点 A 在某时刻位置相对 S 而言，其坐标为 (ξ, η, ζ)，相对 S' 而言，其坐标为 (x, y, z)，则成立

$$\xi = x + \xi_0 \qquad \eta = y + \eta_0 \qquad \zeta = z + \zeta_0$$

这样的变换叫做伽利略变换。记质点 A 相对 S 的速度为 $\boldsymbol{v}$，加速度为 $\boldsymbol{a}$，相对 S' 的速度为 $\boldsymbol{v}'$，加速度为 $\boldsymbol{a}'$，而 S' 相对 S 的速度为 $\boldsymbol{v}_0$，求证：在伽利略变换下：

(1) $\boldsymbol{v} = \boldsymbol{v}' + \boldsymbol{v}_0$；

(2) 若 S' 相对 S 做匀速直线运动，则 $\boldsymbol{a} = \boldsymbol{a}'$；

(3) 若 S' 相对 S 做匀加速直线运动，则 $\boldsymbol{a} = \boldsymbol{a}' + \boldsymbol{a}_0$；

(4) 若 O' 与 O 重合而 S' 相对 S 做匀角速度转动，则 $\boldsymbol{a} = \boldsymbol{a}' + 2\boldsymbol{\omega} \times \boldsymbol{v}' - \boldsymbol{r}\omega^2$。

式中：$\boldsymbol{v}$ 称为绝对速度；$\boldsymbol{v}'$ 为相对速度；$\boldsymbol{v}_0$ 为牵连速度；$\boldsymbol{a}$ 为绝对加速度；$\boldsymbol{a}'$ 为相对加速度；$\boldsymbol{a}_0$ 为牵连加速度；$\boldsymbol{\omega}$ 为 S' 转动角速度；$\boldsymbol{r}$ 为 A 的位矢。

证： (1) 将伽利略变换式对时间求导数得

$$\dot{\xi} = \dot{x} + \dot{\xi}_0 \qquad \dot{\eta} = \dot{y} + \dot{\eta}_0 \qquad \dot{\zeta} = \dot{z} + \dot{\zeta}_0$$

而　$\boldsymbol{v} = (\dot{\xi}, \dot{\eta}, \dot{\zeta})$，　$\boldsymbol{v}' = (\dot{x}, \dot{y}, \dot{z})$，　$\boldsymbol{v}_0 = (\dot{\xi}_0, \dot{\eta}_0, \dot{\zeta}_0)$，上式的矢量式即

$$\boldsymbol{v} = \boldsymbol{v}' + \boldsymbol{v}_0$$

(2) 再将速度变换式对时间求导数，得

$$\dot{\boldsymbol{v}} = \dot{\boldsymbol{v}}' + \dot{\boldsymbol{v}}_0$$

若 S' 相对 S 做匀速直线运动，则 $\dot{\boldsymbol{v}}_0 = 0$，所以 $\boldsymbol{a} = \boldsymbol{a}'$。

(3) 若 S' 相对 S 做匀加速直线运动，则 $\dot{\boldsymbol{v}}_0 = \boldsymbol{a}_0$，所以 $\boldsymbol{a} = \boldsymbol{a}' + \boldsymbol{a}_0$

(4) 设 P 是任意一点，相对 S' 的坐标可表示成

$$\boldsymbol{\rho}=\rho_x\boldsymbol{i}+\rho_y\boldsymbol{j}+\rho_z\boldsymbol{k}$$

$\boldsymbol{i},\boldsymbol{j},\boldsymbol{k}$ 是 S' 三个坐标轴上的单位矢量，于是

$$\frac{\mathrm{d}\boldsymbol{\rho}}{\mathrm{d}t}=\frac{\mathrm{d}\rho_x}{\mathrm{d}t}\boldsymbol{i}+\frac{\mathrm{d}\rho_y}{\mathrm{d}t}\boldsymbol{j}+\frac{\mathrm{d}\rho_z}{\mathrm{d}t}\boldsymbol{k}+\rho_x\frac{\mathrm{d}\boldsymbol{i}}{\mathrm{d}t}+\rho_y\frac{\mathrm{d}\boldsymbol{j}}{\mathrm{d}t}+\rho_z\frac{\mathrm{d}\boldsymbol{k}}{\mathrm{d}t}$$

若 S' 相对 S 以匀角速度 ω 转动，则根据线速度与角速度的关系，有

$$\frac{\mathrm{d}\boldsymbol{i}}{\mathrm{d}t}=\boldsymbol{\omega}\times\boldsymbol{i}\qquad\frac{\mathrm{d}\boldsymbol{y}}{\mathrm{d}t}=\boldsymbol{\omega}\times\boldsymbol{j}\qquad\frac{\mathrm{d}\boldsymbol{k}}{\mathrm{d}t}=\boldsymbol{\omega}\times\boldsymbol{k}$$

代入得

$$\frac{\mathrm{d}\boldsymbol{\rho}}{\mathrm{d}t}=\frac{\tilde{\mathrm{d}}\boldsymbol{\rho}}{\mathrm{d}t}+\boldsymbol{\omega}\times\boldsymbol{\rho}\qquad\frac{\tilde{\mathrm{d}}\boldsymbol{\rho}}{\mathrm{d}t}=\frac{\mathrm{d}\rho_x}{\mathrm{d}t}\boldsymbol{i}+\frac{\mathrm{d}\rho_y}{\mathrm{d}t}\boldsymbol{j}+\frac{\mathrm{d}\rho_z}{\mathrm{d}t}\boldsymbol{k}$$

S 上观察者所见到的变化率 $\frac{\mathrm{d}\boldsymbol{\rho}}{\mathrm{d}t}$ 叫做绝对变化率，S' 上观察者所见到的变化率 $\frac{\tilde{\mathrm{d}}\boldsymbol{\rho}}{\mathrm{d}t}$ 叫做相对变化率，由 $\boldsymbol{i},\boldsymbol{j},\boldsymbol{k}$ 转动所产生的 $\boldsymbol{\omega}\times\boldsymbol{\rho}$ 叫做牵连变化率。由此可见，由于 S' 相对 S 的转动，任意一个矢量的绝对变化率等于它的相对变化率与牵连变化率之和。

运用到质点 A 的速度矢量上，有

$$\boldsymbol{v}=\frac{\mathrm{d}\boldsymbol{r}}{\mathrm{d}t}=\frac{\tilde{\mathrm{d}}\boldsymbol{r}}{\mathrm{d}t}+\boldsymbol{\omega}\times\boldsymbol{r}$$

将上式对时间求导并利用上述结论，得

$$\begin{aligned}\boldsymbol{a}&=\frac{\mathrm{d}\boldsymbol{v}}{\mathrm{d}t}=\frac{\tilde{\mathrm{d}}\boldsymbol{v}}{\mathrm{d}t}+\boldsymbol{\omega}\times\boldsymbol{v}=\frac{\tilde{\mathrm{d}}}{\mathrm{d}t}\left(\frac{\tilde{\mathrm{d}}\boldsymbol{r}}{\mathrm{d}t}+\boldsymbol{\omega}\times\boldsymbol{r}\right)+\boldsymbol{\omega}\times\left(\frac{\tilde{\mathrm{d}}\boldsymbol{r}}{\mathrm{d}t}+\boldsymbol{\omega}\times\boldsymbol{r}\right)\\&=\frac{\tilde{\mathrm{d}}^2\boldsymbol{r}}{\mathrm{d}t^2}+\boldsymbol{\omega}\times\frac{\tilde{\mathrm{d}}\boldsymbol{r}}{\mathrm{d}t}+\boldsymbol{\omega}\times\frac{\tilde{\mathrm{d}}\boldsymbol{r}}{\mathrm{d}t}+\boldsymbol{\omega}\times(\boldsymbol{\omega}\times\boldsymbol{r})\\&=\frac{\tilde{\mathrm{d}}^2\boldsymbol{r}}{\mathrm{d}t^2}+2\boldsymbol{\omega}\times\frac{\tilde{\mathrm{d}}\boldsymbol{r}}{\mathrm{d}t}+\boldsymbol{\omega}\times(\boldsymbol{\omega}\times\boldsymbol{r})\end{aligned}$$

式中：$\boldsymbol{a}$ 是质点 A 的绝对加速度，$\boldsymbol{a}'=\frac{\tilde{\mathrm{d}}^2\boldsymbol{r}}{\mathrm{d}t^2}$ 是 A 的相对加速度，$\boldsymbol{v}'=\frac{\tilde{\mathrm{d}}\boldsymbol{v}}{\mathrm{d}t}$ 是 A 的相对速度。利用三矢量的矢积表示式

$$\boldsymbol{c}\times(\boldsymbol{a}\times\boldsymbol{b})=(\boldsymbol{c}\cdot\boldsymbol{b})\boldsymbol{a}-(\boldsymbol{c}\cdot\boldsymbol{a})\boldsymbol{b}$$

得

$$\boldsymbol{\omega}\times(\boldsymbol{\omega}\times\boldsymbol{r})=(\boldsymbol{\omega}\cdot\boldsymbol{r})\boldsymbol{\omega}-(\boldsymbol{\omega}\cdot\boldsymbol{\omega})\boldsymbol{r}$$

由于 $\boldsymbol{\omega}$ 是恒矢量，若记 $\boldsymbol{e}_{//}$ 是 $\boldsymbol{\omega}$ 方向上的单位矢量，$\boldsymbol{e}_{\perp}$ 是过 $\boldsymbol{\omega}$ 和 $\boldsymbol{r}$ 平面并

与 $\boldsymbol{\omega}$ 垂直的单位矢量，则

$$\boldsymbol{\omega}\times(\boldsymbol{\omega}\times\boldsymbol{r})=\boldsymbol{e}_{//}\omega^2 r_{//}-\omega^2(r_{//}\boldsymbol{e}_{//}+r_{\perp}\boldsymbol{e}_{\perp})=-\omega^2 r_{\perp}\boldsymbol{e}_{\perp}=-\omega^2\boldsymbol{R}$$

$\boldsymbol{R}=r_{\perp}\boldsymbol{e}_{\perp}$ 是质点 A 到通过 $\boldsymbol{\omega}$ 轴线的垂直距离。综合上面各式给出

$$\boldsymbol{a}=\boldsymbol{a}'+2\boldsymbol{\omega}\times\boldsymbol{v}'-\omega^2\boldsymbol{R}$$

式中：$-\omega^2\boldsymbol{R}$ 即向心加速度，$2\boldsymbol{\omega}\times\boldsymbol{v}'$ 即科里奥利加速度。

2. 设由 n 个质点组成的质点组(系)，各质点的质量为 m_1，m_2，…，m_n，对某一指定点的位矢为 $\boldsymbol{r}_1$，$\boldsymbol{r}_2$，…，$\boldsymbol{r}_n$，定义

$$\boldsymbol{r}_C=\frac{\sum\limits_i m_i\boldsymbol{r}_i}{M}$$

式中：$M=\sum\limits_i m_i$ 是质点系总质量；$\sum\limits_i m_i\boldsymbol{r}_i$ 称质点对该指定点的线矩；具有位矢 $\boldsymbol{r}_C$ 的特殊点叫做该质点系的质量中心，简称质心。

显然，若各质点位矢是相对质心而言，则 $\boldsymbol{r}_C=0$。另外，由于对通常尺寸的物体，其上各点处的重力加速度可以认为相同，因此通常物体的质心即重心。

证明：(1) 质心运动定理　$M\dfrac{\mathrm{d}^2\boldsymbol{r}_C}{\mathrm{d}t^2}=\sum\limits_i\boldsymbol{F}_i^{(\mathrm{e})}$，$\boldsymbol{F}_i^{(\mathrm{e})}$ 是第 i 个质点所受的外力。

(2) 质点系相对质心的动量矩定理 $\dfrac{\mathrm{d}\boldsymbol{L}_C}{\mathrm{d}t}=\sum\limits_i(\boldsymbol{r}'_i\times\boldsymbol{F}_i^{(\mathrm{e})})$，$\boldsymbol{L}_C$ 是质点组对质心的动量矩，$\boldsymbol{r}'_i$ 是第 i 个质点对质心的位矢。

证：(1)根据牛顿第二定律，第 i 个质点的运动方程为

$$m_i\frac{\mathrm{d}^2\boldsymbol{r}}{\mathrm{d}t^2}=\boldsymbol{F}_i^{(\mathrm{e})}+\boldsymbol{F}_i^{(\mathrm{i})}$$

式中：$\boldsymbol{r}_i$ 是第 i 个质点的位矢；$\boldsymbol{F}_i^{(\mathrm{e})}$ 和 $\boldsymbol{F}_i^{(\mathrm{i})}$ 分别是它所受的外力和内力。将上式对所有质点求和得

$$\sum_i m_i\frac{\mathrm{d}^2\boldsymbol{r}_i}{\mathrm{d}t^2}=\sum_i\boldsymbol{F}_i^{(\mathrm{e})}+\sum_i\boldsymbol{F}_i^{(\mathrm{i})}$$

由牛顿第三定律知
$$\sum_i\boldsymbol{F}_i^{(\mathrm{i})}=0$$

而
$$\sum_i m_i\frac{\mathrm{d}^2\boldsymbol{r}_i}{\mathrm{d}t^2}=\frac{\mathrm{d}^2}{\mathrm{d}t^2}\sum_i m_i\boldsymbol{r}_i=M\frac{\mathrm{d}^2\boldsymbol{r}_c}{\mathrm{d}t^2}=M\boldsymbol{a}_c$$

所以
$$M\boldsymbol{a}_C=\sum_i\boldsymbol{F}_i^{(\mathrm{e})}$$

式中：$\boldsymbol{a}_C=\dfrac{\mathrm{d}^2\boldsymbol{r}_C}{\mathrm{d}t^2}$ 是质心加速度。

这就是质心运动定理，它表明质点系的总质量与质心加速度之积等于作用在质点系上所有外力的矢量和。

(2) 取质心 C 为原点，建立一个相对于固定参考系 $Oxyz$ 作平动的坐标系 $Cx'y'z'$，简称质心平动系。设第 i 个质点对 O 的位矢为 $\boldsymbol{r}_i$，对 C 的位矢为 $\boldsymbol{r}_i'$，C 对 O 的位矢为 $\boldsymbol{r}_0$，则有

$$\boldsymbol{r}_i=\boldsymbol{r}'_i+\boldsymbol{r}_0 \qquad \frac{\mathrm{d}\boldsymbol{L}}{\mathrm{d}t}=\sum_i \boldsymbol{r}_i\times\boldsymbol{F}_i^{(e)}$$

而 $$\boldsymbol{L}=\sum_i(\boldsymbol{r}_i\times m_i\boldsymbol{v}_i)=\sum_i\left[(\boldsymbol{r}_0+\boldsymbol{r}_i')\times m_i\frac{\mathrm{d}}{\mathrm{d}t}(\boldsymbol{r}_0+\boldsymbol{r}_i')\right]$$

$$=\sum_i(\boldsymbol{r}_0\times m_i\dot{\boldsymbol{r}}_0)+\sum_i(\boldsymbol{r}_0\times m_i\dot{\boldsymbol{r}}_i')+\sum_i(\boldsymbol{r}_i'\times m_i\dot{\boldsymbol{r}}_0)+\sum_i(\boldsymbol{r}_i'\times m_i\dot{\boldsymbol{r}}_i')$$

$$=\boldsymbol{r}_0\times M\dot{\boldsymbol{r}}_0+\boldsymbol{r}_0\times\sum_i m_i\dot{\boldsymbol{r}}_i'+\left(\sum_i m_i\dot{\boldsymbol{r}}_i\right)\times\dot{\boldsymbol{r}}_0+\sum_i(\boldsymbol{r}_i'\times m_i\dot{\boldsymbol{r}}_i')$$

根据质心的定义， $$\sum_i m_i\boldsymbol{r}_i'=0 \qquad \sum_i m_i\dot{\boldsymbol{r}}_i'=0$$

所以 $$\boldsymbol{L}=\boldsymbol{r}_0\times M\dot{\boldsymbol{r}}_0+\sum_i(\boldsymbol{r}_i'\times m_i\dot{\boldsymbol{r}}_i')$$

$$\frac{\mathrm{d}\boldsymbol{L}}{\mathrm{d}t}=\dot{\boldsymbol{r}}_0\times M\dot{\boldsymbol{r}}_0+\boldsymbol{r}_0\times M\ddot{\boldsymbol{r}}_0+\frac{\mathrm{d}}{\mathrm{d}t}\left[\sum_i(\boldsymbol{r}_i'\times m_i\dot{\boldsymbol{r}}_i')\right]$$

$$=\boldsymbol{r}_0\times M\ddot{\boldsymbol{r}}_0+\frac{\mathrm{d}}{\mathrm{d}t}\left[\sum_i(\boldsymbol{r}_i'\times m_i\dot{\boldsymbol{r}}_i')\right]$$

$$\sum_i(\boldsymbol{r}_i\times\boldsymbol{F}_i^{(e)})=\sum_i\left[(\boldsymbol{r}_0+\boldsymbol{r}_i')\times\boldsymbol{F}_i^{(e)}\right]=\boldsymbol{r}_0\times\sum_i\boldsymbol{F}_i^{(e)}+\sum_i(\boldsymbol{r}_i'\times\boldsymbol{F}_i^{(e)})$$

由质心运动定理 $M\ddot{\boldsymbol{r}}_0=M\ddot{\boldsymbol{r}}_C=\sum_i\boldsymbol{F}_i^{(e)}$ 和动量矩定理$\dfrac{\mathrm{d}\boldsymbol{L}}{\mathrm{d}t}=\sum_i\boldsymbol{r}_i\times\boldsymbol{F}_i^{(e)}$ 知

$$\frac{\mathrm{d}\boldsymbol{L}_C}{\mathrm{d}t}=\sum_i(\boldsymbol{r}_i'\times\boldsymbol{F}_i^{(e)})$$

式中：$\boldsymbol{L}_C=\sum_i(\boldsymbol{r}_i'\times m_i\dot{\boldsymbol{r}}_i')$ 是质点系对质心 C 的总动量矩，$\sum_i(\boldsymbol{r}_i'\times\boldsymbol{F}_i^{(e)})$ 是外力对质心 C 的力矩之和。这就是质点系相对于质心的动量矩定理，表明质点系在质心平动系的运动中，质点系对质心的总动量矩对时间的导数，等于作用在质点系上所有外力对质心力矩的矢量和。

3. 如果质点所受的力，不论质点位置如何总是指向一定点，则称此力为有心力。质点在有心力作用下必在一平面内运动。若选取平面极坐标系且令力心与极坐标系原点重合，

(1)写出质点运动微分方程；

(2)证明动量矩守恒。

解：(1)我们知道，在平面内运动的质点，其加速度在平面极坐标中可分成两部分：径向加速度 a_r 和横向加速度 a_θ。根据牛顿第二定律即可得到在平面极坐标下，质点的运动微分方程

$$ma_r = m(\ddot{r} - r\dot{\theta}^2) = F_r$$

$$ma_\theta = m(r\ddot{\theta} + 2\dot{r}\dot{\theta}) = \frac{m}{r}\frac{\mathrm{d}}{\mathrm{d}t}(r^2\dot{\theta}) = F_\theta$$

式中：F_r 与 F_θ 是质点所受的力在沿矢径和垂直矢径的分量。

对有心力，$F_r = F$，$F_\theta = 0$，所以

$$ma_r = m(\ddot{r} - r\dot{\theta}^2) = F$$

$$ma_\theta = \frac{m}{r}\frac{\mathrm{d}}{\mathrm{d}t}(r^2\dot{\theta}) = 0$$

这就是在有心力作用下质点运动的微分方程。

(2)平面内运动的质点，在平面极坐标下，速度可表示成

$$\boldsymbol{v} = v_r\boldsymbol{e}_r + v_\theta\boldsymbol{e}_\theta = \dot{r}\boldsymbol{e}_r + r\dot{\theta}\boldsymbol{e}_\theta$$

式中：$\boldsymbol{e}_r$ 和 $\boldsymbol{e}_\theta$ 分别是沿矢径方向和垂直矢径方向上的单位矢量，其正向为 r 和 θ 增加的方向。有心力作用下质点绕力心运动的动量矩为

$$\boldsymbol{L} = \boldsymbol{r} \times m\boldsymbol{v} = r\boldsymbol{e}_r \times m(\dot{r}\boldsymbol{e}_r + r\dot{\theta}\boldsymbol{e}_\theta) = mr^2\dot{\theta}\boldsymbol{e}_z$$

式中：$\boldsymbol{e}_z$ 是过原点与平面垂直方向上的单位矢量。由有心力作用下质点运动微分方程知，$r^2\dot{\theta}$ 为常数，所以

$$\boldsymbol{L} = mr^2\dot{\theta}\boldsymbol{e}_z = \text{常矢量}$$

它表明，只受有心力作用的质点，动量矩守恒。

4. 光滑斜面上置一四方形重物，受两力支撑而平衡。两力大小均为重物重量之一半，但一力沿水平向，一力与斜面平行。求斜面倾角。

解：设重物重 W，斜面倾角 α。依题意，重物共受四力作用：重力 W，水平力$\frac{W}{2}$，与斜面平行力$\frac{W}{2}$，与斜面垂直的支承力 N。重物处于平衡状态时，四力的合力为零。因此，此合力在任意方向投影也为零，特别地，在沿斜面方向投影为零。即

$$\frac{W}{2} + \frac{W}{2}\cos\alpha - W\sin\alpha = 0$$

于是
$$1+\sqrt{1-\sin^2\alpha}-2\sin\alpha=0$$
$$\sqrt{1-\sin^2\alpha}=2\sin\alpha-1$$
$$1-\sin^2\alpha=4\sin^2\alpha-4\sin\alpha+1$$
由此得
$$5\sin^2\alpha-4\sin\alpha=0$$
其合理解为 $5\sin\alpha-4=0 \qquad \alpha=\arcsin\frac{4}{5}$

5. 质量为 m 的质点受与距离成反比(比例系数 λ)的有心力吸引，从离力心 l 远处由静止开始运动，求达到力心所需的时间。

解：取过力心与质点的直线为 x 轴，力心为原点，质点在 x 处($0\leqslant x\leqslant l$)所受到的引力为 $-\frac{\lambda}{x}$(负号表示指向力心)。根据动能定理，质点在 x 处的速度 v 满足
$$\frac{1}{2}mv^2-0=-\int_l^x\frac{\lambda}{x}\mathrm{d}x=\lambda\ln\frac{l}{x}$$
由此求得
$$v=\frac{\mathrm{d}x}{\mathrm{d}t}=-\sqrt{\frac{2\lambda}{m}\ln\frac{l}{x}}$$
式中开方取负号原因是 $v<0$。上式表明，在 x 处质点走完 $\mathrm{d}x$ 路程所需时间
$$\mathrm{d}t=\frac{-\mathrm{d}x}{\sqrt{\frac{2\lambda}{m}\ln\frac{l}{x}}}$$
将 $\mathrm{d}x$ 从 $l\to 0$ 积分，即得到质点完成这段路程所需时间
$$t=\int\mathrm{d}t=-\int_l^0\frac{\mathrm{d}x}{\sqrt{\frac{2\lambda}{m}\ln\frac{l}{x}}}$$
令 $\ln\frac{l}{x}=y^2$，$x=l\mathrm{e}^{-y^2}$，$\mathrm{d}x=-2ly\mathrm{e}^{-y^2}\mathrm{d}y$，有
$$t=\sqrt{\frac{2m}{\lambda}}\int_0^\infty l\mathrm{e}^{-y^2}\mathrm{d}y=l\sqrt{\frac{2m}{\lambda}}\frac{\sqrt{\pi}}{2}=l\sqrt{\frac{m\pi}{2\lambda}}$$
计算中利用了
$$\int_0^\infty\mathrm{e}^{-y^2}\mathrm{d}y=\frac{\sqrt{\pi}}{2}$$

科学巨匠——伽利略与牛顿

伽利略(Galileo Galilei，1564—1642 年)出生于意大利比萨，17 岁考入比

萨大学，遵从父愿学医，但不久就迷上了科学和数学，并表现出实验和测量方面的才能，1589—1592年受聘于比萨大学任数学讲座教授。这段时间伽利略做了许多力学实验，其中就有著名的自由落体实验。但由于他的新观点而遭受敌视和排斥，1593—1610年改到威尼斯的帕多瓦大学任教授。伽利略热心宣传哥白尼学说引起教会的不满，1616年受到宗教裁判所的谴责和警告。不过，他并未停止他的研究。1632年伽利略出版了轰动一时的《关于托勒密和哥白尼两大世界体系的对话》，尖锐批判了旧宇宙体系，从而招致他再次受到宗教裁判所审判，并被判终身监禁。1637年伽利略双目失明后才被准许有稍多一点的自由。直至300多年后，即1979年11月20日，教皇约翰·保罗才公开宣布为伽利略平反。

伽利略在物理学的发展史上占有重要地位。他是经典力学的先驱，近代实验物理学的奠基人。伽利略的比萨斜塔实验，推翻了古希腊学者亚里士多德"物体下落速度和重量成比例"的学说，纠正了这个持续了1900年之久的错误。1609年，伽利略利用自制的天文望远镜，观察到月球表面的凹凸不平，并亲手绘制了第一幅月面图。1610年1月7日，伽利略发现了木星的四颗卫星，为哥白尼学说找到了确凿的证据。另外，伽利略解释了自由落体运动和抛体运动，提出了伽利略相对性原理，并初步发现了惯性定律。

伽利略所创立的采用数学作为描述物理现象的主要手段，实验作为检验理论的最重要依据的方法，开辟了科学研究的新道路。伽利略在探索真理过程中所表现出来的勇气和牺牲精神使他成为科学工作者的典范。爱因斯坦在《物理学的进化》一书中曾这样评价伽利略："伽利略的发现以及他所用的科学推理方法是人类思想史上最伟大的成绩之一，而且标志着物理学的真正开端。"

牛顿(Isaac Newton，1642—1727年)出生在英国林肯郡的伍尔索普，1660年进入剑桥大学三一学院学习，1664年牛顿有机会参加一个著名的卢卡锡数学讲座，认识了主持人巴罗教授，在他的引导下走上了研究自然科学的道路。1669年接替巴罗教授担任卢卡锡数学讲座教授，1672年成为英国皇家学会会员，1696年任皇家造币局监督，1699年升为造币局局长，1703年当选为英国皇家学会主席，1705年被英国女皇授予爵士称号。

从上学开始，人们就听说了牛顿这个名字，而有关万有引力定律发现经过的苹果落地的故事更是脍炙人口、广为流传。牛顿是他那个时代的智力巨人，在众多领域都作出了巨大贡献，牛顿的物理思想和物理方法对物理学的发展影响深远。在物理学上，牛顿在伽利略等前人工作的基础上，提出了三条运动基本定律，称为牛顿定律，创立了经典力学，即牛顿力学；在天文学方面，牛顿制作了反射望远镜，解释了潮汐的成因，特别是发现了万有引力定律，创立了科学的天文学；在数学上，牛顿论证了“牛顿二项式定理”，并和莱布尼兹几乎同时发明了微积分。此外，在光学上，牛顿提出了光的“微粒说”，应用三棱镜分解，发现白色日光由不同颜色的光构成。

1687 年，牛顿的代表作《自然哲学的数学原理》出版，这是一部划时代的巨著。《原理》一书一经问世，立即产生了巨大的影响，它标志一个新时代和新科学文明的到来。法国物理学家拉普拉斯曾如此评价：“《原理》将成为一座永垂不朽的深邃智慧的纪念碑，它向我们揭示了最伟大的宇宙定律。”《自然哲学的数学原理》由一个序言、一个导论、三篇正文和一个总释组成。牛顿在这部巨著中提出了力学三大定律和万有引力定律，对宏观物体的运动给出了精确的描写，总结了他的物理发现，概括了他的自然哲学观和科学方法。牛顿的四条“哲学的推理法则”：简单性规则、因果性规则、普遍性规则、正确性规则和公理化方法、归纳一演绎法、分析一综合法、数学一物理方法、实验一抽象方法构成了一个完整的科学方法论体系，它长期被后世科学家奉为楷模，对后来的自然哲学和科学的发展产生了极为深远的影响。

牛顿一辈子没有结婚，他把一生都献给了科学研究，用他自己的话说：“因为总在思考。”1727 年 85 岁高龄的牛顿与世长辞，留在他墓碑上碑文的最后一句话是：“让人类为曾经生存过这样伟大的一位给各种族增光的人而高兴吧!”

习　题　1

1. 一质点做平面运动，其运动方程为

$$x=2t+4 \qquad y=\frac{1}{2}t^2+3t+4$$

(1)计算质点的速度和加速度；

(2)确定质点的运动轨迹。

2. 以每小时 108km 行驶的列车，制动后若以加速度 $a=-0.4\text{m/s}^2$ 减速行驶，问应在到站前多少时间以及到站前多少距离开始制动?

3. 若飞机上扔出的炸弹可看做平抛物体运动，炸弹扔出时的初速度为

139m/s，飞机飞行高度为 4000m。试问应在离目标地面距离多远时就提前投弹方能命中目标？

4. 以每小时 28.8km 在雨中匀速航行的船只，篷高 4m，甲板上干湿分界线在雨篷后 2m 处；但当船停航时，甲板上干湿分界线在雨篷前 3m 处。若雨滴速度为恒量，试求其大小。

5. 一船速率为 0.5m/s，航向朝东，途经某一灯塔。90 分钟后，另一速率相同、航向朝北的船只亦经此塔。问：何时此两船相距最近？其值如何？

6. 一垂直升降的电梯从静止开始加速运动，加速度为

$$a=\lambda(1-\sin bt)$$

式中 λ，b 均是常数。求时间 T 后电梯的速度及上升高度。

7. 小球自高 h 处自由落下，与地面相碰后反弹。若此时开始计算时间，问多长时间后，小球停止反弹？这段时间内小球走了多少路程？设小球与地面碰撞的恢复系数为

$$\eta=\frac{v_2'-v_1'}{v_2-v_1}$$

式中：v_2 和 v_1 是两者碰前速度，v_2' 和 v_1' 是两者碰后速度。

8. 分析图中重物 G 的受力情况及平衡条件。

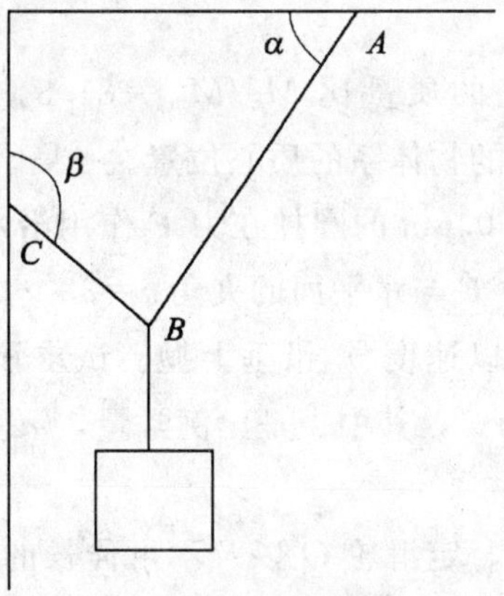

题 8 图

9. 分析图中重物 G 的受力情况及平衡条件：(1)接触面无摩擦；(2)接触面有摩擦。

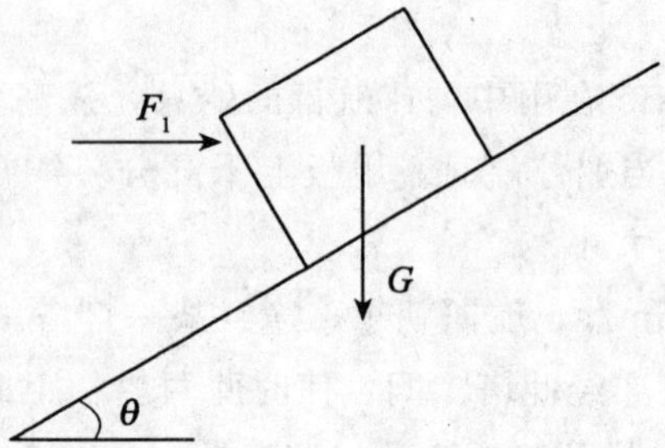

题 9 图

10. 沿边长为 a 的等边三角形每条边上分别作用 $\boldsymbol{F}_1$，$\boldsymbol{F}_2$ 和 $\boldsymbol{F}_3$，这三个力的方向成逆时钟转向，若 $\boldsymbol{F}_1=\boldsymbol{F}_2=\boldsymbol{F}_3=\boldsymbol{F}$，求这三个力的合力及合力矩。

11. 桌上置一光滑半球形碗，半径为 r。一均匀棒斜靠碗缘，在碗内的长度为 l，求其全长。

12. 一长为 L 的均匀梯子，上端靠墙，下端搁在地面上。设墙面摩擦因数为 1/3，地面摩擦因数为 1/2，人的体重为梯子重量的 3 倍。若人爬到梯子最上端而梯仍未滑动，问梯子与地面的夹角 θ 至少应多大?

13. 一半径为 R 的圆盘截掉一个与之相切的直径为 R 的小圆盘，求剩余部分的质心位置。

14. 已知地球与月亮的质量比 $M_E/M_m=81.3$，地球与月亮相距 3.9×10^8 m,求地球与月亮组成的物体系的质心位置。

15. 重 3000N、直径 0.6m 的圆柱在力 $\boldsymbol{F}$ 作用沿水平面匀速滚动。已知滚阻系数 $\delta=5\times10^{-3}$ m，力 $\boldsymbol{F}$ 与水平面的夹角 $\theta=30°$，求力 $\boldsymbol{F}$ 的大小。

16. 物体自地球表面以速度 v_0 铅垂上抛。试求该物体返回地面时的速度 v_1。假定空气阻力 $f=\lambda mv^2$，其中 λ 是比例常量，m 是物体质量，v 是物体瞬时速度。

17. 系统由动滑轮 O、定滑轮 O' 以及不可伸长的柔软绳索和物块组成(见图)。一物块重 G，另一物块重 G'；两滑轮都可看成半径相等的匀质圆盘，$G'=G$。不计绳重和轴承摩擦，绳与滑轮间无滑动，试求重为 G' 物块的加速度。

18. 锻床锻压毛坯时，若落锤质量是 1 000kg，提升高度是 3.5m，冲击时间是 0.05s，试求：(1)毛坯对落锤的冲量。(2)落锤对毛坯的平均锻压力(不计机械摩擦损耗)。

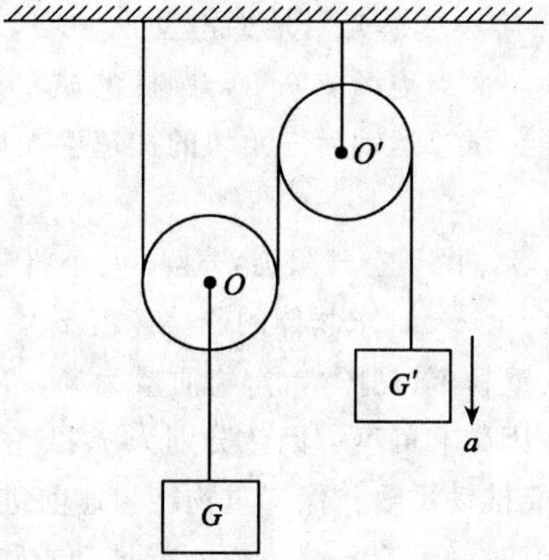

题 17 图

19. 如图所示，绳索两边各连一物体，重量分别为 G_1 和 $G_2(G_1>G_2)$。绳索挂在一滑轮上，滑轮可看成半径为 r 的匀质圆盘，重 G。若不计绳索的重量，求当物体 G_1 速度是 v 时整个系统的动量。

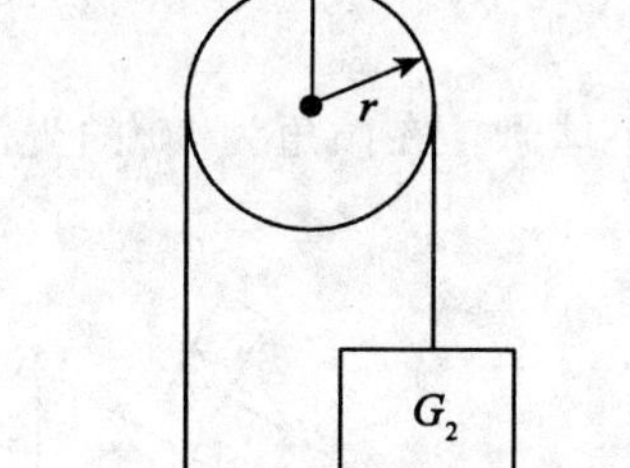

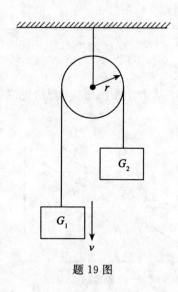

题 19 图

20. 一长为 l、质量为 m 的均匀杆，一端系在绳索上，另一端搁在光滑地面上。当杆静止时，绳索与地面垂直，杆与地面的夹角 $\varphi=45°$。若绳索突然断掉，求此瞬间作用在杆另一端的约束力。

21. 质量为M的三角块可沿光滑地面滑动，一均匀圆柱相对于三角块的斜面纯滚动。若三角块斜面与地面成θ角，圆柱的质量是m，半径是r，且假设开始时整个系统静止，试求运动后三角块的加速度a以及圆柱中心相对于三角块的加速度a_c。

22. 物体从空中下落，由于空气阻力，速度大小将趋于一常数，称为收尾速度。假定空气阻力$f=\lambda m v^2$，求物体的收尾速度v_{m}。

23. 一力$\boldsymbol{F}$作用在重物上(见图)，重物质量为m，$\boldsymbol{F}$与水平面的夹角为θ，重物与水平面滑动摩擦因数和静摩擦因数分别为f和f_s。

(1)F至少多大方能推动重物？保持重物能匀速前进，F又应多大？

(2)证明θ大于某值时，无论$\boldsymbol{F}$多大也不能推动重物。问此θ多大？

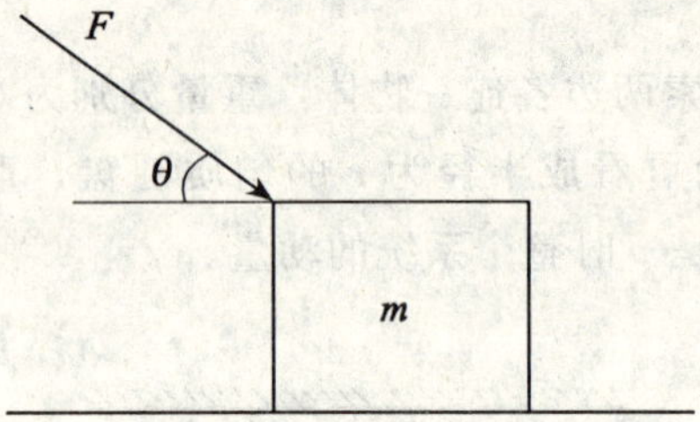

题 23 图

24. 质量为0.4kg的小球悬挂在倾角为30°的光滑斜面上(见图)。

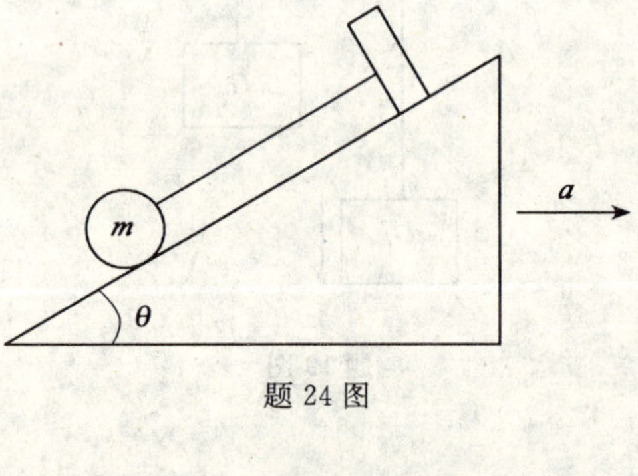

题 24 图

(1)若斜面以加速度$a=2\mathrm{m}\cdot\mathrm{s}^{-2}$沿图示方向运动，试求绳的张力及小球对斜面的正压力。

(2)斜面加速度多大时，小球会脱离斜面？

25. 如图所示，两重物 A、B 分挂滑轮两边，A、B 质量为 $m_A=100\text{kg}$，$m_B=60\text{kg}$，斜面倾角为 $\alpha=30°$，$\beta=45°$。若重物与斜面间无摩擦，滑轮和绳的重量忽略不计，求重物运动方向和加速度以及绳的张力。

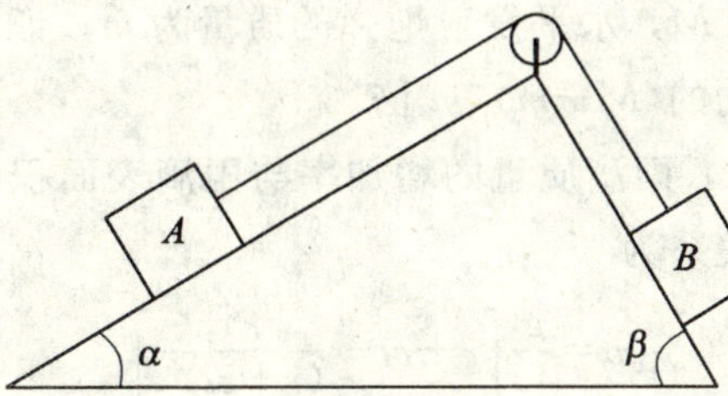

题 25 图

26. 物体在半径为 r 的圆环内做圆周运动，物体与圆环间摩擦因数为 μ。设物体初始速度为 v，求物体瞬时速度 v_t 和速率为初始速率一半时所需时间及所走路程。

27. 质量为 40kg 的女孩从船头走到船尾，船的质量为 320kg，船长 4m。开始时船静止，求女孩走到船尾时船移动的距离(水的阻力不计)。

28. 自动步枪每分钟可连射 120 发子弹，每发子弹质量为 8g，发射时速率为 735m/s，求射击时枪托对肩部的平均压力。

29. 子弹的速度可用所谓"冲击摆"这一装置测量。若子弹质量为 m，冲击摆质量为 M，最大摆角为 θ，求子弹的速度。

30. 质量为 M 的气球和质量为 m 的重物一起以加速度 a 上升。若将重物抛出，问气球上升加速度改变如何？(计算中可不计阻力和浮力)

31. 火车质量为 M，所受阻力为 f，火车牵引功率 N 为常数，证明：

(1)f 为常数时，$t=\dfrac{MN}{f^2}\ln\dfrac{N}{N-fv}-\dfrac{Mv}{f}$；

(2)f 与速度 v 成正比时，$t=\dfrac{Mv}{2f}\ln\dfrac{N}{N-fv}$。

32. 长为 a 的弹性绳上端固定，下端依次悬有质量为 m_1 和 m_2 两物体，b_1 是悬挂 m_1 后绳的伸长，b_2 是悬挂 m_2 后绳的伸长。若割掉 m_2 任其下坠，求所剩 m_1 的运动方程。

33. 一重物自 2m 高处恰下落于一弹簧上，使弹簧缩短 0.5m。若弹簧劲度系数为 100kg/m，求重物重量。

34. 一悬索形如抛物线，方程为 $x^2=4by$，质量为 m 的物体自 $x=2b$ 处自由滑至抛物线顶点，求此时物体速度及对悬索的压力。

35. 半径为 r、质量为 m 的均匀圆盘，绕过盘心且垂直盘面的轴匀速转动，角速度为 ω，求圆盘绕此轴转动的动量矩。

36. 大炮的质量为 M，水平发射炮弹的质量为 m，证明火药爆炸时做的功是大炮反冲时消耗的功的$(M+m)/m$ 倍。

37. 若雨滴下落时，雨滴质量的增加率与雨滴表面积成正比，证明雨滴下落速度与所经时间的关系为

$$v=\frac{g}{4c}\left[r+ct-\frac{r^4}{(r+ct)^3}\right]$$

式中：r 是 $t=0$ 时雨滴的半径，c 是单位时间雨滴半径的增量。

38. 一均匀棒两端悬挂在两平行绳上，棒身水平。若一绳断裂，问此时另一绳张力如何?

39. 外形相等的一空心球和一实心球同时沿某斜面的同一高度自由滚下，问孰快孰慢？试计算两球经过相等距离所需时间比。

第 2 章　热现象的基本规律

本章内容包括热力学平衡态和温度，热力学第零、第一、第二、第三定律，热力学函数及热力学基本方程。

2.1　热力学第零定律　温度

2.1.1　热力学系统与热力学平衡态

热现象是人类最早接触到的现象之一。通俗地说，与冷热有关的物理现象都叫做热现象，而热力学则是关于热现象的宏观理论。热力学研究的对象称为热力学系统或系统。实验表明，一个不受外界影响的系统，无论初始状态如何，经过充分长时间后，总会达到这样一种状态：它的宏观性质不再随时间改变。这样一种状态叫做热力学平衡态或平衡态。比如在盛冷水的一个孤立杯子中加入热水，过一段时间杯子里的水冷热会相同，不再随时间变化。这时我们称杯中的水达到平衡，或处于平衡态。

处于平衡状态的系统，宏观性质不随时间改变，系统的宏观物理量具有确定值。这些描写系统状态的宏观物理量称为状态参量。热力学系统的状态参量一般包括：几何参量(如体积)、力学参量(如压强)、电磁参量(如电场、磁场)、化学参量(如浓度或组分百分比)。这些量中有的与系统总质量成正比，比如体积；有的与系统总质量无关，比如压强。前者叫广延量，后者叫强度量。虽然描写系统的状态有上述四类参量，但处理一个实际问题并非都需要用到这四类参量。比如，不存在电磁场和不考虑电磁性质，就无须引入电磁参量。

系统达到平衡时往往要满足一定的平衡条件。例如：装在容器中的气体被一个可移动的隔板分成两部分。达到平衡时，两部分气体的压强必须相等。此平衡叫力学平衡。水与水蒸气组成的系统有两个均匀系(称为相)。在这个系统中，水可以蒸发为水蒸气，水蒸气也可以凝结成水。达到平衡时，水蒸气应达到饱和，蒸汽的压强即为饱和蒸汽压。此平衡叫相平衡。氧、一氧化碳和二氧化碳组成的系统有三种化学成分(称为组元)。在这个系统中，一定条件下，氧和一氧化碳可以化合成二氧化碳，二氧化碳也可以分解成氧和一氧化碳。达到平衡时，化合和分解过程互相抵消，各组分有一定比例。此平衡叫化学平衡。

2.1.2　热力学第零定律(热平衡定律)

还有一类平衡在热力学中有着特殊的位置。考虑两个物体互相接触，其接触面(壁)或是绝热的，相互间无能量(热量)传递；或是透热的，相互间有能量(热量)传递。两个物体通过透热面或透热壁互相接触叫做热接触。在热接触情况下，热量将由热的物体传递到冷的物体。达到平衡时，两物体冷热程度一样，不再有热量传递。这种平衡叫热平衡。物体的冷热程度通常称为温度。温度是热力学所特有的一个物理量，不过物体的冷热程度跟人的感觉有关，它并不能正确地计量温度。在此，我们将对温度的概念进行严格的科学定义。

温度概念的建立与温度的定量测量都是以热平衡现象为基础的。经验告诉我们，两个物体进行热接触，经过一定时间后，它们将达到热平衡，处于一个共同的平衡态。这时若把它们分开，它们将保持这个状态不变。

如果有甲、乙、丙任意三个物体，让甲与乙同时和丙进行热接触，但甲与乙之间无热接触，那么经过一定时间后，我们发现，它们将达到热平衡，三个物体处于一个共同的平衡态。这时再让甲与乙进行热接触，甲与乙的状态不会有任何改变。大量事实表明，两个物体分别与第三个物体热平衡时，这两个物体之间也必然热平衡。这个规律叫做热力学第零定律，或热平衡定律。

2.1.3　温度

由热力学第零定律推知，互为热平衡的物体具有某一共同的物理性质，表征这一物理性质的量就是温度。为简单计，设甲、乙、丙三个物体的状态可以依次用两个独立的状态参量(x_1, y_1)、(x_2, y_2)、(x_3, y_3)确定。若甲与丙通过热接触达到热平衡，则x_1，y_1，x_3，y_3不能完全独立，而受热平衡条件约束，即有

$$F_{13}(x_1, y_1, x_3, y_3)=0 \tag{2.1.1}$$

同样，乙与丙通过热接触达到热平衡时，也应成立类似关系式：

$$F_{23}(x_2, y_2, x_3, y_3)=0 \tag{2.1.2}$$

由式(2.1.1)和式(2.1.2)原则上可解出 y_3：

$$y_3=f_{13}(x_1, y_1, x_3) \qquad y_3=f_{23}(x_2, y_2, x_3) \tag{2.1.3}$$

从而

$$f_{13}(x_1, y_1, x_3)=f_{23}(x_2, y_2, x_3) \tag{2.1.4}$$

上式表示甲、乙两物体分别与丙物体热平衡时所满足的条件。根据热力学第零定律，这时甲、乙两个物体也必然热平衡，因此

$$F_{12}(x_1, y_1, x_2, y_2)=0 \tag{2.1.5}$$

因为式(2.1.4)和式(2.1.5)都表示甲、乙两物体达到平衡时所满足的条件，所以两者是等价的。这意味着 x_3 必以同样的形式出现在式(2.1.4)两边，以致可以互相抵消。数学上只要令

$$f_{i3}(x_i, y_i, x_3)=a(x_3)[b(x_3)+\theta_i(x_i, y_i)] \quad (i=1, 2) \tag{2.1.6}$$

即可。式中 $a(x)$ 和 $b(x)$ 是 x 的任意函数。将式(2.1.6)代入式(2.1.4)并消去 x_3 得

$$\theta_1(x_1, y_1)=\theta_2(x_2, y_2) \tag{2.1.7}$$

交换乙和丙的次序，重复以上的讨论又得

$$\theta_1(x_1, y_1)=\theta_3(x_3, y_3) \tag{2.1.8}$$

综合式(2.1.7)和式(2.1.8)有

$$\theta=\theta_1(x_1, y_1)=\theta_2(x_2, y_2)=\theta_3(x_3, y_3) \tag{2.1.9}$$

上式表明，一切互为热平衡的物体具有一个完全由状态参量确定的共同的函数，它表征了处于热平衡状态的物体一个共同的物理性质，这便是温度。

2.1.4　温标

热力学第零定律还告诉我们，可以选择某一适当物体作为标准，将它与待测物体热接触，达到平衡后，测量该物体的温度即知待测物体的温度。这个用作测量标准的物体就是温度计。当然，要定量地确定温度的数值，还必须引入温度的数值表示法，即温标。温标建立包含三个要素：选择某种物质(测温物质)的某种随温度变化的属性(测温属性)；设立固定点与分度法；决定测温属性和温度的依赖关系。

常用的摄氏温标(℃)是选取纯水在一个大气压下结冰的温度(冰点)$t_\mathrm{i}=0$℃和沸腾的温度(沸点)$t_\mathrm{s}=100$℃。假设测温物质的测温属性(x)与温度(t)呈线性关系，则

$$t=t_\mathrm{i}+\frac{x-x_\mathrm{i}}{x_\mathrm{s}-x_\mathrm{i}}(t_\mathrm{s}-t_\mathrm{i})=\frac{x-x_\mathrm{i}}{x_\mathrm{s}-x_\mathrm{i}}\times 100 \tag{2.1.10}$$

对水银(酒精)温度计，x 即为水银(酒精)的体积。对电阻温度计，x 即为金属丝的电阻。在某些国家还采用一种华氏温标，它与摄氏温标的换算关系为

$$t_F=\frac{9}{5}t+32 \tag{2.1.11}$$

式中：t_F为华氏温度(℉)。

需要指出的是，如果取某种物质的某种属性与温度呈线性关系，那么其他测温属性就不一定能够也与温度呈线性关系。其结果是，不同测温物质或测温属性制作的温度计测量同一物体的温度，除固定点外，其他读数可能相异。这种依赖测温物质或测温属性的选择而建立的温标称为经验温标。为了使温度的测量有一个统一的标准，需要建立一种标准温标(或理想温标)，任何经验温标都可通过这个标准温标加以校正。显然，这个标准温标应该不依赖任何物质的任何属性，这便是热力学温标。热力学温标所确定的温度叫热力学温度，记为 T，单位称开尔文或开，用 K 表示。热力学温标属于一种理论上的理想温标，实际上，它是通过理想气体温标来实现的。

2.1.5 理想气体温标

理想气体严格遵守玻意耳(Boyle)-马略特(Mariotte)定律：一定质量气体温度不变时，压强(p)与体积(V)的乘积为一常数(C)，即

$$pV=C \tag{2.1.12}$$

这里 C 与温度有关。实际气体，只要它温度不太低，压强不太高，也都近似遵守这一定律。保持气体的体积不变，按气体压强的变化测量温度，这便是定容气体温度计。保持气体的压强不变，按气体的体积变化测量温度，这便是定压气体温度计。1954 年以后，国际上规定只用一个固定点建立标准温标。这一固定点为纯水三相点的温度(水、水蒸气和冰三相平衡共存的温度)，数值为 273.16K(开)。设 p_t表示定容气体温度计中气体在三相点($T=273.16$K)时的压强，在线性关系的假设下，气体压强为 p 时相应的温度 $T(p)$则为

$$T(p)=273.16\,\frac{p}{p_t}\text{K} \tag{2.1.13}$$

类似地，对定压气体温度计成立

$$T(V)=273.16\,\frac{V}{V_t}\text{K} \tag{2.1.14}$$

式中：V_t表示定压气体温度计中气体在三相点($T=273.16$K)时的体积，$T(V)$是气体体积为 V 时相应的温度。用不同的实际气体制作的气体温度计测温时，

除固定点外，虽然对其他温度的读数仍有微小区别，但这种微小区别随温度计所用气体量减少逐渐消失。当气体量减少到其压强趋于零时，它们都趋于一个共同的极限温标(见图 2.1)。这个极限温标便是理想气体温标，它可以表示为：

$$T=\lim_{p_t\to 0}T(p)=273.16\lim_{p_t\to 0}\frac{p}{p_t}\mathrm{K} \tag{2.1.15}$$

或

$$T=\lim_{V_t\to 0}T(V)=273.16\lim_{p_t\to 0}\frac{V}{V_t}\mathrm{K} \tag{2.1.16}$$

式中：T 是与理想气体温标相对应的温度，单位是开。

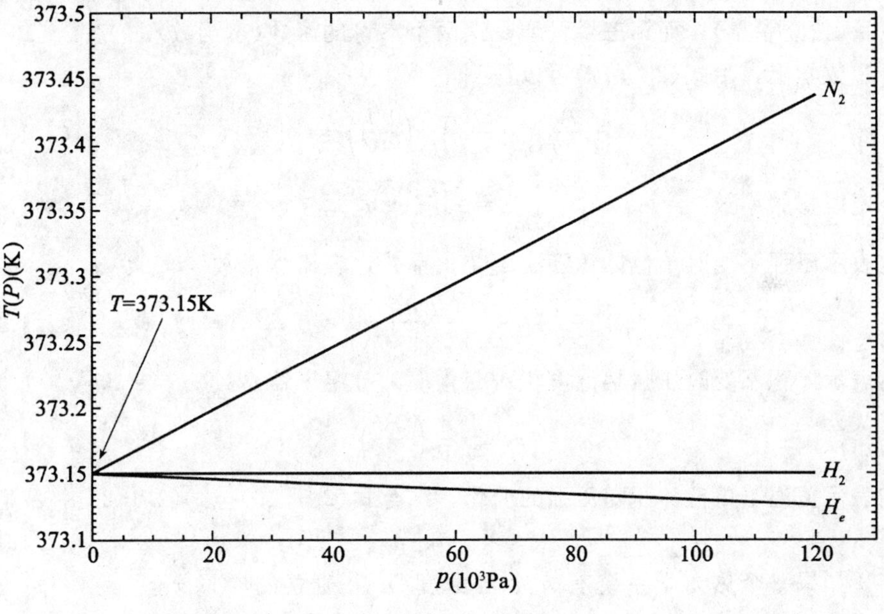

图 2.1　测定 $T=373.15\mathrm{K}$ 时，不同定容气体温度计在不同 p 值时的读数

理想气体温标虽不依赖气体的个性，但仍依赖气体的共性，对极低温度(气体液化点以下)和高温就不适用。更为理想的温标是热力学温标。不过，热力学理论表明，在理想气体温标适用的温度范围内，热力学温标与理想气体温标是完全一致的，所以理想气体温标是一种很重要的温标，既有理论意义又有实用价值。

2.1.6 热力学系统的状态方程

一方面，一个热力学系统的平衡态可以用相应的状态参量来描写；另一方面，在一定平衡态，热力学系统又具有确定的温度。这意味着，描写系统的状态参量与温度之间必然存在一定联系，表示这一联系的数学关系式称为状态方程或物态方程。对于气体、液体和各向同性固体等简单系统，它们的平衡态可以用两个独立的参量(体积V和压强p)描写，系统的状态方程(或物态方程)可表示为

$$f(p,\ V,\ T)=0 \tag{2.1.17}$$

这样的系统称pVT系统。实际上，这三个量中的任意两个都可以选作自变量(独立参量)，而第三个量便是这两个参量的函数(态函数)。

数学上，由式(2.1.17)可以得到

$$\left(\frac{\partial V}{\partial p}\right)_T\left(\frac{\partial p}{\partial T}\right)_V\left(\frac{\partial T}{\partial V}\right)_p=-1 \tag{2.1.18}$$

令定压膨胀系数

$$\alpha=\frac{1}{V}\left(\frac{\partial V}{\partial T}\right)_p \tag{2.1.19}$$

它表示压强不变时单位体积随温度变化率。定容压强系数

$$\beta=\frac{1}{p}\left(\frac{\partial p}{\partial T}\right)_V \tag{2.1.20}$$

它表示体积不变时压强随温度相对变化率。等温压缩系数

$$\kappa=-\frac{1}{V}\left(\frac{\partial V}{\partial p}\right)_T \tag{2.1.21}$$

它表示恒温下单位体积随压强的变化。结合式(2.1.19)至式(2.1.21)，我们有

$$\alpha=\kappa\beta p \tag{2.1.22}$$

如果一个热力学系统有n个自由度(n个独立的参量x_i，$i=1, 2, \cdots, n$)，那么它的状态方程则为

$$f(x_1,\ x_2,\ \cdots,\ x_n,\ T)=0 \tag{2.1.23}$$

任何物理量只要是状态参量的单值函数，便称为态函数，因此每个状态方程确定一个态函数。热力学系统的状态方程含有系统热性质的基本信息，在热力学中有着很重要的意义。系统状态方程的具体形式不能由热力学理论给出，只能由实验确定。若要从理论上推导状态方程，须研究物质的微观结构并应用统计物理学知识方能做到。下面介绍气体的状态方程。

1. 理想气体

对1摩尔理想气体，状态方程为

$$pV=RT \tag{2.1.24}$$

对 n 摩尔理想气体，状态方程为

$$pV=nRT \tag{2.1.25}$$

式中：p，V 是理想气体的压强和体积；T 是温度；n 是摩尔数；R 是一常数，称为普适气体常数。反过来，我们把严格遵守状态方程(2.1.24)或(2.1.25)的气体叫做理想气体。

2. 实际气体

在通常温度与压强下，可以近似地用理想气体状态方程来处理实际气体的问题，但在低温或高压下，实际气体与理想气体有较大偏差，理想气体状态方程已不再适用。为了更精确地描写实际气体的行为，人们提出了很多经验或半经验的状态方程。

这类方程中最简单、最有代表性的就是范德瓦尔斯(van der Waals)方程。1 摩尔气体的范德瓦尔斯方程可表示为

$$\left(p+\frac{a}{v^2}\right)(v-b)=RT \tag{2.1.26}$$

它是以理想气体状态方程为基础而加以修正得到的。其中常数 b 是考虑到气体分子固有体积而引进的修正项；a/v^2 是考虑到气体分子相互作用而引进的修正项。

更为精确的实际气体状态方程是昂尼斯(Onnes)方程，它有两种表达式：

$$pV=A+Bp+Cp^2+Dp^3+\cdots \tag{2.1.27}$$

或

$$pV=A+\frac{B'}{V}+\frac{C'}{V^2}+\frac{D'}{V^3}+\cdots \tag{2.1.28}$$

式中：A，$B(B')$，$C(C')$，$D(D')$…分别叫第一，第二，第三，第四…维里(Virial)系数。对 1 摩尔气体，$A=RT$。其余系数都是温度的函数，且与气体性质有关。

2.2　热力学第一定律

2.2.1　热力学过程　热量与功

热力学系统由一个状态改变到另一个状态叫做热力学过程，简称过程。如果在一个过程中的每一步，系统均处于平衡态，则这个过程叫做准静态过程。由于系统在准静态过程中的每一步均处于平衡态，系统的宏观性质仍可以用其

状态参量描写。

准静态过程在热力学中具有重要意义。这是因为，首先，在一个无摩擦的准静态过程中外界对系统的作用力(功)可以用系统的状态参量表示；其次，一个无摩擦的准静态过程是可逆的(可逆过程是指过程的每一步都能在相反方向进行而不引起外界变化的过程)。除非特别说明，今后所提到的准静态过程都是指无摩擦的准静态过程。当然，准静态过程是一种理想过程。在实际过程中系统往往经历了一系列的非平衡态。例如：一个带活塞的圆筒中盛有气体，活塞移动时气体的体积发生改变。显然，靠近活塞处的气体与远离活塞处的气体，压强与温度都不相同，圆筒中各处气体密度不一样，没有统一的压强与温度，系统处于非平衡态。只有活塞停止移动并经过一定的时间后，系统才能达到新的平衡态。系统重新恢复平衡所需要的时间称为弛豫时间。当一个实际过程进行得非常缓慢，以致系统参量改变所经历的时间比弛豫时间长，系统有足够时间恢复平衡时，这个过程便可以看做准静态过程。正如理想气体是无限稀薄气体的理想极限，准静态过程则是无限缓慢进行过程的理想极限。

系统状态的改变可以通过做功与传递热量(传热)来实现。下面给出气体(液体)和表面薄膜在准静态过程中所做的功。

1. 气体(液体)

如上例，一个带活塞的圆筒中盛有气体，活塞移动时气体的体积发生改变。设活塞面积为 A，活塞移动的距离为 $\mathrm{d}x$，则气体的体积改变为 $\mathrm{d}V=A\mathrm{d}x$。气体在这一无限小过程(称元过程)中所做的微功(称元功)为

$$\text{đ}W=pA\mathrm{d}x=p\mathrm{d}V \tag{2.2.1}$$

式中：字母 d 上加一横表示不是数学上的全微分，只是某一量的微小变化(下同)。

2. 表面薄膜

考虑一金属矩形框上张有液体薄膜，框的一边可以移动。设移动边长为 L，移动距离为 $\mathrm{d}x$，则表面薄膜的面积改变为 $A=2L\mathrm{d}x$。表面张力(σ)在这一元过程中所做的元功为

$$\text{đ}W=-\sigma 2l\mathrm{d}x=-\sigma\mathrm{d}A \tag{2.2.2}$$

负号表示薄膜面积减少时，表面张力对外做功。

上面讨论了功的表达式。做功是系统与外界相互作用而在过程中传递能量的一种方式。系统与外界通过做功方式传递能量时，系统的外参量会发生变化，因此做功是能量传递的宏观形式。除了做功方式外，系统与外界还可以通

过热交换的方式传递能量。热交换是由于系统与外界存在温度差而产生的，这种形式的能量传递是通过分子碰撞或热辐射来完成的，因此热交换和物质的微观运动紧密相连。还应该注意，功和热量都是与过程有关的量，即它们的数值与过程的路径有关。虽然功和热量是能量传递的两种形式，但它们之间有相当性，一定量的功应相当于一定量的热量。功和热量互相转化的数值关系叫热功当量(J=4.1858 焦耳/卡)。

2.2.2　热力学第一定律

能量守恒与转化定律是自然界的一个普遍规律。能量守恒与转化定律的内容是：自然界一切物质都具有能量，能量有各种不同的形式，能够从一种形式转化为另一种形式，从一个物体传递到另一个物体，在转化和传递中能量的数量不变。热力学第一定律是能量守恒与转化定律在涉及热现象的宏观过程中的具体表现。热力学第一定律是大量实践经验的总结。历史上，迈尔、焦耳和亥姆霍兹为热力学第一定律的建立作出过重大贡献。

焦耳在一个实验中利用重物下落做功带动叶片转动，这些叶片又搅拌水摩擦生热使水温升高以测定一磅水升高一度需要做多少功。焦耳后来利用电源通过电阻器代替摩擦生热的方法使水温升高做了另一个实验。这两个实验中，盛水的容器与外界都没有热量交换。一个系统不和外界进行热交换的过程叫做绝热过程。上述两个实验是焦耳所做的两个著名的实验。结果发现，这两个过程使水升高相同温度所需之功，在实验误差范围内，都是相等的。从 1840 年起，焦耳花费长达二十多年时间在这方面做了大量的实验，选用了不同的工作物质，采取了不同的升温方法，结果均无一例外。焦耳的大量实验表明，系统由确定的初态改变到确定的终态，在各种不同的绝热过程中，实验测得的功的数值都相同。这意味着，绝热过程中所完成的功与其路径无关，仅由初态(状态 1)和终态(状态 2)决定。因此，我们可以定义一个态函数，称为内能，记为 U，它在状态 1 和状态 2 数值之差等于由状态 1 经任一绝热过程变化到状态 2 系统所做的功 W(绝热功)，即

$$U_1-U_2=-\Delta U=W \tag{2.2.3}$$

式中：$-\Delta U$ 表示系统内能的减少。这就是说，热力学系统在绝热过程中对外做功是以其内能减少为代价的。由上式还可以看出，系统从一个状态变化到另一个状态所完成的绝热功只能确定系统在此两态间的内能差，而不能完全确定其在某态的内能值。内能函数中包含一个任意相加常数，其值可任意选择或规

定为零。这与力学中重力位能的相加常数选择情况类似。

对非绝热过程，系统和外界可以交换热量(记为 Q)。若规定系统吸收的热量为正，放出的热量为负，那么根据能量守恒与转化定律有：

$$Q=\Delta U+W \tag{2.2.4}$$

上式表明，任意过程中，系统所吸收的热量等于系统内能的增加与系统对外做功之和。这就是热力学第一定律。式(2.2.4)就是热力学第一定律的数学表达式，它适用于有限过程。如初态和终态的差别无限小，这样的过程称为无限小过程，这时式(2.2.4)应改写成

$$\bar{d}Q=dU+\bar{d}W \tag{2.2.5}$$

式中：各量均为微量。

值得注意的是，U 是态函数，dU 是它的全微分；Q 与 W 都和过程有关，不是态函数，不能用全微分表示，这里用字母 d 上加一横表示不是微分，只是它们的微小变化。

历史上，有人曾企图设计制造一种不需任何燃料和动力资源就能做功的热机。这种热机叫第一类永动机。事实上，任何一个热机完成一个循环后，工作物质回到原来状态，内能变化为零，根据式(2.2.4)，热机要对外做功，必须由外界供给它热量，所以第一类永动机是不可能的。正因为此，热力学第一定律又可以表述为：第一类永动机是不可能造成的。

2.2.3 热容量、内能与焓

物体吸收或放出的热量实验上是根据它的温度变化来计量的。物体温度升高 1 度所吸收的热量叫该物体的热容量或热容。单位质量物体的热容叫比热容。设某一过程中，质量为 m 的物体温度升高ΔT 时所吸收的热量为ΔQ，则热容 C 与比热容 c 的数学表达式为

$$C=\lim_{\Delta T\to 0}\frac{\Delta Q}{\Delta T}\quad c=\lim_{\Delta T\to 0}\frac{1}{m}\frac{\Delta Q}{\Delta T} \tag{2.2.6}$$

因为热量与过程有关，所以热容与比热容也与过程有关。实际中经常用到的是定容热容和定压热容，它们分别是系统在等容过程和等压过程中的热容。若体积是系统的唯一外参量，由式(2.2.1)和式(2.2.4)得

$$\Delta Q=\Delta U+p\Delta V \tag{2.2.7}$$

等容过程中，系统体积不变，系统对外不做功，从而定容热容为

$$C_V=\lim_{\substack{\Delta T\to 0\\ \Delta V=0}}\frac{\Delta Q}{\Delta T}=\lim_{\substack{\Delta T\to 0\\ \Delta V=0}}\frac{\Delta U}{\Delta T}=\left(\frac{\partial U}{\partial T}\right)_V \tag{2.2.8}$$

等压过程中，系统压强不变，从而定压热容为

$$C_p=\lim_{\substack{\Delta T\to 0\\ \Delta p=0}}\frac{\Delta Q}{\Delta T}=\lim_{\substack{\Delta T\to 0\\ \Delta p=0}}\frac{\Delta U+p\Delta V}{\Delta T}=\lim_{\substack{\Delta T\to 0\\ \Delta p=0}}\frac{\Delta U+\Delta(pV)}{\Delta T} \tag{2.2.9}$$

定义

$$H=U+pV \tag{2.2.10}$$

于是，式(2.2.9)可以写成

$$C_p=\lim_{\substack{\Delta T\to 0\\ \Delta p=0}}\frac{\Delta(U+pV)}{\Delta T}=\lim_{\substack{\Delta T\to 0\\ \Delta p=0}}\frac{\Delta H}{\Delta T}=\left(\frac{\partial H}{\partial T}\right)_p \tag{2.2.11}$$

H 称为系统的焓，它的物理意义是：在等压过程中，系统焓的增加等于它所吸收的热量。由于焓是态函数内能 E 与状态参量 p、V 乘积之和，因此它也是一个态函数。由式(2.2.8)和式(2.2.11)知，定容热容和定压热容可分别表示为态函数内能和态函数焓对温度的偏微商。

下面我们讨论理想气体的内能和焓。1845 年焦耳利用自由膨胀实验研究过气体的内能。焦耳的实验装置由通过一带活门的管子相连的两个容器组成(见图 2.2)，其中一个盛有压缩气体，另一个为真空，两个容器全部浸没在水中。将活门打开，气体由一个容器进入另一个容器，等达到新的平衡后测量水温的变化。实验所用的温度计可精确到 0.01℃，实验结果并未观察到水温的变化。气体进入真空，由于真空压强为零，没有外界阻力，这个过程叫做自由膨胀过程。自由膨胀过程中，气体不受外界阻力，故气体不对外做功，$W=0$。而水温无变化，气体与外界不存在热交换，$Q=0$。根据热力学第一定律，$\Delta U=0$。可见，自由膨胀过程前后气体的内能不变。焦耳实验的目的是观察气体膨胀前后体积的变化是否伴随温度的变化，即焦耳系数

$$\lambda=\left(\frac{\partial T}{\partial V}\right)_U \tag{2.2.12}$$

是否为零。如果选择(T, V)为独立变量，利用

$$\left(\frac{\partial U}{\partial V}\right)_T\left(\frac{\partial V}{\partial T}\right)_U\left(\frac{\partial T}{\partial U}\right)_V=-1 \tag{2.2.13}$$

可得

$$\left(\frac{\partial U}{\partial V}\right)_T=-\left(\frac{\partial U}{\partial T}\right)_V\left(\frac{\partial T}{\partial V}\right)_U \tag{2.2.14}$$

实验结果表明，水温无变化，即

$$\lambda=\left(\frac{\partial T}{\partial V}\right)_U=0 \tag{2.2.15}$$

所以

$$\left(\frac{\partial U}{\partial V}\right)_T=-\left(\frac{\partial U}{\partial T}\right)_V\left(\frac{\partial T}{\partial V}\right)_U=0 \tag{2.2.16}$$

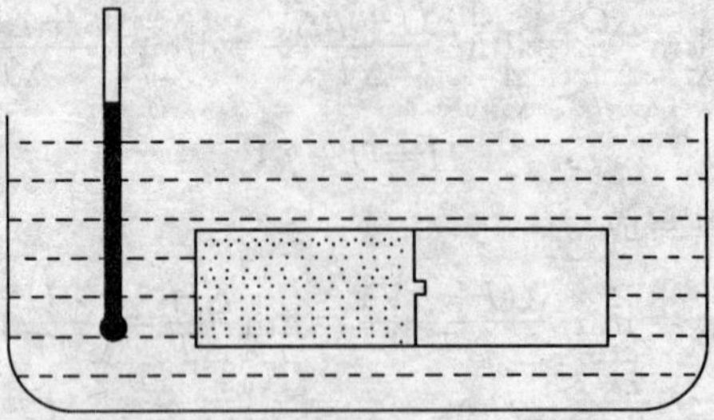

图 2.2　焦耳实验装置示意图

这就是说，气体的内能只是温度的函数，与体积无关。不过，由于水的热容比气体热容大得多，水温的变化不易测出，焦耳实验结果不太可靠，气体内能的性质很难从这个实验确定。后来，焦耳和汤姆孙(Thomson)进行了另外一个实验(多孔塞实验)，结果发现：实际气体的内能不仅与温度有关，而且与体积有关。然而，焦耳实验结果对理想气体却是正确的，即理想气体的内能只是温度的函数，与体积无关，这个结论叫做焦耳定律。从微观上看，分子无规则热运动的平均动能只与温度有关，但分子间相互作用能却与分子间距离有关；气体体积改变时，分子平均动能不受影响，而分子间相互作用能会随之改变。对理想气体，分子间相互作用可以忽略，故内能与体积无关。有鉴于此，我们把$\left(\frac{\partial U}{\partial V}\right)_T$叫做内压强。

利用理想气体的状态方程和焓的定义得

$$H=U+pV=U+nRT \tag{2.2.17}$$

由此可见，理想气体的焓也只是温度的函数而与体积无关。

于是，理想气体的定容热容和定压热容可以写成

$$C_V=\frac{\mathrm{d}U}{\mathrm{d}T} \qquad C_p=\frac{\mathrm{d}H}{\mathrm{d}T} \tag{2.2.18}$$

由式(2.2.17)和式(2.2.18)知：

$$C_p-C_V=nR \tag{2.2.19}$$

分别对式(2.2.18)中两个微商求积分，得到理想气体的内能和焓的表达式

$$U=\int C_V\mathrm{d}T+U_0 \qquad H=\int C_p\mathrm{d}T+H_0 \tag{2.2.20}$$

2.2.4　绝热过程

功和热量都是与过程有关的物理量，要计算它们的值，必须知道所经历过程的方程。绝热过程是一个重要的过程，下面我们推导理想气体的准静态绝热过程方程。根据热力学第一定律，有

$$đQ = dU + p dV \tag{2.2.21}$$

对绝热过程
$$đQ = 0 \tag{2.2.22}$$

对理想气体
$$dU = C_V dT \tag{2.2.23}$$

所以
$$C_V dT + p dV = 0 \tag{2.2.24}$$

由理想气体的状态方程
$$pV = nRT \tag{2.2.25}$$

又有
$$p dV + V dp = nR dT = C_V(\gamma - 1) dT \tag{2.2.26}$$

其中利用了式(2.2.9)与 γ 的定义
$$\gamma = \frac{C_p}{C_V} \tag{2.2.27}$$

联立式(2.2.24)和式(2.2.26)并消去 $C_V dT$ 得

$$\gamma p dV + V dp = 0 \tag{2.2.28}$$

如果 γ 可视为常数，则对上式直接积分给出

$$pV^{\gamma} = C \tag{2.2.29}$$

式中：C 为积分常数。上式便是理想气体的绝热过程方程，又叫泊松(Poisson)方程。如果选择(T，V)或(T，p)做自变量，则绝热过程方程相应为

$$TV^{\gamma-1} = \text{常数} \qquad Tp^{\frac{1}{\gamma}-1} = \text{常数} \tag{2.2.30}$$

2.2.5　卡诺循环

热机是一种将热量转化成机械功的动力机械，应用极为广泛。为了提高热机的效率，人们做了大量工作。其中卡诺在这方面的研究尤为突出，他系统考察了热机运行原理并建立了相关理论。为了研究热机的效率与哪些因素有关，卡诺构想了一种理想热机，这种热机只有两个恒温热源(高温热源和低温热源)；循环中，工作物质和两个热源交换热量时是等温过程；而当工作物质和两个热源分开时，则是绝热过程。我们把由两个等温过程和两个绝热过程组成的准静态循环过程叫做卡诺循环(见图 2.3)，进行卡诺循环的热机叫做卡诺热机。下面计算工作物质为理想气体的卡诺热机的效率。

1. 由状态(T_1，p_1，V_1)等温膨胀到状态(T_1，p_2，V_2)

等温过程，理想气体的内能不变，$\Delta U = 0$。根据热力学第一定律，系统所

吸收的热量等于系统对外所做的功

$$Q_1=W_1=\int_{V_1}^{V_2}p\mathrm{d}V=\int_{V_1}^{V_2}\frac{nRT_1}{V}\mathrm{d}V=nRT_1\ln\frac{V_2}{V_1}\tag{2.2.31}$$

2. 由状态(T_1，p_2，V_2)绝热膨胀到状态(T_2，p_3，V_3)

绝热过程，$Q=0$。根据热力学第一定律，系统内能的减少等于系统对外所做的功

$$W_2=-\Delta U=-C_V(T_2-T_1)\tag{2.2.32}$$

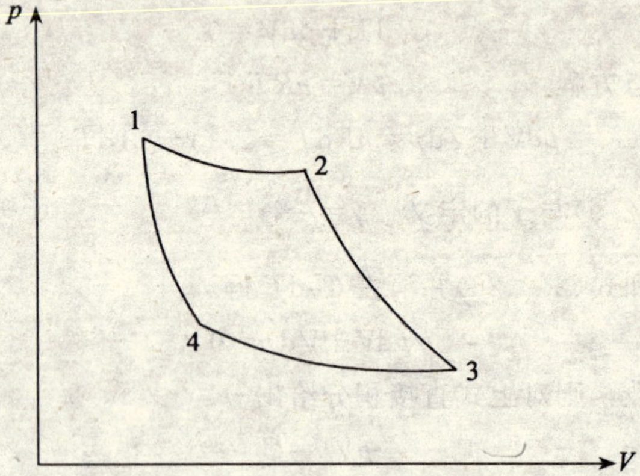

图 2.3　理想气体的可逆卡诺循环

3. 由状态(T_2，p_3，V_3)等温压缩到状态(T_2，p_4，V_4)

与第 1 步类似，$\Delta U=0$，有

$$Q_2=W_3=\int_{V_3}^{V_4}p\mathrm{d}V=\int_{V_3}^{V_4}\frac{nRT_2}{V}\mathrm{d}V=nRT_2\ln\frac{V_4}{V_3}\tag{2.2.33}$$

4. 由状态(T_2，p_4，V_4)绝热压缩到状态(T_1，p_1，V_1)

与第 2 步类似，$Q=0$，有

$$W_4=-C_V(T_1-T_2)\tag{2.2.34}$$

经过上述四个过程后，理想气体回到原来的状态，内能不变。整个循环所完成的功为

$$W=W_1+W_2+W_3+W_4=Q_1+Q_2=nRT_1\ln\frac{V_2}{V_1}+nRT_2\ln\frac{V_4}{V_3}\tag{2.2.35}$$

从高温热源吸收的热量

$$Q_1=nRT_1\ln\frac{V_2}{V_1}\tag{2.2.36}$$

向低温热源放出的热量

$$-Q_2=|Q_2|=nRT_1\ln\frac{V_3}{V_4} \tag{2.2.37}$$

对两个绝热过程分别利用绝热过程方程(式(2.2.30))，有

$$T_1V_2^{\ \gamma-1}=T_2V_3^{\ \gamma-1}\quad T_1V_1^{\ \gamma-1}=T_2V_4^{\ \gamma-1} \tag{2.2.38}$$

从而

$$\frac{V_2}{V_1}=\frac{V_3}{V_4} \tag{2.2.39}$$

于是

$$W=Q_1-|Q_2|=nRT_1\ln\frac{V_2}{V_1}-nRT_2\ln\frac{V_2}{V_1} \tag{2.2.40}$$

热机的效率 η 定义为热机对外所做的功 W 同它从高温热源所吸收的热量 Q_1 之比：

$$\eta=\frac{W}{Q_1}=\frac{Q_1-|Q_2|}{Q_1} \tag{2.2.41}$$

而卡诺热机的效率为

$$\eta=\frac{W}{Q_1}=\frac{T_1-T_2}{T_1} \tag{2.2.42}$$

卡诺循环由四个准静态过程组成，每个过程都可反方向进行，整个循环亦可反方向进行，这样的热机叫可逆机。当卡诺机反向进行时，外界对系统做功，并从冷源吸收热量，向热源放出热量。这样的循环叫制冷循环，进行制冷循环的机器叫制冷机。制冷机从冷源吸收热量 Q_2 与外界所做功 $|W|$ 之比定义为制冷机的制冷系数 ε，即

$$\varepsilon=\frac{Q_2}{|W|}=\frac{Q_2}{|Q_1|-Q_2} \tag{2.2.43}$$

式中：$|Q_1|$ 表示向高温热源放出的热量。因此，卡诺制冷机的制冷系数为

$$\varepsilon=\frac{nRT_2\ln(V_2/V_1)}{nRT_1\ln(V_2/V_1)-nRT_2\ln(V_2/V_1)}=\frac{T_2}{T_1-T_2} \tag{2.2.44}$$

2.3　热力学第二定律

2.3.1　热力学第二定律

热力学第一定律要求热力学过程必须满足能量守恒原理。但一个满足能量守恒的过程实际上并不一定就会发生。例如：热量总是自动从高温物体传到低

温物体，却从未观察到相反的情形，即热量能自动从低温物体传到高温物体，尽管后者并不违背热力学第一定律。又如：一个活动隔板将容器分成两半，一半盛有气体，一半是真空。隔板抽掉后，由于分子的运动，气体会充满整个容器；但人们也从未观察到，气体会从整个容器自动地退回到容器一半的地方。像上述这类过程都不能自发地反向进行，也就是说，它们是不可逆的过程。热力学第一定律不可能解答有关过程进行方向的问题，它需要有另一条独立于热力学第一定律的新定律予以解答，这就是热力学第二定律。

历史上，热力学第二定律是在研究热机的工作原理及其效率的基础上建立和发展起来的。卡诺从理论上研究了热机的工作效率，并由此提出了著名的卡诺定理(参见下节)。根据卡诺的理论，热机的效率(或制冷机的制冷系数)取决于其循环中在低温热源放出(或吸收)的热量 Q_2 与在高温热源吸收(或放出)的热量 Q_1 之比。那么，是否存在工作物质经历循环过程后效率可达100%的热机(这时 $Q_2=0$)或制冷系数可至无穷大的制冷机(这时 $Q_1=Q_2$ 即 $W=0$)？虽然这样的过程并不违背热力学第一定律。事实表明，这种情形从未出现过。在分析和总结大量实践经验的基础上，克劳修斯和开尔文分别于 1850 年和 1851 年各自提出了一条新的普遍原理，即热力学第二定律的两种表述形式。

克劳修斯表述：不可能把热量从低温物体传到高温物体而不引起其他变化。

开尔文表述：不可能从单一热源吸取热量使之完全变为有用的功而不引起其他变化。

制冷系数为无穷大的制冷机，其循环后的唯一效果是把热量从低温物体传到了高温物体，这显然违背热力学第二定律的克劳修斯表述。而效率为 100% 的热机，其循环后的唯一效果是从单一热源吸取热量使之完全变为了有用的功，这显然违背热力学第二定律的开尔文表述。利用从单一热源吸取的热量而使之完全变为有用功的热机通常称为第二类永动机，因此开尔文表述也可以说成：

第二类永动机是不可能造成的。

2.3.2 克劳修斯表述与开尔文表述的等效性

克劳修斯表述揭示了热传导的不可逆性，开尔文表述揭示了功热转化的不可逆性。两种表述形式上虽然不同，但本质上却是一致的。下面我们利用反证法来证明它们的等效性(见图 2.4)。

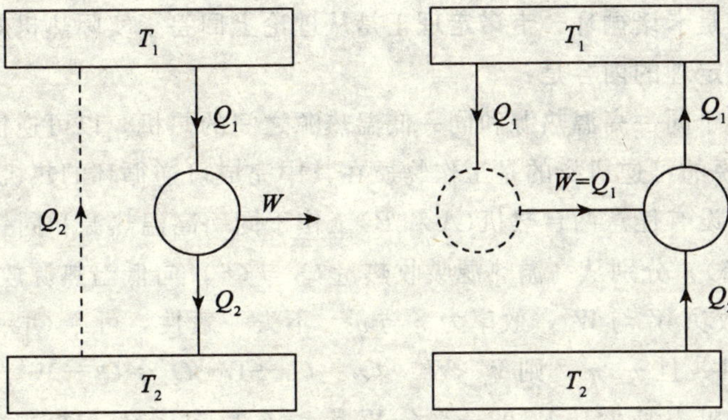

图 2.4　克劳修斯表述与开尔文表述的等效性

首先，假设克劳修斯表述不成立，热量 Q_2 能够从温度为 T_2 的低温热源自动传给温度为 T_1 的高温热源。于是，我们可以设计一个卡诺机工作在温度为 T_1 和 T_2 的两个热源之间，使它传给低温热源的热量恰等于 Q_2，而在高温热源则吸取热量 Q_1。整个系统循环后的唯一结果是从单一热源(T_1)吸收热量 Q_1-Q_2 而全部变成为有用功。这显然违背热力学第二定律的开尔文表述。

其次，假设开尔文表述不成立，存在某一热机可以从温度为 T_1 的单一热源吸热 Q_1 使之完全变为有用的功 $W=Q_1$。于是，我们可以利用 W 带动一个卡诺制冷机从低温热源(T_2)吸取热量 Q_2 并在高温热源(T_1)放出热量 Q_1+Q_2。整个系统循环后的唯一结果是热量 Q_2 从低温热源传给了高温热源。这显然违背热力学第二定律的克劳修斯表述。

这就证明了克劳修斯表述和开尔文表述是完全等效的。

实际上，自然界所发生的与热现象有关的过程都是不可逆过程。这些不可逆过程是相互关联的，由一个过程的不可逆性可以推断另一个过程的不可逆性。比如理想气体的自由膨胀过程，如果我们用等温压缩的方法将理想气体体积复原，则外界必须做功，而这个功转化为热量被热源所吸收。这时，理想气体虽然回到了自由膨胀前的状态，但却引起了其他变化：功转化为热量。由此可见，气体自由膨胀的不可逆性与功热转化的不可逆性是相互关联的。

2.3.3　卡诺定理

在 2.2 节我们计算了工作物质为理想气体的卡诺热机的效率(见式

(2.2.42))。不过，实际热机中的工作物质并非理想气体，实际热机中的循环过程也不一定是卡诺循环。卡诺定理正是从理论上回答了实际热机效率的极限值问题。卡诺定理的内容是：

所有工作于同一高温热源和同一低温热源之间的热机，以可逆机的效率为最大(这里所说的可逆机指的是工作物质在其中完成可逆循环的热机)。

证明：假设有任意两台热机(A 和 B)工作于同一高温热源和同一低温热源之间(见图 2.5)，分别从高温热源吸收热量 Q_1 与 Q_1'，向低温热源放出热量 Q_2 与 Q_2'，对外做功 W 与 W'，效率为 η 与 η'。不失一般性，可令 $Q_1=Q_1'$。若热机 A 是可逆机，且 $\eta<\eta'$，则 $W<W'$，$Q_2=Q_1-W>Q_2'=Q_1'-W'$。于是，我们可以利用热机 B 所做功 W'的一部分 W 带动 A 反向运行。这时，热机 A 在外功 W 的驱动下，从低温热源吸收热量 Q_2，向高温热源放出热量 Q_1。两台热机联合工作一个循环后，高温热源无变化，低温热源放出热量 Q_2-Q_2'，对外做功 $W'-W=(Q_1'-Q_2')-(Q_1-Q_2)=Q_2-Q_2'$。这就是说，两台热机联合工作一个循环后的唯一结果为，从单一热源吸收热量 Q_2-Q_2'而全部变成了有用功。它与热力学第二定律的开尔文表述矛盾，故假设 $\eta<\eta'$不成立。这就证明了卡诺定理。

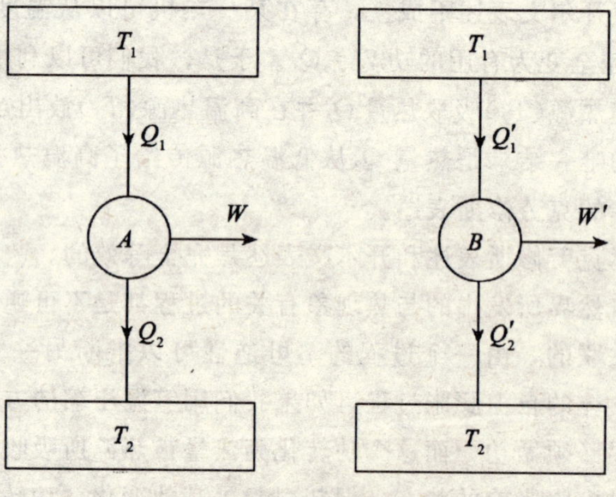

图 2.5 证明卡诺定理的示意图

由卡诺定理我们还可以得到如下推论：

所有工作于同一高温热源和同一低温热源之间的可逆机的效率相等。

证明：假设有任意两台可逆机(A 和 B)工作于同一高温热源和同一低温热源之间，其效率为 η 与 η'。根据卡诺定理，对可逆机 A，应有 $\eta \geqslant \eta'$；对可逆机 B，应有 $\eta' \geqslant \eta$。所以，$\eta = \eta'$。

由于工作物质为理想气体的卡诺热机是可逆机，因此工作于两个热源之间的可逆热机的效率为

$$\eta = \frac{Q_1 - Q_2}{Q_1} = \frac{T_1 - T_2}{T_1} \tag{2.3.1}$$

式中：T 是理想气体温标所确定的温度。

卡诺定理具有重要的理论意义和实际意义。它从理论上确定了热机效率的极限值，从实际上指出了提高热机效率的方向。

2.3.4　热力学温标

根据卡诺定理，我们还可以制定一种不依赖于任何物质的具体属性的绝对温标，这便是热力学温标。由卡诺定理的推论可知，工作于两个恒温热源之间的可逆热机的效率只与热源的温度有关，而与工作物质的任何性质无关。这就是说，η(或 Q_2/Q_1)应是热源温度的普适函数，即

$$\frac{Q_2}{Q_1} = F(\theta_1, \theta_2) \tag{2.3.2}$$

这里，θ_1 和 θ_2 是两个热源在某一温标中所测定的温度。假设另有一可逆热机工作于 θ_3 和 θ_1 之间，从热源 θ_3 吸热 Q_3，向热源 θ_1 放热 Q_1。应用式(2.3.2)到此热机便有

$$\frac{Q_1}{Q_3} = F(\theta_3, \theta_1) \tag{2.3.3}$$

将上述两个热机联合工作，其总的效果相当于一个可逆热机工作于 θ_3 和 θ_2 之间，从热源 θ_3 吸热 Q_3，向热源 θ_2 放热 Q_2。应用式(2.3.2)到此联合热机又有

$$\frac{Q_2}{Q_3} = F(\theta_3, \theta_2) \tag{2.3.4}$$

由式(2.3.2)、式(2.3.3)和式(2.3.4)，可得

$$F(\theta_1, \theta_2) = \frac{Q_2}{Q_1} = \frac{Q_2}{Q_3} \cdot \frac{Q_3}{Q_1} = \frac{F(\theta_3, \theta_2)}{F(\theta_3, \theta_1)} \tag{2.3.5}$$

上式左端与 θ_3 无关，上式右端也应与 θ_3 无关，而由于 θ_3 的任意性，必须 $F(\theta_3, \theta_i) = g(\theta_3) f(\theta_i)$($i=1, 2$)。所以

$$\frac{Q_2}{Q_1} = F(\theta_1, \theta_2) = \frac{f(\theta_2)}{f(\theta_1)} \tag{2.3.6}$$

式中：f 为另一个普适函数。f 的形式只与所选择的温标有关，而与工作物质的性质无关。引入一个新的温标，定义 $f(\theta)=\lambda\tau$，这里 λ 是任意常数，τ 是这个温标所标示的温度。这样定义的温标与任何工作物质的性质无关，称为热力学温标。由于这个温标首先是由开尔文引入的，因此又称开尔文温标，单位叫开尔文，简称开，记为 K。于是有

$$\frac{Q_2}{Q_1}=\frac{\tau_2}{\tau_1} \tag{2.3.7}$$

比较式(2.3.1)，得

$$\frac{\tau_2}{\tau_1}=\frac{T_2}{T_1} \tag{2.3.8}$$

可见热力学温标与理想气体温标所确定的温度只差一个常数。国际上规定水的三相点在两个温标中的温度值均为 273.16。这样，这一常数取值为 1，因此，在理想气体温标适用的整个范围内，热力学温标与理想气体温标完全一致。有鉴于此，热力学温标也采用与理想气体温标相同的符号 T 来表示温度。

2.4 熵 热力学基本方程

2.4.1 克劳修斯不等式

克劳修斯不等式：假设一个热力学系统在循环过程中相继与温度为 T_1，T_2，…，T_n 的 n 个热源接触，分别从这些热源吸收热量① Q_1，Q_2，…，Q_n，则

$$\sum_{i=1}^{n}\frac{Q_i}{T_i}\leqslant 0 \tag{2.4.1}$$

上式称为克劳修斯不等式(和等式)，其中等号对应可逆循环过程，不等号对应不可逆循环过程。

证明：设想另外有一个温度为 T_0 的大热源和 n 个可逆卡诺机(见图 2.6)，其中第 i 个可逆卡诺机从大热源吸收热量 Q_{0i}，向热源放出热量 Q_i。由卡诺定理知(式(2.3.1))：

① 在循环过程中，如果系统在某个热源(比如 T_j)处放出热量 $|Q_j|$，则式(2.4.1)中相应为 $-|Q_j|$。即式(2.4.1)中的求和结果为代数和。

$$Q_{0i}=\frac{T_0}{T_i}Q_i \tag{2.4.2}$$

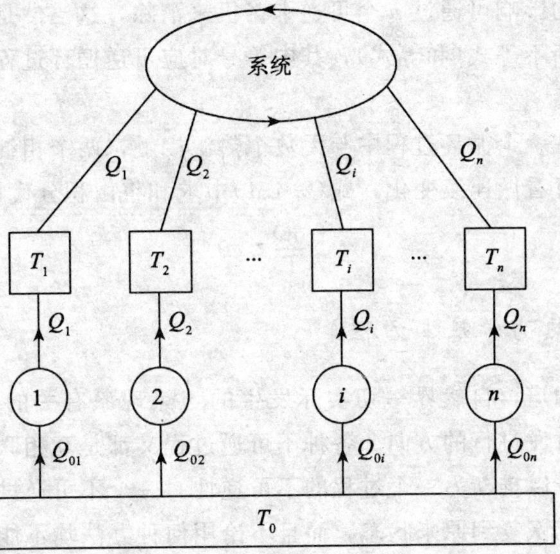

图 2.6　证明克劳修斯不等式的示意图

将上式对 i 求和得

$$Q_0=\sum_{i=1}^{n}Q_{0i}=T_0\sum_{i=1}^{n}\frac{Q_i}{T_i} \tag{2.4.3}$$

n 个可逆卡诺机和系统所进行的循环过程完成后，系统、n 个热源和 n 个可逆卡诺机都恢复原状，只有温度为 T_0的大热源放出热量 Q_0，全部用来做功 Q_0。为了不违背热力学第二定律的开尔文说法，必须使 $Q_0\leqslant 0$。由于 $T_0>0$，从式(2.4.3)便得式(2.4.1)。

若系统进行的循环过程是可逆的，则可令它反向进行，这时应将 Q_i替换成$-Q_i$。相应地，式(2.4.1)变成

$$\sum_{i=1}^{n}\frac{-Q_i}{T_i}\leqslant 0 \tag{2.4.4}$$

即
$$\sum_{i=1}^{n}\frac{Q_i}{T_i}\geqslant 0 \tag{2.4.5}$$

结合式(2.4.1) 与式(2.4.5)，给出

$$\sum_{i=1}^{n}\frac{Q_i}{T_i}=0 \tag{2.4.6}$$

若系统进行的循环过程是不可逆的，则等号不能成立。否则，$Q_0=0$；不可逆过程产生的影响可通过 n 个可逆卡诺机来消除，这当然是不可能的。这就证明了克劳修斯不等式(和等式)，其中等号对应可逆循环过程，不等号对应不可逆循环过程。

如果系统在一个循环过程中与无数个热源接触，两个相继热源的温度之差都很微小，T 可看做连续变化，式(2.4.1)中求和将由积分代替，即

$$\oint\frac{đQ}{T}\leqslant 0 \tag{2.4.7}$$

2.4.2 熵 热力学基本方程

我们已经知道，自然界一切实际发生的与热现象有关的过程都是不可逆的，它们具有自发进行的方向。各种不可逆过程又都是互相联系的，由一个过程的不可逆性可以推断另一个过程的不可逆性。一个不可逆过程不仅不能直接反向进行使系统恢复到原来状态，而且不论用何种办法均不能使系统恢复到原来的状态而不带来其他影响。由此可见，这些自发过程的不可逆性不决定于过程进行的方式，而决定于系统的初态和终态。这就是说，在自发的不可逆过程中，系统的初态和终态有着某种不同的性质，这种性质只与状态有关而与过程无关。于是，我们可以用一个态函数来描述这种性质，这个态函数便是熵。下面，我们利用克劳修斯不等式来引入熵的概念。

任意可逆循环过程可以用状态空间①中一条相应的闭合路径表示(见图2.7)。

闭合路径上的任意两点(A 和 B)对应系统的两个平衡态。根据式(2.4.7)有

$$\oint\frac{đQ}{T}=\int_{A\atop (C_1)}^{B}\frac{đQ}{T}+\int_{B\atop (C_2)}^{A}\frac{đQ}{T}\leqslant 0 \tag{2.4.8}$$

式中：C_1 表示闭合路径上从 A 到 B 的路程；C_2 表示闭合路径上从 B 到 A 的路程。对于可逆循环过程，我们有

$$\oint\frac{đQ}{T}=0 \tag{2.4.9}$$

① 状态空间是以刻画系统平衡态的独立状态参量为直角坐标的正交空间。

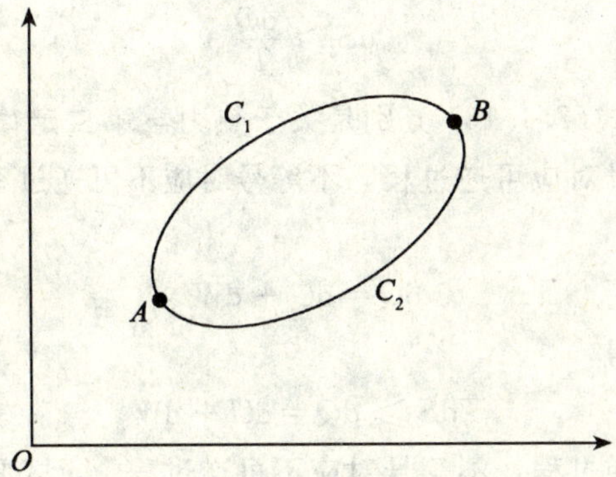

图 2.7　状态空间中相应一个可逆循环过程的闭合路径

$$\int_{\substack{B\\(C_2)}}^{A}\frac{đQ}{T}=-\int_{\substack{A\\(C_2)}}^{B}\frac{đQ}{T}\tag{2.4.10}$$

从而

$$\int_{\substack{A\\(C_1)}}^{B}\frac{đQ}{T}=-\int_{\substack{B\\(C_2)}}^{A}\frac{đQ}{T}=\int_{\substack{A\\(C_2)}}^{B}\frac{đQ}{T}\tag{2.4.11}$$

显然，此式对任意经过 A，B 两状态的可逆循环过程均成立；因此，C_1，C_2 是从 A 到 B 的任意路径。这就是说，形如式(2.4.11) 的积分值只与积分两端点有关，而与积分路径无关。由此可以推断，存在一个态函数 S 使得

$$\int_{A}^{B}\frac{đQ}{T}=S_B-S_A\tag{2.4.12}$$

这个态函数叫做熵。如果系统经任一不可逆过程(比如 C_1) 从 A 到 B，那么可以设想另一个可逆过程(比如 C_2) 恰好能使系统从 B 到 A。这时 C_1 和 C_2 合起来构成一个不可逆循环过程，根据克劳修斯不等式应有：

$$\oint\frac{đQ}{T}=\int_{\substack{A\\(C_1)}}^{B}\frac{đQ}{T}+\int_{\substack{B\\(C_2)}}^{A}\frac{đQ}{T}<0\tag{2.4.13}$$

利用式(2.4.11) 和式(2.4.12) 可得

$$\int_{A}^{B}\frac{đQ}{T}<S_B-S_A\tag{2.4.14}$$

结合式(2.4.12) 和式(2.4.14) 给出

$$S_B-S_A\geqslant\int_{A}^{B}\frac{đQ}{T}\tag{2.4.15}$$

对于无穷小过程便有

$$dS \geqslant \frac{đQ}{T} \tag{2.4.16}$$

式(2.4.15)和式(2.4.16)分别是关于热力学第二定律数学表述的积分和微分形式，其中等号对应可逆过程，不等号对应不可逆过程①。将热力学第一定律

$$đQ = dU + đW \tag{2.4.17}$$

代入式(2.4.16)，得

$$TdS \geqslant đQ = dU + đW \tag{2.4.18}$$

其中：等号对应可逆过程，不等号对应不可逆过程。上式是热力学第一定律和热力学第二定律结合的结果，称为热力学基本方程。

2.4.3 熵增加原理

对绝热过程，$dQ=0$，由式(2.4.16)知

$$dS \geqslant 0 \tag{2.4.19}$$

上式表明，在绝热过程中，系统的熵永不减少；对可逆绝热过程，系统的熵不变，对不可逆绝热过程，系统的熵总是增加。这个结论叫做熵增加原理。

根据熵增加原理，一个不可逆绝热过程总是向着熵增加的方向进行。因此，熵增加原理提供了一个判断不可逆过程方向的准则。在孤立系统中，任何自发进行的涉及热现象的过程都是不可逆绝热过程，而不可逆过程的结果将使系统从非平衡态达到平衡态，达到平衡态时，系统的熵具有极大值②。对于非绝热过程，由于存在热交换，系统的熵变不一定为正，这时，可以把系统和与系统有热交换的外界当做一个复合系统，然后再利用熵增加原理。

熵增加原理是在总结有限空间和时间内所观察到的热现象的基础上建立的。历史上，曾经有人企图把它不合理地外推到整个宇宙，认为宇宙会因其熵趋于极大失去活力，从而得出“宇宙热寂”的错误结论。克劳修斯最简单明确地提出了这一观点。克劳修斯的热寂说一经问世便受到众多批驳。如玻尔兹曼

① 对于可逆过程，系统和热源处于热平衡，T 既是热源温度，也是系统温度。对于不可逆过程，系统处于非平衡态，T 只是热源温度，而非系统温度。

② 熵函数与其他态函数一样，只有平衡态才有意义。对非平衡态，可以把系统分成许多小部分，每一小部分可近似看做处在平衡态(局域平衡态)，这样每一小部分的熵有定义，而系统的熵则为各小部分熵之和。

就提出宇宙的涨落假说反驳热寂说。恩格斯在《自然辩证法》一书中更是对热寂说作了彻底的批判。按照现代宇宙学的观点，宇宙已经存在了约 150 亿年，现在仍然是一个膨胀的、处于运动状态的宇宙，整个宇宙与熵增加原理适用的孤立系统有本质不同，不可能“热寂”。随着科学的不断进步，人们对宇宙的认识和了解必然会更加深入、完善。

2.5　热力学函数

2.5.1　自由能和吉布斯函数

在介绍热力学第一、第二定律时引进了两个热力学函数：内能和熵。利用这两个热力学函数及系统的物态方程，原则上可解决热力学中所有问题。但处理具体问题时，这样做有时很不方便。比如：应用熵增加原理可以判断不可逆绝热过程进行的方向，但对于等温过程或等温等压过程就不能直接应用熵增加原理。为此，我们定义两个新的热力学函数 —— 自由能和吉布斯函数。它们的引入将有利于研究等温过程和等温等压过程。

1. 自由能

定义

$$F = U - TS \tag{2.5.1}$$

利用可逆过程的热力学基本方程(2.4.18)

$$T\mathrm{d}S = \mathrm{d}U + \text{đ}W \tag{2.5.2}$$

有

$$\mathrm{d}F = \mathrm{d}U - T\mathrm{d}S - S\mathrm{d}T = -S\mathrm{d}T - \text{đ}W \tag{2.5.3}$$

由于 U，T，S 都是态函数，所以 F 也是态函数，这个态函数称为自由能。

对等温过程：$\mathrm{d}T = 0$，从而

$$\text{đ}W = -\mathrm{d}F \tag{2.5.4}$$

上式表明，在等温过程，系统对外所做的功等于其自由能的减少。这也是自由能的物理意义。实际上，从做功的角度说，自由能在等温过程中的作用与内能在绝热过程中的作用相同，它是系统在等温过程中对外做功的本领。而 TS 则是束缚在系统内的能量，故称为束缚能。

对于 pVT 系统

$$\text{đ}W = p\mathrm{d}V \tag{2.5.5}$$

式(2.5.3) 又可以写成

$$\mathrm{d}F = -S\mathrm{d}T - p\mathrm{d}V \tag{2.5.6}$$

2. 吉布斯函数

定义 $$G=U-TS+pV \tag{2.5.7}$$

这样定义的态函数称为吉布斯函数。根据可逆过程的热力学基本方程(2.4.18)，不难得到：

$$\mathrm{d}G=-S\mathrm{d}T+V\mathrm{d}p-\text{đ}W_1 \tag{2.5.8}$$

式中：$\text{đ}W_1$ 是除去体积膨胀做功外，系统对外所做的其他功。对等温等压过程：$\mathrm{d}T=0$，$\mathrm{d}p=0$，从而

$$\text{đ}W_1=-\mathrm{d}G \tag{2.5.9}$$

由此可见，吉布斯函数的物理意义就是，在等温等压过程中，系统对外所做的除去体积膨胀做功外的其他功等于吉布斯函数的减少。对于 pVT 系统①，式(2.5.8) 又可以写成如下形式：

$$\mathrm{d}G=-S\mathrm{d}T+V\mathrm{d}p \tag{2.5.10}$$

2.5.2 理想气体的热力学函数

下面我们计算 1 摩尔理想气体的各种热力学函数：

(1) 内能和焓

$$u=\int c_V\mathrm{d}T+u_0 \qquad h=\int c_p\mathrm{d}T+h_0 \tag{2.5.11}$$

(2) 熵

利用热力学基本方程 $$T\mathrm{d}s=\mathrm{d}u+p\mathrm{d}v \tag{2.5.12}$$

和物态方程 $$pv=RT \tag{2.5.13}$$

有 $$\mathrm{d}s=\frac{\mathrm{d}u}{T}+\frac{p\mathrm{d}v}{T}=c_V\frac{\mathrm{d}T}{T}+\frac{R\mathrm{d}v}{v} \tag{2.5.14}$$

积分上式即得 $$s=\int c_V\frac{\mathrm{d}T}{T}+R\ln v+s_0 \tag{2.5.15}$$

式中：s_0 为积分常数。式(2.5.15) 是以 T，v 为自变量的熵的表达式。若以 T，p 为自变量，则可将式(2.5.13) 先取对数然后微分，得

$$\frac{\mathrm{d}p}{p}+\frac{\mathrm{d}v}{v}=\frac{\mathrm{d}T}{T} \tag{2.5.16}$$

利用上式消去式(2.5.14) 中的 v 并注意到 $c_p-c_V=R$，有

$$\mathrm{d}s=c_p\frac{\mathrm{d}T}{T}-\frac{R\mathrm{d}p}{p} \tag{2.5.17}$$

① 对 pVT 系统，除去体积膨胀做功外无其他功。

积分后得
$$s=\int c_p \frac{dT}{T}-R\ln p+s_0' \tag{2.5.18}$$
式中：s_0' 为另一积分常数。

(3) 自由能

1 摩尔理想气体的自由能为
$$f=u-Ts \tag{2.5.19}$$
将式(2.5.11) 和式(2.5.15) 代入式(2.5.19)，得
$$f=\int c_V dT-T\int c_V \frac{dT}{T}-RT\ln v+u_0-Ts_0 \tag{2.5.20}$$
上式还可改写成另一形式。为此，将它右边第二个积分进行代数变换，即令 $x=1/T$，$y=\int c_V\, dT$，分部积分后给出
$$\int c_V \frac{dT}{T}=\int x dy=xy-\int y dx=\frac{1}{T}\int c_V dT+\int \frac{dT}{T^2}\int c_V dT \tag{2.5.21}$$
于是
$$f=-T\int \frac{dT}{T^2}\int c_V dT-RT\ln v+u_0-Ts_0 \tag{2.5.22}$$

(4) 吉布斯函数

1 摩尔物质的吉布斯函数又叫化学势，记作 μ，它的表达式为
$$\mu=u-Ts+pv=h-Ts \tag{2.5.23}$$
将式(2.5.11) 和式(2.5.18) 代入式(2.5.23)，得
$$\mu=\int c_p dT-T\int c_p \frac{dT}{T}+RT\ln p+h_0-Ts_0' \tag{2.5.24}$$

类似地，令 $x=1/T$，$y=\int c_p dT$，对式(2.5.24) 右边第二个积分进行分部积分，从而此式又可改写成
$$\mu=-T\int \frac{dT}{T^2}\int c_p dT+RT\ln p+h_0-Ts_0' \tag{2.5.25}$$

通常引入一个温度函数 φ，其表达式为
$$\varphi=\frac{1}{RT}\int c_p dT-\frac{1}{R}\int c_p \frac{dT}{T}+\frac{h_0}{RT}-\frac{s_0'}{R} \tag{2.5.26}$$
于是，理想气体的化学势便可简写成
$$\mu=RT(\varphi+\ln p) \tag{2.5.27}$$

由于内能、焓、熵、自由能和吉布斯函数均是广延量，因此任意摩尔理想气体的这些热力学函数只要在以上相应表达式前乘上其摩尔数即可。

2.5.3 麦克斯韦关系式

对 pVT 系统，其内能、焓、自由能和吉布斯函数的微分式为：

$$dU = TdS - pdV \tag{2.5.28}$$

$$dH = TdS + Vdp \tag{2.5.29}$$

$$dF = -SdT - pdV \tag{2.5.30}$$

$$dG = -SdT + Vdp \tag{2.5.31}$$

根据全微分条件立即有：

$$\left(\frac{\partial p}{\partial S}\right)_V = -\left(\frac{\partial T}{\partial V}\right)_S \tag{2.5.32}$$

$$\left(\frac{\partial V}{\partial S}\right)_p = \left(\frac{\partial T}{\partial p}\right)_S \tag{2.5.33}$$

$$\left(\frac{\partial S}{\partial V}\right)_T = \left(\frac{\partial p}{\partial T}\right)_V \tag{2.5.34}$$

$$\left(\frac{\partial S}{\partial p}\right)_T = -\left(\frac{\partial V}{\partial T}\right)_p \tag{2.5.35}$$

上述四个关系式叫做麦克斯韦关系式，它们把实验上不容易直接测量的量(关系式左边)用易于测量的量(关系式右边)表示了出来，从而在计算热力学函数时有重要应用。下面，我们就列举某些应用。

1. 熵的计算公式(*TdS* 方程)

若以 T 和 V 为自变量，那么

$$dS = \left(\frac{\partial S}{\partial T}\right)_V dT + \left(\frac{\partial S}{\partial V}\right)_T dV \tag{2.5.36}$$

从而

$$TdS = T\left(\frac{\partial S}{\partial T}\right)_V dT + T\left(\frac{\partial S}{\partial V}\right)_T dV \tag{2.5.37}$$

利用式(2.5.34)及

$$C_V = \lim_{\substack{\Delta T \to 0 \\ \Delta V = 0}} \frac{\Delta Q}{\Delta T} = T\left(\frac{\partial S}{\partial T}\right)_V \tag{2.5.38}$$

式(2.5.37)可写成

$$TdS = C_V dT + T\left(\frac{\partial p}{\partial T}\right)_V dV \tag{2.5.39}$$

若以 T 和 p 为自变量，类似地则有

$$TdS = T\left(\frac{\partial S}{\partial T}\right)_p dT + T\left(\frac{\partial S}{\partial p}\right)_T dp \tag{2.5.40}$$

利用式(2.5.35)及定压热容的定义，上式可改写成

$$TdS=C_p dT-T\left(\frac{\partial V}{\partial T}\right)_p dp \tag{2.5.41}$$

式(2.5.39)和式(2.5.41)都叫做 TdS 方程，它们是熵的计算公式，只要知道系统的热容量和物态方程，原则上便可以确定其熵。

2. 内能的计算公式

通常以 T 和 V 为自变量计算内能比较方便。将式(2.5.39)代入式(2.5.28)，即得到内能的计算公式

$$dU=C_V dT+\left[T\left(\frac{\partial p}{\partial T}\right)_V-p\right]dV \tag{2.5.42}$$

对照

$$dU=\left(\frac{\partial U}{\partial T}\right)_V dT+\left(\frac{\partial U}{\partial V}\right)_T dV \tag{2.5.43}$$

有

$$\left(\frac{\partial U}{\partial V}\right)_T=\left[T\left(\frac{\partial p}{\partial T}\right)_V-p\right]dV \tag{2.5.44}$$

称为内压强。

3. C_p-C_V

相对说来，定容热容量较难测量，为此，我们可先确定 C_p-C_V。从式(2.5.39)和式(2.5.41)可知

$$C_V dT+T\left(\frac{\partial p}{\partial T}\right)_V dV=C_p dT-T\left(\frac{\partial V}{\partial T}\right)_p dp \tag{2.5.45}$$

把 T 看做 p 和 V 的函数，则有

$$dT=\left(\frac{\partial T}{\partial p}\right)_V dp+\left(\frac{\partial T}{\partial V}\right)_p dV \tag{2.5.46}$$

将上式代入式(2.5.45)，得

$$\left[(C_p-C_V)\left(\frac{\partial T}{\partial p}\right)_V-T\left(\frac{\partial V}{\partial T}\right)_p\right]dp+\left[(C_p-C_V)\left(\frac{\partial T}{\partial V}\right)_p-T\left(\frac{\partial p}{\partial T}\right)_V\right]dV=0 \tag{2.5.47}$$

因为 p 和 V 是独立变量，所以

$$\begin{aligned}&\left[(C_p-C_V)\left(\frac{\partial T}{\partial p}\right)_V-T\left(\frac{\partial V}{\partial T}\right)_p\right]dp=0\\&\left[(C_p-C_V)\left(\frac{\partial T}{\partial V}\right)_p-T\left(\frac{\partial p}{\partial T}\right)_V\right]dV=0\end{aligned} \tag{2.5.48}$$

由此即得

$$C_p - C_V = T\left(\frac{\partial V}{\partial T}\right)_p \left(\frac{\partial p}{\partial T}\right)_V \tag{2.5.49}$$

可见，只要系统物态方程已知，由上式便可计算出 C_p 与 C_V 之差。利用定压膨胀系数和等温压缩系数的定义式

$$\alpha = \frac{1}{V}\left(\frac{\partial V}{\partial T}\right)_p \qquad \kappa = -\frac{1}{V}\left(\frac{\partial V}{\partial p}\right)_T \tag{2.5.50}$$

以及关系式

$$\left(\frac{\partial V}{\partial T}\right)_p \left(\frac{\partial T}{\partial p}\right)_V \left(\frac{\partial p}{\partial V}\right)_T = -1 \tag{2.5.51}$$

式(2.5.49)可改写成如下形式：

$$C_p - C_V = -T\left(\frac{\partial V}{\partial T}\right)_p^2 \left(\frac{\partial p}{\partial V}\right)_T = \frac{TV\alpha^2}{\kappa} \tag{2.5.52}$$

从式(2.5.39)、式(2.5.41)、式(2.5.42)和式(2.5.49)可见，只要知道系统的定压热容量和物态方程，原则上便可以确定其内能和熵以及其他热力学函数。不过，研究物质的热力学性质，除了这种方法外，也还有另外的方法，比如特性函数法。

2.6 热力学第三定律

2.6.1 焦耳-汤姆孙效应

在现代科学与技术中，低温已成为不可或缺的领域，而气体的液化则是获得低温的重要途径。利用焦耳-汤姆孙效应来使气体液化是一种常见的方法。

焦耳曾利用气体自由膨胀研究过气体的内能，但实验结果不够准确(参见2.2节)。1852年，焦耳和汤姆孙合作又设计了一个实验研究气体的内能，这个实验叫多孔塞实验。实验装置如图2.8所示。

一个用绝热层包着的管子中间安有一多孔塞，多孔塞一边维持较高压强，另一边维持较低压强，气体从压强较高的一边经多孔塞缓慢地流到压强较低的一边。这个过程叫节流过程。实验发现，气体在节流过程前后温度会发生变化。这一现象叫做焦耳-汤姆孙效应。

假设在节流过程中有一定量的气体通过多孔塞，通过前气体压强为 p_1，体积为 V_1，内能为 U_1，通过后气体压强为 p_2，体积为 V_2，内能为 U_2。节流过程中，气体对外界做功为 $p_2V_2 - p_1V_1$，气体内能增加 $U_2 - U_1$，吸收热量

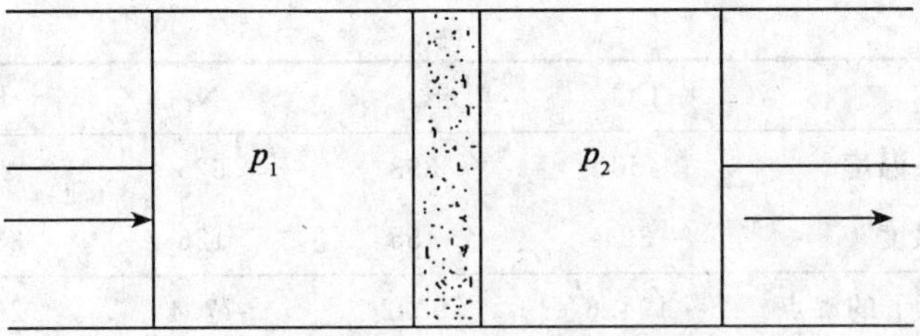

图 2.8　焦耳-汤姆孙实验示意图

$Q=0$。由热力学第一定律知

$$U_2-U_1+p_2V_2-p_1V_1=0 \tag{2.6.1}$$

即

$$H_1=H_2 \tag{2.6.2}$$

可见，节流过程前后气体的焓不变。为了计算气体在节流过程前后温度的变化，引入

$$\mu=\left(\frac{\partial T}{\partial p}\right)_H \tag{2.6.3}$$

称为焦耳-汤姆孙系数。$\mu>0$，称为正焦耳-汤姆孙效应；$\mu<0$，称为负焦耳-汤姆孙效应。利用公式

$$\left(\frac{\partial T}{\partial p}\right)_H\left(\frac{\partial p}{\partial H}\right)_T\left(\frac{\partial H}{\partial T}\right)_p=-1 \tag{2.6.4}$$

和定压热容量的定义，又有

$$\mu=\left(\frac{\partial T}{\partial p}\right)_H=-\left(\frac{\partial H}{\partial p}\right)_T\left(\frac{\partial T}{\partial H}\right)_p=-\frac{1}{C_p}\left(\frac{\partial H}{\partial p}\right)_T \tag{2.6.5}$$

再利用吉布斯函数微分式及 $H=G+TS$ 得

$$\left(\frac{\partial H}{\partial p}\right)_T=\left(\frac{\partial G}{\partial p}\right)_T-T\frac{\partial^2 G}{\partial T\,\partial p}=V-T\left(\frac{\partial V}{\partial T}\right)_p \tag{2.6.6}$$

由此可以将式(2.6.5)进一步写成

$$\mu=\frac{1}{C_p}\left[T\left(\frac{\partial V}{\partial T}\right)_p-V\right] \tag{2.6.7}$$

对于理想气体，$pV=nRT$，代入上式得 $\mu=0$，可见理想气体的焦耳-汤姆孙系数为零。对于实际气体，焦耳-汤姆孙系数可正、可负、可为零，由气体的温度和压强确定。在一定压强下，使得焦耳-汤姆孙系数恰为零的温度称为转换温度。表 2.1 列举了几种气体最高转换温度、临界温度及 1 标准大气压下的沸点。

表 2.1 (单位：K)

气体	CO_2	O_2	N_2	H_2	He
最高转换温度	1500	893	625	202	34
临界温度	304	155	126	33.2	5.2
1 标准大气压下的沸点	194.6	90.2	77.4	20.3	4.2

2.6.2 气体的液化

利用焦耳-汤姆孙效应使气体液化的方法，其优点在于节流过程中气体不对外做功，液化机没有移动部分无需润滑设备，且在一定压强差下，温度愈低，温差愈大。不过，对那些转换温度很低的气体事先需要预冷，用焦耳-汤姆孙效应的方法使这些气体液化不方便。这时可用另一方法液化气体，即绝热膨胀法。绝热过程中，因为

$$TdS=C_p dT-T\left(\frac{\partial V}{\partial T}\right)_p dp=0 \tag{2.6.8}$$

所以

$$\left(\frac{\partial T}{\partial p}\right)_S=\frac{T}{C_p}\left(\frac{\partial V}{\partial T}\right)_p>0 \tag{2.6.9}$$

上式不等号成立，是因为不等号左边各量均大于零。可见气体在绝热膨胀过程中温度总是降低。因此，利用绝热膨胀方法液化气体原则上不需要预冷，且效率比焦耳-汤姆孙效应更高。但绝热膨胀方法也有欠缺之处，那就是在一定压强差下，温度愈低温差愈小，且由于膨胀机必须有移动部分而需润滑设备。

用这两种方法液化气体温度最低可达几开(1 标准大气压下 He 的沸点为 4.2K)。液体蒸发时要吸收热量，如果外界不供给热量，液体温度就将降低。通过降压蒸发可使液化气体温度进一步降低。用这种方法可获得 1K 甚至 0.3K 的低温。要想达到更低的温度就需要应用绝热去磁的方法。这种方法可以使温度降到 10^{-2}K 甚至 10^{-3}K。

1951 年伦顿提出了一个稀释制冷的方法，根据这一想法制成的稀释制冷机已获得 2×10^{-3}K 的低温，而利用一级稀释制冷和两级原子核绝热去磁则获得了 2×10^{-8}K 的低温。20 世纪末发展的激光冷却方法更是使原子冷却

到10^{-9}~10^{-11}K。

2.6.3　能斯特定理

能斯特从研究低温下物质性质的大量实验事实中，总结出一条规律，称为能斯特定理，它可表述为：温度趋于绝对零度时，等温过程中系统的熵不变，即

$$\lim_{T\to 0}(\Delta S)_T=0 \tag{2.6.10}$$

下面我们来推导这一定理。

为了研究化学反应进行条件，常应用化学亲和势这一概念。而化学反应大多是在等温等压下进行的，因此我们可以采取吉布斯函数作为化学亲和势的量度。于是，若记 A 为化学亲和势，则有

$$A=-\Delta G \tag{2.6.11}$$

根据吉布斯函数微分式及 $H=G+TS$，得

$$H=G-T\frac{\partial G}{\partial T} \tag{2.6.12}$$

$$\Delta H=\Delta G-T\frac{\partial \Delta G}{\partial T} \tag{2.6.13}$$

这里，Δ表示等温过程中热力学量的改变。令 $Q=-\Delta H$，称为化学反应热，将 A 和 Q 的表达式代入式(2.6.13)，得

$$Q=A-T\frac{\partial A}{\partial T} \tag{2.6.14}$$

记

$$Q_0=\lim_{T\to 0}Q \qquad A_0=\lim_{T\to 0}A \tag{2.6.15}$$

将式(2.6.14)应用到 $T\to 0$ 的极限情形，得

$$Q_0=A_0 \tag{2.6.16}$$

又由式(2.6.14)知

$$\frac{\partial A}{\partial T}=\frac{A-Q}{T} \tag{2.6.17}$$

进而

$$\left(\frac{\partial A}{\partial T}\right)_0\equiv\lim_{T\to 0}\frac{\partial A}{\partial T}=\lim_{T\to 0}\frac{A-Q}{T}=\lim_{T\to 0}\left(\frac{\partial A}{\partial T}-\frac{\partial Q}{\partial T}\right)=\left(\frac{\partial A}{\partial T}\right)_0-\left(\frac{\partial Q}{\partial T}\right)_0 \tag{2.6.18}$$

这里，能斯特引入一个相切假设：

$$\left(\frac{\partial A}{\partial T}\right)_0=\left(\frac{\partial Q}{\partial T}\right)_0 \tag{2.6.19}$$

由此即得

$$\left(\frac{\partial A}{\partial T}\right)_0=0 \tag{2.6.20}$$

由

$$S=-\frac{\partial G}{\partial T} \tag{2.6.21}$$

知

$$\Delta S=-\frac{\partial \Delta G}{\partial T}=\frac{\partial A}{\partial T} \tag{2.6.22}$$

利用式(2.6.20)有

$$\lim_{T\to 0}(\Delta S)_T=\left(\frac{\partial A}{\partial T}\right)_0=0 \tag{2.6.23}$$

这就证明了能斯特定理。

2.6.4 热力学第三定律

由能斯特定理可以得到一个重要结论：不能通过有限步骤使系统的温度达到绝对零度。这就是热力学第三定律。下面我们予以阐释。

要降低系统温度，无非让系统吸热，则降温效率必低；或让系统放热，则预先应有一冷源存在，因此降温过程不能持续，故绝热过程是降低系统温度最为有效的方法。而绝热降温过程中，又以可逆过程的效果最佳，所以我们的讨论可局限于可逆绝热过程。为简单起见，假设系统状态只有两个独立变量：一个是 T，另一个是 x。设状态 A 的温度为 T_1，另一个变量为 x_1，那么根据变量 x 不变时热容量的定义

$$C_x=T\left(\frac{\partial S}{\partial T}\right)_x \tag{2.6.24}$$

可推得该状态的熵为

$$S_A=S(T_1,\ x_1)=S(0,\ x_1)+\int_0^{T_1}\frac{C_x}{T}\mathrm{d}T \tag{2.6.25}$$

若系统经一可逆绝热过程，由状态 A 过渡到状态 $B(T_2,\ x_2)$，则状态 B 的熵为

$$S_B=S(T_2,\ x_2)=S(0,\ x_2)+\int_0^{T_2}\frac{C_x}{T}\mathrm{d}T \tag{2.6.26}$$

对可逆绝热过程应有

$$S_A=S(0,\ x_1)+\int_0^{T_1}\frac{C_x}{T}\mathrm{d}T=S(0,\ x_2)+\int_0^{T_2}\frac{C_x}{T}\mathrm{d}T=S_B \tag{2.6.27}$$

由能斯特定理，$S(0, x_1)=S(0, x_2)$，所以

$$\int_0^{T_1}\frac{C_x}{T}\mathrm{d}T=\int_0^{T_2}\frac{C_x}{T}\mathrm{d}T \tag{2.6.28}$$

上式左边 $C_x>0$，$T_1>0$，积分值大于零，因此右边积分上限 T_2 不能等于零。因为可逆绝热过程是最为有效的降温过程，所以任何热力学过程都不可以使系统的温度降至绝对零度，即绝对零度不能达到。

当然，从热力学第三定律也可以推导能斯特定理，下面我们用反证法来推证。与前相同，系统状态仍由两个独立变量 T 和 x 确定。考虑一个可逆绝热过程将系统由状态 A 过渡到状态 B，那么式(2.6.18) 成立。若

$$S(0, x_1)<S(0, x_2) \tag{2.6.29}$$

则存在一个适当温度 T_1 使

$$\int_0^{T_1}\frac{C_x}{T}\mathrm{d}T=S(0, x_2)-S(0, x_1)>0 \tag{2.6.30}$$

那么，处于温度为 T_1 状态 A 的系统经一个可逆绝热过程过渡到状态 B，其温度 $T_2=0$，这和绝对零度不能达到矛盾，所以必须

$$S(0, x_1)\geqslant S(0, x_2) \tag{2.6.31}$$

同理，若

$$S(0, x_1)>S(0, x_2) \tag{2.6.32}$$

则存在一个适当温度 T_2，使相应的可逆绝热过程能将系统从这个温度降到 $T_1=0$，这也是不可能的，所以必须

$$S(0, x_1)\leqslant S(0, x_2) \tag{2.6.33}$$

结合式(2.6.22)和式(2.6.24)，即得

$$S(0, x_1)=S(0, x_2) \tag{2.6.34}$$

这就是能斯特定理。由于能斯特定理对玻璃等物质并非适用，故热力学第三定律比能斯特定理更具普遍性。

2.6.5　物质在低温下的性质

根据能斯特定理，$T=0\text{K}$ 时，系统的熵 S_0 是一个与状态无关的绝对常数，普朗克进一步取 $S_0=0$，这时系统的熵便为

$$S=\int_0^{T}\frac{C_x}{T}\mathrm{d}T \tag{2.6.35}$$

称为绝对熵。

物质在低温下具有许多不寻常的性质。比如：物质的膨胀系数与压强系数均趋于零。事实上，根据能斯特定理有

$$\lim_{T\to 0}\left(\frac{\partial S}{\partial x}\right)_T=0 \tag{2.6.36}$$

式中：x 是除温度外的任意热力学参量。令 p 或 V 代替上式中的 x 并利用麦克斯韦关系，得

$$\begin{aligned}\left(\frac{\partial V}{\partial T}\right)_p&=-\left(\frac{\partial S}{\partial p}\right)_T\underset{T\to 0}{\longrightarrow}0\\ \left(\frac{\partial p}{\partial T}\right)_V&=-\left(\frac{\partial S}{\partial V}\right)_T\underset{T\to 0}{\longrightarrow}0\end{aligned} \tag{2.6.37}$$

公式表明，温度趋于绝对零度时，物质的膨胀系数与压强系数均趋于零。温度趋于绝对零度时，任意过程的热容量(或比热)也趋于零①。比如：对等压过程有

$$\begin{aligned}\lim_{T\to 0}S&=-\lim_{T\to 0}\left(\frac{\partial G}{\partial T}\right)_p=-\lim_{\substack{T\to 0\\ \Delta T\to 0}}\left(\frac{\Delta G}{\Delta T}\right)_p\\ &=-\lim_{T\to 0}\frac{G-H}{T}=-\lim_{T\to 0}\left[\left(\frac{\partial G}{\partial T}\right)_p-\left(\frac{\partial H}{\partial T}\right)_p\right]\end{aligned} \tag{2.6.38}$$ ②

由此得

$$\lim_{T\to 0}\left(\frac{\partial H}{\partial T}\right)_p=\lim_{T\to 0}C_p=0 \tag{2.6.39}$$

对于其他过程也可类似证明。

2.7 物质的相平衡和相变

2.7.1 开放系的热力学基本方程

热力学系统有三类：孤立系、封闭系和开放系。与外界没有相互作用的系统称为孤立系；与外界有能量交换但无物质交换的系统称为封闭系或闭系；与外界既有能量交换又有物质交换的系统称为开放系或开系。

物质发生相变或化学反应时，物质的量，即系统的粒子数(或摩尔数)会发生改变，这样的系统叫做开(放)系。系统中一个性质完全一样的均匀部分叫做相。如果系统由一个均匀部分组成，叫做均匀系或单相系，否则叫做复相系。

① 由于温度趋于绝对零度时，物质的热容量趋于零，因此式(2.6.26)中可以把积分下限选为0。

② 式中倒数第二个等号的成立是利用了替换：$\Delta T\leftrightarrow T$，式中最后一个等号的成立是利用了不定式的罗必达法则。

系统中每种化学成分叫做组元。如果系统只含一种化学成分，叫做单元系，否则叫做多元系。在单元复相系中可以发生相变；而在多元系中既可以发生相变，也可以发生化学反应。这里主要讨论单元复相系的平衡与相变。

由于相变时，物质的量会发生改变，因此，它的热力学函数便是温度、压强和摩尔数的函数。比如：对吉布斯函数有

$$G=G(T, p, n) \tag{2.7.1}$$

$$dG=\left(\frac{\partial G}{\partial T}\right)_{p,n}dT+\left(\frac{\partial G}{\partial p}\right)_{T,n}dp+\left(\frac{\partial G}{\partial n}\right)_{T,p}dn \tag{2.7.2}$$

所以

$$dG=-SdT+Vdp+\mu dn \tag{2.7.3}$$

式中：

$$S=-\left(\frac{\partial G}{\partial T}\right)_{p,n} \qquad V=\left(\frac{\partial G}{\partial p}\right)_{T,n}=V \qquad \mu=\left(\frac{\partial G}{\partial n}\right)_{T,p} \tag{2.7.4}$$

μ 叫做化学势，它是单位物质量的吉布斯函数。根据吉布斯函数的定义

$$G=U+pV-TS \tag{2.7.5}$$

又有

$$dG=dU+pdV+Vdp-TdS-SdT \tag{2.7.6}$$

比较式(2.7.3)得

$$dU=TdS-pdV+\mu dn \tag{2.7.7}$$

或

$$TdS=dU+pdV-\mu dn \tag{2.7.8}$$

上式便是单元均匀系当粒子数可变时的热力学基本方程。

2.7.2　单元复相系的平衡条件

假设单元系只有两个相：α 相和 β 相。若 α 相的内能为 U_α，体积为 V_α，摩尔数为 n_α，β 相的内能为 U_β，体积为 V_β，摩尔数为 n_β，则

$$\begin{aligned} U_\alpha+U_\beta&=U=\text{常数} \\ V_\alpha+V_\beta&=V=\text{常数} \\ n_\alpha+n_\beta&=n=\text{常数} \end{aligned} \tag{2.7.9}$$

对一个假想的无穷小变动，称为虚变动，用 δ 表示，有

$$\delta U_\alpha+\delta U_\beta=0 \qquad \delta V_\alpha+\delta V_\beta=0 \qquad \delta n_\alpha+\delta n_\beta=0 \tag{2.7.10}$$

由式(2.7.8)知，两相的熵变

$$\delta S_\alpha=\frac{\delta U_\alpha+p_\alpha\delta V_\alpha-\mu_\alpha\delta n_\alpha}{T_\alpha}$$
$$\delta S_\beta=\frac{\delta U_\beta+p_\beta\delta V_\beta-\mu_\beta\delta n_\beta}{T_\beta} \tag{2.7.11}$$

结合式(2.7.10)和式(2.7.11)给出两相的总熵变如下：

$$\begin{aligned}\delta S&=\delta S_\alpha+\delta S_\beta\\&=\left(\frac{1}{T_\alpha}-\frac{1}{T_\beta}\right)\delta U_\alpha+\left(\frac{p_\alpha}{T_\alpha}-\frac{p_\beta}{T_\beta}\right)\delta V_\alpha-\left(\frac{\mu_\alpha}{T_\alpha}-\frac{\mu_\beta}{T_\beta}\right)\delta n_\alpha\end{aligned} \tag{2.7.12}$$

根据熵增加原理，熵为最大是孤立系达到平衡的条件，因此，达到平衡时熵取极大值，故

$$\delta S=0 \tag{2.7.13}$$

因为式(2.7.12)中的 δU_α，δV_α 和 δn_α 均可以独立改变，所以必有

$$T_\alpha=T_\beta \qquad p_\alpha=p_\beta \qquad \mu_\alpha=\mu_\beta \tag{2.7.14}$$

它们分别代表热平衡条件、力学平衡条件和相平衡条件。这就是复相系的平衡条件。

2.7.3 克拉珀龙方程

两相平衡时具有共同的温度和压强，因此相平衡条件可以明显表示成

$$\mu_\alpha(T,\ p)=\mu_\beta(T,\ p) \tag{2.7.15}$$

上式给出了 T 和 p 之间的一个函数关系。如果我们以 T 和 p 为直角坐标，那么式(2.7.15)便在这个坐标平面上确定了一条曲线，称为相平衡曲线。它们把平面分成若干区域，每个区域是一个单相区①，这样的图形叫做相图(见图2.9)。

相图中，气液两相平衡曲线叫汽化(曲)线，液固两相平衡曲线叫溶解(曲)线，气固两相平衡曲线叫升华(曲)线。汽化曲线有一个终点，叫临界点，临界点所对应的温度叫临界温度。温度高于临界温度时，无论压强多大，气体也不会液化。三相平衡时满足方程

$$\mu_\alpha(T,\ p)=\mu_\beta(T,\ p)=\mu_\gamma(T,\ p) \tag{2.7.16}$$

它在相图中对应一个点，称为三相点。

由于热力学理论不能给出物质化学势的具体形式，因此相平衡曲线都是直

① 一个单元系可以分别处在气相、液相或固相。一些物质的固态由于晶格结构不同可以有不止一个相。

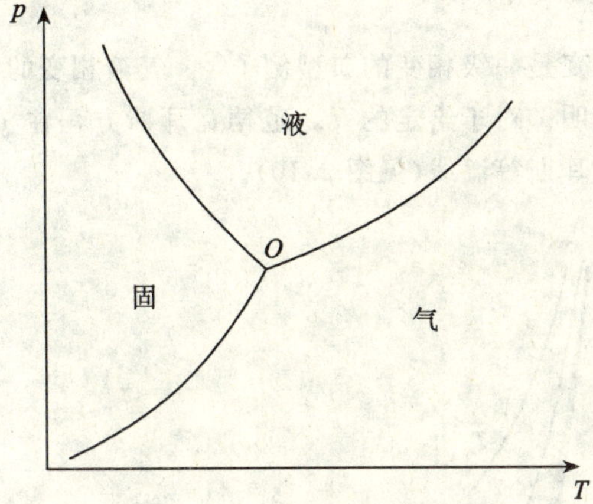

图 2.9　单元系相图

接由实验测定的。不过，热力学理论可以确定相平衡曲线的切线方程，下面我们来推导它。

相平衡曲线上任意一点的坐标(T，p)满足方程(2.7.15)，两边求微分得

$$d\mu_\alpha = d\mu_\beta \tag{2.7.17}$$

利用化学势的微分表达式

$$d\mu = -s dT + v dp \tag{2.7.18}$$

式中：s 和 v 分别为 1 摩尔物质的熵和体积。将式(2.7.18)代入式(2.7.17)，得

$$-s_\alpha dT + v_\alpha dp = -s_\beta dT + v_\beta dp$$

或

$$\frac{dp}{dT} = \frac{s_\beta - s_\alpha}{v_\beta - v_\alpha} \tag{2.7.19}$$

令 L 表示 1 摩尔物质在两相平衡的温度和压强下，由 α 相变到 β 相所吸收的热量，叫做相变潜热，于是

$$L = T(s_\beta - s_\alpha) = h_\beta - h_\alpha \tag{2.7.20}$$

将式(2.7.20)代入式(2.7.19)，得

$$\frac{dp}{dT} = \frac{L}{T(v_\beta - v_\alpha)} \tag{2.7.21}$$

上式便是两相平衡曲线的切线方程，又叫做克拉珀龙(Clapeyron)方程。

2.7.4 气液相变

气液两相的转变是一级相变的典型例子①。气液相变的特点可以利用范德瓦耳斯方程予以说明。对于给定的 T，范德瓦耳斯方程在 p-V 图上对应一条曲线，称为范德瓦耳斯等温线(见图 2.10)。

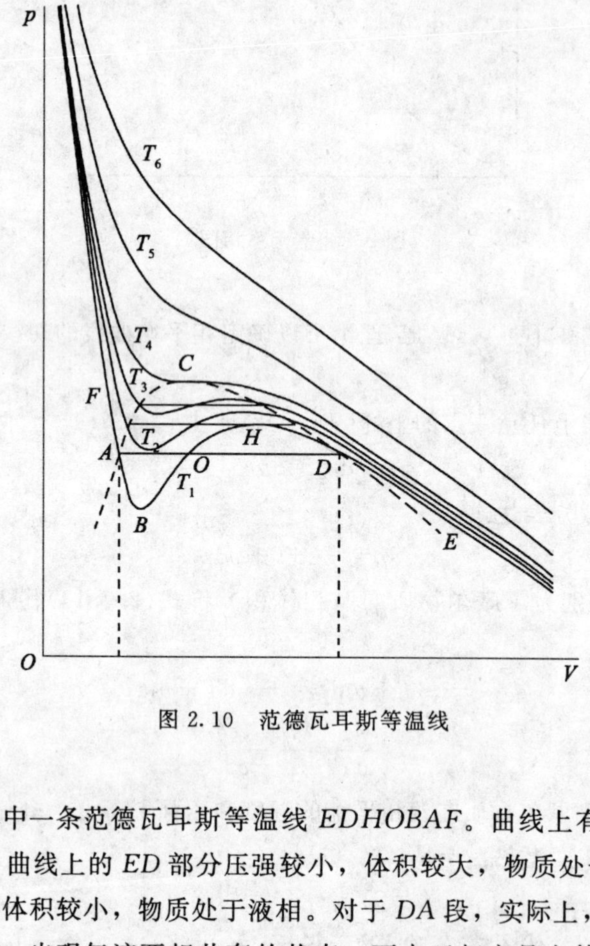

图 2.10 范德瓦耳斯等温线

今考虑其中一条范德瓦耳斯等温线 $EDHOBAF$。曲线上有一个极小点 B 和极大点 H。曲线上的 ED 部分压强较小，体积较大，物质处于气相；AF 部分压强较大，体积较小，物质处于液相。对于 DA 段，实际上，气体压缩到 D 点后开始凝结，出现气液两相共存的状态；而由于相变是在等温等压下进行的，因此系统应沿直线 DOA 变化。由此可见，在 DA 段，范德瓦耳斯等温线

① 相变时，物质的熵和体积发生变化，且有潜热放出或吸收，这样的相变叫做一级相变。

与实验等温线有很大差别。不过，范德瓦耳斯等温线上的 DH 部分和 BA 部分在实验上具有一定的物理意义，它们分别代表过冷气体状态和过热液体状态。这些状态在一定条件下是可以实现的，它们是所谓的亚稳态。范德瓦耳斯等温线上的 HB 部分，其斜率为正，说明系统体积膨胀压强反而增加。这样的状态是完全不稳定的，实验上也不可能实现。随着 T 的增加，DA 段变短，极小点 B 和极大点 H 逐渐靠近。当温度达到临界温度时，两点重合形成拐点(C)，称为临界点。由此可见，临界点的温度(临界温度)和压强(临界压强)满足如下方程：

$$\left(\frac{\partial p}{\partial V}\right)_T=0 \qquad \left(\frac{\partial^2 p}{\partial V^2}\right)_T=0 \tag{2.7.22}$$

在温度为临界温度的等温线上，压强小于临界压强，物质处于气相；压强等于临界压强，液相和气相的差别不复存在；压强大于临界压强，物质也处于气液不分的状态。温度高于临界温度，则无论压强多大，物质都处于气相。在温度等于或大于临界温度时，范德瓦耳斯等温线与实验等温线定性相符。

至于直线 DOA 的位置可以利用热力学理论来确定。事实上，根据两相平衡条件，直线 DOA 上各态化学势相同，所以

$$F_A+pV_A=G_A=G_D=F_D+pV_D \tag{2.7.23}$$

式中：p 为两相平衡压强。从而 A，D 两态自由能之差为

$$F_A-F_D=p(V_D-V_A) \tag{2.7.24}$$

另一方面，从自由能微分表达式知，A，D 两态自由能之差等于沿曲线 $DHBA$ 所做的功：

$$F_A-F_D=-\int_{\substack{V_D\\(DHBA)}}^{V_A} p\mathrm{d}V=\int_{\substack{V_A\\(DHBA)}}^{V_D} p\mathrm{d}V \tag{2.7.25}$$

比较式(2.7.24)和式(2.7.25)得到

$$p(V_D-V_A)=\int_{\substack{V_D\\(DHBA)}}^{V_D} p\mathrm{d}V \tag{2.7.26}$$

由此可见，直线 DOA 下的面积与曲线 $DHBA$ 下的面积相等。这就是说，直线 DOA 位置的选择应恰好使得 $ABOA$ 和 $DHOD$ 两者面积相等。这个法则叫做麦克斯韦等面积法则。

2.8 例　题

1. 如果一理想气体在某过程中的热容量为常数，且 $\gamma=C_p/C_V$ 也为常数，求这一过程的过程方程。

解：记理想气体在某过程中的热容量为 C，将热力学第一定律应用到此过程有：

$$C\mathrm{d}T=C_V\mathrm{d}T+p\mathrm{d}V$$

即

$$(C-C_V)\mathrm{d}T-p\mathrm{d}V=0$$

而由理想气体物态方程 $pV=nRT$ 知

$$p\mathrm{d}V+V\mathrm{d}p=nR\mathrm{d}T$$

所以

$$\frac{C-C_V}{nR}(p\mathrm{d}V+V\mathrm{d}p)-p\mathrm{d}V=0$$

即

$$\left(\frac{C-C_V}{nR}-1\right)p\mathrm{d}V+\frac{C-C_V}{nR}V\mathrm{d}p=0$$

对理想气体，$C_p-C_V=nR$，从而

$$\frac{C-C_p}{nR}p\mathrm{d}V+\frac{C-C_V}{nR}V\mathrm{d}p=0$$

依题意 γ，C 为常数，因此 C，C_p，C_V 均为常数，记 $\lambda=\dfrac{C-C_p}{C-C_V}$，上式化成

$$\frac{\lambda\mathrm{d}V}{V}+\frac{\mathrm{d}p}{p}=0$$

两边积分给出

$$pV^{\lambda}=\text{常数}$$

上式即此过程的过程方程。

如果理想气体在某一过程中的热容 C 是一常数，则这一过程便叫做多方过程。式中 $\lambda=\dfrac{C_p-C}{C_V-C}$ 称为多方指数。显然，绝热过程、等温过程、等压过程、等容过程都可以看做是多方过程的特殊情况。如：$\lambda=\gamma$，即是绝热过程；$\lambda=1$，即是等温过程；$\lambda=0$，即是等压过程；$\lambda=\infty$，即是等容过程。

2. 在电场作用下能产生极化现象的物质称为电介质，求单位体积电介质在极化过程中所做的功。

解：量度电介质极化状态(极化程度与极化方向)的物理量叫做极化强度矢量或极化强度($\boldsymbol{P}$)。它定义为单位体积内分子电偶极矩的矢量和。从而电位移

矢量 $\boldsymbol{D}$ 与位移电流密度 $\boldsymbol{j}$ 分别为：

$$\boldsymbol{D}=\varepsilon_0\boldsymbol{E}+\boldsymbol{P}$$

$$\boldsymbol{j}=\boldsymbol{j}_e+\boldsymbol{j}_s=\frac{\mathrm{d}}{\mathrm{d}t}(\varepsilon_0\boldsymbol{E}+\boldsymbol{P})=\frac{\mathrm{d}\boldsymbol{D}}{\mathrm{d}t}$$

式中：$\boldsymbol{E}$ 是电场强渡，$\boldsymbol{j}_s$、$\boldsymbol{j}_e$分别是由束缚电荷运动与电场变化形成的两种位移电流密度，ε_0是真空的介电常数。$\mathrm{d}t$ 时间内，电场对单位体积电介质做功为

$$đW=\boldsymbol{E}\cdot\boldsymbol{j}\mathrm{d}t=\boldsymbol{E}\cdot\mathrm{d}\boldsymbol{D}=\boldsymbol{E}\cdot\mathrm{d}(\varepsilon_0\boldsymbol{E}+\boldsymbol{P})=$$

$$=\mathrm{d}\left(\frac{1}{2}\varepsilon_0\boldsymbol{E}\cdot\boldsymbol{E}\right)+\boldsymbol{E}\cdot\mathrm{d}\boldsymbol{P}$$

由此可见，电场所做的功包括两部分：第一部分是激发电场所做的功，其效果是电场自身能量的变化，与电介质极化无关；第二部分才是使电介质极化所做的功。于是，单位体积电介质在极化过程中所做的元功为

$$đW=-\boldsymbol{E}\cdot\mathrm{d}\boldsymbol{P}$$

对各向同性线性电介质，P 与 E 成正比，这时上式可写成

$$đW=-E\mathrm{d}P$$

3. 物质在磁场中会发生磁化，这时我们称它们为磁介质，求单位体积磁介质在磁化过程中所做的功。

解：设一截面积为 A、长为 l 的磁介质绕有 n 匝线圈。通电时，$\mathrm{d}t$ 时间内外界电源克服感应电动势 ξ 做功为

$$đW=\xi I\mathrm{d}t \tag{1}$$

这里，电流强度 I 产生的磁场，其强度 H 可由安培(Ampere)定律确定：

$$Hl=nI \tag{2}$$

而感应电动势根据法拉第(Faraday)定律为

$$\xi=n\frac{\mathrm{d}\varphi}{\mathrm{d}t}=n\frac{\mathrm{d}(AB)}{\mathrm{d}t} \tag{3}$$

结合式(1)至式(3)得

$$đW=n\frac{\mathrm{d}(AB)}{\mathrm{d}t}\frac{Hl}{n}\mathrm{d}t=(Al)H\mathrm{d}B=VH\mathrm{d}B$$

式中：B 是磁感应强度，$V=Al$ 是磁介质体积。考虑到

$$B=\mu_0(H+M)$$

因而外界对单位体积磁介质做功为

$$đW=\mathrm{d}\left(\frac{\mu_0 H^2}{2}\right)+\mu_0 H\mathrm{d}M$$

式中：μ_0是真空磁导率，M是磁化强度。与电介质情形类似，外界所做的功包括两部分：第一部分是激发磁场所做的功；第二部分是使磁介质磁化所做的功。于是，单位体积磁介质在磁化过程中所做的元功为

$$\mathrm{d}W=-\mu_0 H\mathrm{d}M$$

4. 由热力学函数四个微分表达式可见，每个全微分表达式的右边有两个热力学量作为独立变量，而左边的热力学量则是一个对应函数。我们把左边的热力学函数叫做以右边两个热力学量为自变量的特性函数。于是，以(S, V)为自变量时，$U(S, V)$是特性函数；以(S, p)为自变量时，$H(S, p)$是特性函数；以(T, V)为自变量时，$F(T, V)$是特性函数；以(T, p)为自变量时，$G(T, p)$是特性函数。特性函数的概念很重要，只要确定了特性函数，其他热力学函数便可以通过这一函数计算出来。因为熵是一个不容易测量的量，所以在热力学与统计物理学中普遍使用的特性函数是$F(T, V)$和$G(T, p)$。

(1)以(T, V)为自变量时，特性函数为自由能$F(T, V)$，由此确定其他热力学函数。

(2)以(T, p)为自变量时，特性函数是吉布斯函数$G(T, p)$，由此确定其他热力学函数。

解：(1)根据自由能的微分表达式

$$\mathrm{d}F=-S\mathrm{d}T-p\mathrm{d}V$$

有
$$S=-\left(\frac{\partial F}{\partial T}\right)_V \qquad p=-\left(\frac{\partial F}{\partial V}\right)_T$$

$$U=F+TS=F-T\left(\frac{\partial F}{\partial T}\right)_V$$

由此可见，确定了特性函数$F(T, V)$，系统的物态方程、熵和内能即可从上面三式直接得到，其他热力学函数也能通过这一特性函数计算出来。特别地，内能表示式被称为吉布斯-亥姆赫兹方程。

(2)根据吉布斯函数的微分式

$$\mathrm{d}G=-S\mathrm{d}T+V\mathrm{d}p$$

有
$$S=-\left(\frac{\partial G}{\partial T}\right)_p \qquad V=\left(\frac{\partial G}{\partial p}\right)_T$$

$$U=G-pV+TS=G-p\left(\frac{\partial G}{\partial p}\right)_T-T\left(\frac{\partial G}{\partial T}\right)_p$$

$$H=G+TS=G-T\left(\frac{\partial G}{\partial T}\right)_p$$

由此可见，确定了特性函数 $G(T,\ p)$，系统的物态方程、熵、内能和焓即可从上面四式直接得到，其他热力学函数也能通过这一特性函数计算出来。特别地，内能和焓表示式被称为吉布斯-亥姆赫兹方程。

5. 对非 pVT 系统，只需在相应变量间做一代换，一般即能将 pVT 系统上适用的式子转换到非 pVT 系统。试利用类比法写出电介质与磁介质的 TdS 方程，并证明，若磁介质遵守居里(Curie)定律：$M=C\dfrac{H}{T}$，式中：C 为居里常数，则

$$\left(\frac{\partial T}{\partial H}\right)_S>0$$

解：单位体积各向同性线性电介质对外做功为

$$\text{đ}W=-E\text{d}P_e$$

式中：E 是电场强度，P_e是极化强度①。对比系统体积改变对外做功表达式有

$$p\leftrightarrow -E \qquad V\leftrightarrow P_e$$

不难推知，对 pVT 系统适用的一般热力学公式，经上式代换后亦适用于电介质。比如：TdS 方程在电介质中便具有如下形式：

$$T\text{d}S=C_{P_e}\text{d}T-T\left(\frac{\partial E}{\partial T}\right)_{P_e}\text{d}P_e$$

$$T\text{d}S=C_E\text{d}T+T\left(\frac{\partial P_e}{\partial T}\right)_E\text{d}E$$

这里

$$C_{P_e}=T\left(\frac{\partial S}{\partial T}\right)_{P_e} \qquad C_E=T\left(\frac{\partial S}{\partial T}\right)_E$$

分别表示极化强度不变时的热容量和电场强度不变时的热容量。利用上两式便可研究电介质的热力学性质。

对磁介质，其单位体积对外做功

$$\text{đ}W=-\mu_0 H\text{d}M$$

式中：μ_0是真空磁导率，M 是磁化强度；H 是磁场强度。对比系统体积改变对外做功表达式有 $p\leftrightarrow -\mu_0 H$，$V\leftrightarrow M$。

这时，其热力学方程为

$$T\text{d}S=\text{d}U-\mu_0 H\text{d}M$$

---

① 注意：为了与压强 p 相区别，这里极化强度用 P_e表示。

TdS 方程为

$$TdS = C_M dT - \mu_0 T \left(\frac{\partial H}{\partial T}\right)_M dM$$

$$TdS = C_H dT + \mu_0 T \left(\frac{\partial M}{\partial T}\right)_H dH$$

式中：$C_M = T\left(\frac{\partial S}{\partial T}\right)_M$，$C_H = T\left(\frac{\partial S}{\partial T}\right)_H$ 分别表示磁化强度不变时的热容量和磁场强度不变时的热容量。将 TdS 方程应用于绝热过程有

$$0 = TdS = C_H dT + \mu_0 T \left(\frac{\partial M}{\partial T}\right)_H dH$$

由此得

$$\left(\frac{\partial T}{\partial H}\right)_S = -\frac{\mu_0 T}{C_H}\left(\frac{\partial M}{\partial T}\right)_H$$

若磁介质遵守居里(Curie)定律

$$M = C\frac{H}{T}$$

则将上式代入后即得

$$\left(\frac{\partial T}{\partial H}\right)_S = \frac{\mu_0 CH}{C_H T} > 0$$

上式表明，绝热地减少磁场时，磁介质温度将降低，这种现象叫磁制冷效应。绝热去磁是获得低温的有效方法。

学科建立——热力学三定律的建立

蒸汽机的发明和使用是第一次工业革命的重要标志，对蒸汽机的改进促成了热力学理论的建立。作为热力学理论重要组成部分的热力学第一、第二定律是 19 世纪自然科学最伟大的成就之一。随着低温的获得和低温技术的发展，人类对物质低温特性的认识越来越深入，热力学第三定律便是在把热力学原理应用到低温现象和化学反应过程中得到的。

一、热力学第一定律

到了 19 世纪，人们在实践中已经逐步认识到机械运动在一定条件下守恒，各种“自然力”可以相互转化，而永动机是不能实现的。可见建立热力学第一定律条件已经成熟，对建立这一定律作出突出贡献的当推迈尔、焦耳、亥姆霍兹等人。

(1)迈尔(Robert Mayet，1814—1878 年)出生于德国海尔布隆一个药剂师的家庭。少年时代的迈尔常跟着父亲去看制作药品的试验，培养了对科学的兴趣。1832 年迈尔进蒂宾根大学医学系学习，1838 年开始行医。

1840 年至 1841 年初，迈尔在一艘海轮上当了几个月的随船医生。航海生活开阔了迈尔的视野，激发了他的科学联想，而且这段航程成为他从生理学的角度提出能量守恒与转化原理的起点。1842 年迈尔写成题为《论无机自然界的力》一文，这篇论文包括了世界的能量是不变的这一重要观点，所以物理学史上一般都承认迈尔是建立热力学第一定律(即能量守恒定律)的第一人。

(2)焦耳(James Prescott Joule，1818—1889 年)出生于英国曼彻斯特一个酿酒商家庭。焦耳自幼跟父亲参加酿酒劳动，利用空闲自学化学和物理，16 岁曾受教于著名化学家道尔顿，20 岁时开始他辉煌的科学研究生涯。1850 年焦耳被选为英国皇家学会会员。

焦耳最伟大的贡献当属他对热功当量的实验测定。热功当量是自然界中一个极为重要的数值，焦耳为了测定热功当量的值，前后用了近 40 年时间，做了 400 多次实验。焦耳通过实验得出结论：热功当量是一个普适常量，与做功方式无关。焦耳的实验工作为热力学第一定律的建立奠定了实验基础，由此能量守恒定律被牢固地确立了起来。

焦耳是一位靠自学而成才的科学家，其科学研究的道路很不平坦。焦耳一生中建树不少，在电磁学、热学、气体分子动理论诸方面研究中都作出过卓越贡献。物理学上有许多与焦耳相连的名称，如：焦耳一楞次定律、焦耳自由膨胀实验、焦耳一汤姆孙效应、焦耳热等。为了纪念焦耳对科学发展的贡献，国际计量大会还将能量、热量和功的单位命名为焦耳。

(3)亥姆霍兹(Hermann von Helmholty，1821—1894 年)生于德国波茨坦。亥姆霍兹原是德国生理学家，他对于能量守恒定律的研究，最初是从生理学问题想起来的。1847 年他在柏林物理学会上宣读了题为《论力的守恒》著名论文，文中创立了“势能”概念。进一步发展了能量守恒原理，使之具有更普遍的意义。

二、热力学第二定律

18 世纪末到 19 世纪初，蒸汽机的广泛应用使工业生产和交通运输发生了划时代的变革，如何提高热机效率的问题也引起了科学家的普遍重视，并由此导致热力学第二定律的发现。卡诺在热力学第二定律的建立中作出了卓越贡献，进而克劳修斯和开尔文从不同方面完整地表述了这一定律。

(1)卡诺(Sadi Carnot，1796—1832年)，法国工程师，毕业于巴黎工业大学，因此有机会了解和熟悉当时各种蒸汽机的设计。1821年起，卡诺开始致力于提高热机效率的研究，他构想了一种理想热机，称为卡诺热机，该热机的循环过程由两个绝热过程和两个等温过程组成。1824年他发表了《关于火的动力及产生这种动力的机器的研究》的论文，文章指出，单独提供热不足以给出推动力，必须还要有冷。没有冷，热将是无用的。这说明卡诺已敏锐地认识到，热机所产生的功有赖于两个热源的温度差。为了回答人们能否无限制地改善热机，即热机的效率在理论上是否存在上限，卡诺论证了有关热机效率的卡诺定理，从根本上解决了这一问题。卡诺定理清楚地反映了卡诺的非凡见解：热机效率只与两个热源的温度有关，而与工作物质无关。在这些结论中都隐含了热力学第二定律的内容。

(2)克劳修斯(Rudolf Clausius，1822—1888年)，德国物理学家。1850年克劳修斯在呈送柏林科学院的一篇论文中提出，热不能自动地从较冷的物体传到较热的物体。这就是热力学第二定律的克劳修斯表述。1851年克劳修斯证明了一个著名的不等式(克劳修斯不等式)，在此基础上引进了熵的概念，并给出了它的数学表达式。

(3)汤姆孙(William Thomson，即开尔文 Lord Kelvin，1824—1907年)，英国物理学家。1848年开尔文根据卡诺定理创立了一种不倚赖任何特定物质和任何物质特定属性的绝对温标，即热力学温标。1850年开尔文提出了有关热力学第二定律的另外一种说法，即热力学第二定律的开尔文表述。

三、热力学第三定律的建立

热力学第三定律是关于低温获得的定律，而低温的获得又与气体的液化密切相关。不少科学家在这方面投入了大量的工作。18世纪末荷兰科学家马伦用高压压缩方法将氨液化。1823年法拉第开始液化气体研究，先后液化了H_2S,HCl，SO_2及C_2N_2等气体。但氧、氮、氢等气体却毫无液化的迹象，它们被称为“永久气体”。1863年英国科学家安德鲁斯在二氧化碳液化中发现了气体具有临界温度，任何气体在临界温度以上时，无论加多大压力也不能液化。1869年安德鲁斯指出，所谓的“永久气体”，实质上是未能达到临界温度的气体。1877年法国的凯特勒和瑞士的皮克泰特几乎同时用不同的方法液化了氧。1883年波兰物理学家乌罗布列夫斯基和化学家奥耳舍夫斯基实现了氧气和氮气的液化。1898年英国科学家杜瓦基于焦耳一汤姆孙节流制冷原理成功液化了氢。荷兰物理学家昂内斯于1908年实现了最后一种气体氦的液化，至此全部气体均被液化，并获得过 1.7K 的低温。

1906 年德国科学家能斯特在研究低温下各种化学反应时，总结出一条规律，称为能斯特定理：当绝对温度趋于零时，凝聚系的熵在等温过程中的改变趋于零。1912 年能斯特把上述规律表述为：不可能使一物体冷却到绝对温度的零度。后者现在称为热力学第三定律。

习　题　2

1. 定义温度 t^* 与测温属性 X 之间的关系为

$$t^* = \ln kX$$

式中：k 为常数。

(1)如设 X 为稀薄气体的定容温度计的压强，并设水的三相点为 $t^* = 273.16℃$，试确定温标 t^* 与热力学温标的关系。

(2)在温标 t^* 中，冰点、汽点的温度各为多少?

(3)在温标 t^* 中，是否存在零度?

2. 设温差电偶的电动势与温度的关系为

$$\xi = 0.5t - 0.001t^2$$

式中：ξ 为热电动势，单位为 mV；t 为摄氏温度。

(1)计算 $t=0℃$，$100℃$，$250℃$时热电动势的值。

(2)假设引入一种新的温标(t^*)，它与摄氏温标有两个公共点，即 $t=0℃$，$t^*=0$，$t=250℃$，$t^*=250℃$；而在此区间 ξ 与 t^* 成正比。问若待测物体温度为 100℃，那么此温标 t^* 的读数是多少?

3. 一个标准大气压下，某温度计在水的冰点时，读数为−0.2℃，在水的汽点时读数为 101.5℃。若允许误差为 0.1℃，求在此误差内该温度计可用温度读数的范围。

4. 已知水上方压强为 p_0，水密度为 ρ，求没入水中的空气泡，其半径比水表面小一半时的深度。

5. 实验表明，温度保持不变时，一定质量气体的压强与体积的乘积为一常数。这个规律叫做玻意耳-马略特定律。理想气体严格遵守玻意耳-马略特定律。试利用玻意耳-马略特定律和理想气体温标推导理想气体的状态方程。

6. 根据阿伏伽德罗定律，在相同温度和压强下，1 摩尔任何理想气体占有相同体积，因此式理想气体的状态方程中的常数与气体种类无关，称为普适气体常数。实验测得，1 摩尔理想气体在标准状态($T_0=273.15\text{K}$，$p_0=1\text{atm}$)下的体积为 $V_0=22.41383\times10^{-3}\text{m}^3\cdot\text{mol}^{-1}$。由此计算 R 的值。

7. 某气体的定压膨胀系数和等容压强系数分别为

$$\alpha=\frac{nR}{pV}\qquad \beta=\frac{1}{T}$$

式中 n、R 均为常数，试求此气体的物态方程。

8. 某气体的定压膨胀系数和等温压缩系数各为

$$\alpha=\frac{nR}{pV}\qquad \kappa=\frac{1}{p}+\frac{a}{V}$$

其中 n、R 和 a 均为常数，试求此气体的物态方程。

9. 求 1 个大气压下，1 摩尔水在 100℃时完全转化为水蒸气，其内能的改变。已知水和水蒸气的摩尔体积分别为 $18.8\text{cm}^3/\text{mol}$ 和 $3.02\times10^4\text{cm}^3/\text{mol}$，汽化潜热为 $4.06\times10^4\text{J/mol}$。

10. 已知理想气体的多方过程方程为 $pV^n=C$(C 为常数)，证明：

(1)理想气体在多方过程中对外做功为$\dfrac{p_2V_2-p_1V_1}{1-n}$；

(2)理想气体在多方过程中的热容 $C_n=\dfrac{\gamma-n}{1-n}C_V$。

11. 温度为 20℃的 1 摩尔理想气体在一个大气压下占有体积 V，计算下列两种情况下气体从外界吸收的热量、气体对外做的功和气体内能的变化：

(1)先保持体积不变，加热使其温度升至 80℃，然后等温膨胀使体积扩展至原来的 2 倍；

(2)先等温膨胀使体积扩展至原来的 2 倍，然后保持体积不变，加热至 80℃。

12. 设带有活门的绝热金属容器内充有 n_i mol 的高压氦气，压强为 p_i，此时 1mol 氦气的内能为 u_i。此容器与一个很大的气瓶相连，气瓶内压强保持在 p_0，并与大气压很接近。将活门打开后，让氦气缓慢地、绝热地进入气瓶内，直到活门两边压强相等为止。证明

$$u_i-\frac{n_f}{n_i}u_f=\left(1-\frac{n_f}{n_i}\right)h'$$

式中：n_f 是留在金属容器内氦气的摩尔数；u_f 是留在金属容器内 1mol 氦气的内能；h'是气瓶内 1mol 氦气的焓。

13. 一个具有绝热壁的真空容器通过活门和大气相通，打开活门让大气进

入，当压强达到外界大气压 p_0 时将活门关上。

(1)设容器内的气体原来在大气中的体积和内能分别为 V_0 和 U_0，进入容器后的内能为 U_f。证明：

$$U_f = U_0 + p_0 V_0$$

(2)若气体为理想气体，求它进入容器后的温度和体积。

14. 用电冰箱将 1 千克 0℃的水制冷成 0℃的冰。已知当时室温是 27℃，冰的融解热为 3.35×10^5 J/kg，若电冰箱可以看做由可逆卡诺机制成的制冷机，问这时电源至少需要给冰箱提供多少功，冰箱向外界散发了多少热量?

15. 假设某气体状态方程为 $p(V-b)=RT$，内能为 $u=C_V T+$常数，证明：

(1)此气体的绝热过程方程为 $p(V-b)^{\gamma}=$常数；

(2)以此气体为工作物质的卡诺循环的效率与理想气体相同。

16. 设理想气体的 C_p 与 C_V 之比 γ 是温度的函数。

(1)试求在准静态过程中 T 与 V 的关系。这个关系式用到一个函数 $F(T)$，其表达式为

$$\ln F(T) = \int \frac{\mathrm{d}T}{(\gamma-1)T}$$

(2)证明此时卡诺循环的效率仍为

$$\eta = 1 - \frac{T_2}{T_1}$$

17. 证明任何两条绝热线都不能相交。

18. 分别利用热力学第二定律的开尔文说法和克劳修斯说法证明工作在热源 T_1 和 $T_2(T_1>T_2)$之间的热机的效率 η' 不可能大于 $(T_1-T_2)/T_1$。

19. 已知单原子分子理想气体的摩尔热容为 $3R/2$，计算 0.01kg 这种气体经①定容加热；②定压加热，温度从 50℃升高至 150℃时的熵变。

20. 10kg 20℃的水在等压下变化为 250℃的过热蒸汽。已知水的汽化热为 $22.5\times10^5\,\mathrm{J\cdot kg^{-1}}$，水和水蒸气的定压比热容分别为 $4187\,\mathrm{J\cdot kg^{-1}\cdot K^{-1}}$ 和 $1670\,\mathrm{J\cdot kg^{-1}\cdot K^{-1}}$，试计算其熵的增加量。

21. 质量为 m、温度为 T_1 的水和质量相同但温度为 T_2 的水在等压下绝热地混合，试求水混合达到新的平衡态后熵的改变，并证明其熵增加(设水的定压比热容为常数)。

22. 10 安培的电流通过 25 欧姆的电容器，历时 1 秒钟。

(1)若电阻器的温度始终保持 27℃，电阻器的熵增加多少?

(2)若电阻器用一绝热层包装起来，设其初温为 27℃，电阻器的质量为 10g，比热容 $c_p=837.2\mathrm{J}\cdot\mathrm{kg}^{-1}\cdot\mathrm{K}^{-1}$，电阻器的熵增加多少?

23. 一个均匀杆一端温度为 T_1，另一端温度为 T_2，计算它在达到均匀温度 $(T_1+T_2)/2$ 后熵的增加值.

24. 理想气体分别经过等压过程和等容过程，温度由 T_1 升高到 T_2，设 $\gamma=\frac{c_p}{c_V}$ 是常数，试证明等压过程的熵变等于等容过程的熵变的 γ 倍。

25. 一个物体的初始温度为 T_1，热源的温度为 T_2，$T_1>T_2$。有一热机工作在此物体和热源之间，直到物体的温度降为 T_2 为止。若热机从物体吸收的热量为 Q，试利用熵增加原理证明此热机所做的最大功为

$$W_{\max}=Q-T_2(S_1-S_2)$$

式中：S_1-S_2 是物体的熵的减小量。

26. 有两个相同的物体，热容量为常数，初始温度同为 T_i。现用一制冷机工作在它们之间，使其中一个物体的温度降低到 T_2 为止。设物体维持在定压条件下，且不发生相变，证明此过程中所需的最小功为

$$W_{\min}=C_p\left(\frac{T_i^2}{T_2}+T_2-2T_i\right)$$

27. 利用雅可比函数行列式的性质，证明 $\frac{\partial(T,\ S)}{\partial(x,\ y)}=\frac{\partial(p,\ V)}{\partial(x,\ y)}$，其中 x、y 是任意两个独立变量，并由此导出麦氏关系。

28. 证明

$$\left(\frac{\partial C_V}{\partial V}\right)_T=T\left(\frac{\partial^2 p}{\partial T^2}\right)_V,\ \left(\frac{\partial C_p}{\partial p}\right)_T=-T\left(\frac{\partial^2 V}{\partial T^2}\right)$$

29. 应用上题的结果，分别导出

$$C_V=C_{V_0}+T\int_{V_0}^{V}\left(\frac{\partial^2 p}{\partial T^2}\right)_V\mathrm{d}V$$

$$C_p=C_{p_0}-T\int_{p_0}^{p}\left(\frac{\partial^2 V}{\partial T^2}\right)_p\mathrm{d}p$$

式中：C_{V_0} 与 C_{p_0} 分别代表体积为 V_0 时的定容热容与压强为 p_0 时的定压热容，它们都只是温度的函数。

30. 对 1 摩尔理想气体：

(1)计算它的定压膨胀系数、等温压缩系数和定容压强系数；

(2)证明理想气体的 C_V 与 C_p 只是温度的函数；

(3)计算定压摩尔热容与定容摩尔热容之差 C_p-C_V。

31. 对 1 摩尔范德瓦耳斯气体：

(1)计算它的定压膨胀系数、等温压缩系数和定容压强系数；

(2)证明 $\left(\frac{\partial U}{\partial V}\right)_T=\frac{a}{V^2}$；

(3)证明定容摩尔热容 C_V 只是温度的函数，与体积无关；

(4)计算 C_p-C_V。

32. 计算 1 摩尔范德瓦耳斯气体在体积 V_1 等温膨胀到 V_2 的过程中所吸收的热量。

33. 试求 1 摩尔范德瓦尔斯气体的转换温度公式。

34. 在焦耳一汤姆孙实验中，设有 1 摩尔理想气体经多孔塞从高压 p_1 部分绝热膨胀到低压 p_2 部分，问该气体在此过程前后熵是否改变？若有改变，其值多大？

35. 固态氨和液态氨的饱和蒸汽压分别为

$$\ln p_s=2303-\frac{3754}{T}\qquad\qquad \ln p_l=19.49-\frac{3063}{T}$$

式中：压强的单位为 mmHg。假设气相可视为理想气体，凝聚相(即液相或固相)的摩尔体积相对于气相的摩尔体积可以忽略，试求：(1)三相点的温度；(2)气化热和升华热；(3)三相点的熔解热。

36. 已知一个大气压下水的沸点是 373.15K，实验测得此时摩尔汽化潜热等于 2.258×10^6 J/kg，而水蒸气与水的比容分别是 $1.637\text{m}^3/\text{kg}$ 和 $1.044\times10^{-3}\text{m}^3/\text{kg}$，求水在此状态下的饱和蒸汽压随温度的变化率。

37. 利用上题数据，问在多大压强值下，温度到 95℃时水就会沸腾？

38. 装在体积 $V=6\times10^{-3}\text{m}^3$ 的密封容器内的水温度 $T_1=393$K，相应饱和蒸汽压 $p_1=1.96\times10^5\text{N/m}^2$，今将一定量 10℃的水喷入其中，则水温下降至 $T_2=373$K，相应饱和蒸汽压 $p_2=9.81\times10^4\text{N/m}^2$，求喷入水的质量。设水的比热为 4.186×10^3 J/kg，汽化热为 2.26×10^6 J/kg，1 摩尔水蒸气的热容 $C_V=3R$。

39. 证明在相变中，物质摩尔内能的变化为

$$\Delta u=u_2-u_1=L\left(1-\frac{p}{T}\frac{\mathrm{d}T}{\mathrm{d}p}\right)$$

如果一相是气体，另一相是凝聚相，则上式可化简为

$$\Delta u = L\left(1 - \frac{RT}{L}\right)$$

第3章 电磁理论

本章内容包括电磁现象的实验规律、电介质与磁介质、麦克斯韦方程组、电磁波与电磁能量。

3.1 电磁现象的实验规律

3.1.1 电荷与电场

1. 库仑定律

电磁现象是最基本也是最重要的自然现象之一，它与人类生活密切相关。人类从一开始就从大自然的雷电中观察到电现象，但真正去研究和了解它还是18世纪的事。现在，人们知道，物体有电性质是因为它带了电，或者说有了电荷。带电体所带电荷的多少叫做“电量”，记为Q或q。自然界只存在两种电荷：正电荷和负电荷。电荷之间存在相互作用力，同种电荷互相排斥，异种电荷互相吸引。在国际单位制中，电量的单位是库仑，它的定义是：如果导线中通过1安培(A)的稳恒电流，则1秒(s)内通过导线横截面的电量为1库仑(C)，即1C=1A·s。电荷间相互作用的规律是由法国工程师库仑通过实验确定的，称为库仑定律。库仑定律的内容如下：

真空中两个静止点电荷间作用力的大小与两个点电荷的电量q_1，q_2成正比①，与它们的距离(r)的平方成反比；作用力的方向沿着它们的连线，同种电荷相斥，异种电荷相吸。数学表示式为②

$$\boldsymbol{F}_{12}=\frac{1}{4\pi\varepsilon_o}\frac{q_1 q_2}{r^2}\boldsymbol{e}_{12} \tag{3.1.1}$$

---

① 如果某个带电体本身的大小远小于它与其他带电体间的距离，那么此带电体便称为点电荷。

② 除非有说明，所有公式均取在国际单位制中的形式。

式中：$\boldsymbol{F}_{12}$表示 q_1 对 q_2 的作用力，$\boldsymbol{e}_{12}$是 q_1 到 q_2 的连线上的单位矢量，ε_0为真空中的介电常数(真空电容率)

$$\varepsilon_0 = 8.85418781762\times10^{-12}\mathrm{C}^2\cdot\mathrm{N}^{-1}\cdot\mathrm{m}^{-1} \tag{3.1.2}$$

2. 电场强度

电荷周围存在电场①，另一电荷处于此场中，将受到电场的作用力。因此，电荷间的相互作用是通过场来传递的。电场强弱用电场强度($\boldsymbol{E}$)表示。电场强度通常与电场中点的位置有关，它定义为：

电场中某点的电场强度是一个矢量，其大小和方向等于置于该点的单位正电荷所受到的电场力的大小和方向，即

$$\boldsymbol{E} = \frac{\boldsymbol{F}}{q_0} \tag{3.1.3}$$

式中：q_0 为试验电荷电量。

在国际单位制中，电场强度的单位是牛顿/库仑($\mathrm{N}\cdot\mathrm{C}^{-1}$)。由于电场强度是一个矢量，因此电场是一个矢量场。实验表明，电场具有叠加性，即多个电荷所激发电场中某点的电场强度等于每个电荷单独存在时，在该点产生的电场强度的矢量和：

$$\boldsymbol{E} = \sum_i \boldsymbol{E}_i \tag{3.1.4}$$

对于点电荷 q，有

$$\boldsymbol{F} = \frac{1}{4\pi\varepsilon_0}\frac{qq_o}{r^2}\boldsymbol{e} = \frac{1}{4\pi\varepsilon_0}\frac{qq_o}{r^3}\boldsymbol{r}$$

式中：$\boldsymbol{e} = \dfrac{\boldsymbol{r}}{r}$是矢径上的单位矢量，所以点电荷产生的电场强度为

$$\boldsymbol{E} = \frac{1}{4\pi\varepsilon_0}\frac{q}{r^3}\boldsymbol{r} \tag{3.1.5}$$

对于电荷连续分布的带电体 $\mathrm{d}q = \rho(\boldsymbol{r}')\mathrm{d}\boldsymbol{r}'$

$$\boldsymbol{E} = \frac{1}{4\pi\varepsilon_0}\int\frac{\rho(\boldsymbol{r}')\boldsymbol{r}}{r^3}\mathrm{d}\boldsymbol{r}' \tag{3.1.6}$$

式中：$\rho(\boldsymbol{r}')$是带电体内点 $\boldsymbol{r}'$处的电荷密度，$\boldsymbol{r}$ 是 $\boldsymbol{r}'$到带电体周围电场中某点的位矢，对 $\mathrm{d}\boldsymbol{r}'$的积分遍及带电体本身所包围的空间。在直角坐标系中 $\mathrm{d}\boldsymbol{r}' = \mathrm{d}x'\mathrm{d}y'\mathrm{d}z'$(下同)。

① 物理学上的场是物质存在的一种形态，它与实物的区别是：实物通常定域在空间的某一局部范围，而场则弥漫在空间中。

3. 高斯定理

为了形象地描述电场，常常在电场中画出一系列曲线，使得电场中任意一点的电场强度方向就是通过该点的曲线的切线方向，而通过在该点与电场强度正交的单位面积的曲线数目就等于电场强度的大小。这样的曲线叫做电场线，或电力线，从而通过电场中任一面元 d$\boldsymbol{S}$ 的电力线数目(电通量)为

$$\mathrm{d}\phi = E \cdot \mathrm{d}\boldsymbol{S} \tag{3.1.7}$$

今考虑点电荷 q 的电场中任意一个封闭曲面 S(见图 3.1)，S 包围 q。按定义，通过 S 上任一面元 d$\boldsymbol{S}$ 的电通量为

$$\mathrm{d}\phi = \boldsymbol{E} \cdot \mathrm{d}\boldsymbol{S} = \frac{1}{4\pi\varepsilon_0}\frac{q}{r^2}\boldsymbol{e} \cdot \mathrm{d}\boldsymbol{S} = \frac{q}{4\pi\varepsilon_0 r^2}\cos\theta \mathrm{d}S \tag{3.1.8}$$

式中：θ 是 $\boldsymbol{E}$ 与 d$\boldsymbol{S}$ 间的夹角，$\cos\theta \mathrm{d}S$ 是面元 d$\boldsymbol{S}$ 在以 q 为球心、r 为半径的球面上的投影，即球面上的面元，于是

$$\frac{\cos\theta \mathrm{d}S}{r^2} = \mathrm{d}\Omega \tag{3.1.9}$$

是面元 d$\boldsymbol{S}$ 对点电荷所张的立体角。故

$$\mathrm{d}\phi = \frac{q}{4\pi\varepsilon_0}\mathrm{d}\Omega$$

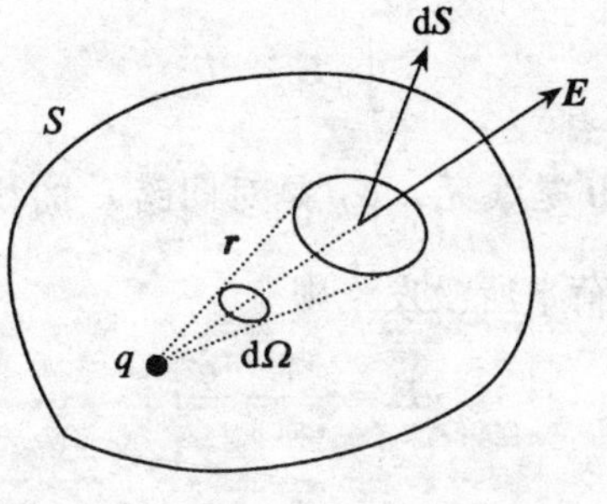

图 3.1　电通量的高斯定理

而通过 S 的总通量

$$\oint \boldsymbol{E} \cdot \mathrm{d}\boldsymbol{S} = \oint \frac{q}{4\pi\varepsilon_0}\mathrm{d}\Omega = \frac{q}{4\pi\varepsilon_0}\int_0^{\pi}\sin\theta \mathrm{d}\theta \int_0^{2\pi}\mathrm{d}\varphi = \frac{q}{4\pi\varepsilon_0}4\pi = \frac{q}{\varepsilon_0} \tag{3.1.10}$$

如果封闭曲面 S 包围了多个电荷(q_i)，则过 S 的总通量为

$$\oint \boldsymbol{E} \cdot \mathrm{d}\boldsymbol{S} = \frac{1}{\varepsilon_0}\sum_i q_i \tag{3.1.11}$$

求和遍及 S 内所有电荷。如果 S 包围的是一个电荷连续分布的带电体，那么我们可以把它分成许多小部分，每一部分电量为 Δq_i，然后利用式(3.1.11)得到通过 S 的总通量。当这些小部分都趋近于无穷小部分时，Δq_i 变成 $\mathrm{d}q$，式中对 i 求和变成对 $\mathrm{d}q$ 积分，从而

$$\oint \boldsymbol{E}\cdot\mathrm{d}\boldsymbol{S}=\frac{1}{\varepsilon_0}\int\mathrm{d}q=\frac{1}{\varepsilon_0}\int\rho(\boldsymbol{r})\,\mathrm{d}\boldsymbol{r} \tag{3.1.12}$$

式中：ρ 是带电体的电荷分布(即体电荷密度)，积分对 S 所包围的带电体所占空间进行。由此可见，电场中通过任意闭合曲面的电通量等于该曲面所包围的所有电荷电量代数和的 $\frac{1}{\varepsilon_0}$ 倍，而与闭合曲面外的电荷无关。这个结论叫做高斯定理。式(3.1.12)给出的是高斯定理的积分形式，它的微分形式是

$$\nabla\cdot\boldsymbol{E}=\frac{\rho}{\varepsilon_0} \tag{3.1.13}$$

左边表示电场的散度。

4. 电场的旋度

电场是矢量场。散度是矢量场性质的一个方面，要确定一个矢量场还需要给出它的旋度，即场的环路性质。静电场中任意一个闭合回路 L 的电场环量定义为

$$\oint_L \boldsymbol{E}\cdot\mathrm{d}\boldsymbol{l} \tag{3.1.14}$$

式中：$\boldsymbol{E}$ 是电场强度；$\mathrm{d}\boldsymbol{l}$ 是线元；$\oint_L$ 是对回路 L 的线积分。

若电场 $\boldsymbol{E}$ 是由点电荷 q 所激发，则

$$\boldsymbol{E}=\frac{1}{4\pi\varepsilon_0}\,\frac{q}{r^3}\boldsymbol{r} \tag{3.1.15}$$

代入式(3.1.14)，得

$$\oint_L \boldsymbol{E}\cdot\mathrm{d}\boldsymbol{l}=\frac{q}{4\pi\varepsilon_0}\oint_L\frac{1}{r^3}\boldsymbol{r}\cdot\mathrm{d}\boldsymbol{l}=\frac{q}{4\pi\varepsilon_0}\oint_L\frac{1}{r^3}r\mathrm{d}r=\frac{q}{4\pi\varepsilon_0}\oint_L\mathrm{d}\left(\frac{-1}{r}\right) \tag{3.1.16}$$

右边被积函数为一全微分，经一回路后回到原来值，积分结果为零(见图3.2)，所以

$$\oint_L \boldsymbol{E}\cdot\mathrm{d}\boldsymbol{l}=0 \tag{3.1.17}$$

对于并非一个点电荷的一般情形，由于每个元电荷所激发的电场环量为

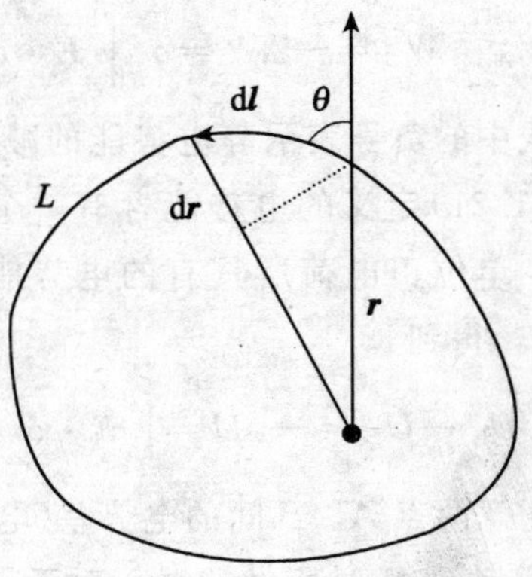

图 3.2　电场环量

零，根据场的叠加原理，上式对任意静电场和任一闭合回路都成立。这就是说，静电场对任意一个闭合回路的环量恒等于零，这个结论叫静电场的环路定理。将式(3.1.17)变成微分形式有

$$\nabla \times \boldsymbol{E} = 0 \tag{3.1.18}$$

左边表示电场的旋度。上式表明静电场旋度为零，即静电场是无旋场。

5. 电势　电势梯度

静电场的环路定理有特殊的物理意义。设想试验电荷 q_0 在静电场中沿任一闭合回路绕行一周，则电场力对电荷所做的功为

$$A = \oint_L q_0 \boldsymbol{E} \cdot \mathrm{d}\boldsymbol{l} = q_0 \oint_L \boldsymbol{E} \cdot \mathrm{d}\boldsymbol{r} = 0 \tag{3.1.19}$$

它表明静电场是保守力场。如果我们在闭合回路上任取两点 A、B，将回路分成两部分 C_1、C_2，那么

$$0 = q_o \oint \boldsymbol{E} \cdot \mathrm{d}\boldsymbol{r} = q_o \int_{A \atop (C_1)}^{B} \boldsymbol{E} \cdot \mathrm{d}\boldsymbol{r} + q_0 \int_{B \atop (C_2)}^{A} \boldsymbol{E} \cdot \mathrm{d}\boldsymbol{r} = q_0 \int_{A \atop (C_1)}^{B} \boldsymbol{E} \cdot \mathrm{d}\boldsymbol{r} - q_0 \int_{A \atop (C_2)}^{B} \boldsymbol{E} \cdot \mathrm{d}\boldsymbol{r}$$

即

$$q_0 \int_{A \atop (C_1)}^{B} \boldsymbol{E} \cdot \mathrm{d}\boldsymbol{r} = q_0 \int_{A \atop (C_2)}^{B} \boldsymbol{E} \cdot \mathrm{d}\boldsymbol{r} \tag{3.1.20}$$

由于回路的任意性，C_1、C_2 是连接 A、B 两点的任意路径。式(3.1.20)表明，静电场中，电场力对电荷做的功只与其起始位置有关，而与所经路径无关。于是，我们可以引入一个只与电荷状态(位置)有关的函数 W，使得电场

力将电荷从 A 点移到 B 点时所做的功等于该函数在这两个点的取值之差，即

$$W_A - W_B = -\Delta W = q_0 \int_A^B \boldsymbol{E} \cdot \mathrm{d}\boldsymbol{r} \tag{3.1.21}$$

这个函数叫做电势能。式中的负号表示静电势能的减少等于静电场力做的功。与重力势能一样，式(3.1.21)定义的电势能含有一个待定常数，在实际应用中，这个常数并不重要。单位正电荷所具有的电势能叫电势，记为 U。在式(3.1.21)中，令 $q_0 = +1$，得到

$$U_A - U_B = -\Delta U = \int_A^B \boldsymbol{E} \cdot \mathrm{d}\boldsymbol{r} \tag{3.1.22}$$

它表明，静电场中任意两点 A、B 间的电势差(电压)，等于电场力将单位正电荷从 A 沿任意路径移动到 B 时所做的功。对于有限大小的带电体通常取无穷远处的电势为零(电势参考点)；工程上则常取接地点为电势参考点。在国际单位制中，电势的单位是伏特(V)，$1\mathrm{V} = 1\mathrm{J} \cdot \mathrm{C}^{-1}$。静电场的电势一般是位置的函数，场中不同点的电势也可能相等，所有电势相等的点构成的曲面叫做等势面。比如点电荷的电场中，等势面是一个以点电荷为中心的球面(见图3.3)。

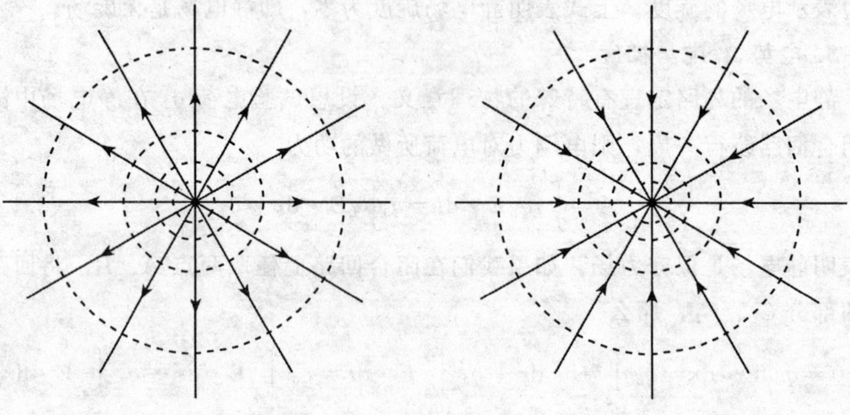

(a) (b)

图 3.3 点电荷的电场线和等势面

对电场中无限靠近的两点 A、B，式(3.1.22)变成

$$-\mathrm{d}U = \boldsymbol{E} \cdot \mathrm{d}\boldsymbol{r} \tag{3.1.23}$$

由于 U 是位置($\boldsymbol{r}$)的函数，$\mathrm{d}U$ 是一个全微分，故可以写成

$$dU=\frac{\partial U}{\partial x}dx+\frac{\partial U}{\partial y}dy+\frac{\partial U}{\partial z}dz=\nabla U\cdot d\boldsymbol{r} \tag{3.1.24}$$

符号$\nabla=\boldsymbol{i}\frac{\partial}{\partial x}+\boldsymbol{j}\frac{\partial}{\partial y}+\boldsymbol{k}\frac{\partial}{\partial z}$叫做梯度算符，$\boldsymbol{i},\boldsymbol{j}$，$\boldsymbol{k}$ 分别是三个直角坐标轴上的单位矢量。由此得

$$-\nabla U\cdot d\boldsymbol{r}=\boldsymbol{E}\cdot d\boldsymbol{r}\qquad \boldsymbol{E}=-\nabla U \tag{3.1.25}$$

式中：∇U 叫做电势梯度。上式表明了电场强度与电势梯度的关系。

将式(3.1.25)两边同时从左边点乘梯度算符，得

$$\nabla\cdot\boldsymbol{E}=-\nabla\cdot\nabla U \tag{3.1.26}$$

记 $\Delta=\nabla^2=\nabla\cdot\nabla$ 称为拉普拉斯算符，并利用式(3.1.13)有

$$\Delta U=-\frac{\rho}{\varepsilon_0} \tag{3.1.27}$$

上式叫做泊松方程，它给出了电势与电荷分布的关系。

3.1.2　电流与磁场

1. 电流与电流密度

电荷的定向移动形成电流。将正电荷运动的方向规定为电流的方向。电流的大小用电流(强度)I 来描述，它定义为单位时间通过导体某一横截面的电量，即

$$I=\lim_{\Delta t\to 0}\frac{\Delta q}{\Delta t}=\frac{dq}{dt} \tag{3.1.28}$$

电流是国际单位制中的基本物理量，它的单位叫安培，简称安，记为 A。

在实际问题中，导体内部各点电荷流动情况也许并不尽然相同，这时还需引入电流密度来描述其各处电荷定向运动的情形。电流密度($\boldsymbol{j}$)是一个矢量，任意一点的电流密度的方向即是该点电流的方向，它的大小等于通过该点并与其方向垂直的单位面积上的电流。根据电流密度的定义，不难知道，通过面元 $d\boldsymbol{S}$ 的元电流 dI 为

$$dI=\boldsymbol{j}\cdot d\boldsymbol{S} \tag{3.1.29}$$

而通过某一曲面 S 的电流 I 则为

$$I=\int_S \boldsymbol{j}\cdot d\boldsymbol{S} \tag{3.1.30}$$

$\boldsymbol{j}$ 一般是位置 $\boldsymbol{r}$ 和时间 t 的函数。如果 $\boldsymbol{j}$ 与 t 无关，那么 I 也与 t 无关，这样的电流叫做稳定电流，或恒定电流，或稳恒电流。

实验表明，一个孤立系统内的总电量保持不变，这个规律叫做电荷守恒定律，单位时间通过 S 流出的电量应等于单位时间 S 所包围区域内电量的减少，即

$$\int_S \boldsymbol{j} \cdot \mathrm{d}\boldsymbol{S} = -\frac{\mathrm{d}q}{\mathrm{d}t} \tag{3.1.31}$$

上式叫做电流连续性方程，它是电流守恒定律的积分形式。若 S 所围区域(V)是一电荷连续分布的带电体，则

$$q(t) = \int \rho(\boldsymbol{r}, t)\,\mathrm{d}\boldsymbol{r}$$

$$\frac{\mathrm{d}q}{\mathrm{d}t} = \lim_{\Delta t \to 0} \frac{q(t+\Delta t) - q(t)}{\Delta t} = \lim_{\Delta t \to 0} \frac{1}{\Delta t}\left[\int \rho(\boldsymbol{r}, t+\Delta t)\,\mathrm{d}\boldsymbol{r} - \int \rho(\boldsymbol{r}, t)\,\mathrm{d}\boldsymbol{r}\right] = \int \frac{\partial \rho}{\partial t}\mathrm{d}\boldsymbol{r} \tag{3.1.32}$$

所以

$$\int_S \boldsymbol{j} \cdot \mathrm{d}\boldsymbol{S} = -\int_V \frac{\partial \rho}{\partial t}\mathrm{d}\boldsymbol{r} \tag{3.1.33}$$

利用矢量积分定理中的高斯公式，得

$$\nabla \cdot \boldsymbol{j} + \frac{\partial \rho}{\partial t} = 0 \tag{3.1.34}$$

上式亦称电流连续性方程，它是电荷守恒定律的微分形式。

2. 毕奥-萨伐尔定律

电流的周围存在磁场，另一个电流处在该磁场中，就会受到磁场对它的作用力。实验表明，一个电流元 $I\mathrm{d}\boldsymbol{l}$ 在磁场中所受的力 $\mathrm{d}\boldsymbol{F}$ 为

$$\mathrm{d}\boldsymbol{F} = I\mathrm{d}\boldsymbol{l} \times \boldsymbol{B} \tag{3.1.35}$$

上式称为安培(力)公式，式中 $\boldsymbol{B}$ 称为磁感应强度。

磁感应强度是一个矢量，它的大小和方向由安培公式确定。在国际单位制中，磁感应强度的单位是特拉斯(T)，$\mathrm{T} = 1\mathrm{N} \cdot \mathrm{A}^{-1}\mathrm{m}^{-1}$。在高斯单位制中，磁感应强度的单位是高斯(G)，$1\mathrm{T} = 10^4\mathrm{G}$。

实验表明，电流元 $I\mathrm{d}\boldsymbol{l}$ 所激发的磁场中任意一点处的磁感应强度可由下式给出：

$$\mathrm{d}\boldsymbol{B} = \frac{\mu_0}{4\pi}\frac{I\mathrm{d}\boldsymbol{l} \times \boldsymbol{r}}{r^3} \tag{3.1.36}$$

式中：$\mathrm{d}\boldsymbol{l}$ 方向即电流方向；$\boldsymbol{r}$ 为电流元到该点的距离。

这个规律叫做毕奥-萨伐尔定律。对于长直导线，某点处的磁感应强度是各电流元产生的磁感应强度的叠加，故

$$\boldsymbol{B}=\int \mathrm{d}\boldsymbol{B}=\frac{\mu_0}{4\pi}\int \frac{I\mathrm{d}\boldsymbol{l}\times \boldsymbol{r}}{r^3} \tag{3.1.37}$$

对于非直导线的一般情形，则有

$$\boldsymbol{B}=\frac{\mu_0}{4\pi}\int \frac{\boldsymbol{j}(\boldsymbol{r}')\times \boldsymbol{r}}{r^3}\mathrm{d}\boldsymbol{r}' \tag{3.1.38}$$

式中：积分遍及电流所及区域；$\boldsymbol{r}'$是电流分布区域某点的坐标；$\mathrm{d}\boldsymbol{r}'$是对该区域的体积分；$\boldsymbol{r}$ 是 $\boldsymbol{r}'$到待求磁感强度 $\boldsymbol{B}$ 所在点 $\boldsymbol{r}_0$ 的距离，即 $\boldsymbol{r}=\boldsymbol{r}_0-\boldsymbol{r}'$。

3. 磁场的散度与旋度

与电场线相同，我们可以在磁场中引入一系列曲线，叫做磁感应线，线上任意一点切线方向即磁感应强度的方向，通过该点的单位垂直平面上磁感应线的数目即磁感应强度的大小。于是，通过磁场中任一曲面 S 的磁感应通量 Φ（简称磁通量或磁通）为

$$\Phi=\int_S \boldsymbol{B}\cdot \mathrm{d}\boldsymbol{S} \tag{3.1.39}$$

在国际单位制中，磁通量的单位是韦伯（Wb），$1\mathrm{Wb}=1\mathrm{T}\cdot\mathrm{m}^2$。由式(3.1.39)知，磁感应强度也可以看做磁通密度，这时它的单位写成 $\mathrm{Wb/m^2}$。

类似地，存在磁场的"高斯定理"：对于任何稳定电流的磁场，通过任意闭合曲面的磁通恒等于零，即

$$\oint_S \boldsymbol{B}\cdot \mathrm{d}\boldsymbol{S}=0 \tag{3.1.40}$$

下面我们利用毕奥-萨伐尔定律证明上式。由式(3.1.38)作代换 $\boldsymbol{r}_0\to\boldsymbol{r}$，$\boldsymbol{r}\to\boldsymbol{R}$，$\boldsymbol{R}=\boldsymbol{r}-\boldsymbol{r}'$ 及 $\boldsymbol{r}=(x,\ y,\ z)$，$\boldsymbol{r}'=(x',\ y',\ z')$，$\boldsymbol{R}=(X,\ Y,\ Z)=(x-x',\ y-y',\ z-z')$，有

$$\boldsymbol{B}(\boldsymbol{r})=\frac{\mu_0}{4\pi}\int \frac{\boldsymbol{j}(\boldsymbol{r}')\times \boldsymbol{R}}{R^3}\mathrm{d}\boldsymbol{r}' \tag{3.1.41}$$

$$\begin{aligned}\nabla_r\frac{1}{R}&=\boldsymbol{e}_1\frac{\partial X}{\partial x}\frac{\partial}{\partial X}\frac{1}{R}+\boldsymbol{e}_2\frac{\partial Y}{\partial y}\frac{\partial}{\partial r}\frac{1}{R}+\boldsymbol{e}_3\frac{\partial Z}{\partial z}\frac{\partial}{\partial z}\frac{1}{R}\\&=\boldsymbol{e}_1\frac{-2X/2R}{R^2}+\boldsymbol{e}_2\frac{-2Y/2R}{R^2}+\boldsymbol{e}_3\frac{-2Z/2R}{R^2}=-\frac{\boldsymbol{R}}{R^3}\end{aligned}$$

所以

$$\begin{aligned}\boldsymbol{B}=\boldsymbol{B}(\boldsymbol{r})&=\frac{\mu_0}{4\pi}\int \boldsymbol{j}(\boldsymbol{r}')\times\left(-\nabla_r\frac{1}{R}\right)\mathrm{d}\boldsymbol{r}'=\frac{\mu_0}{4\pi}\int \nabla_r\frac{1}{R}\times\boldsymbol{j}(\boldsymbol{r}')\,\mathrm{d}\boldsymbol{r}'\\&=\frac{\mu_0}{4\pi}\nabla_r\times\int\frac{\boldsymbol{j}(\boldsymbol{r}')}{R}\mathrm{d}\boldsymbol{r}'=\nabla_r\times\boldsymbol{A}=\nabla\times\boldsymbol{A}\end{aligned} \tag{3.1.42}$$

式中：
$$A=\frac{\mu_0}{4\pi}\int\frac{j(r')}{R}\mathrm{d}r'$$
∇_r表示梯度算符中的偏微商是对 r 变量进行的；e_1，e_2，e_3 分别是三个坐标轴上单位矢量；矢量 A 称为矢势。推导中，第三个等号后式子的成立是因为 r' 与 r 无关。

将式(3.1.42)两边从左边点乘梯度算符即得
$$\nabla\cdot B=\nabla\cdot(\nabla\times A)=0 \tag{3.1.43}$$
由此便证明了磁场中的高斯定理。式(3.1.40)是它的积分表示式，式(3.1.43)是它的微分表示式。

描写矢量场的性质除了它的散度外，还有它的旋度。磁场的旋度由安培环路定理给出：在恒定电流的磁场中，磁感应强度沿任意闭合路径的线积分，等于该路径所包围全部电流代数和的 μ_0 倍，即
$$\oint_L B\cdot\mathrm{d}l=\mu_0\sum_i I_i \tag{3.1.44}$$

上式亦可由毕奥 - 萨伐尔定律推得。由式(3.1.42)知
$$\nabla\times B=\nabla\times(\nabla\times A)=\nabla(\nabla\cdot A)-\nabla^2 A \tag{3.1.45}$$
式中第一项
$$\begin{aligned}\nabla\cdot A&=\nabla\cdot\frac{\mu_0}{4\pi}\int\frac{j(r')}{R}\mathrm{d}r'=\frac{\mu_0}{4\pi}\int\left(\nabla_r\frac{1}{R}\right)\cdot j(r')\,\mathrm{d}r'\\&=\frac{\mu_0}{4\pi}\int\left(-\nabla_{r'}\frac{1}{R}\right)\cdot j(r')\,\mathrm{d}r'\\&=-\frac{\mu_0}{4\pi}\int\nabla_{r'}\frac{j(r')}{R}\mathrm{d}r'+\frac{\mu_0}{4\pi}\int\frac{1}{R}\nabla_{r'}\cdot j(r')\,\mathrm{d}r'\end{aligned}$$
对于恒定电流(见式(3.1.34))：
$$\frac{\partial\rho}{\partial t}=0\qquad\nabla_{r'}\cdot j(r')=0$$
于是
$$\nabla\cdot A=-\frac{\mu_0}{4\pi}\int\nabla_{r'}\cdot\frac{j(r')}{R}\mathrm{d}r'=-\frac{\mu_0}{4\pi}\oint_S\frac{j(r')}{R}\cdot\mathrm{d}S=0 \tag{3.1.46}$$

上面第二个等式利用了矢量积分中的高斯公式，第三个等式利用了无穷远边界面积分为零。式(3.1.45)的第二项
$$\begin{aligned}\nabla^2 A&=\frac{\mu_0}{4\pi}\int\nabla^2\frac{j(r')}{R}\mathrm{d}r'=\frac{\mu_0}{4\pi}\int j(r')\nabla_R^2\frac{1}{R}\mathrm{d}r'\\&=-\frac{\mu_0}{4\pi}\int j(r')\,4\pi\delta(R)\,\mathrm{d}r'=-\mu_0\,j(r)=-\mu_0\,j\end{aligned} \tag{3.1.47}$$

计算中利用了 $\nabla_R^2 \frac{1}{R} = -4\pi\delta(\boldsymbol{R})$，$\delta(\boldsymbol{R})$ 是狄拉克 δ 函数。结合式(3.1.45)、式(3.1.46)和式(3.1.47)，有

$$\nabla \times \boldsymbol{B} = \mu_0 \boldsymbol{j} \tag{3.1.48}$$

由此证明了安培环路定理。式(3.1.44)是它的积分形式，式(3.1.48)是它的微分形式。

与电场是有源无旋场不同，磁场是无源有旋场(散度为零的场叫做无源场)。另外，由安培环路定理知，磁场是非保守场。

3.1.3　电磁感应

1. 电磁感应现象

电流的磁效应被发现后引起了人们对其逆效应的思考。经过十年左右的研究，法拉第终于发现，不论用什么方法，只要穿过闭合回路的磁通量发生变化，回路中就会感生出电流。这一现象叫做电磁感应现象，这种感应而生的电流叫做感应电流，驱动感应电流的电动势叫做感应电动势。

2. 电磁感应定律

感应电流的方向可以利用楞次定律判断：

感应电流的方向总是使它产生的磁场阻碍原回路中磁通量的变化。

感应电动势的大小可以利用法拉第定律确定：

闭合回路中感应电动势(ε)的大小与通过该回路的磁通量(Φ)变化率成正比，即①

$$\varepsilon = -\frac{\mathrm{d}\Phi}{\mathrm{d}t} \tag{3.1.49}$$

由于　　$\Phi = \int_S \boldsymbol{B} \cdot \mathrm{d}\boldsymbol{S} \qquad \varepsilon = \int_L \boldsymbol{E} \cdot \mathrm{d}\boldsymbol{l}$

式中：L 为感应电流所在的闭合回路，S 为 L 所围的任一曲面，因此式(3.1.49)可写成

$$\int_L \boldsymbol{E} \cdot \mathrm{d}\boldsymbol{l} = -\frac{\mathrm{d}}{\mathrm{d}t}\int_S \boldsymbol{B} \cdot \mathrm{d}\boldsymbol{S} \tag{3.1.50}$$

利用矢量积分中的斯托克斯公式

$$\int_L \boldsymbol{E} \cdot \mathrm{d}\boldsymbol{l} = \int_S \nabla \times \boldsymbol{E} \cdot \mathrm{d}\boldsymbol{S}$$

① 等号前的负号是楞次定律所要求。

于是

$$\int_S \nabla\times\boldsymbol{E}\cdot\mathrm{d}\boldsymbol{S}=-\int_S \frac{\partial\boldsymbol{B}}{\partial t}\mathrm{d}\boldsymbol{S}$$

因为 S 的任意性，所以

$$\nabla\times\boldsymbol{E}=-\frac{\partial\boldsymbol{B}}{\partial t} \tag{3.1.51}$$

可见，由变化磁场产生的电场是有旋场(涡旋电场)，又称为横场，以区别于前面所述的无旋的静电场(称为纵场)。在一般情况下，电场由纵场与横场叠加而成，它满足

$$\nabla\cdot\boldsymbol{E}=\frac{\rho}{\varepsilon_o}\qquad \nabla\times\boldsymbol{E}=-\frac{\partial\boldsymbol{B}}{\partial t} \tag{3.1.52}$$

3.2 电介质和磁介质

3.2.1 电介质

1. 电介质的极化

电介质是不容易导电的物质，它能把电荷分隔开来，因此，电介质中的电荷不能做宏观运动，被称为束缚电荷，电介质本质上就是绝缘体。在外电场作用下，电介质分子中正、负电荷会发生相对位移导致宏观上呈现电性，这种现象叫电介质极化。

电介质分子分成两类：一类由于分子电荷分布的对称性，正、负电荷中心重合，分子不具有电偶极矩，这类分子叫做无极分子。在外电场作用下无极分子中正、负电荷将发生相对位移，诱导出与外电场方向一致的电偶极矩，从而在宏观上显现电性，发生极化现象。电介质这种极化方式叫做位移极化。另一类电介质分子由于电荷分布不对称而具有固有电偶极矩，这类分子叫做有极分子。在外电场作用下，分子的固有电偶极矩将沿外电场排列，从而在宏观上显现电性，发生极化现象，电介质的这种极化方式叫做取向极化。

为了描写电介质的极化状况，即极化程度和极化方向，我们引入一个新的物理量 —— 极化强度 $\boldsymbol{P}$，它等于单位体积电介质内分子电偶极矩的矢量和，即

$$\boldsymbol{P}=\frac{\sum\boldsymbol{p}}{\Delta V} \tag{3.2.1}$$

式中：ΔV 是电介质体积，$\sum \boldsymbol{p}$ 是 ΔV 内所有分子电偶极矩的矢量和。

极化强度是一个矢量。电介质极化时，介质内每点都有一个确定的极化强度。电介质各点的极化强度形成一个矢量场，叫做极化场。

2. 极化电荷和极化电流

考虑极化场中一封闭曲面 S 和它所围的空间 V。设电介质极化时分子中正、负电荷的平均相对移动为 $\boldsymbol{l}$，那么通过曲面上任一面元 $\mathrm{d}\boldsymbol{S}$ 从 V 中移出去的正电荷必处在以 $\mathrm{d}S$ 为底、以 $l\cos\theta$ 为高的柱体内，其体积为 $\boldsymbol{l}\cdot\mathrm{d}\boldsymbol{S}=l\cos\theta\mathrm{d}S$。式中，$\theta$ 为位移 l 和面元 $\mathrm{d}S$ 外法线间的夹角①。若介质分子数密度为 n，分子正电荷电量为 e，则通过 $\mathrm{d}\boldsymbol{S}$ 移出 V 外的电量为② $\mathrm{d}Q=\mathrm{e}n\boldsymbol{l}\cdot\mathrm{d}\boldsymbol{S}=\boldsymbol{P}\cdot\mathrm{d}\boldsymbol{S}$，对面元积分，可得到通过封闭曲面移出 V 外的总电量为

$$Q=\oint_S \mathrm{d}Q=\oint_S \boldsymbol{P}\cdot\mathrm{d}\boldsymbol{S} \tag{3.2.2}$$

因为电介质未极化时显电中性，所以极化后留在 V 内的电荷总电量为

$$\int_V \rho_P \mathrm{d}\boldsymbol{r}=-Q=-\oint_S \boldsymbol{P}\cdot\mathrm{d}\boldsymbol{S} \tag{3.2.3}$$

对上式右边的封闭曲面积分，运用矢量积分中的高斯公式，得

$$\oint \boldsymbol{P}\cdot\mathrm{d}\boldsymbol{S}=\int_V \boldsymbol{\nabla}\cdot P\mathrm{d}\boldsymbol{r} \qquad \rho_P=-\boldsymbol{\nabla}\boldsymbol{P} \tag{3.2.4}$$

这种电介质极化后出现的宏观电荷称为极化电荷，上式中的 ρ_P 便称为极化电荷密度。

若电场随时间变化，电介质极化时分子中正、负电荷的相对位移也会随时变化，这种运动产生的电流叫做极化电流。极化电荷与极化电流同样满足连续性方程

$$\boldsymbol{\nabla}\cdot\boldsymbol{j}_P+\frac{\partial\rho_P}{\partial t}=0 \tag{3.2.5}$$

式中：$\boldsymbol{j}_P$ 为极化电流密度。

利用式(3.2.4)，有

$$\boldsymbol{\nabla}\cdot\boldsymbol{j}_P=-\frac{\partial\rho_P}{\partial t}=\frac{\partial}{\partial t}\nabla\cdot\boldsymbol{P}=\boldsymbol{\nabla}\cdot\frac{\partial\boldsymbol{P}}{\partial t}$$

即

① $\boldsymbol{l}$ 的正向规定为由负电荷指向正电荷，$\mathrm{d}\boldsymbol{S}$ 正向即外法线指向。

② 式中 $e\boldsymbol{l}$ 是分子的平均电偶极矩，$ne\boldsymbol{l}$ 是单位体积介质的电偶极矩，即极化强度。

$$\boldsymbol{j}_P = \frac{\partial \boldsymbol{P}}{\partial t} \tag{3.2.6}$$

3.2.2 磁介质

1. 磁介质的磁化

物质在磁场中会呈现磁性，物质的磁性一般有顺磁性、抗磁性、铁磁性和反铁磁性。物质呈现磁性的现象叫磁化，这时我们把物质称为磁介质。

为了说明物质的磁化机理，安培提出了分子环流说。安培认为，物质内的每个分子都相当于一个环形电流，称为分子环流。环形电流 I 与其面积 S 之积即分子磁矩 $\boldsymbol{m}=I\boldsymbol{S}$，$\boldsymbol{S}$ 的指向与电流的流向成右手螺旋，即大拇指与四指垂直时，四指成拳形方向即电流流向，大拇指指向即 $\boldsymbol{S}$ 正向。在无外磁场时，分子磁矩取向无规，物质不呈现磁性；外磁场存在时，分子磁矩取向与外磁场一致，物质呈现磁性。要完全解释物质的磁性，需要运用量子理论。量子论认为，原子(分子)中的原子核和运动的电子由于自旋和轨道运动而具有自旋磁矩和轨道磁矩，所有这些磁矩的矢量和便是原子(分子)磁矩。

与电介质的极化强度类似，为了描述磁介质的磁化状态，我们引入一个新的物理量 —— 磁化强度($\boldsymbol{M}$)，它定义为单位体积磁介质内所有分子磁矩的矢量和，即

$$\boldsymbol{M} = \frac{\sum \boldsymbol{m}}{\Delta V} \tag{3.2.7}$$

2. 磁化电流，磁化电流密度

如同电介质极化产生宏观电荷一样，磁介质磁化则产生宏观电流，称为磁化电流。我们利用安培分子环流说予以解释。设想 S 是磁介质内任一曲面，L 是其周界。通过 S 面的分子环流不外乎两类：一类通过 S 面两次，两次电流流向相反，对流过 S 面的总电流无贡献。一类通过 S 面一次，这一类分子环流只发生在周界 L 上，它们就像挂在一个大环上的众多小环。设磁介质的分子环流都具有相同的磁矩(平均分子磁矩)$\boldsymbol{m}=i\boldsymbol{b}$($i$ 为分子电流，$\boldsymbol{b}$ 为分子电流形成环形的面积)，$\mathrm{d}\boldsymbol{l}$ 是闭合周界 L 上的任意线元，发生在 $\mathrm{d}\boldsymbol{l}$ 上穿过 S 一次的分子则都应处在以 $\mathrm{d}l$ 为轴线、$b\cos\theta$ 为正截面的柱体内，其体积为 $\boldsymbol{b}\cdot\mathrm{d}\boldsymbol{l}=b\cos\theta\mathrm{d}l$($\theta$ 是 $\boldsymbol{b}$ 与 $\mathrm{d}\boldsymbol{l}$ 的夹角)。若分子数密度为 n，那么这些分子对流过 S 面总电流的贡献为

$$\mathrm{d}I = in\boldsymbol{b}\cdot\mathrm{d}\boldsymbol{l} = \boldsymbol{M}\cdot\mathrm{d}\boldsymbol{l} \tag{3.2.8}$$

式中：$i\boldsymbol{b}$ 为分子磁矩；$ni\boldsymbol{b}$ 为单位体积分子磁矩总和，即磁化强度。

对 $\mathrm{d}\boldsymbol{l}$ 积分，给出所有分子环流对流过 S 面电流的总贡献，即磁化电流为

$$\int \boldsymbol{j}_m \cdot \mathrm{d}S = I = \int \mathrm{d}I = \oint \boldsymbol{M} \cdot \mathrm{d}\boldsymbol{l} \tag{3.2.9}$$

对上式右边积分，利用矢量积分中斯托克斯公式，得

$$\int \boldsymbol{j}_m \cdot \mathrm{d}\boldsymbol{S} = \int \nabla \times \boldsymbol{M} \cdot \mathrm{d}\boldsymbol{S}$$

即

$$\boldsymbol{j}_m = \nabla \times \boldsymbol{M} \tag{3.2.10}$$

$\boldsymbol{j}_m$ 称为磁化电流密度。对式(3.2.10) 两边取散度，有

$$\nabla \cdot \boldsymbol{j}_m = \nabla \cdot (\nabla \times \boldsymbol{M}) = 0 \tag{3.2.11}$$

说明 $\boldsymbol{j}_m$ 是无源场。

3.3　麦克斯韦方程组

3.3.1　麦克斯韦方程组

从电磁现象的基本规律中，我们知道，描写两个矢量场(电场和磁场) 性质的散度和梯度分别满足如下方程：

$$\begin{aligned} &\nabla \cdot \boldsymbol{E} = \frac{\rho}{\varepsilon_0} \\ &\nabla \times \boldsymbol{E} = 0 \\ &\nabla \cdot \boldsymbol{B} = 0 \\ &\nabla \times \boldsymbol{B} = \mu_0 \boldsymbol{j} \\ &\nabla \times \boldsymbol{E} = -\frac{\partial \boldsymbol{B}}{\partial t} \end{aligned} \tag{3.3.1}$$

上式的第一、二个方程适用静电场，第三、四个方程适用恒定电流的磁场。显然第二个方程是第五个方程的特例，因此应由第五个方程代替。第一个方程虽然推导自库仑定律，但它通过高斯定理反映的电荷与电通量的关系仍然是正确的。要验证第三个方程对非恒定情况是否适用，可利用涉及磁场变化情形的法拉第定律。对第五式两边取散度有

$$0 = \nabla \cdot (\nabla \times \boldsymbol{E}) = -\nabla \cdot \frac{\partial \boldsymbol{B}}{\partial t} = -\frac{\partial}{\partial t} \nabla \cdot \boldsymbol{B}$$

由此知

$$\nabla \cdot \boldsymbol{B}=C \tag{3.3.2}$$

式中：C 为常数，不妨选取为零，这样第三个方程仍然适用。

至于第四个方程，如果对它两边取散度，则有

$$\nabla \cdot (\nabla \times \boldsymbol{B})=\mu_0 \nabla \cdot \boldsymbol{j} \tag{3.3.3}$$

上式左边恒为零，这要求右边$\nabla \cdot \boldsymbol{j}=0$，然而根据电荷守恒定律

$$\nabla \cdot \boldsymbol{j}=-\frac{\partial \rho}{\partial t} \tag{3.3.4}$$

一般不等于零。由于电荷守恒定律是一个更普遍成立的规律，因此第四个方程有必要进行修正。推广此方程可如下进行：先将式(3.3.1)第一个方程$\rho=\varepsilon_0 \nabla \cdot \boldsymbol{E}$代入连续性方程(式(3.3.4))，得

$$\nabla \cdot \boldsymbol{j}+\frac{\partial \rho}{\partial t}=\nabla \cdot \boldsymbol{j}+\frac{\partial}{\partial t}(\varepsilon_0 \nabla \cdot \boldsymbol{E})=\nabla \cdot \left(\boldsymbol{j}+\varepsilon_0 \frac{\partial \boldsymbol{E}}{\partial t}\right)$$

再以$\boldsymbol{j}+\varepsilon_0 \frac{\partial \boldsymbol{E}}{\partial t}$代替$\boldsymbol{j}$，这时式(3.3.1)第四个方程变成

$$\nabla \times \boldsymbol{B}=\mu_0 \left(\boldsymbol{j}+\varepsilon_0 \frac{\partial \boldsymbol{E}}{\partial t}\right) \tag{3.3.5}$$

式中：$\varepsilon_0 \frac{\partial \boldsymbol{E}}{\partial t}$通常叫做位移电流。显然，式(3.3.5)两边的散度都等于零，从而理论上不再有如先前所述的矛盾发生。

总结上面的分析，我们得到如下四个方程，

$$\begin{aligned} &\nabla \cdot \boldsymbol{E}=\frac{\rho}{\varepsilon_0} \\ &\nabla \times \boldsymbol{E}=-\frac{\partial \boldsymbol{B}}{\partial t} \\ &\nabla \cdot \boldsymbol{B}=0 \\ &\nabla \times \boldsymbol{B}=\mu_0 \boldsymbol{j}+\mu_0 \varepsilon_0 \frac{\partial \boldsymbol{E}}{\partial t} \end{aligned} \tag{3.3.6}$$

这就是真空中的麦克斯韦方程组，它揭示了电磁运动的普遍规律，是电磁理论的基本方程组。运用麦克斯韦方程组和洛伦兹力公式，原则上可以解决宏观电磁现象的各种问题。

3.3.2 洛伦兹力

我们知道，静止电荷在电场中所受的作用力为

$$\boldsymbol{F}=q\boldsymbol{E}$$

对于连续分布的电荷

$$q=\int\rho\mathrm{d}V \qquad \boldsymbol{F}=\int\boldsymbol{f}\mathrm{d}V \tag{3.3.7}$$

式中：$\mathrm{d}V$ 为体积元，ρ 为电荷密度，$\boldsymbol{f}$ 为力密度。由此得

$$\boldsymbol{f}=\rho\boldsymbol{E} \tag{3.3.8}$$

一个电流元在磁场中所受的作用力为

$$\mathrm{d}\boldsymbol{F}=I\mathrm{d}\boldsymbol{l}\times\boldsymbol{B}$$

而

$$I\mathrm{d}\boldsymbol{l}=\boldsymbol{j}\cdot\boldsymbol{S}\mathrm{d}\boldsymbol{l}=jS\cos\theta\mathrm{d}l\boldsymbol{e}=j\boldsymbol{e}\mathrm{d}v=\boldsymbol{j}\mathrm{d}V \tag{3.3.9}$$

式中：$\boldsymbol{e}$ 是 $\mathrm{d}\boldsymbol{l}$ 方向(即电流方向)上的单位矢量，因此

$$\mathrm{d}\boldsymbol{F}=\boldsymbol{j}\times\boldsymbol{B}\mathrm{d}V \qquad \boldsymbol{f}=\boldsymbol{j}\times\boldsymbol{B} \tag{3.3.10}$$

一般情况下，带电系统内电荷和电流可能同时存在，这时电磁场对带电系统的力密度应为

$$\boldsymbol{f}=\rho\boldsymbol{E}+\boldsymbol{j}\times\boldsymbol{B} \tag{3.3.11}$$

这一公式叫做洛伦兹力密度公式。

一个电荷为 q、速度为 $\boldsymbol{v}$ 的粒子所受到的电磁场作用力可以很容易地从式(3.3.11)推出。只要将式(3.3.11)理解成 1 个单位体积带电系统的作用力，用 q 替代 ρ，$q\boldsymbol{v}$ 替代 $\boldsymbol{j}$，就可以得到一个运动的带电粒子受到的电磁场作用力公式

$$\boldsymbol{F}=q\boldsymbol{E}+q\boldsymbol{v}\times\boldsymbol{B} \tag{3.3.12}$$

这一公式叫做洛伦兹力公式。

3.3.3　介质中的麦克斯韦方程组

在有介质存在时，空间电荷包括自由电荷和极化电荷，总电荷密度 ρ_t 是此两者之和，即

$$\rho_t=\rho+\rho_P=\rho-\nabla\cdot\boldsymbol{P} \tag{3.3.13}$$

介质中的电流包括传导电流、极化电流和磁化电流，总电流密度 $\boldsymbol{j}_t$ 是此三者之和，即

$$\boldsymbol{j}_t=\boldsymbol{j}+\frac{\partial\boldsymbol{P}}{\partial t}+\nabla\times\boldsymbol{M} \tag{3.3.14}$$

这时式(3.3.6)中的 ρ 应用 ρ_t 代替，$\boldsymbol{j}$ 应用 $\boldsymbol{j}_t$ 代替，于是式(3.3.6)修改为

$$
\begin{aligned}
&\nabla \cdot \boldsymbol{E}=\frac{1}{\varepsilon_0}(\rho-\nabla \cdot \boldsymbol{P}) \\
&\nabla \times \boldsymbol{E}=-\frac{\partial \boldsymbol{B}}{\partial t} \\
&\nabla \cdot \boldsymbol{B}=0 \\
&\nabla \times \boldsymbol{B}=\mu_0\left(\boldsymbol{j}+\frac{\partial \boldsymbol{P}}{\partial t}+\nabla \times \boldsymbol{M}\right)+\mu_0 \varepsilon_0 \frac{\partial \boldsymbol{E}}{\partial t}
\end{aligned} \tag{3.3.15}
$$

令

$$
\boldsymbol{D}=\varepsilon_0 \boldsymbol{E}+\boldsymbol{P}, \qquad \boldsymbol{H}=\frac{\boldsymbol{B}}{\mu_0}-\boldsymbol{M} \tag{3.3.16}
$$

分别叫做电位移矢量和磁场强度，相应地，式(3.3.15) 成为

$$
\begin{aligned}
&\nabla \cdot \boldsymbol{D}=\rho \\
&\nabla \times \boldsymbol{E}=-\frac{\partial \boldsymbol{B}}{\partial t} \\
&\nabla \cdot \boldsymbol{B}=0 \\
&\nabla \times \boldsymbol{H}=\boldsymbol{j}+\frac{\partial \boldsymbol{D}}{\partial t}
\end{aligned} \tag{3.3.17}
$$

这便是介质中的麦克斯韦方程组。

式(3.3.17) 是含四个矢量场分量的八个方程，单凭这组方程还不足以确定这些场量，还必须引入一些有关介质电磁性质的实验关系。各向同性的介质通常存在如下线性关系：

$$
\begin{aligned}
&\boldsymbol{P}=\chi_P \varepsilon_0 \boldsymbol{E} \qquad \boldsymbol{D}=\varepsilon \boldsymbol{E} \\
&\boldsymbol{M}=\chi_M \boldsymbol{H} \qquad \boldsymbol{B}=\mu \boldsymbol{H} \qquad \boldsymbol{j}=\sigma \boldsymbol{E}
\end{aligned} \tag{3.3.18}
$$

式中：χ_P、ε、χ_M、μ、σ 分别叫做极化率、电容率、磁化率、磁导率和电导率。

结合式(3.3.16) 和式(3.3.18) 给出

$$
\begin{aligned}
&\varepsilon=\varepsilon_r \varepsilon_0 \qquad \varepsilon_r=1+\chi_P \\
&\mu=\mu_r \mu_0 \qquad \mu_r=1+\chi_M
\end{aligned} \tag{3.3.19}
$$

式中：ε_r、μ_r 分别叫做相对电容率和相对磁导率。

3.3.4 电磁场边值关系

实际问题中常常会遇到介质交界面的情形。在不同介质的交界面上，由于介质性质发生突变，故电磁场也会发生突变。下面我们讨论麦克斯韦方程组在

交界面上的表现形式，即电磁场的边值关系。

对式(3.3.17)的第一式和第三式，比如$\nabla \cdot \boldsymbol{D}=\rho$，它的积分形式为

$$\oint \boldsymbol{D} \cdot \mathrm{d}\boldsymbol{S}=Q_f \tag{3.3.20}$$

式中：Q_f 是闭合曲面内总的自由电荷。

考虑交界面处一扁平小盒子，盒底面积为 ΔS，若盒子边非常短，以致盒子侧面积与底面积相比是高阶小量，可以忽略；盒子体积与面积相比也是高阶小量，体电荷可以忽略，那么式(3.3.20)左边为

$$\boldsymbol{D}_1 \cdot \Delta \boldsymbol{S}_1+\boldsymbol{D}_2 \cdot \Delta \boldsymbol{S}_2 \tag{3.3.21}$$

令 $\boldsymbol{n}$ 为 $\Delta \boldsymbol{S}_1$ 外法线单位矢量，$\Delta \boldsymbol{S}_1=\Delta S \boldsymbol{n}$，$\Delta \boldsymbol{S}_2=-\Delta S \boldsymbol{n}$，上式变成

$$\Delta S(\boldsymbol{D}_1-\boldsymbol{D}_2) \cdot \boldsymbol{n} \tag{3.3.22}$$

代入式(3.3.20)左边且令 $\Delta S \rightarrow 0$，得

$$\boldsymbol{n} \cdot (\boldsymbol{D}_1-\boldsymbol{D}_2)=\sigma \tag{3.3.23}$$

式中：σ 为面电荷密度；$\boldsymbol{n}$ 为交界面法线方向单位矢量，指向由介质 2 到介质 1。

类似地，从式(3.3.17)第三式可推出

$$\boldsymbol{n} \cdot (\boldsymbol{B}_1-\boldsymbol{B}_2)=0 \tag{3.3.24}$$

式(3.3.23)和式(3.3.24)说明，在交界面上 $\boldsymbol{B}$ 的法线方向分量连续，$\boldsymbol{D}$ 的法线方向分量一般不连续，除非交界面上没有自由面电荷。

同样，对式(3.3.17)的第二式和第四式，比如第二式，它的积分形式为

$$\oint \boldsymbol{E} \cdot \mathrm{d}\boldsymbol{l}=-\int \frac{\partial \boldsymbol{B}}{\partial t} \cdot \mathrm{d}\boldsymbol{S} \tag{3.3.25}$$

考虑交界面处一长方形小回路，长边与界面平行，长为 Δl，短边与界面垂直，且短边长度与长边长度相比是一高阶小量，于是，式(3.3.25)左边为

$$\boldsymbol{E}_1 \cdot \Delta \boldsymbol{l}_1+\boldsymbol{E}_2 \cdot \Delta \boldsymbol{l}_2=\Delta l(\boldsymbol{E}_1-\boldsymbol{E}_2) \cdot \boldsymbol{\tau} \tag{3.3.26}$$

式中：$\boldsymbol{\tau}$ 为界面切线方向单位矢量。

式(3.3.25)右边是一面积分，利用积分中值定理后出现一个 ΔS 因子，当 $\Delta l \rightarrow 0$ 时 ΔS 是高阶无穷小，因此

$$\boldsymbol{\tau} \cdot (\boldsymbol{E}_1-\boldsymbol{E}_2)=0 \tag{3.3.27}$$

它可以改写成如下形式：

$$\boldsymbol{n} \times (\boldsymbol{E}_1-\boldsymbol{E}_2)=0 \tag{3.3.28}$$

与式(3.3.17)第四式对应的积分形式是

$$\oint \boldsymbol{H}\cdot \mathrm{d}\boldsymbol{l}=\int \frac{\partial \boldsymbol{D}}{\partial t}\cdot \mathrm{d}\boldsymbol{S}+I_f \tag{3.3.29}$$

式中：I_f 是通过曲面的总传导电流。

类似地，考虑满足如前所述条件的交界面处一长方形小回路，这时，式(3.3.29)左边为

$$\boldsymbol{H}_1\cdot \Delta \boldsymbol{l}_1+\boldsymbol{H}_2\cdot \Delta \boldsymbol{l}_2=\Delta l(\boldsymbol{H}_1-\boldsymbol{H}_2)\cdot \boldsymbol{\tau} \tag{3.3.30}$$

将其代入式(3.3.29)后两边同除以 Δl，根据同样理由，右边第一项当 $\Delta l \to 0$ 时，取值零；第二项为电流线密度，记为 $\boldsymbol{\alpha}$，于是

$$\boldsymbol{n}\times(\boldsymbol{H}_1-\boldsymbol{H}_2)=\boldsymbol{\alpha} \tag{3.3.31}$$

总结以上各式，式(3.3.22)、式(3.3.24)、式(3.3.28)和式(3.3.31)给出电磁场的边值关系为

$$\left.\begin{array}{ll}\boldsymbol{n}\cdot(\boldsymbol{B}_1-\boldsymbol{B}_2)=0 & \boldsymbol{n}\cdot(\boldsymbol{D}_1-\boldsymbol{D}_2)=\sigma \\ \boldsymbol{n}\times(\boldsymbol{E}_1-\boldsymbol{E}_2)=0 & \boldsymbol{n}\times(\boldsymbol{H}_1-\boldsymbol{H}_2)=\boldsymbol{\alpha}\end{array}\right\} \tag{3.3.32}$$

可见，交界面两侧 $\boldsymbol{B}$ 的法线方向分量和 $\boldsymbol{E}$ 的切线方向分量连续；而 $\boldsymbol{D}$ 的法线方向分量和 $\boldsymbol{H}$ 的切线方向分量一般不连续，除非界面上没有自由电荷或自由电流。

3.4 电 磁 波

麦克斯韦方程组预言了电磁波的存在，揭示了光与电磁场的统一性，是物理学上一项重大成就。下面我们就从麦克斯韦方程出发来探讨电磁场的波动性。

3.4.1 电磁场的波动性

对自由空间，即不存在电荷和电流的空间，式(3.3.17)变成

$$\begin{aligned}&\nabla\times\boldsymbol{E}=-\frac{\partial \boldsymbol{B}}{\partial t}\\&\nabla\times\boldsymbol{H}=\frac{\partial \boldsymbol{D}}{\partial t}\\&\nabla\cdot\boldsymbol{D}=0\\&\nabla\cdot\boldsymbol{B}=0\end{aligned} \tag{3.4.1}$$

在真空中，$\boldsymbol{D}=\varepsilon_0\boldsymbol{E}$，$\boldsymbol{B}=\mu_0\boldsymbol{H}$，将式(3.4.1)第一个方程两边取旋度并利

用第二个方程，有

$$\nabla\times(\nabla\times\boldsymbol{E})=-\frac{\partial}{\partial t}\nabla\times\boldsymbol{B}=-\mu_0\varepsilon_0\frac{\partial^2\boldsymbol{E}}{\partial t^2} \tag{3.4.2}$$

再利用矢量分析中的公式和式(3.4.1)的第三个方程，有

$$\nabla\times(\nabla\times\boldsymbol{E})=\nabla(\nabla\cdot\boldsymbol{E})-\nabla^2\boldsymbol{E}$$

$$\nabla\cdot\boldsymbol{E}=0$$

式(3.4.2)化成

$$\nabla^2\boldsymbol{E}-\mu_0\varepsilon_0\frac{\partial^2\boldsymbol{E}}{\partial t^2}=0 \tag{3.4.3}$$

同理可以得到

$$\nabla^2\boldsymbol{B}-\mu_0\varepsilon_0\frac{\partial^2\boldsymbol{B}}{\partial t^2}=0 \tag{3.4.4}$$

式(3.4.3)和式(3.4.4)两个矢量方程在直角坐标系中分量式子形如

$$\nabla^2\psi-\frac{1}{v^2}\frac{\partial^2}{\partial^2}\psi=0 \tag{3.4.5}$$

通常称为波动方程，v 为波速，这里 ψ 代表 $\boldsymbol{E}$ 和 $\boldsymbol{B}$ 的任意一个分量。它的解是一个波，设为

$$\psi=A\cos(\boldsymbol{k}\cdot\boldsymbol{r}-\omega t+\varphi) \tag{3.4.6}$$

将式(3.4.6)代入式(3.4.5)，得

$$\left(-k^2+\frac{\omega^2}{v^2}\right)\psi=0$$

因为 ψ 不等于零，所以

$$k^2=\frac{\omega^2}{v^2} \tag{3.4.7}$$

这是波动解应满足的条件。

式(3.4.6)中，A 是振幅，$(\boldsymbol{k}\cdot\boldsymbol{r}-\omega t+\varphi)$是波的相位，方程

$$\boldsymbol{k}\cdot\boldsymbol{r}=\text{常数} \tag{3.4.8}$$

表示某一时刻 t，波传播空间中相位相等的点的集合，称为等相位面。等相位面是一个平面，因此，这种波又称为平面波，$\boldsymbol{k}$ 沿此平面的法线方向，即波的传播方向，因此，$\boldsymbol{k}$ 称为波矢。

从式(3.4.8)可见，沿 $\boldsymbol{k}$ 的方向，相距$\frac{2\pi}{k}$的两个等相位面的相位差为 2π，因此它们之间的距离等于波长，即

$$\lambda=\frac{2\pi}{k}\qquad k=\frac{2\pi}{\lambda} \tag{3.4.9}$$

等相位面沿波矢的传播速度(称为相速度)可由波的相位对时间的求导确定:

$$k\frac{\mathrm{d}r}{\mathrm{d}t}-\omega=0 \qquad v_P=\frac{\mathrm{d}r}{\mathrm{d}t}=\frac{\omega}{k} \tag{3.4.10}$$

对照式(3.4.7)可知，对平面波，相速度即平面波波速:

$$v_P=v=\frac{1}{\sqrt{\varepsilon_0\mu_0}} \tag{3.4.11}$$

实验测定这个速度(即真空中电磁波的传播速度)就等于真空中的光速(c)。

19世纪中叶，光的波动学说业已确立，到19世纪末，光速的数值也已由实验测得。由此麦克斯韦认为:光是一种电磁波。光的电磁理论丰富了人们对电磁波的理解。现在已经知道，通常所说的光(即可见光)是一种波长在(7.6~4.0)$\times10^{-5}$ cm的电磁波，热辐射发出的红外线是波长在(10^{-4}~7.6×10^{-5}) cm的电磁波，波长比可见光短的紫外线是波长在4000~50Å的电磁波(1Å=10^{-8}cm)。X射线是波长在100~0.01Å的电磁波，γ射线是波长小于1Å的电磁波。而各种无线电波则是波长介于几千米到几毫米的电磁波。

波动方程解(3.4.6)也可以写成复数形式，这时

$$\boldsymbol{E}=\boldsymbol{E}_0\mathrm{e}^{\mathrm{i}(\boldsymbol{k}\cdot\boldsymbol{r}-\omega t)} \qquad \boldsymbol{B}=\boldsymbol{B}_0\mathrm{e}^{\mathrm{i}(\boldsymbol{k}\cdot\boldsymbol{r}-\omega t)} \tag{3.4.12}$$

将式(3.4.12)代入式(3.4.1)的第三个和第四个方程，得

$$\boldsymbol{k}\cdot\boldsymbol{E}=0 \qquad \boldsymbol{k}\cdot\boldsymbol{B}=0 \tag{3.4.13}$$

由此可见，电磁场振动方向与传播方向 $\boldsymbol{k}$ 垂直，即电磁波是横波。将式(3.4.12)代入式(3.4.1)的第一式，有

$$\nabla\times\boldsymbol{E}=[\nabla\mathrm{e}^{\mathrm{i}(\boldsymbol{k}\cdot\boldsymbol{r}-\omega t)}]\times\boldsymbol{E}_0=\mathrm{i}\boldsymbol{k}\times\boldsymbol{E}=\mathrm{i}\omega\boldsymbol{B}$$

即

$$\boldsymbol{k}\times\boldsymbol{E}=\omega\boldsymbol{B} \tag{3.4.14}$$

这表明 $\boldsymbol{E}$ 和 $\boldsymbol{B}$ 垂直，它们的矢量积 $\boldsymbol{E}\times\boldsymbol{B}$ 沿波矢 $\boldsymbol{k}$ 的方向。

上面讨论虽然是对真空中自由电磁波而言的，但对各向同性均匀介质，只要将 ε 代替 ε_0，μ 代替 μ_0，$v=\dfrac{1}{\sqrt{\varepsilon\mu}}$代替 $c=\dfrac{1}{\sqrt{\varepsilon_0\mu_0}}$，则各式依然成立。

3.4.2 电磁波在介质界面上的反射和折射

1. 反射，折射定律

为简单计，考虑入射到介质界面上的为一平面单色波，那么反射波与折射

波也为平面单色波，设它们分别为

$$\boldsymbol{E}=\boldsymbol{E}_0\mathrm{e}^{\mathrm{i}(\boldsymbol{k}\cdot\boldsymbol{r}-\omega t)}\qquad \boldsymbol{E}'=\boldsymbol{E}'_0\mathrm{e}^{\mathrm{i}(\boldsymbol{k}'\cdot\boldsymbol{r}'-\omega' t)}\qquad \boldsymbol{E}''=\boldsymbol{E}''_0\mathrm{e}^{\mathrm{i}(\boldsymbol{k}''\cdot\boldsymbol{r}''-\omega'' t)}\tag{3.4.15}$$

由$\nabla\times\boldsymbol{E}=-\dfrac{\partial\boldsymbol{B}}{\partial t}$知，磁感应强度为

$$\boldsymbol{B}=\frac{1}{\omega}\boldsymbol{k}\times\boldsymbol{E}_0\mathrm{e}^{\mathrm{i}(\boldsymbol{k}\cdot\boldsymbol{r}-\omega t)}\qquad \boldsymbol{B}'=\frac{1}{\omega'}\boldsymbol{k}'\times\boldsymbol{E}'_0\mathrm{e}^{\mathrm{i}(\boldsymbol{k}'\cdot\boldsymbol{r}-\omega' t)}\qquad \boldsymbol{B}''=\frac{1}{\omega''}\boldsymbol{k}''\times\boldsymbol{E}''_0\mathrm{e}^{\mathrm{i}(\boldsymbol{k}''\cdot\boldsymbol{r}-\omega'' t)}\tag{3.4.16}$$

式中：不带撇的量为入射波，一撇表示反射波，两撇表示折射波。

由于电磁场边值条件并非完全独立，我们只需考虑式(3.3.32)后两式，对于绝缘介质的分界面，它们为

$$\boldsymbol{n}\times(\boldsymbol{E}_2-\boldsymbol{E}_1)=0\qquad \boldsymbol{n}\times(\boldsymbol{H}_2-\boldsymbol{H}_1)=0\tag{3.4.17}$$

今以电场为例，注意到介质中有入射波，一般就有反射波，总场强是两者的叠加，由式(3.4.17)第一个方程有

$$\boldsymbol{n}\times[\boldsymbol{E}_0\mathrm{e}^{\mathrm{i}(\boldsymbol{k}\cdot\boldsymbol{r}-\omega t)}+\boldsymbol{E}'_0\mathrm{e}^{\mathrm{i}(\boldsymbol{k}'\cdot\boldsymbol{r}'-\omega' t)}]=\boldsymbol{n}\times\boldsymbol{E}''_0\mathrm{e}^{\mathrm{i}(\boldsymbol{k}''\cdot\boldsymbol{r}-\omega'' t)}\tag{3.4.18}$$

选取分界面为平面 $z=0$，在分界面处成立

$$[\boldsymbol{k}\cdot\boldsymbol{r}-\omega t]_{z=0}=[\boldsymbol{k}'\cdot\boldsymbol{r}'-\omega' t]_{z=0}=[\boldsymbol{k}''\cdot\boldsymbol{r}''-\omega'' t]_{z=0}\tag{3.4.19}$$

由 x，y，t 的任意性，必有

$$\begin{gathered}\omega=\omega'=\omega''\\ k_x=k'_x=k''_x\qquad k_y=k'_y=k''_y\end{gathered}\tag{3.4.20}$$

选取入射波矢与 z 轴的平面为 xz 平面，则 $k''_y=k'_y=k_y=0$，说明反射波矢、折射波矢与入射波矢在同一平面上。令 θ，θ'，θ'' 分别表示入射角、反射角、折射角，有

$$k_x=k\sin\theta\qquad k'_x=k'\sin\theta'\qquad k''_x=k''\sin\theta''\tag{3.4.21}$$

若以 v_1，v_2 表示电磁波在两介质中的传播速度，那么

$$k=k'=\frac{\omega}{v_1}\qquad k''=\frac{\omega}{v_2}\tag{3.4.22}$$

从而

$$\frac{\sin\theta}{\sin\theta'}=\frac{k_x/k}{k'_x/k'}=1\qquad \frac{\sin\theta}{\sin\theta''}=\frac{k_x/k}{k''_x/k''}=\frac{k''}{k}=\frac{v_1}{v_2}\tag{3.4.23}$$

即

$$\theta=\theta'\qquad \frac{\sin\theta}{\sin\theta''}=\frac{v_1}{v_2}=\sqrt{\frac{\varepsilon_2\mu_2}{\varepsilon_1\mu_1}}=\frac{n_2}{n_1}=n_{21}\tag{3.4.24}$$

式中：$n_i=\frac{c}{v_i}(i=1,\ 2)$ 分别是入射介质和折射介质的折射率；n_{21} 是它们的相对折射率。

公式(3.4.24)就是光学中熟知的反射、折射定律。

2. 菲涅耳公式

由于电磁场有两个偏振方向，下面我们分两种情况讨论入射波、反射波和折射波的振幅关系(见图3.4)。

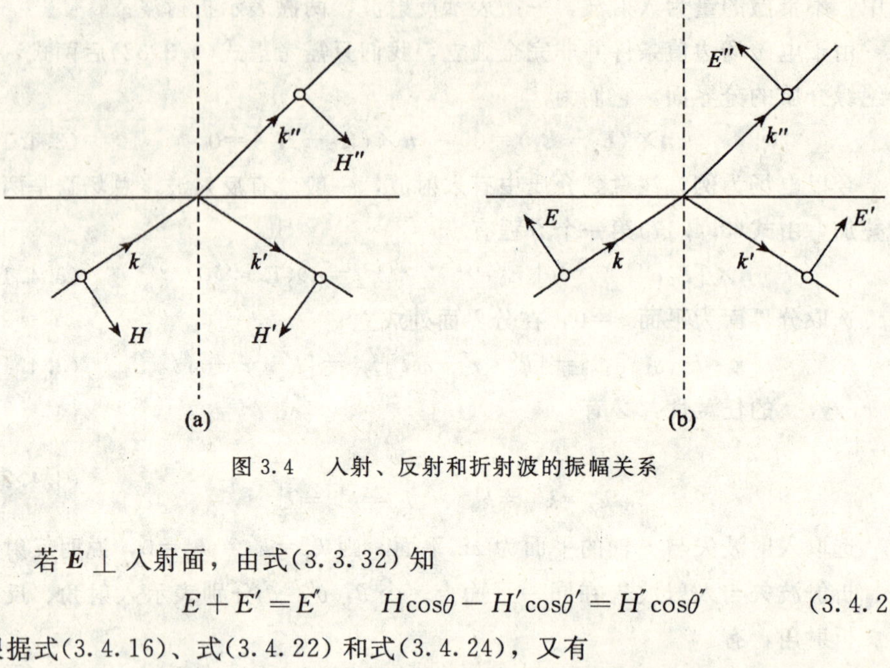

图3.4　入射、反射和折射波的振幅关系

若 $\boldsymbol{E}\perp$ 入射面，由式(3.3.32)知

$$E+E'=E''\qquad H\cos\theta-H'\cos\theta'=H''\cos\theta''\tag{3.4.25}$$

根据式(3.4.16)、式(3.4.22)和式(3.4.24)，又有

$$\theta=\theta'\qquad H=\frac{1}{\mu}B=\frac{1}{\mu}\frac{k}{\omega}E=\sqrt{\frac{\varepsilon}{\mu}}E$$

故式(3.4.25)第二个式子可写成如下形式(一般介质磁导率接近 μ_0，取 $\mu\approx\mu_0$)：

$$\sqrt{\varepsilon_1}\,(E-E')\cos\theta=\sqrt{\varepsilon_2}\,E''\cos\theta''\tag{3.4.26}$$

结合式(3.4.24)、式(3.4.25)和式(3.4.26)，推得

$$\begin{aligned}\frac{E'}{E}&=\frac{\sqrt{\varepsilon_1}\cos\theta-\sqrt{\varepsilon_2}\cos\theta''}{\sqrt{\varepsilon_1}\cos\theta+\sqrt{\varepsilon_2}\cos\theta''}=-\frac{\sin(\theta-\theta'')}{\sin(\theta+\theta'')}\\ \frac{E''}{E}&=\frac{2\sqrt{\varepsilon_1}\cos\theta}{\sqrt{\varepsilon_1}\cos\theta+\sqrt{\varepsilon_2}\cos\theta''}=-\frac{2\cos\theta\sin\theta''}{\sin(\theta+\theta'')}\end{aligned}\tag{3.4.27}$$

若 $\boldsymbol{E}$// 入射面，由式(3.3.32) 知

$$E\cos\theta - E'\cos\theta = E''\cos\theta'' \qquad H + H' = H'' \tag{3.4.28}$$

而 $H=\sqrt{\dfrac{\varepsilon}{\mu_0}}E$，上面第二式为

$$\sqrt{\varepsilon_1}\,(E+E') = \sqrt{\varepsilon_2}\,E'' \tag{3.4.29}$$

结合式(3.4.24)、式(3.4.28) 和式(3.4.29)，推得

$$\frac{E'}{E} = \frac{\tan(\theta-\theta'')}{\tan(\theta+\theta'')} \qquad \frac{E''}{E} = \frac{2\cos\theta\sin\theta''}{\sin(\theta+\theta'')\cos(\theta-\theta'')} \tag{3.4.30}$$

式(3.4.27) 和式(3.4.30) 称为菲涅耳公式。它给出反射波、折射波与入射波场强的比值。特别地，若 $\theta+\theta''=90°$，从式(3.4.30) 第一个式子可见，这时 $\boldsymbol{E}$ 平行于入射面的分量无反射波，反射光是只含垂直入射面分量的完全偏振光。这就是光学中的布儒斯特定律，此时的入射角叫做布儒斯特角。

3. 全反射

电磁波从折射率较大的介质进入折射率较小的介质时，入射角会小于折射角。恰好使折射角等于90°的入射角称为临界入射角，或临界角(θ_c)。入射角大于 θ_c 的入射将无折射波，而只有反射波，这种现象叫全反射。实际上，在两种介质界面上发生全反射时，并非绝对没有透射波，只是透射波主要沿界面方向传播而在与界面垂直的方向则按指数律迅速衰减，穿透的深度很小，大约与波长同数量级。这种被局限在表面附近仅沿界面方向传播的透射波叫做表面波，或隐失波。以下予以扼要说明。

利用式(3.4.20) 和式(3.4.21)，有

$$k''_x = k_x = k\sin\theta \tag{3.4.31}$$

利用式(3.4.22)，有

$$k'' = \frac{\omega}{v_2} = \frac{v_1}{v_2}k = n_{21}k \tag{3.4.32}$$

发生全反射时，$n_{21} < 1$，故

$$\sin\theta > \sin\theta_c = \frac{\sin\theta_c}{\sin 90°} = \frac{n_2}{n_1} = n_{21} \tag{3.4.33}$$

结合式(3.4.31)、式(3.4.32) 和式(3.4.33)，给出　　$k''_x > k''$

因而

$$k''_z = \sqrt{k''^2 - k''^2_x} = \mathrm{i}k\sqrt{\sin^2\theta - n_{21}^2}$$

令 $k''_z = \mathrm{i}\kappa$，有

$$\kappa = k\sqrt{\sin^2\theta - n_{21}^2} \tag{3.4.34}$$

于是

$$\boldsymbol{E}'' = \boldsymbol{E}_0 \mathrm{e}^{\mathrm{i}(\boldsymbol{k}''\cdot\boldsymbol{r}-\omega t)} = \boldsymbol{E}_0 \mathrm{e}^{\mathrm{i}(k''_x x + k''_z z - \omega t)} = \boldsymbol{E}_0 \mathrm{e}^{-\kappa z}\mathrm{e}^{\mathrm{i}(k''_x x - \omega t)} \tag{3.4.35}$$

由此可见，透射波是沿界面(x 方向)传播而在与界面垂直(z 方向)呈指数形式衰减的表面波，其穿透薄层的厚度 $\sim \kappa^{-1}$，由式(3.4.34)，知

$$\frac{1}{\kappa} = \frac{1}{k\sqrt{\sin^2\theta - n_{21}^2}} = \frac{\lambda}{2\pi\sqrt{\sin^2\theta - n_{21}^2}}$$

与 λ 同数量级。进一步研究表明，入射能流与反射能流只是平均相等，而非瞬时相等。这意味着，能量不是绝对不透过界面，而是透过去再返回来，平均效果为零。

3.5 电磁场的能量与能流

3.5.1 电磁场的能量守恒定律

电磁场是一种物质，电磁场也具有能量。电磁场内单位体积所具有的能量，叫做电磁能量密度，记为 u。电磁场能够以波的形式在空间传播，因此电磁能量能随电磁波在场内传播。电磁能量在空间传播情况用电磁能流密度来描写，记为 $\boldsymbol{S}$。场内任意一点的电磁能流密度，其大小等于单位时间流过该点单位横截面的能量，其方向代表该点处能量传输的方向。

设 V 是空间任间区域，Σ 是其周界面，ρ 和 $\boldsymbol{v}$ 为 V 内带电体电荷分布及运动速度，则单位时间场对带电体做的功为

$$\int_V \boldsymbol{f}\cdot\boldsymbol{v}\mathrm{d}V \tag{3.5.1}$$

式中：$\boldsymbol{f}$ 是力密度，$\mathrm{d}V$ 是体积元。

单位时间 V 内场的能量增加为

$$\frac{\mathrm{d}}{\mathrm{d}t}\int_V u\,\mathrm{d}V \tag{3.5.2}$$

通过界面 Σ 进入 V 内的能量为

$$-\oint_\Sigma \boldsymbol{S}\cdot\mathrm{d}\boldsymbol{\sigma} \tag{3.5.3}$$

式中：$\mathrm{d}\boldsymbol{\sigma}$ 是面积元，添加负号是因为规定曲面外法线方向为正。

能量守恒定律要求单位时间 V 内场的能量减少等于它对 V 内电荷所做的功

及通过界面流出 V 的能量之和，即

$$-\frac{\mathrm{d}}{\mathrm{d}t}\int_V u\,\mathrm{d}V=\int_V \boldsymbol{f}\cdot\boldsymbol{v}\mathrm{d}V+\oint_\Sigma \boldsymbol{S}\cdot\mathrm{d}\boldsymbol{\sigma} \tag{3.5.4}$$

这就是能量守恒定律的积分形式，相应的微分形式为

$$-\frac{\partial u}{\partial t}=\boldsymbol{f}\cdot\boldsymbol{v}+\nabla\cdot\boldsymbol{S} \tag{3.5.5}$$

3.5.2　电磁能量密度和电磁能流密度

下面利用麦克斯韦方程组和洛伦兹力公式来推导电磁能量密度与电磁能流密度的具体表达式。

由洛伦兹力公式知

$$\boldsymbol{f}\cdot\boldsymbol{v}=(\rho\boldsymbol{E}+\rho\boldsymbol{v}\times\boldsymbol{B})\cdot\boldsymbol{v}=\rho\boldsymbol{v}\cdot\boldsymbol{E}=\boldsymbol{j}\cdot\boldsymbol{E} \tag{3.5.6}$$

由麦克斯韦方程组第四式知

$$\boldsymbol{j}=\nabla\times\boldsymbol{H}-\frac{\partial\boldsymbol{D}}{\partial t}$$

从而

$$\boldsymbol{f}\cdot\boldsymbol{v}=\boldsymbol{j}\cdot\boldsymbol{E}=\boldsymbol{E}\cdot(\nabla\times\boldsymbol{H})-\boldsymbol{E}\cdot\frac{\partial\boldsymbol{D}}{\partial t} \tag{3.5.7}$$

利用矢量分析公式和麦克斯韦方程组第二式得

$$\boldsymbol{E}\cdot(\nabla\times\boldsymbol{H})=-\nabla\cdot(\boldsymbol{E}\times\boldsymbol{H})+\boldsymbol{H}\cdot(\nabla\times\boldsymbol{E})=-\nabla\cdot(\boldsymbol{E}\times\boldsymbol{H})-\boldsymbol{H}\cdot\frac{\partial\boldsymbol{B}}{\partial t}$$

将上式代入式(3.5.7)，有

$$\boldsymbol{f}\cdot\boldsymbol{v}=-\nabla\cdot(\boldsymbol{E}\times\boldsymbol{H})-\boldsymbol{E}\cdot\frac{\partial\boldsymbol{D}}{\partial t}-\boldsymbol{H}\cdot\frac{\partial\boldsymbol{B}}{\partial t} \tag{3.5.8}$$

比较式(3.5.5)，知

$$\frac{\partial u}{\partial t}=\boldsymbol{E}\cdot\frac{\partial\boldsymbol{D}}{\partial t}+\boldsymbol{H}\cdot\frac{\partial\boldsymbol{B}}{\partial t}\qquad \boldsymbol{S}=\boldsymbol{E}\times\boldsymbol{H} \tag{3.5.9}$$

电磁能流密度 $\boldsymbol{S}$ 又叫做坡印亭矢量，它是电磁波传播中一个重要的物理量。至于电磁能量密度 u，对于线性均匀介质

$$\boldsymbol{D}=\varepsilon\boldsymbol{E}\qquad \boldsymbol{B}=\mu\boldsymbol{H}$$

有

$$u=\frac{1}{2}(\boldsymbol{E}\cdot\boldsymbol{D}+\boldsymbol{B}\cdot\boldsymbol{H}) \tag{3.5.10}$$

特别地，对于真空

$$u=\frac{1}{2}\left(\varepsilon_0 E^2+\frac{1}{\mu_0}B^2\right) \tag{3.5.11}$$

3.6 电磁场的矢势和标势

3.6.1 矢势和标势

我们已经知道，麦克斯韦方程组为

$$\begin{aligned}\nabla\times\boldsymbol{E}&=-\frac{\partial\boldsymbol{B}}{\partial t}\\ \nabla\times\boldsymbol{H}&=\frac{\partial\boldsymbol{D}}{\partial t}+\boldsymbol{J}\\ \nabla\cdot\boldsymbol{D}&=\rho\\ \nabla\cdot\boldsymbol{B}&=0\end{aligned} \tag{3.6.1}$$

为简单计，以下将只讨论真空中的电磁场，这时 $\boldsymbol{D}=\varepsilon_0\boldsymbol{E}$，$\boldsymbol{B}=\mu_0\boldsymbol{H}$，$c^2=(\mu_0\varepsilon_0)^{-1}$。由上面的第四个方程知，$\boldsymbol{B}$ 是无源场。根据矢量分析的知识，可以引入一个矢量 $\boldsymbol{A}$，使得

$$\boldsymbol{B}=\nabla\times\boldsymbol{A} \tag{3.6.2}$$

这个矢量 $\boldsymbol{A}$ 称为矢势，它的物量意义是：任一时刻，$\boldsymbol{A}$ 沿任一闭合回路的线积分等于该时刻通过该回路的磁通量。

由麦克斯韦方程组的第一个方程，我们知道，与静电场不同，一般情况下，电场是有旋的场。但如果我们将式(3.6.2)代入式(3.6.1)的第一个式子，便得到

$$\nabla\times\left(\boldsymbol{E}+\frac{\partial\boldsymbol{A}}{\partial t}\right)=0 \tag{3.6.3}$$

上式表明，$\boldsymbol{E}+\frac{\partial\boldsymbol{A}}{\partial t}$是无旋场。根据矢量分析的知识，可以引入一个标量 φ，使得

$$\boldsymbol{E}+\frac{\partial\boldsymbol{A}}{\partial t}=-\nabla\varphi$$

或者写成

$$\boldsymbol{E}=-\nabla\varphi-\frac{\partial\boldsymbol{A}}{\partial t} \tag{3.6.4}$$

这个标量 φ 称为标势。

从式(3.6.2)和式(3.6.4)中，我们不难看出，电磁场既可以直接用场量$\boldsymbol{E}$，$\boldsymbol{B}$来描写，也可以用它的矢势$\boldsymbol{A}$和标势φ来描写。这两种描写方式显然是等价的。

3.6.2 规范变换和规范不变性

虽然电磁场可以用场量$\boldsymbol{E}$和$\boldsymbol{B}$或矢势$\boldsymbol{A}$和标势φ两种等价方式来描写，但因为$\boldsymbol{E}$、$\boldsymbol{B}$与$\boldsymbol{A}$、φ之间的关系是由微分式联系的，所以它们并非一一对应的。这就在实用上多了一个可供选择的自由度，通常称为规范自由度。显然，若$\boldsymbol{A}$和φ满足式(3.6.2)和式(3.6.4)，那么经过下面变换

$$\boldsymbol{A}'=\boldsymbol{A}+\nabla\psi$$
$$\varphi'=\varphi-\frac{\partial\psi}{\partial t} \tag{3.6.5}$$

后的$\boldsymbol{A}'$，φ'亦满足式(3.6.2)和式(3.6.4)。这就是说，变换后的($\boldsymbol{A}'$，φ')与原来的($\boldsymbol{A}$，φ)描写同一电磁场。对同一个电磁场$\boldsymbol{E}$和$\boldsymbol{B}$，($\boldsymbol{A}$，φ)的选择不是唯一的。选择不同的ψ，通过式(3.6.5)可以找到不同的($\boldsymbol{A}$，φ)，它们都对应于同一个电磁场。每一种选择称为一种规范，变换(3.6.5)称为规范变换。由于通过规范变换所得到的不同规范都对应同一电磁场，表示同一可测量的物理量$\boldsymbol{E}$、$\boldsymbol{B}$，因此，相应的客观规律必然与所选择的特定规范无关。或者说，涉及电磁现象的物理规律都应该在规范变换下保持不变，这种不变性叫做规范不变性。

为了限制规范自由度，需要引入规范条件。应用最广的是以下两种规范条件：

(1)库仑规范条件 $$\nabla\cdot\boldsymbol{A}=0 \tag{3.6.6}$$

满足以上条件的规范称为库仑规范。

(2)洛伦兹条件 $$\nabla\cdot\boldsymbol{A}+\frac{1}{c^2}\frac{\partial\varphi}{\partial t}=0 \tag{3.6.7}$$

满足洛伦兹条件所作的规范称为洛伦兹规范。

3.6.3 达朗贝尔方程

下面我们利用麦克斯韦方程组推导电磁场矢势和标势所遵从的基本运动方程。将式(3.6.2)和式(3.6.4)代入麦克斯韦方程组(3.6.1)的第二式和第三式，得

$$\frac{1}{\mu_0}\nabla\times(\nabla\times\boldsymbol{A})=\boldsymbol{J}-\varepsilon_0\frac{\partial}{\partial t}\nabla\varphi-\varepsilon_0\frac{\partial^2}{\partial t^2}\boldsymbol{A}$$

$$\varepsilon_0\nabla^2\varphi-\varepsilon_0\frac{\partial}{\partial t}\nabla\cdot\boldsymbol{A}=\rho \tag{3.6.8}$$

注意到

$$\nabla\times(\nabla\times\boldsymbol{A})=\nabla(\nabla\cdot\boldsymbol{A})-\nabla^2\boldsymbol{A}$$

$$\mu_0\varepsilon_0=\frac{1}{c^2}$$

有

$$\nabla^2\boldsymbol{A}-\frac{1}{c^2}\frac{\partial^2\boldsymbol{A}}{\partial t^2}-\nabla\left(\nabla\cdot\boldsymbol{A}+\frac{1}{c^2}\frac{\partial\varphi}{\partial t}\right)=-\mu_0\boldsymbol{J}$$

$$\nabla^2\varphi+\frac{\partial}{\partial t}\nabla\cdot\boldsymbol{A}=-\frac{\rho}{\varepsilon_0} \tag{3.6.9}$$

采用洛伦兹规范(3.6.7)式后，上式成为

$$\nabla^2\boldsymbol{A}-\frac{1}{c^2}\frac{\partial^2\boldsymbol{A}}{\partial t^2}=-\mu_0\boldsymbol{J}$$

$$\nabla^2\varphi-\frac{1}{c^2}\frac{\partial^2\varphi}{\partial t^2}=-\frac{\rho}{\varepsilon_0} \tag{3.6.10}$$

这就是洛伦兹规范下，$\boldsymbol{A}$ 和 φ 所满足的基本方程，通常又称为达朗贝尔方程。

3.7 例 题

1. 由两个等量异号的电荷($\pm q$)组成的带电体系，如果它们之间的距离(Δl)比起它们到激发电场中一点的距离小很多($\Delta l\ll r$)，那么这样一对电荷通常被称为电偶极子。从 $-q$ 到 $+q$ 的距离 $\Delta\boldsymbol{l}$ 叫做电偶极子臂，$\boldsymbol{P}=q\Delta\boldsymbol{l}$ 叫做电偶极矩。试确定电偶极子激发的电场中下列两点的电场强度 $\boldsymbol{E}$(见图 3.5)。

(1)两电荷连线延长线上任意一点 A；

(2)两电荷连线中垂线上任意一点 B。

A、B 两点到两电荷连线中点 O 的距离均设为 r，且 $r\gg\Delta l$。

解：(1)A 点到两电荷的距离分别为 $r-\dfrac{\Delta l}{2}$ 和 $r+\dfrac{\Delta l}{2}$，由点电荷场强公式和场强叠加原理，得 A 点场强大小为

$$E_A=\frac{q}{4\pi\varepsilon_0}\left[\frac{1}{\left(r-\frac{\Delta l}{2}\right)^2}-\frac{1}{\left(r+\frac{\Delta l}{2}\right)^2}\right]=\frac{q}{4\pi\varepsilon_0}\frac{2r\Delta l}{\left(r-\frac{\Delta l}{2}\right)^2\left(r+\frac{\Delta l}{2}\right)^2}\underset{r\gg\Delta l}{=}\frac{1}{4\pi\varepsilon_0}\frac{2q\Delta l}{r^3}$$

所以

$$\boldsymbol{E}_A=\frac{1}{4\pi\varepsilon_0}\frac{2\boldsymbol{p}}{r^3}$$

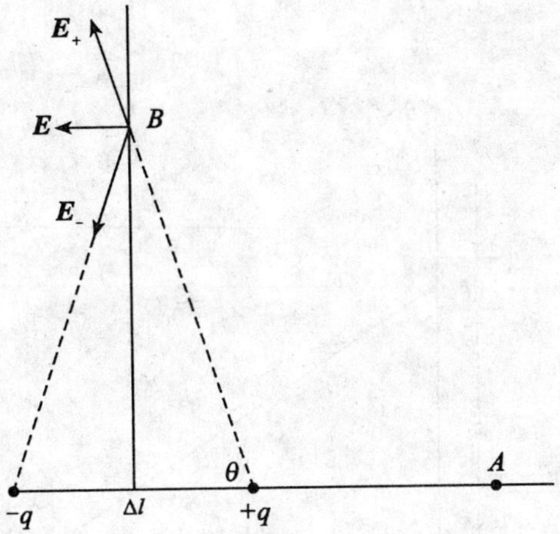

图 3.5

(2)显然$\pm q$到B点的距离均为$\sqrt{r^2+\left(\frac{\Delta l}{2}\right)^2}$，因此各自产生的场强$\boldsymbol{E}_\pm$大小相同，即

$$E_+=E_-=\frac{1}{4\pi\varepsilon_0}\frac{q}{r^2+\left(\frac{\Delta l}{2}\right)^2}$$

由于对称性$E_\pm$沿中垂线方向的分量互相抵消，沿电矩方向叠加，考虑到

$$\cos\theta=\frac{\Delta l/2}{\sqrt{r^2+(\Delta l/2)^2}}$$

故

$$E_B=E_+\cos\theta+E_-\cos\theta=2E_+\cos\theta=\frac{1}{4\pi\varepsilon_0}\frac{2q\Delta l/2}{[r^2+(\Delta l/2)^2]^{3/2}}\underset{r\gg\Delta l}{=}\frac{1}{4\pi\varepsilon_0}\frac{\boldsymbol{p}}{r^3}$$

所以

$$\boldsymbol{E}_B=-\frac{1}{4\pi\varepsilon_0}\frac{\boldsymbol{p}}{r^3}$$

2. 试确定载流直导线的磁场。

解：　设AB为一载流直导线，AB的轴线为Z轴，AB中电流I的流向为Z轴的正方向，P为直导线激发磁场中任意一点，由P点引AB的垂线与AB的交点O为Z轴上原点，OP长为a(见图 3.6)。离原点O的直导线上z处的电流元$I\mathrm{d}z$在P点产生的磁场为

$$\mathrm{d}\boldsymbol{B}=\frac{\mu_0}{4\pi}\frac{I\mathrm{d}\boldsymbol{z}\times\boldsymbol{r}}{r^3}$$

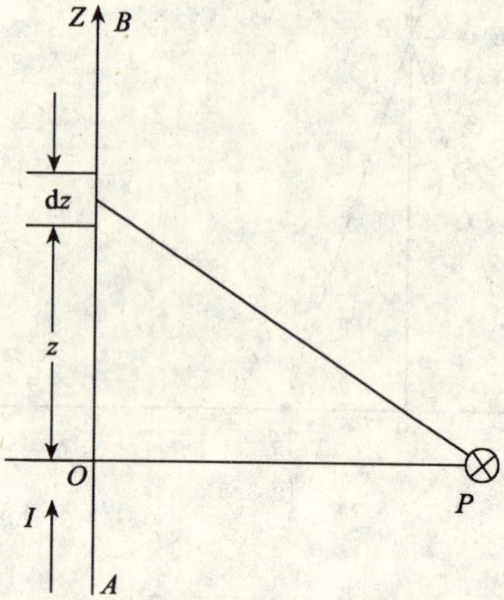

图 3.6

式中：$r=\sqrt{z^2+a^2}$；$\mathrm{d}z$ 与 $\boldsymbol{r}$ 夹角的正弦为$\frac{a}{r}$。因此

$$\mathrm{d}B=\frac{\mu_0}{4\pi}\frac{I\mathrm{d}zr}{r^3}\frac{a}{r}=\frac{\mu_0 aI}{4\pi}\frac{\mathrm{d}z}{(z^2+a^2)^{3/2}}$$

从而

$$B=\int_{z_1}^{z_2}\mathrm{d}B=\int_{z_1}^{z_2}\frac{\mu_0 aI}{4\pi}\frac{\mathrm{d}z}{(z^2+a^2)^{3/2}}$$

$$=\frac{\mu_0 aI}{4\pi}\frac{z}{a^2\sqrt{z^2+a^2}}\bigg|_{z_1}^{z_2}=\frac{\mu_0 I}{4\pi a}\left(\frac{z_2}{\sqrt{z_2^2+a^2}}-\frac{z_1}{\sqrt{z_1^2+a^2}}\right)$$

z_1，z_2 是直导线两端 A、B 的坐标。对无限长直导线 $z_1\to-\infty$，$z_2\to+\infty$

$$B=\frac{\mu_0 I}{2\pi a}$$

3. 试确定通电圆线圈轴线上的磁场。

解：令圆线圈平面为 $Z=0$ 的平面，过圆心 O 的轴线为 Z 轴，Z 轴的正向(即线圈法线方向)与线圈中电流 I 的流向满足右手定则(见图 3.7)。设圆半径为 R，线圈中电流元 $I\mathrm{d}l$ 在 Z 轴上任意一点 P(坐标为 z)处产生的磁场为

$$\mathrm{d}\boldsymbol{B}=\frac{\mu_0}{4\pi}\frac{I\mathrm{d}\boldsymbol{l}\times\boldsymbol{r}}{r^3}$$

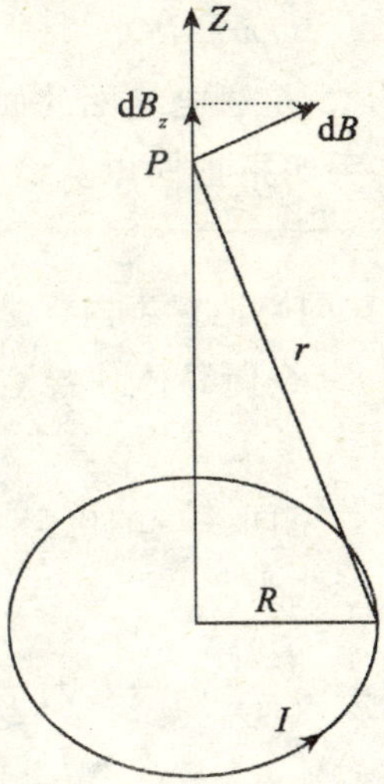

图 3.7

式中：$r=\sqrt{R^2+z^2}$，$\mathrm{d}\boldsymbol{l}$ 与 $\boldsymbol{r}$ 垂直，所以

$$\mathrm{d}B=\frac{\mu_0}{4\pi}\frac{I\mathrm{d}l}{r^2}$$

由于对称性，线圈上所有电流元在 P 点产生的磁场叠加只有沿 Z 轴的分量，而

$$\mathrm{d}B_Z=\mathrm{d}B\sin\theta=\mathrm{d}B\,\frac{R}{r}=\frac{\mu_0}{4\pi}\frac{IR}{r^3}\mathrm{d}l$$

所以

$$B=B(z)=\frac{\mu_0}{4\pi}\,\frac{IR}{r^3}\oint\mathrm{d}l=\frac{\mu_0}{4\pi}\,\frac{IR}{r^3}2\pi R=\frac{\mu_0}{2\pi}\,\frac{IS}{r^3}\qquad(S=\pi R^2\text{ 为线圈面积})$$

记 $\boldsymbol{m}=I\boldsymbol{S}$，于是

$$\boldsymbol{B}=\frac{\mu_0}{2\pi}\frac{\boldsymbol{m}}{r^3}$$

当 $r\gg R$ 时，$r\sim z$，$\boldsymbol{B}=\frac{\mu_0}{2\pi}\frac{\boldsymbol{m}}{z^3}$。

将通电圆线圈的磁场与电偶极子电场对照，不难找到它们的相似之处：它们都是轴对称场，在场的远处，场强都与距离的立方成反比。因此，我们把通电线圈叫做磁偶极子，而把 $\boldsymbol{m}$ 叫做磁偶极矩。一般地，任意形状的平面通电线圈都可以看做一个磁偶极子，它的磁偶极矩定义为

$$\boldsymbol{m}=I\boldsymbol{S}$$

式中：I 是通电线圈中的电流；S 是通电线圈的面积，S 的法线方向与电流的流向满足右手螺旋法则，即右手四指指向电流流向，伸直的拇指就指向 S 的法线方向。

4. 一个半径为 R_1 的导体球同心地置于内、外径分别为 R_2、R_3 的带电(电量 q)导体球壳内($R_1<R_2<R_3$)。今使导体球接地，求空间各点电势和导体球的感应电荷。

解：由于问题的球对称性，空间各点的电势 φ 只与该点位矢大小 r 有关，而与其方位角无关，因此 φ 的形式为

$$r>R_3 \qquad \varphi_1=a_1+\frac{b_1}{r}$$

$$R_2>r>R_1 \qquad \varphi_2=a_2+\frac{b_2}{r}$$

它们满足泊松方程

$$\nabla^2\varphi=-\frac{\rho}{\varepsilon_0}$$

利用矢量积分中的高斯公式有

$$\oint\nabla\varphi\cdot\mathrm{d}\boldsymbol{S}=-\frac{1}{\varepsilon_0}Q$$

式中：Q 为闭曲面所包围的所有电荷总电量。

利用 $\nabla\dfrac{1}{r}=-\dfrac{\boldsymbol{r}}{r^3}$，对 $r>R_3$，有

$$-\frac{b_1}{r^2}4\pi r^2=-\frac{1}{\varepsilon_0}(q+q')$$

式中：q' 为导体球的感应电荷。从而

$$b_1=\frac{q+q'}{4\pi\varepsilon_0} \qquad \varphi_1=a_1+\frac{q+q'}{4\pi\varepsilon_0 r}$$

因为无穷远处电势为零，即 $r\to\infty$，$\varphi_1=0$，所以

$$a_1=0 \qquad \varphi_1=\frac{q+q'}{4\pi\varepsilon_0 r}$$

对 $R_2>R_1$，有

$$-\frac{b_2}{r^2}4\pi r^2=-\frac{q'}{\varepsilon_0}\qquad b_2=\frac{q'}{4\pi\varepsilon_0}\qquad \varphi_2=a_2+\frac{q'}{4\pi\varepsilon_0 r}$$

因为导体球接地，所以 $r\to R_1$，$\varphi_2=0$，故

$$a_2=\frac{q'}{4\pi\varepsilon_0 R_1}\qquad \varphi_2=\frac{q'}{4\pi\varepsilon_0}\left(\frac{1}{r}-\frac{1}{R_1}\right)$$

由于带电导体球壳是一等势体，因此

$$\varphi_1\big|_{r=R_3}=\varphi_2\big|_{r=R_2}$$

即

$$\frac{q+q'}{4\pi\varepsilon_0 R_3}=\frac{q'}{4\pi\varepsilon_0}\left(\frac{1}{R_2}-\frac{1}{R_1}\right)\qquad \frac{q}{R_3}=q'\left(\frac{1}{R_2}-\frac{1}{R_1}-\frac{1}{R_3}\right)$$

由此得导体球的感应电荷

$$q'=\frac{\frac{1}{R_3}}{\left(\frac{1}{R_2}-\frac{1}{R_1}-\frac{1}{R_3}\right)}q$$

5. 真空中，运动带电体在洛伦兹力作用下机械动量的变化为

$$\frac{\mathrm{d}\boldsymbol{G}_m}{\mathrm{d}t}=\int \boldsymbol{f}\,\mathrm{d}\tau=\int(\rho\boldsymbol{E}+\boldsymbol{j}\times\boldsymbol{B})\,\mathrm{d}\tau$$

试利用麦克斯韦方程组和动量守恒原理证明，对全空间

$$\frac{\mathrm{d}\boldsymbol{G}_m}{\mathrm{d}t}=-\frac{\mathrm{d}}{\mathrm{d}t}\int \boldsymbol{g}\,\mathrm{d}\tau$$

式中：$\boldsymbol{g}=\frac{1}{c^2}\boldsymbol{S}=\varepsilon_0(\boldsymbol{E}\times\boldsymbol{B})$ 是电磁动量密度；$\boldsymbol{G}_{em}=\int\varepsilon_0(\boldsymbol{E}\times\boldsymbol{B})\,\mathrm{d}\tau$ 是电磁动量。

证：利用真空中麦克斯韦方程组，可以将 $\boldsymbol{f}$ 写成如下形式

$$\boldsymbol{f}=\varepsilon_0(\nabla\cdot\boldsymbol{E})\boldsymbol{E}+\frac{1}{\mu_0}\left(\nabla\times\boldsymbol{B}-\mu_0\varepsilon_0\frac{\partial\boldsymbol{E}}{\partial t}\right)\times\boldsymbol{B}$$

注意到 $\nabla\cdot\boldsymbol{B}=0$，$\nabla\times\boldsymbol{E}=-\frac{\partial\boldsymbol{B}}{\partial t}$，有

$$\frac{1}{\mu_0}(\nabla\cdot\boldsymbol{B})\boldsymbol{B}+\varepsilon_0\left(\nabla\times\boldsymbol{E}+\frac{\partial\boldsymbol{B}}{\partial t}\right)\times\boldsymbol{E}=0$$

将上式与 $\boldsymbol{f}$ 表示式合并，得

$$\boldsymbol{f}=\varepsilon_0(\nabla\cdot\boldsymbol{E})\boldsymbol{E}+\frac{1}{\mu_0}(\nabla\cdot\boldsymbol{B})\boldsymbol{B}+\frac{1}{\mu_0}\left(\nabla\times\boldsymbol{B}-\mu_0\varepsilon_0\frac{\partial\boldsymbol{E}}{\partial t}\right)\times\boldsymbol{B}+\varepsilon_0\left(\nabla\times\boldsymbol{E}+\frac{\partial\boldsymbol{B}}{\partial t}\right)\times\boldsymbol{E}$$

利用矢量运算和张量运算公式

$$(\nabla\cdot\boldsymbol{E})\boldsymbol{E}+(\nabla\times\boldsymbol{E})\times\boldsymbol{E}=(\nabla\cdot\boldsymbol{E})\boldsymbol{E}+(\boldsymbol{E}\cdot\nabla)\boldsymbol{E}-\frac{1}{2}\nabla(E^2)$$

$$(\nabla\cdot\boldsymbol{E})\boldsymbol{E}+(\boldsymbol{E}\cdot\nabla)\boldsymbol{E}=\nabla\cdot(\boldsymbol{EE})$$

有

$$(\nabla\cdot\boldsymbol{E})\boldsymbol{E}+(\nabla\times\boldsymbol{E})\times\boldsymbol{E}=\nabla\cdot(\boldsymbol{EE})-\frac{1}{2}\nabla(E^2)=\nabla\cdot(\boldsymbol{EE})-\frac{1}{2}\nabla\cdot(E^2\boldsymbol{e})$$

式中：$\boldsymbol{e}=\boldsymbol{ii}+\boldsymbol{jj}+\boldsymbol{kk}$，$\boldsymbol{i}$，$\boldsymbol{j}$，$\boldsymbol{k}$ 是三个坐标轴的单位矢量，$\boldsymbol{e}$为单位张量。同理，有

$$(\nabla\cdot\boldsymbol{B})\boldsymbol{B}+(\nabla\times\boldsymbol{B})\times\boldsymbol{B}=\nabla\cdot(\boldsymbol{BB})-\frac{1}{2}\nabla\cdot(B^2\boldsymbol{e})$$

$$\frac{1}{c^2}\frac{\partial\boldsymbol{S}}{\partial t}=\varepsilon_0\mu_0\frac{\partial}{\partial t}(\boldsymbol{E}\times\boldsymbol{H})=\varepsilon_0\mu_0\frac{\partial}{\partial t}\left(\boldsymbol{E}\times\frac{\boldsymbol{B}}{\mu_0}\right)=\varepsilon_0\frac{\partial}{\partial t}(\boldsymbol{E}\times\boldsymbol{B})$$

$$=\varepsilon_0\left(\frac{\partial\boldsymbol{E}}{\partial t}\times\boldsymbol{B}+\boldsymbol{E}\times\frac{\partial\boldsymbol{B}}{\partial t}\right)$$

利用上述关系式，力密度表示式变成如下形式：

$$\boldsymbol{f}=-\nabla\cdot\boldsymbol{T}-\frac{1}{c^2}\frac{\partial\boldsymbol{S}}{\partial t}$$

式中：

$$\boldsymbol{T}=\frac{1}{2}\left(\varepsilon_0E^2+\frac{1}{\mu_0}B^2\right)\boldsymbol{e}-\varepsilon_0\boldsymbol{EE}-\frac{1}{\mu_0}\boldsymbol{BB}$$

为一个二阶张量，称为电磁动量流密度。于是

$$\frac{\mathrm{d}\boldsymbol{G}_m}{\mathrm{d}t}=-\oint\boldsymbol{T}\cdot\mathrm{d}\boldsymbol{\sigma}-\frac{\mathrm{d}}{\mathrm{d}t}\int\frac{1}{c^2}\boldsymbol{S}\mathrm{d}\tau$$

在全空间情况下，右边第一项积分为零，上式化成

$$\frac{\mathrm{d}\boldsymbol{G}_m}{\mathrm{d}t}=-\frac{\mathrm{d}}{\mathrm{d}t}\int\frac{1}{c^2}\boldsymbol{S}\mathrm{d}\tau=-\frac{\mathrm{d}}{\mathrm{d}t}\int\varepsilon_0(\boldsymbol{E}\times\boldsymbol{B})\,\mathrm{d}\tau$$

记 $\boldsymbol{g}=\frac{1}{c^2}\boldsymbol{S}$ 表示电磁动量密度，$\boldsymbol{G}_{em}=\int\varepsilon_0(\boldsymbol{E}\times\boldsymbol{B})\,\mathrm{d}\tau$ 表示电磁动量。上式说明，带电体机械动量的增加等于其电磁动量的减少，这就是动量守恒定律。

科学巨匠——法拉第与麦克斯韦

法拉第对电磁现象进行了广泛深入的实验研究，是电磁场理论的创始者和奠基者，他的工作为麦克斯韦建立电磁场理论奠定了基础。麦克斯韦提出了电磁场方程组，建立了电磁场理论和光的电磁理论，完成了毕生对物理学

的最重要的贡献。法拉第和麦克斯韦一起当之无愧地被誉为19世纪最伟大的物理学家。

法拉第(Michael Faraday，1791—1867年)，英国物理学家和化学家。

法拉第出生于伦敦一个贫困的铁匠家庭，在四个孩子中排行第三，从小生活困难，只读了几年小学。1804年起到书店做学徒，在长达8年学徒生涯中，利用工作之便，法拉第阅读了大量书籍。1812年法拉第有幸聆听到著名化学家戴维在皇家研究院的四次演讲。1813年法拉第在皇家研究院当上戴维的助手，从此开始了长达50多年的献身科学的光辉历程。1813—1815年，戴维应邀到欧洲大陆各国做学术访问，法拉第随行。一年半的随行访问，使法拉第汲取到各种新知识，了解到科学领域的许多问题。返回伦敦后，法拉第以化学为起点开始了自己独立的研究工作。此后，法拉第的研究领域扩展到电学、光学、化学等方面，且作出了许多重要贡献。1824年法拉第当选为英国皇家学会会员，1825年任皇家研究院院长，1829年升为教授，法拉第曾两度获得英国皇家学会的最高奖——Copley奖。

1821年法拉第重复了奥斯特的实验，发现小磁针有环绕电流转动的倾向。法拉第的这一“电磁旋转”实验，加深了对电流磁效应的认识，据此法拉第制作了世界上第一台电动机模型。1831年8月29日法拉第发现了电磁感应现象，完成了他毕生最重要的贡献之一。随后，法拉第利用电磁感应现象还曾制作了一个模型发电机。此外，法拉第通过电的效应(静电的效应，电流的效应)证明各种来源的电具有同一性。电的同一性的研究导致法拉第发现了电解定律。法拉第电解定律揭示了电现象与化学现象的联系，是电化学中的重要定律，在电解和电镀工业中有广泛应用。1843年法拉第著名的冰桶实验，从实验上令人满意地证实了电荷守恒定律。1845年法拉第发现磁致旋光效应，也称法拉第效应。法拉第磁致旋光效应是历史上第一次发现光与磁现象之间的联系，具有重要的开创意义。

除了科学研究之外，法拉第还热心于科学成果的交流和科学知识的传播、普及工作。法拉第还非常关注青少年的教育，多次为青少年讲演。法拉第最有名的讲演，汇编成著名的科普著作《蜡烛的故事》，在各国广为流传，中译本曾由上海少年儿童出版社1962年出版发行。

法拉第出身贫寒，没有受过正规教育，但他坚持不懈、自学成才，终于攀登上科学高峰。法拉第一生过着简单的生活，他为人质朴，待人诚恳，多次谢绝升官发财的机会，把毕生的精力和智慧都奉献给了科学研究事业。

麦克斯韦(James Clerk Maxwell，1831—1879年)，英国物理学家、数学家。

麦克斯韦1831年11月13日生于英国苏格兰首府爱丁堡。麦克斯韦的父亲是个律师，但非常热爱科学，且知识渊博、兴趣广泛。麦克斯韦幼儿时期的教育由母亲承担，麦克斯韦8岁丧母，教育麦克斯韦的责任落到他父亲肩上。1841年，麦克斯韦被父亲送入爱丁堡公学求学。1847年，麦克斯韦进入爱丁堡大学学习，时年16岁。麦克斯韦在三年内学完了四年的课程，他钻研数学，写诗，如饥似渴地阅读，积累了极丰富的知识。1850年，麦克斯韦升入剑桥大学深造，1854年麦克斯韦在剑桥大学毕业，1856年担任Aberdeen大学Marischal学院的自然哲学教授。1858年，麦克斯韦与Marischal学院院长的女儿结婚，妻子比他大7岁。1860年，麦克斯韦辞去Aberdeen大学的教授职务，受聘为伦敦国王学院教授。

1855—1856年麦克斯韦发表《论法拉第力线》论文。文中采用数学推理和类比的方法表述了法拉第的力线概念，对电磁感应作了理论解释。1861—1863年麦克斯韦发表《论物理力线》论文。文中采用相关模型和假设，提出了位移电流和涡旋电场概念，预言了电磁波的存在。1865年麦克斯韦发表《电磁场的动力学理论》论文。文中提出了电磁场的普遍方程组，即麦克斯韦方程组，论述了光与电磁现象的同一性。1873年麦克斯韦的巨著《电磁通论》问世，全面、系统和严密地论述了电磁场理论和光的电磁理论。此外，麦克斯韦在光学、热力学与统计物理学等方面也作出了卓越的贡献。麦克斯韦不仅是一位天才的理论物理学家，同时也是一位杰出的实验物理学家。麦克斯韦先后制作了色旋转板、混色陀螺、实像体视镜等。1871年麦克斯韦成为剑桥大学第一位实验物理学教授。

家庭是麦克斯韦成长的沃土。麦克斯韦的父亲是一个慈祥的父亲，也是麦克斯韦的良师益友。麦克斯韦妻子对麦克斯韦的事业十分支持。麦克斯韦夫妇虽然没有孩子，但夫妻感情甚笃。在他们共同生活的最后几年，妻子病重，麦克斯韦悉心照料，麦克斯韦的温和与无私受到了人们的敬重。

麦克斯韦在他短暂的一生中对科学作出了巨大的贡献。在纪念麦克斯韦诞生100周年时，爱因斯坦评价他所建立的电磁场理论是“自牛顿时代以来，物理学所经历的最深刻、最有成效的变化”。

习 题 3

1. 若 f 是一个矢量，它的分量是空间坐标的函数，即 $f=f(x, y, z)$，则 f 称为矢量场；若 ϕ 是一个标量，它的值是空间坐标的函数，即 $\phi=\phi(x, y, z)$，则 ϕ 称为矢量场。证明：

$$\nabla\times(\nabla\phi)=0 \qquad \nabla\cdot(\nabla\times\boldsymbol{f})=0 \qquad \nabla\times(\nabla\times\boldsymbol{f})=\nabla(\nabla\cdot\boldsymbol{f})-\nabla^2\boldsymbol{f}$$

2. 根据算符∇的微分性与矢量性，推导下列公式：

$$\nabla(A\cdot B)=B\times(\nabla\times A)+(B\cdot\nabla)A+A\times(\nabla\times B)+(A\cdot\nabla)B,$$

$$\nabla\cdot(A\times B)=(\nabla\times A)\cdot B-A\cdot(\nabla\times B)$$

3. 设 u 是空间坐标 x，y，z 的函数，证明：

$$\nabla f(u)=\frac{\mathrm{d}f}{\mathrm{d}u}\nabla u,$$

$$\nabla\cdot A(u)=\nabla u\cdot\frac{\mathrm{d}A}{\mathrm{d}u},$$

$$\nabla\times A(u)=\nabla u\times\frac{\mathrm{d}A}{\mathrm{d}u}.$$

4. 设 $R=\sqrt{(x-x')^2+(y-y')^2+(z-z')^2}$ 为源点 $\boldsymbol{r}'=(x', y', z')$ 到场点 $\boldsymbol{r}=(x, y, z)$ 的距离，R 的方向规定为从源点指向场点。证明

$$\nabla R=-\nabla' R=\frac{\boldsymbol{R}}{R} \qquad \nabla\frac{1}{R}=-\nabla'\frac{1}{R}=-\frac{\boldsymbol{R}}{R^3},$$

$$\nabla\times\frac{\boldsymbol{R}}{R^3}=0, \qquad \nabla\cdot\frac{\boldsymbol{R}}{R^3}=-\nabla'\cdot\frac{\boldsymbol{R}}{R^3}=0. \qquad (R\neq0)$$

式中：

$$\nabla=\nabla_r=\boldsymbol{e}_x\frac{\partial}{\partial x}+\boldsymbol{e}_y\frac{\partial}{\partial y}+\boldsymbol{e}_z\frac{\partial}{\partial z} \qquad \nabla'=\nabla_{r'}=\boldsymbol{e}_x\frac{\partial}{\partial x'}+\boldsymbol{e}_y\frac{\partial}{\partial y'}+\boldsymbol{e}_z\frac{\partial}{\partial z'}$$

5. 已知半径为 R 的金属球面的面电荷密度 $\rho=\rho_0\cos\theta$，式中 ρ_0 为常数，θ 是球面上点的极角。求球面上的总电量。

6. 一个半径为 R 的球体以匀角速度 ω 绕直径旋转，设球体均匀带电，总电量为 Q，求球内的电流密度。

7. 求以匀角速度 ω 绕直径旋转的球形导体中心处的磁感应强度，设球形导体总电量为 Q，半径为 R。

8. 若 $\boldsymbol{g}$ 是常矢量，证明除 $r=0$ 点以外，矢量 $\boldsymbol{A}=\frac{\boldsymbol{g}\times\boldsymbol{r}}{r^3}$ 的旋度等于标量

$\varphi=\dfrac{\boldsymbol{m}\cdot\boldsymbol{r}}{\mathrm{e}^3}$的梯度的负值，即

$$\nabla\times\boldsymbol{A}=-\nabla\varphi \qquad (r\neq 0)$$

式中：r 为坐标原点到场点的距离，方向由原点指向场点。

9. 有一内外半径分别为 r_1 和 r_2 的空心介质球，介质的电容率为 ε，使介质内均匀带静止自由电荷 ρ_1，求：(1)空间各点的电场；(2)极化体电荷和极化面电荷分布。

10. 求边长为 a 的带电等边三角形中心处的电场强度，设三条边的线电荷密度分别为 ρ_1，ρ_2，ρ_3，且 $\rho_1=2\rho_2=2\rho_3$。

11. 求距无限长均匀直导线 r 远处的电势，设直导线线电荷密度为 ρ。

12. 厚度为 a 的均匀带电无限平板，体电荷密度 ρ，求其电势和电场强度。

13. 内外半径分别为 r_1 和 r_2 的无穷长中空导体圆柱，沿轴向流有恒定均匀自由电流 J_f，导体的磁导率为 μ，求磁感应强度和磁化电流。

14. 在均匀外电场中置入半径为 R_0 的导体球，试用分离变数法求下列两种情况的电势：

(1)导体球上接有电池，使球与地保持电势差 Φ_0；(2)导体球上带总电荷 Q。

15. 半径分别为 1mm 和 4mm 的两同轴导体间为空气，电场强度在柱坐标中可表示成

$$\boldsymbol{E}=\boldsymbol{e}_\rho\,\frac{100}{\rho}\cos(10^8 t-kz) \quad (\mathrm{V/m})$$

(1)求与 E 相应的 H；(2)确定 k 的值；(3)求内导体表面的电流密度；(4)$0\leqslant z\leqslant 1\mathrm{m}$ 内的位移电流。

16. 已知无限长圆柱形导体磁导率为 μ_0，导体周围介质磁导率为 μ，求通过的电流为 I 时所产生的磁感应强度 B 与磁场强度 H。

17. 半径为 a 的长圆柱形导体中有一电流沿轴线方向流动，电流密度为 $j=\lambda r$(λ 为常数，r 为 j 所在点离轴线的距离(极矢)，求矢势 $\boldsymbol{A}$ 及磁感应强度 $\boldsymbol{B}$。

18. 求内半径为 a、外半径为 b 的空心圆柱形导体，通过电流为 I 时所产生的磁感应强度 B 与磁场强度 H。

19. 强度为 I 的电流通过一长为 h、半径为 a 的圆柱形螺线管，螺线管每单位长度上线圈匝数为 n，求螺线管轴线上的磁场强度 $\boldsymbol{H}$。

20. 半径为 a 的无限长圆柱导体上有恒定电流 J 均匀分布于截面上，试解

矢势 A 的微分方程，设导体的磁导率为 μ_0，导体外的磁导率为 μ。

21. 证明在不同磁介质分界面上矢势 $\boldsymbol{A}$ 的切向分量连续。

22. 一平面电磁波以 $\theta=45°$ 从真空入射到 $\varepsilon_r=2$ 的介质中，电场强度垂直于入射面，求反射系数和折射系数。

23. 有一可见平面光波由水入射到空气，入射角为 $60°$。证明这时将会发生全反射，并求折射波沿表面传播的相速度和透入空气的深度。设该波在空气中的波长为 $\lambda_0=6.28\times10^{-5}\,\text{cm}$，水的折射率为 $n=1.33$。

24. 有两个频率和振幅都相等的单色平面波沿 z 轴传播，一个波沿 x 方向偏振，另一个波沿 y 方向偏振，但相位比前者超前 $\dfrac{\pi}{2}$，求合成波的偏振。

25. 入射角为 θ 的平面电磁波被理想导体表面所全部反射，求导体表面受到的辐射压强。

26. 一电磁波从真空投射到导电物质的平坦界面上，试推导此时的菲涅耳公式。

27. 证明，对任意位矢 $\boldsymbol{r}$ 均有：

$$\nabla\times\boldsymbol{r}=0 \qquad \nabla\cdot\boldsymbol{r}=3$$

$$\nabla r=\frac{\boldsymbol{r}}{r} \qquad \nabla\frac{1}{r}=-\frac{\boldsymbol{r}}{r^3} \qquad \nabla\frac{1}{r^2}=-\frac{2\boldsymbol{r}}{r^4}$$

28. 对任意矢量 $\boldsymbol{A}$ 和标量 φ 均有：

$$\nabla\cdot(\nabla\times\boldsymbol{A})=0 \qquad \nabla\times\nabla\varphi=0$$

29. 设均匀稳定磁场 $\boldsymbol{B}$ 沿 z 方向，试写出其标势 $\boldsymbol{A}$ 的两种不同表示式并证明此二者之差是无旋场。

30. 试求平面电磁波的矢势和标势。

31. 对一个线性各向同性均匀非导电介质，证明若 $\rho=0$，$\boldsymbol{J}=0$，则 $\boldsymbol{E}$ 和 $\boldsymbol{B}$ 可以完全由矢势 $\boldsymbol{A}$ 决定。

第 4 章　狭义相对论

4.1　迈克耳孙-莫雷实验

麦克斯韦电磁理论的建立加深了人们对电磁场的认识，但当时这一认识仍未摆脱机械论的局限性。电磁场被看做是某种充满整个空间的特殊介质“以太”的运动形态，电磁波就是发生在“以太”内的波动现象。于是，根据麦克斯韦方程组计算出的电磁波(光)在真空中的传播速度 $c=(\mu_0\varepsilon_0)^{-1/2}$ 也应该是相对于对“以太”静止的参考系而言的。按照旧的时空概念，若物质相对某一参考系运动的速度为 c，那么变换到另一个参考系时，其速度就不可能沿各个方向都是 c。可见，相对“以太”静止的参考系具有一种特殊地位。只有在这个特殊参考系中，电磁波(光)在各个方向才会有完全相同的速度 c，且麦克斯韦方程组才能精确成立，而在其他参考系都需要作相应修改。这与力学相对性原理显著不同，因为力学规律(如牛顿定律和万有引力定律)在不同惯性参考系中同样成立，没有任何惯性参考系具有特殊的地位。寻找“以太”这个特殊参考系和确定地球相对这个特殊参考系的运动便成了 19 世纪末物理学的一个重要课题。根据理论估算，要观测出地球相对“以太”运动的速度，其实验精度须达到 $v^2/c^2\sim10^{-8}$ 的数量级，而当时科学技术的发展水平已使得这种精密测量成为可能。

测量光沿地球不同方向传播的速度差异以确定地球相对“以太”运动的著名实验是迈克耳孙和莫雷在 1887 年实现的。图 4.1 是迈克耳孙-莫雷实验的示意图。光源 L 发出的光线在半透镜 T 处分成两束。一束透过 T 到 M 然后反射回 T 再反射到目镜 E。另一束经 T 反射至 M' 再反射后透过 T 到目镜 E。调节实验装置可使 $TM=TM'=l$。设地球相对“以太”运动的速度 v 沿 TM 方向，由于上述两束光线存在光程差，因此会产生干涉条纹。根据通常速度合成法则，光沿 v 方向传播时速度为 $c-v$，逆 v 方向传播时速度为 $c+v$，垂直 v 方向传

播时速度为$\sqrt{(c^2-v^2)}$。由此得：光线沿 TMT 传播的时间为

$$t=\frac{l}{c-v}+\frac{l}{c+v}=\frac{2lc}{c^2-v^2}\approx\frac{2l}{c}\left(1+\frac{v^2}{c^2}\right) \tag{4.1.1}$$

光线沿 $TM'T$ 传播的时间为

$$t'=\frac{2l}{\sqrt{c^2-v^2}}\approx\frac{2l}{c}\left(1+\frac{v^2}{2c^2}\right) \tag{4.1.2}$$

两束光的光程差

$$c\Delta t=c(t-t')\approx l\,\frac{v^2}{c^2} \tag{4.1.3}$$

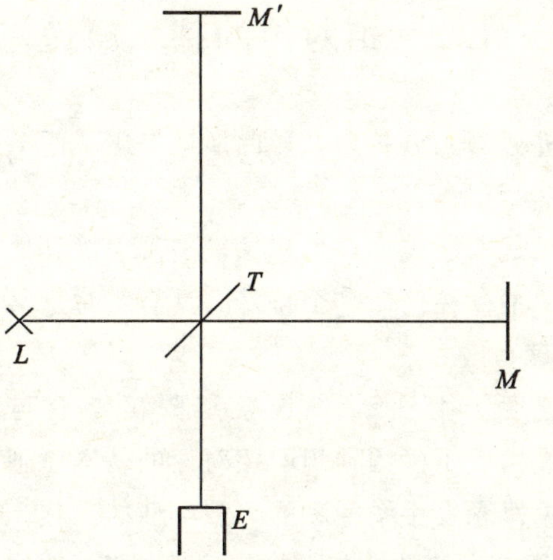

图 4.1　迈克耳孙-莫雷实验的示意图

若将实验装置绕铅垂线转π/2，光程差由 lv^2/c^2变到$-lv^2/c^2$，从而干涉条纹会变动。根据条纹变动的大小即可以确定地球相对“以太”运动的速度 v。

然而出乎意料的是，尽管迈克耳孙-莫雷实验精度相当高，以至比地球相对运动速度 v 更小的速度也可检测出来，但并未观测到预期的条纹变动。后来，迈克耳孙-莫雷实验以更高的精度在不同的地点和时间被重复过许多次，但其结论却始终相同。迈克耳孙-莫雷实验否定了地球相对“以太”运动。迈克耳孙-莫雷实验也不可能用“以太”拖曳假设来解释，因为它同光行差实验与斐索实验不相符合。迈克耳孙-莫雷实验表明光速不依赖于观察者所在的任何参考系。另外，天文学对双星运动的观察和近年来用高速运动粒子作光源进行的

实验都表明，光速也不依赖于光源的运动。为了解释迈克耳孙-莫雷的实验结果，1892 年洛伦兹和斐兹杰惹提出了“物体长度在运动方向收缩”的假说(洛伦兹一斐兹杰惹缩短)。1904 年洛伦兹进一步提出了“局部时间”的概念，给出了时空变换公式(洛伦兹公式)。但洛伦兹并未能摆脱机械论的影响，也没有否定“以太”的存在，因此不可能对他的变换公式作出正确的解释，而不无遗憾地止步于新理论门前。

迈克耳孙-莫雷实验向“以太”学说和“以太”说所依据的牛顿时空观提出了严重挑战，迫使人们抛弃旧的时空观而建立新的时空观。狭义相对论正是在这些实验事实基础上由爱因斯坦于 1905 年提出来的。

4.2 相对论的基本原理

在对上述实验进行深入分析后，爱因斯坦提出了两条基本假设：

1. 相对性原理

物理规律，不只是力学规律，也包括电磁现象等其他规律，在所有惯性参考系中都是一样的，不存在任何一个特殊的具有绝对意义的惯性系。

2. 光速不变原理

光在真空中的速度 c 对任何惯性参考系都相等，且与光源的运动无关。

这两条基本假设构成了爱因斯坦的相对论的基本原理，它使物理学中一些过去习以为常的基本概念发生了深刻的、根本性的变化。

长期以来，牛顿的时空观在物理学界一直占统治地位。这种从低速力学现象中抽象出来的旧时空观，集中反映在不同惯性参考系间的伽利略变换上。如果选取两个惯性参考系 S 和 S' 中的坐标轴相互平行，且 $t=0$ 时坐标原点重合，那么当 S' 相对 S 以速度 v 沿 x 轴方向运动时，伽利略变换为

$$x'=x-vt \qquad y'=y \qquad z'=z \qquad t'=t \tag{4.2.1}$$

在伽利略变换式中，时间与空间是分离的，这就是旧理论的绝对时间的概念。伽利略变换在研究低速现象时是一个很好的近似，但在研究高速运动时，比如电磁现象，它的不适用性便显示了出来。迈克耳孙-莫雷实验结果清楚表明，光速与参考系的选择无关。这就是说，光或电磁波的运动不服从伽利略变换。

仍然考虑两个惯性参考系 S 和 S'，选取两个惯性参考系 S 和 S' 中的坐标轴相互平行，且 $t=0$ 时坐标原点 O 重合，今在 O 上置一闪光光源，在参考系 S 的 x 轴上与 O 等距的两点 A 和 B 各置一个接收器。显然，S 系中的观察者

观察到，在 $t=0$ 时刻发出的闪光经过时间 t 后同时传到两个接收器。若 S' 相对 S 以速度 v 沿 x 轴方向运动，那么 S' 系中的观察者观察到的情况又会如何呢？根据伽利略变换，无论在哪个参考系来看，两个接收器都会同时收到闪光，同时性是绝对的。但根据爱因斯坦的相对论的基本原理，光速不改变，而 A，B 两点，一个迎着光线走了一段距离，另一个却背着光线走了一段距离。这样，在 S' 系中观察者观察到，两个接收器不会同时收到闪光，同时性是相对的。

由此可见，光速不变性所导致的时空概念与经典理论的时空概念截然不同。由研究低速现象抽象出来的经典理论的时空观带有一定的局限性，在研究高速运动时，比如电磁现象，这种旧时空观与实验事实相矛盾。爱因斯坦的相对性原理给人们带来了有关时空观念上的一个崭新的革命。时间和空间不再是独立于物质之外的概念，时间和空间是运动物质存在的形式。不可能存在离开物质及其运动的所谓绝对的时间和空间。

4.3　洛伦兹变换

根据相对论的基本原理，不同惯性参考系之间的时空坐标变换不再是伽利略变换。下面给出这一变换的具体表示式。

4.3.1　间隔不变性

物质的运动可以看做一系列事件的发展过程。由于一个事件总是于某时刻发生在某地，因此，一个事件可以用它的时空坐标(x，y，z，t)来标记。相对论时空坐标变换指的就是标记同一个事件的这四个坐标在不同参考系之间的变换式。即若同一个事件在惯性参考系 S 的表记为(x，y，z，t)，那么它在另一个惯性参考系 S' 的表记(x'，y'，z'，t')与前者的关系如何？

首先，物理上要求从一个惯性参考系到另一个惯性参考系变换应该是线性变换。其次，我们来考虑光速不变性对变换所添加的限制。仍设 $t=0$ 时两个惯性参考系 S，S' 的坐标原点 O 重合，O 上置有一闪光光源。从 O 点发出光信号为第一事件，在两个惯性系中的时空坐标都是(0，0，0，0)。在另一个地点 P 接收到光信号为第二事件，在两个惯性系中的时空坐标分别是(x，y，z，t)和(x'，y'，z'，t')。由于在两个惯性系中光速均为 c，所以

$$x^2+y^2+z^2=c^2t^2 \qquad x'^2+y'^2+z'^2=c^2t'^2 \tag{4.3.1}$$

即 $$x^2+y^2+z^2-c^2t^2=0=x'^2+y'^2+z'^2-c^2t'^2 \tag{4.3.2}$$

记 $$s^2=x^2+y^2+z^2-c^2t^2 \tag{4.3.3}$$

s 称为第二事件与第一事件在惯性系 S 中的间隔，而它在惯性系 S' 中的间隔则为

$$s'^2=x'^2+y'^2+z'^2-c^2t'^2 \tag{4.3.4}$$

对于并非由光信号连接的两个事件，式(4.3.1)不成立，因此，两个事件的间隔可以有如下三类：

$s^2=0$，称为类光间隔；

$s^2>0$，称为类空间隔；

$s^2<0$，称为类时间隔。

一般来说，一个事件的时空坐标不会恰好 $t=0$ 时就处在坐标原点。如果两个事件的时空坐标分别是(x_1, y_1, z_1, t_1)和(x_2, y_2, z_2, t_2)，那么它们间的间隔则定义为

$$\Delta s^2=(x_2-x_1)^2+(y_2-y_1)^2+(z_2-z_1)^2-c^2(t_2-t_1)^2 \tag{4.3.5}$$

这时，另一个参考系观察此两个事件的时空坐标若为(x_1', y_1', z_1', t_1')和(x_2', y_2', z_2', t_2')，则它们间的间隔定义为

$$\Delta s'^2=(x_2'-x_1')^2+(y_2'-y_1')^2+(z_2'-z_1')^2-c^2(t_2'-t_1')^2 \tag{4.3.6}$$

如果两个事件的时空坐标无限接近，那么它们间的间隔可写成微分形式：$\mathrm{d}s$ 和 $\mathrm{d}s'$。下面我们证明 $\mathrm{d}s=\mathrm{d}s'$。

如前所述，一个惯性系到另一个惯性系的变换应该是线性变换，因此

$$\mathrm{d}s=a\mathrm{d}s'+b \tag{4.3.7}$$

由 $\mathrm{d}s=0$，$\mathrm{d}s'=0$(式(4.3.2))知：$b=0$，从而 $\mathrm{d}s=a\mathrm{d}s'$。因为等式对任意 $\mathrm{d}s$ 和相应 $\mathrm{d}s'$ 均成立，所以比例系数 a 不可能再是时间和空间的函数，顶多与两个惯性系间的相对速度 v 有关，即 $a=a(v)$。另一方面，$\mathrm{d}s'$ 也可用 $\mathrm{d}s$ 表示：$\mathrm{d}s'=a\mathrm{d}s$。由此得①

$$\mathrm{d}s'=a\mathrm{d}s=a^2\mathrm{d}s \qquad a^2=1 \qquad a=1 \qquad \mathrm{d}s'=\mathrm{d}s \tag{4.3.8}$$

这就是说，任何两个事件的间隔，从一个惯性系变到另一个惯性系时保持不变，这称为间隔不变性。

4.3.2 洛伦兹变换

设惯性参考系 S' 相对惯性参考系 S 以速度 v 运动，选取两个惯性参考系 S

---

① 注意 a 只与两个惯性系间的相对速度 v 有关，而从式(4.3.2)知：$\mathrm{d}s=\mathrm{d}s'$，所以 $a=1$。

和 S' 中的坐标轴相互平行，x 轴方向沿速度 v 方向，且 $t=0$ 时两坐标原点重合。在这种情况下

$$y'=y \qquad z'=z \tag{4.3.9}$$

由于一个惯性系到另一个惯性系的变换是线性变换，因此

$$x'=a_{11}x+a_{12}ct \qquad ct'=a_{21}x+a_{22}ct \tag{4.3.10}$$

将式(4.3.9)和式(4.3.10)代入式(4.3.2)，有

$$(a_{11}x+a_{12}ct)^2+y^2+z^2-(a_{21}x+a_{22}ct)^2=x^2+y^2+z^2-c^2t^2 \tag{4.3.11}$$

比较两边系数，得

$$a_{11}^2-a_{21}^2=1 \qquad a_{12}^2-a_{22}^2=-1 \qquad a_{11}a_{12}-a_{21}a_{22}=0 \tag{4.3.12}$$

由式(4.3.12)第一、二式知①

$$a_{11}=\sqrt{1+a_{21}^2} \qquad a_{22}=\sqrt{1+a_{12}^2} \tag{4.3.13}$$

代入式(4.3.12)第三式有

$$a_{12}=a_{21} \tag{4.3.14}$$

特别地，考察相应惯性系 S' 坐标原点 O' 的时空坐标，经过时间 t 后，$x=vt$，$x'=0$，代入式(4.3.10)得

$$0=a_{11}vt+a_{12}ct \qquad \frac{a_{12}}{a_{11}}=-\frac{v}{c} \tag{4.3.15}$$

结合式(4.3.13)、式(4.3.14)和式(4.3.15)，得

$$a_{11}=a_{22}=\frac{1}{\sqrt{1-\beta^2}} \qquad a_{12}=a_{21}=\frac{-v/c}{\sqrt{1-\beta^2}} \qquad \beta=\frac{v}{c} \tag{4.3.16}$$

将式(4.3.16)代入式(4.3.10)并合并式(4.3.9)，最后得到相对论时空坐标变换公式：

$$\begin{aligned} x'&=\frac{x-vt}{\sqrt{1-\beta^2}} \\ y'&=y \\ z'&=z \\ t'&=\frac{t-\frac{v}{c^2}x}{\sqrt{1-\beta^2}} \end{aligned} \tag{4.3.17}$$

将上式中的 v 用 $-v$ 代替，便得到它的逆变换公式：

① 下式取正号是因为两个惯性参考系 S 和 S' 的坐标轴正向相同。

$$
\begin{aligned}
x &= \frac{x'+vt}{\sqrt{1-\beta^2}} \\
y &= y' \\
z &= z' \\
t &= \frac{t'+\dfrac{v}{c^2}x'}{\sqrt{1-\beta^2}}
\end{aligned}
\tag{4.3.18}
$$

式(4.3.17)和式(4.3.18)都叫做洛伦兹变换式。它是两个不同惯性参考系观察同一事件所得到的时空坐标间的变换关系式。

4.3.3 速度变换公式

利用洛伦兹变换式可以推出相对论速度变换公式。仍设惯性参考系 S' 相对惯性参考系 S 以速度 v 运动，选取两个惯性参考系 S 和 S' 中的坐标轴相互平行，x 轴方向沿速度 v 方向，且 $t=0$ 时两坐标原点重合。一物体在惯性参考系 S 中运动的速度定为

$$
u_x=\frac{\mathrm{d}x}{\mathrm{d}t},\qquad u_y=\frac{\mathrm{d}y}{\mathrm{d}t},\qquad u_z=\frac{\mathrm{d}z}{\mathrm{d}t}
\tag{4.3.19}
$$

相应地，其在 S' 系中的速度为

$$
u'_x=\frac{\mathrm{d}x'}{\mathrm{d}t'},\qquad u'_y=\frac{\mathrm{d}y'}{\mathrm{d}t'},\qquad u'_z=\frac{\mathrm{d}z'}{\mathrm{d}t'}
\tag{4.3.20}
$$

将洛伦兹变换式(4.3.17)中的 $x'y'z'$ 分别对 t' 求导，得

$$
\frac{\mathrm{d}x'}{\mathrm{d}t'}=\frac{\dfrac{\mathrm{d}x'}{\mathrm{d}t}}{\dfrac{\mathrm{d}t'}{\mathrm{d}t}}=\frac{\dfrac{\mathrm{d}x}{\mathrm{d}t}-\beta c}{1-\dfrac{\beta}{c}\dfrac{\mathrm{d}x}{\mathrm{d}t}}\qquad
\frac{\mathrm{d}y'}{\mathrm{d}t'}=\frac{\dfrac{\mathrm{d}y'}{\mathrm{d}t}}{\dfrac{\mathrm{d}t'}{\mathrm{d}t}}=\frac{\dfrac{\mathrm{d}y}{\mathrm{d}t}}{\gamma\left(1-\dfrac{\beta}{c}\dfrac{\mathrm{d}x}{\mathrm{d}t}\right)}\qquad
\frac{\mathrm{d}z'}{\mathrm{d}t'}=\frac{\dfrac{\mathrm{d}z'}{\mathrm{d}t}}{\dfrac{\mathrm{d}t'}{\mathrm{d}t}}=\frac{\dfrac{\mathrm{d}z}{\mathrm{d}t}}{\gamma\left(1-\dfrac{\beta}{c}\dfrac{\mathrm{d}x}{\mathrm{d}t}\right)}
$$

即

$$
\begin{aligned}
u'_x &= \frac{u_x-\beta c}{1-\dfrac{\beta}{c}u_x}=\frac{u_x-v}{1-\dfrac{vu_x}{c^2}} \\
u'_y &= \frac{u_y}{\gamma\left(1-\dfrac{\beta}{c}u_x\right)}=\frac{u_y\sqrt{1-\beta^2}}{1-\dfrac{vu_x}{c^2}}\qquad \gamma=\frac{1}{\sqrt{1-\beta^2}} \\
u'_z &= \frac{u_z}{\gamma\left(1-\dfrac{\beta}{c}u_x\right)}=\frac{u_z\sqrt{1-\beta^2}}{1-\dfrac{vu_x}{c^2}}
\end{aligned}
\tag{4.3.21}
$$

这就是相对论速度变换公式。

显然，当 u 和 v 都比 c 小很多时，它们就简化为伽利略速度变换公式。如果将式(4.3.21)中带撇的量和不带撇的量互相交换，同时把 v 换成 $-v$ 可得速度的逆变换式如下：

$$u_x=\frac{u'_x+v}{1+\frac{vu'_x}{c^2}}\qquad u_y=\frac{u'_y\sqrt{1-\beta^2}}{1+\frac{vu_x}{c^2}}\qquad u_z=\frac{u'_z\sqrt{1-\beta^2}}{1+\frac{vu_x}{c^2}}\tag{4.3.22}$$

4.4　相对论的时空理论

4.4.1　同时的相对性

从 4.2 节我们知道，根据相对论的基本原理，在不同惯性系中观测发生的两个事件，在其中一个惯性系中表现为同时的，在另一个惯性系中观察并不一定会是同时的。这就是同时的相对性。利用洛伦兹变换也可以清楚地表明这一点。

设 S 和 S' 是两个惯性参考系，两个惯性系中的坐标轴相互平行，x 轴方向沿相对速度 v 方向，且 $t=0$ 时两坐标原点重合。事件 1 在两个惯性系中的时空坐标分别为①$(x_1,\ t_1)$和$(x_1',\ t_1')$；事件 2 在两个惯性系中的时空坐标分别为$(x_2,\ t_2)$和$(x_2',\ t_2')$。由于同一事件的时空坐标变换服从洛伦兹变换式，故

$$\begin{aligned}x_1'&=\frac{x_1-vt_1}{\sqrt{1-\beta^2}}\qquad t_1'=\frac{t_1-\frac{v}{c^2}x_1}{\sqrt{1-\beta^2}}\\x_2'&=\frac{x_2-vt_2}{\sqrt{1-\beta^2}}\qquad t_2'=\frac{t_2-\frac{v}{c^2}x_2}{\sqrt{1-\beta^2}}\end{aligned}\tag{4.4.1}$$

将上面的第四式减去第二式，得

$$t_2'-t_1'=\frac{(t_2-t_1)-\frac{v}{c^2}(x_2-x_1)}{\sqrt{1-\beta^2}}\tag{4.4.2}$$

由此可见，如果两个事件相对于某个惯性系(比如 S)，是同时发生的，即

① 这里 y，z 坐标无变化，没有考虑。

$t_2=t_1$，那么它们相对于另一个惯性系 S' 并不一定同时发生，除非它们的 x 坐标相等。在 4.2 节，我们从光速不变原理说明了同时的相对性，这里我们利用洛伦兹变换式更进一步给出了两者时间差的定量结果(式(4.4.2))。

另外，如果两个事件间存在因果关系或依赖关系，比如火箭的发射与到达，那么它们发生的顺序当然有着绝对的意义，比如火箭的到达无疑不能先于它的发射。我们称这类事件为关联事件。物理上认为，关联事件间一定有某种作用在传输，如果传输速度小于光速 c，那么与关联事件相应的两个时空点，其先后顺序就不会颠倒。具体来说，如果两个关联事件在某个惯性系，比如 S，发生的顺序是事件 1 在先，事件 2 在后，即 $t_2>t_1$，那么它们相对于另一个惯性系 S' 发生的顺序也是事件 1 在先，事件 2 在后，即 $t_2'>t_1'$。若物质或作用在与关联事件相应的两个时空点的传输速度为

$$u=\frac{x_2-x_1}{t_2-t_1} \tag{4.4.3}$$

这时式(4.4.2)可以写成

$$t_2'-t_1'=\frac{1-vu/c^2}{\sqrt{1-\beta^2}}(t_2-t_1) \tag{4.4.4}$$

由上式知，若要求两事件先后顺序不颠倒，即 $t_2'-t_1'$ 与 t_2-t_1 同号，则必须

$$1-\frac{uv}{c^2}>0 \tag{4.4.5}$$

式中：v 是两个惯性系的相对速度，而惯性系总是由具体物质实在体现的，它们间的相对速度不可能超过光速 c。u 是物质或某种作用的传输速度，它也不可能大于光速 c，所以式(4.4.5)总是成立的。可见，两个关联事件先后顺序颠倒的情况绝不会发生，相对论与因果律并不矛盾。反过来，式(4.4.5)要求物质的最大速度不能超过光速。

4.4.2 洛伦兹-斐兹杰惹缩短

仍然考虑满足以前条件的两个惯性参考系 S 和 S'。在 S' 系中放置一根与 x' 轴平行的静止杆，在 S' 系中长度为 $l_0=\Delta x'=x_2'-x_1'$，x_2'，x_1' 是杆在 x' 轴上的坐标。在 S 系测量此杆的长度 l 意味着同时测量其两端点的坐标 x_2，x_1，而 $l=\Delta x=x_2-x_1$。根据洛伦兹变换，有

$$x_1'=\frac{x_1-vt_1}{\sqrt{1-\beta^2}} \qquad x_2'=\frac{x_2-vt_2}{\sqrt{1-\beta^2}} \tag{4.4.6}$$

因为 $t_2=t_1$，所以

$$\Delta x=\Delta x'\sqrt{1-\beta^2}\qquad l=l_0\sqrt{1-\beta^2}\tag{4.4.7}$$

上式表明，杆沿运动方向的长度缩短为静止的$\sqrt{1-\beta^2}$倍。物体沿运动方向长度缩短的现象叫做洛伦兹-斐兹杰惹缩短。物体沿垂直运动方向不会发生洛伦兹-斐兹杰惹缩短。洛伦兹-斐兹杰惹缩短指的是运动的物体长度将变短，这种运动尺度缩短是时空的基本属性，与物体结构无关。

4.4.3　爱因斯坦延缓

与运动的物体长度会变短相似，运动的时钟将会变慢。考虑满足以前条件的两个惯性参考系 S 和 S'。在 S'系的 x'处放置一时钟，在 S'系上的观察者所观察到的静止的钟，它从 t_1'走到 t_2'历时 $\Delta t'=t_2'-t_1'$，根据洛伦兹变换，这时有

$$t_1=\frac{t_1'+\dfrac{\beta}{c}x_1'}{\sqrt{1-\beta^2}}\qquad t_2=\frac{t_2'+\dfrac{\beta}{c}x_2'}{\sqrt{1-\beta^2}}\tag{4.4.8}$$

由于 $x_1'=x_2'=x'$，因此，在 S 系上的观察者所观察到的运动的钟，它在 $\Delta t'$内历经的时间应为

$$\Delta t=t_2-t_1=\frac{t_2'-t_1'}{\sqrt{1-\beta^2}}\tag{4.4.9}$$

我们把相对物体静止的时钟所测量的时间叫做物体的固有时，记为$\Delta\tau$，于是有

$$\Delta t=\frac{\Delta\tau}{\sqrt{1-\beta^2}}\tag{4.4.10}$$

上式表明，运动的时钟要比静止的时钟走得慢。换句话说，发生在运动物体上的自然过程与静止物体上同样过程相比延缓了。这种运动的时钟变慢的现象叫做爱因斯坦延缓。爱因斯坦延缓也是时空的基本属性，与过程的具体机制无关。

4.5　相对论的四维表示

在相对论中时间和空间不可分割，它们构成一个统一体——四维时空。将相对论理论用四维形式表达，可以更清楚地反映物理量间的内在联系。

4.5.1　闵可夫斯基空间

为了数学上处理问题的方便，我们引入一个虚构的四维空间，其坐标轴为

$$x_\mu=(x_1,\ x_2,\ x_3,\ x_4) \tag{4.5.1}$$

而一个事件的四维坐标为

$$x=x_1,\ y=x_2,\ z=x_3,\ \mathrm{i}ct=x_4 \tag{4.5.2}$$

两个事件的间隔为

$$\Delta s^2=(x_1-x_1')^2+(x_2-x_2')^2+(x_3-x_3')^2+(x_4-x_4')^2 \tag{4.5.3}$$

一个四维矢量的长度是

$$s^2=x_1^2+x_2^2+x_3^2+x_4^2 \tag{4.5.4}$$

两个四维矢量的标积定义为

$$x_\mu y_\mu=x_1y_1+x_2y_2+x_3y_3+x_4y_4 \tag{4.5.5}$$

这样的空间叫做闵可夫斯基空间。与通常实数域上的四维欧几里得空间不同，闵可夫斯基空间的第四个坐标是虚数，因此它是复四维空间。这个复四维空间长度的平方也是非正定的，它可以大于零、等于零或小于零。

4.5.2 洛伦兹变换

设①

$$T=\{a_{\mu\nu}\}=\begin{pmatrix} a_{11} & a_{12} & a_{13} & a_{14} \\ a_{21} & a_{22} & a_{23} & a_{24} \\ a_{31} & a_{32} & a_{33} & a_{34} \\ a_{41} & a_{42} & a_{43} & a_{44} \end{pmatrix} \tag{4.5.6}$$

是闵可夫斯基空间上一变换，它将任意四维矢量 $x_\nu=(x_1,\ x_2,\ x_3,\ x_4)$ 变换成 $x_\mu'=(x_1',\ x_2',\ x_3',\ x_4')$，即

$$x_\mu'=\begin{pmatrix} x_1' \\ x_2' \\ x_3' \\ x_4' \end{pmatrix}=Tx_\nu=\begin{pmatrix} a_{11} & a_{12} & a_{13} & a_{14} \\ a_{21} & a_{22} & a_{23} & a_{24} \\ a_{31} & a_{32} & a_{33} & a_{34} \\ a_{41} & a_{42} & a_{43} & a_{44} \end{pmatrix}\begin{pmatrix} x_1 \\ x_2 \\ x_3 \\ x_4 \end{pmatrix}$$

写成紧凑形式为

$$x_\mu'=a_{\mu\nu}x_\nu \tag{4.5.7}$$

这里引入了爱因斯坦求和约定：凡是重复的指标都表示求和，求和遍及一切可能取值。四维矢量的长度平方为

$$s^2=x_\nu x_\nu \qquad s'^2=x_\mu' x_\mu'$$

---

① 本节中下标用希腊字母表示取值1～4，用英文字母表示取值1～3。

若一个变换保持复四维空间矢量长度不变，即

$$s'^2 = s^2 \tag{4.5.8}$$

则此变换称为洛伦兹变换。从而

$$s'^2 = (x_1', x_2', x_3', x_4')\begin{pmatrix} x_1' \\ x_2' \\ x_3' \\ x_4' \end{pmatrix}$$

$$= (x_1, x_2, x_3, x_4)\begin{pmatrix} a_{11} & a_{21} & a_{31} & a_{41} \\ a_{12} & a_{22} & a_{32} & a_{42} \\ a_{13} & a_{23} & a_{33} & a_{43} \\ a_{14} & a_{24} & a_{34} & a_{44} \end{pmatrix}\begin{pmatrix} a_{11} & a_{12} & a_{13} & a_{14} \\ a_{21} & a_{22} & a_{23} & a_{24} \\ a_{31} & a_{32} & a_{33} & a_{34} \\ a_{41} & a_{42} & a_{43} & a_{44} \end{pmatrix}\begin{pmatrix} x_1 \\ x_2 \\ x_3 \\ x_4 \end{pmatrix}$$

$$= (x_1, x_2, x_3, x_4)T^tT\begin{pmatrix} x_1 \\ x_2 \\ x_3 \\ x_4 \end{pmatrix} = (x_1, x_2, x_3, x_4)\begin{pmatrix} x_1 \\ x_2 \\ x_3 \\ x_4 \end{pmatrix} = s^2$$

或者写成

$$s'^2 = x_\mu' x_\mu' = a_{\mu\upsilon} x_\upsilon a_{\mu\lambda} x_\lambda = a_{\mu\upsilon} a_{\mu\lambda} x_\upsilon x_\lambda = x_\upsilon x_\upsilon = s^2 \tag{4.5.9}$$

由此得

$$T^t T = I \qquad a_{\mu\upsilon} a_{\mu\lambda} = \delta_{\upsilon\lambda} \tag{4.5.10}$$

式中：上标 t 表示转置矩阵，I 表示单位矩阵。可见，变换 $T=\{a_{\mu\upsilon}\}$ 是复四维空间中的正交变换。这就是说，一般洛伦兹变换是保持闵可夫斯基空间矢量长度不变的变换，也是闵可夫斯基空间中的正交变换。

现在考虑一个坐标系 S' 相对于另一坐标系 S 以匀速 v 运动。取 S' 和 S 系的坐标轴互相平行，且运动方向为普通空间 $x(x')$ 轴方向。这时一物理事件相对 S' 和 S 的时空点变换是洛伦兹变换。由于 $x_2=y$，$x_3=z$ 坐标不变，因此变换矩阵

$$T = \begin{pmatrix} a_{11} & 0 & 0 & a_{14} \\ 0 & 1 & 0 & 0 \\ 0 & 0 & 1 & 0 \\ a_{41} & 0 & 0 & a_{44} \end{pmatrix} \tag{4.5.11}$$

根据式(4.5.10)知

$$\begin{cases}a_{11}^2+a_{41}^2=1\\a_{11}a_{14}+a_{41}a_{44}=0\\a_{14}^2+a_{44}^2=1\end{cases}\tag{4.5.12}$$

另外，发生在 S' 系原点上的事件在 S 和 S' 系相应的时空点(四维坐标)分别为(vt，0，0，ict)，(0，0，0，ict')，由此得

$$a_{11}vt+a_{14}\mathrm{i}ct=0$$

即

$$a_{14}=\mathrm{i}\,\frac{v}{c}a_{11}=\mathrm{i}\beta a_{11}\tag{4.5.13}$$

代入式(4.5.12)有

$$\begin{cases}a_{11}^2+a_{41}^2=1\\\mathrm{i}\beta a_{11}^2+a_{41}a_{44}=0\\-\beta^2a_{11}^2+a_{44}^2=1\end{cases}\tag{4.5.14}$$

方程组消去 a_{11} 后得，

$$\begin{cases}\beta^2a_{41}^2+a_{44}^2=1+\beta^2\\a_{44}^2-\mathrm{i}\beta a_{41}a_{44}=1\end{cases}$$

上式给出

$$a_{44}=\frac{1}{\sqrt{1-\beta^2}}=\gamma\qquad a_{41}=-\mathrm{i}\beta\gamma$$

最后得到

$$a_{11}=\gamma\qquad a_{14}=\mathrm{i}\beta\gamma\qquad a_{41}=-\mathrm{i}\beta\gamma\qquad a_{44}=\gamma\tag{4.5.15}$$

相应此特殊变换的矩阵形式是

$$T=\begin{pmatrix}\gamma&0&0&\mathrm{i}\beta\gamma\\0&1&0&0\\0&0&1&0\\-\mathrm{i}\beta\gamma&0&0&\alpha\end{pmatrix}\tag{4.5.16}$$

利用式(4.5.7)和式(4.5.16)，便有

$$\begin{aligned}x_1'&=\gamma x_1+\mathrm{i}\beta\gamma x_4\\x_2'&=x_2\\x_3'&=x_3\\x_4'&=-\mathrm{i}\beta\gamma x_1+\gamma x_4\end{aligned}$$

即

$$x'=\frac{x-vt}{\sqrt{1-\beta^2}}$$

$$y'=y$$

$$z'=z$$

$$t'=\frac{t-\frac{v}{c^2}x}{\sqrt{1-\beta^2}} \tag{4.5.17}$$

这就是特殊洛伦兹变换公式，即式(4.3.16)。

4.5.3　洛伦兹协变量

一个物理量在洛伦兹变换下若具有确定的变换性质，则称为洛伦兹协变量。

(1)标量

如果一个物理量 S 在洛伦兹变换下保持不变：

$$S'=S \tag{4.5.18}$$

则此物理量叫做洛伦兹标量或洛伦兹不变量。

(2)矢量

如果一个物理量 V(具有四个分量)在洛伦兹变换下与坐标变换规律(式(4.5.7))相同，即

$$V'_\mu=a_{\mu\nu}V_\nu \tag{4.5.19}$$

则此物理量叫做四维矢量。

(3)张量

如果一个物理量 T(16 个分量)具有如下变换关系：

$$T'_{\mu\nu}=a_{\mu\lambda}a_{\nu\tau}T_{\lambda\tau} \tag{4.5.20}$$

则此物理量叫做(二阶)张量。类似地，可以定义高阶张量。在这个意义上，我们也可以将标量叫做零阶张量，矢量叫做一阶张量①。

一般物理规律常用一些数学方程表达。相对性原理要求，在不同惯性系中，物理规律应该具有相同的形式。这就是说，在坐标变换下，表示物理规律的方程是不变的。显然，方程的两边若由相同的协变量(即同阶张量)构成，比如 $A_\mu=B_\mu$，那么它就满足相对性原理的要求。具有这种形式的方程式叫做协变式，而在参考系变换下方程不变的性质叫做协变性。因此，利用四维形式，

① 在普通三维空间中物理量也可以按其在三维空间转动时的变换性质定义成标量、矢量、张量等。这时变换矩阵即三维直角坐标转动矩阵$\{a_{ij}\}$。

可以很容易判定表示某个物理规律的方程是否具有协变性。

4.5.4 四维速度和动量

(1)四维速度

在三维空间中，速度定义为 $v_i=\dfrac{\mathrm{d}x_i}{\mathrm{d}t}$，式中 x_i 是质点的位置矢量。在四维空间，质点位置用四维坐标矢量 x_μ 表示。由于时间 t 是四维空间坐标之一，它不再是不变量，因此原有速度表达式应加以修正，以满足协变性要求。

设质点以速度 $\boldsymbol{v}$ 相对坐标系 S 运动。取固着在质点上的坐标系 S'，其原点即质点所在位置。于是质点在 S 和 S' 系相应时空点的间隔分别为

$$\mathrm{d}s^2=\mathrm{d}x_1+\mathrm{d}x_2+\mathrm{d}x_3+\mathrm{d}x_4=v_1^2\,\mathrm{d}t^2+v_2^2\,\mathrm{d}t^2+v_3^2\,\mathrm{d}t^2-c^2\,\mathrm{d}t^2=(v^2-c^2)\,\mathrm{d}t^2$$

$$\mathrm{d}s'^2=\mathrm{d}x_1'^2+\mathrm{d}x_2'^2+\mathrm{d}x_3'^2+\mathrm{d}x_4'^2=\mathrm{d}x_4'^2=-c^2\,\mathrm{d}\tau^2 \tag{4.5.21}$$

它是一个洛伦兹不变量，即

$$\mathrm{d}s^2=\mathrm{d}s'^2 \qquad \mathrm{d}\tau^2=-\frac{\mathrm{d}s'^2}{c^2}=(1-\beta^2)\,\mathrm{d}t^2 \tag{4.5.22}$$

式中：$\mathrm{d}\tau$ 是随质点一起运动的钟所指示的时间，即固有时间，它也是一个不变量。定义

$$u_\mu=\frac{\mathrm{d}x_\mu}{\mathrm{d}\tau} \tag{4.5.23}$$

上式右边 $\mathrm{d}x_\mu$ 是四维矢量，$\mathrm{d}\tau$ 是标量，因此 u_μ 也是四维矢量，叫做四维速度矢量。它的四个分量具体表达式为

$$u_1=\frac{\mathrm{d}x_1}{\mathrm{d}\tau}=\frac{\mathrm{d}x_1}{\mathrm{d}t\sqrt{1-\beta^2}}=\frac{v_1}{\sqrt{1-\beta^2}}=\gamma v_1$$

$$u_2=\frac{\mathrm{d}x_2}{\mathrm{d}\tau}=\frac{v_2}{\sqrt{1-\beta^2}}=\gamma v_2$$

$$u_3=\frac{\mathrm{d}x_3}{\mathrm{d}\tau}=\frac{v_2}{\sqrt{1-\beta^2}}=\gamma v_3$$

$$u_4=\frac{\mathrm{d}x_4}{\mathrm{d}\tau}=\frac{\mathrm{i}c\,\mathrm{d}t}{\mathrm{d}t\sqrt{1-\beta^2}}=\frac{\mathrm{i}c}{\sqrt{1-\beta^2}}=\mathrm{i}c\gamma$$

即

$$u_\mu=\gamma(v_1,\ v_2,\ v_3,\ \mathrm{i}c) \tag{4.5.24}$$

(2)四维动量

在经典力学中，质点的动量定义为 $m\boldsymbol{v}$，式中 m 是质点质量，$\boldsymbol{v}$ 是质点速度。在相对论中，它们不再是协变量，因此原有动量表达式也应加以修正。利

用四维速度的概念，我们可以定义为

$$p_\mu = m_0 u_\mu \tag{4.5.25}$$

上式右边 u_μ 是四维矢量，m_0 是洛伦兹不变量，其值等于速度为零时质点的质量，叫做静止质量。因此，p_μ 是一个四维矢量，叫做四维动量矢量。它的四个分量的具体表达式为

$$\boldsymbol{p} = m_0 \boldsymbol{u} = \gamma m_0 \boldsymbol{v} = \frac{m_0 \boldsymbol{v}}{\sqrt{1-\frac{v^2}{c^2}}}$$

$$p_4 = \mathrm{i} c \gamma m_0 = \frac{\mathrm{i}}{c} \frac{m_0 c^2}{\sqrt{1-\frac{v^2}{c^2}}} \tag{4.5.26}$$

为了理解 p_4 的物理含义，我们记

$$W = \frac{m_0 c^2}{\sqrt{1-\frac{v^2}{c^2}}} \tag{4.5.27}$$

当 $\frac{v}{c} \ll 1$ 时，将 W 展开成

$$\begin{aligned} W &= m_0 c^2 \left(1 + \frac{1}{2}\frac{v^2}{c^2} + \frac{3}{8}\frac{v^4}{c^4} + \cdots\right) \\ &= m_0 c^2 + \frac{1}{2} m_0 v^2 + \frac{3}{8} m_0 \frac{v^4}{c^2} + \cdots \end{aligned} \tag{4.5.28}$$

上式右边第二项是非相对论极限下质点的动能，因此 W 应该表示相对论中质点的能量。而右边第一项是 $v=0$ 时，质点所具有的能量，叫做静止能量。于是

$$W = m_0 c^2 + T \tag{4.5.29}$$

式中：W 是质点总能量，$m_0 c^2$ 是质点静止能量，T 是质点动能。将式(4.5.26)和式(4.5.27)代入式(4.5.25)得四维动量为：

$$p_\mu = \left(\boldsymbol{p},\ \frac{\mathrm{i}}{c} W\right) \tag{4.5.30}$$

四维动量又称能量—动量四维矢量。

由于四维矢量的平方是一个洛伦兹不变量。因此，有

$$p'_v p'_v = p_\mu p_\mu \tag{4.5.31}$$

如果选择上式左端是与质点相对静止的参考系中，质点对应时空点上的四维动量，则

$$p'_v p'_v = -\frac{1}{c^2} W^2 = -m_0^2 c^2$$

而右端根据式(4.5.30)为

$$p_\mu p_\mu = \boldsymbol{p}^2 - \frac{W^2}{c^2}$$

将上两式代入式(4.5.31)，给出相对论中能量与动量的关系式如下：

$$W^2 = \boldsymbol{p}^2 c^2 + m_0^2 c^4 \tag{4.5.32}$$

如果引入

$$m = \frac{m_0}{\sqrt{1-\frac{v^2}{c^2}}} \tag{4.5.33}$$

那么式(4.5.26)和式(4.5.27)又可以写成

$$\boldsymbol{p} = m\boldsymbol{v} \tag{4.5.34}$$

$$W = mc^2 \tag{4.5.35}$$

这时动量形式与非相对论中的相同，只是式中 m 并非常数，而是一个随运动速度增大的量。它可以看做一种等效质量，称运动质量。式(4.5.35)称为质能关系式。

4.6 电磁场量的协变形式

4.6.1 四维电流密度矢量

设带电体静止时，电荷密度为 ρ_0，所占体积为 ΔV_0，按定义

$$\rho_0 = \frac{\Delta Q}{\Delta V_0} \tag{4.6.1}$$

式中：ΔQ 是带电体所带电荷。带电体运动时，会产生洛伦兹收缩，沿运动方向的长度将缩短为静止时的 $\sqrt{1-\frac{v^2}{c^2}}$ 倍(v 为带电体运动速度)。相应地，体积的变化为

$$\Delta V = \sqrt{1-\frac{v^2}{c^2}}\,\Delta V_0 \tag{4.6.2}$$

实验表明，带电体的电荷与其运动与否无关，因此电荷 Q 是一个洛伦兹不变量。这时，电荷密度

$$\rho = \frac{\Delta Q}{\Delta V} = \frac{\rho_0}{\sqrt{1-\frac{v^2}{c^2}}} = \gamma\rho_0 \tag{4.6.3}$$

电荷以速度 $\boldsymbol{v}$ 运动时的电流密度

$$\boldsymbol{j}=\rho\boldsymbol{v}=\rho_0\gamma\boldsymbol{v} \tag{4.6.4}$$

如果我们再添加一个分量

$$J_4=\rho \mathrm{i}c=\rho_0\gamma \mathrm{i}c \tag{4.6.5}$$

则式(4.6.4)和式(4.6.5)可以合并成

$$J_\mu=(\boldsymbol{j},\ \mathrm{i}c\rho)=\rho_0 u_\mu \tag{4.6.6}$$

式中：u_μ 是四维速度(见式(4.5.24))，ρ_0 是不变量，因此 J_μ 也是四维矢量，称为四维电流密度矢量。

利用四维电流密度矢量可以将电荷守恒定律

$$\nabla\cdot\boldsymbol{j}+\frac{\partial\rho}{\partial t}=0 \tag{4.6.7}$$

写成四维形式①

$$\frac{\partial J_\mu}{\partial x_\mu}=0 \qquad 或者 \qquad \partial_\mu J_\mu=0 \tag{4.6.8}$$

由于 ∂_μ 和 J_μ 都是四维矢量，因此它们的标积 $\partial_\mu J_\mu$ 是洛伦兹不变量。方程(4.6.8)具有明显的协变形式。

4.6.2　四维电磁势矢量

我们已经知道，在洛伦兹规范下，电磁场的矢势和标势满足达朗贝尔方程：

$$\nabla^2\boldsymbol{A}-\frac{1}{c^2}\frac{\partial^2\boldsymbol{A}}{\partial t}=-\mu_0\boldsymbol{j}$$

$$\nabla^2\varphi-\frac{1}{c^2}\frac{\partial^2\varphi}{\partial t^2}=-\frac{\rho}{\varepsilon_0} \tag{4.6.9}$$

而洛伦兹条件为

$$\nabla\cdot\boldsymbol{A}+\frac{1}{c^2}\frac{\partial\varphi}{\partial t}=0 \tag{4.6.10}$$

引入四维微分算符

$$\square=\partial_\mu\partial_\mu\equiv\frac{\partial}{\partial x_\mu}\frac{\partial}{\partial x_\mu}=\frac{\partial^2}{\partial x^2}+\frac{\partial^2}{\partial y^2}+\frac{\partial^2}{\partial z^2}+\frac{\partial}{\partial \mathrm{i}ct}\frac{\partial}{\partial \mathrm{i}ct}=\nabla^2-\frac{1}{c^2}\frac{\partial^2}{\partial t^2} \tag{4.6.11}$$

可以将式(4.6.9)写成

① 为了书写方便，常将 $\frac{\partial}{\partial x_\mu}$ 记为 ∂_μ。

$$\Box \boldsymbol{A}=-\mu_0 \boldsymbol{j}$$

$$\Box \varphi=-\mu_0 c^2 \rho \tag{4.6.12}$$

$\left(c^2=\dfrac{1}{\varepsilon_0 \mu_0}\right)$。如果再引入量

$$A_\mu=\left(\boldsymbol{A},\ \frac{\mathrm{i}}{c}\varphi\right) \tag{4.6.13}$$

并注意到 $J_\mu=(\boldsymbol{j},\ \mathrm{i}c\rho)$(见式 4.6.6)，那么可以进一步将式(4.6.12)写成

$$\Box A_\mu=-\mu_0 J_\mu \tag{4.6.14}$$

由于电磁场既可以用它的场量 $\boldsymbol{E}$ 和 $\boldsymbol{B}$ 描写，又可以用它的矢势 $\boldsymbol{A}$ 和标势 φ 描写，因此式(4.6.9)和式(4.6.14)就是通过电磁势 $\boldsymbol{A}$ 和 φ 来表示的麦克斯韦方程组。根据相对性原理，电磁现象的基本规律在不同惯性系中应该有相同形式。这就要求麦克斯韦方程组，或者它的四维形式(4.6.14)是协变的。由于方程(4.6.14)右边 J_μ 是一个四维矢量，协变性要求左边也是一个四维矢量，而□是一个标量，因此 A_μ 是一个四维矢量，称为四维电磁势矢量，这时洛伦兹条件的四维形式为

$$\partial_\mu A_\mu=0 \tag{4.6.15}$$

4.6.3　电磁场张量

电磁场强度 $\boldsymbol{E}$ 和 $\boldsymbol{B}$ 可以通过矢势 $\boldsymbol{A}$ 和标势 φ 确定：

$$\boldsymbol{E}=-\nabla \varphi-\frac{\partial \boldsymbol{A}}{\partial t} \qquad \boldsymbol{B}=\nabla \times \boldsymbol{A} \tag{4.6.16}$$

利用式(4.6.13)可以将它们的分量写成：

$$E_1=\mathrm{i}c\left(\frac{\partial A_4}{\partial x_1}-\frac{\partial A_1}{\partial x_4}\right) \qquad E_2=\mathrm{i}c\left(\frac{\partial A_4}{\partial x_2}-\frac{\partial A_2}{\partial x_4}\right) \qquad E_3=\mathrm{i}c\left(\frac{\partial A_4}{\partial x_3}-\frac{\partial A_3}{\partial x_4}\right)$$

$$B_1=\frac{\partial A_3}{\partial x_2}-\frac{\partial A_2}{\partial x_3} \qquad B_2=\frac{\partial A_1}{\partial x_3}-\frac{\partial A_3}{\partial x_1} \qquad B_3=\frac{\partial A_2}{\partial x_1}-\frac{\partial A_1}{\partial x_2} \tag{4.6.17}$$

引入

$$F_{\mu\nu}=\frac{\partial A_\nu}{\partial x_\mu}-\frac{\partial A_\mu}{\partial x_\nu}, \tag{4.6.18}$$

上式右边是两个矢量的并积，因而是一个二阶张量，又 $F_{\mu\nu}=-F_{\nu\mu}$，所以左边 $F_{\mu\nu}$ 是一个二阶反对称张量，称为电磁场张量。根据式(4.6.17)，它的具体形式为

$$F_{\mu\nu}=\begin{pmatrix} 0 & B_3 & -B_2 & -\mathrm{i}\,\dfrac{E_1}{c} \\ -B_3 & 0 & B_1 & -\mathrm{i}\,\dfrac{E_2}{c} \\ B_2 & -B_1 & 0 & -\mathrm{i}\,\dfrac{E_3}{c} \\ \mathrm{i}\,\dfrac{E_1}{c} & \mathrm{i}\,\dfrac{E_2}{c} & \mathrm{i}\,\dfrac{E_3}{c} & 0 \end{pmatrix} \tag{4.6.19}$$

利用 $F_{\mu\nu}$ 和 J_μ 可以把麦克斯韦方程组

$$\nabla\cdot\boldsymbol{E}=\frac{\rho}{\varepsilon_0}$$

$$\nabla\times\boldsymbol{E}=-\frac{\partial\boldsymbol{B}}{\partial t}$$

$$\nabla\cdot\boldsymbol{B}=0$$

$$\nabla\times\boldsymbol{B}=\mu_0\boldsymbol{j}+\varepsilon_0\mu_0\frac{\partial\boldsymbol{E}}{\partial t} \tag{4.6.20}$$

写成明显的协变形式。方程组中的第一式和第四式分量形式为

$$\frac{\partial E_1}{\partial x_1}+\frac{\partial E_2}{\partial x_2}+\frac{\partial E_3}{\partial x_3}=\frac{\rho}{\varepsilon_0}$$

$$\frac{\partial B_3}{\partial x_2}-\frac{\partial B_2}{\partial x_3}=\mu_0 j_1+\varepsilon_0\mu_0\frac{\partial E_1}{\partial t}$$

$$\frac{\partial B_1}{\partial x_3}-\frac{\partial B_3}{\partial x_1}=\mu_0 j_2+\varepsilon_0\mu_0\frac{\partial E_2}{\partial t}$$

$$\frac{\partial B_2}{\partial x_1}-\frac{\partial B_1}{\partial x_2}=\mu_0 j_3+\varepsilon_0\mu_0\frac{\partial E_3}{\partial t} \tag{4.6.21}$$

将它们替换成用 $F_{\mu\nu}$ 和 J_μ 来表示，则为

$$\frac{c}{\mathrm{i}}\left(\frac{\partial F_{41}}{\partial x_1}+\frac{\partial F_{42}}{\partial x_2}+\frac{\partial F_{43}}{\partial x_3}\right)=\frac{J_4}{\mathrm{i}c\varepsilon_0}$$

$$\frac{\partial F_{12}}{\partial x_2}+\frac{\partial F_{13}}{\partial x_3}=\mu_0 J_1-\frac{\partial F_{14}}{\partial x_4}$$

$$\frac{\partial F_{23}}{\partial x_3}+\frac{\partial F_{21}}{\partial x_1}=\mu_0 J_2-\frac{\partial F_{24}}{\partial x_4}$$

$$\frac{\partial F_{31}}{\partial x_1}+\frac{\partial F_{32}}{\partial x_2}=\mu_0 J_3-\frac{\partial F_{34}}{\partial x_4} \tag{4.6.22}$$

注意到 $F_{\mu\nu}$ 是二阶反对称张量，上式可写成

$$\frac{\partial F_{11}}{\partial x_1}+\frac{\partial F_{12}}{\partial x_2}+\frac{\partial F_{13}}{\partial x_3}+\frac{\partial F_{14}}{\partial x_4}=\mu_0 J_1$$

$$\frac{\partial F_{21}}{\partial x_1}+\frac{\partial F_{22}}{\partial x_2}+\frac{\partial F_{23}}{\partial x_3}+\frac{\partial F_{24}}{\partial x_4}=\mu_0 J_2$$

$$\frac{\partial F_{31}}{\partial x_1}+\frac{\partial F_{32}}{\partial x_2}+\frac{\partial F_{33}}{\partial x_3}+\frac{\partial F_{34}}{\partial x_4}=\mu_0 J_3$$

$$\frac{\partial F_{41}}{\partial x_1}+\frac{\partial F_{42}}{\partial x_2}+\frac{\partial F_{43}}{\partial x_3}+\frac{\partial F_{44}}{\partial x_4}=\mu_0 J_4$$

即

$$\partial_v F_{\mu v}=\frac{\partial F_{\mu v}}{\partial x_v}=\mu_0 J_\mu \tag{4.6.23}$$

类似地，方程组第二式和第三式可以合并写成

$$\frac{\partial F_{\mu v}}{\partial x_\lambda}+\frac{\partial F_{v\lambda}}{\partial x_\mu}+\frac{\partial F_{\lambda\mu}}{\partial x_v}=0 \tag{4.6.24}$$

式(4.6.23)和式(4.6.24)即是协变形式的麦克斯韦方程组。

4.7 例 题

1. μ 子是一种物理性质与电子相似的粒子，其质量为电子质量的 207 倍。μ 子是不稳定的粒子，可以衰变成一个电子和两个中微子：

$$u^{\pm}\rightarrow e^{\pm}+\nu+\bar{\nu}$$

式中：e^{+} 电子；e^{-} 为正电子；ν 为中微子；$\bar{\nu}$ 为反中微子。

μ 子衰变服从如下规律：

$$N(t)=N(0)e^{-t/\tau}$$

式中：$N(0)$是 $t=0$ 时 μ 子数，$N(t)$是时刻 t 时 μ 子数。τ 称为平均寿命。μ 子静止时的平均寿命为 2.197×10^{-6} s。宇宙射线中含有许多能量极高的 μ 子，它们是在大气层上部产生的。若大气层离地面厚度 6000 m，μ 子以相对于地球 $0.995c$ 的速度垂直向地面飞来，试问它能否在衰变前到达地面？

解：设地面参考系为惯性系 S，μ 子参考系为 S'。按题意，S'系相对于 S 系的运动速率为 $v=0.995c$，μ 子在 S'系中的固有寿命为 $\Delta t'=2.197\times10^{-6}$ s。根据爱因斯坦延缓公式(4.4.8)，S 系中 μ 子的寿命为

$$\Delta t=\frac{\Delta t'}{\sqrt{1-v^2/c^2}}=\frac{2.197\times10^{-6}}{\sqrt{1-0.995^2}}=2.2\times10^{-5}\,\mathrm{s}$$

μ 子在 Δt 时间内运动的距离为

$$\Delta s=v\cdot\Delta t=0.995c\times2.2\times10^{-5}\,\mathrm{s}=6566\,\mathrm{m}>6000\,\mathrm{m}$$

所以平均来说，μ 子在衰变前可以到达地面。

2. 在固定于 μ 子参考系看来，μ 子的平均寿命仍为 2.197×10^{-6} s，但大气层厚度由于相对论效应而缩短。试利用这一观点，根据上题条件计算 μ 子能否在衰变前到达地面?

解： 地面参考系中，大气层离地面厚度 $l_0=6000$ m，根据洛伦兹-斐兹杰惹缩短公式(4.4.6)

$$l=l_0\sqrt{1-\beta^2}=6000\times\sqrt{1-0.995^2}=599.2\text{m}$$

μ 子到达地面所需时间为

$$\Delta t=\frac{l}{v}=\frac{599.2}{0.995\times3\times10^8}=2\times10^{-6}\text{s}<2.197\times10^{-6}\text{s}$$

所以平均来说 μ 子在衰变前可以到达地面。

由此可见，时间延缓和长度缩短是相互关联的，它们是运动物质之间时空关系的反映，并非主观感觉的产物。在不同参考系中可能有不同的描述方法，但最后的物理结论都是一致的。

3. 一单位长棒静止地放在 $x'y'$ 平面内，在 S' 系测得此棒与 x' 轴成 $\pi/4$ 角，试问从 S 系的观测者来看，此棒的长度以及棒与 x 轴的夹角是多少？设 S' 以速度 $v=\dfrac{c}{2}$ 沿 xx' 轴相对于 S 运动。

解： 设棒静止于 S' 系的长度为 l_0，它与 x' 的夹角为 θ'。此棒长 x' 和 y' 轴上的分量分别为

$$l_x'=l_0\cos\theta' \qquad l_y'=l_0\sin\theta'$$

从 S 系的观测者来看，此棒在 y 轴上的分量 $l_y=l_y'$，即

$$l_y=l_y'=l_0\sin\theta'$$

而棒在 x 轴上的分量，由洛伦兹变换得

$$l_x=l'_x\sqrt{1-\frac{v^2}{c^2}}=l_0\cos\theta'\sqrt{1-\frac{v^2}{c^2}}$$

因此，在 S 系中的观测者看来，棒的长度为：

$$l=\sqrt{l_x^2+l_y^2}=l_0\sqrt{1-\left(\frac{v\cos\theta'}{c}\right)^2}=\frac{\sqrt{14}}{4}$$

而棒与 x 轴的夹角则由下式确定

$$\tan\theta=\frac{l_y}{l_x}=\frac{l_0\sin\theta'}{l_0\cos\theta'\sqrt{1-\frac{v^2}{c^2}}}=\frac{\tan\theta'}{\sqrt{1-\frac{v^2}{c^2}}}=\frac{2\sqrt{3}}{3}$$

4. 一个静止质量为 m_1 的粒子以速度 $\boldsymbol{v}_1$ 与一个静止的质量为 m_2 粒子相撞

后生成一个复合粒子。试求这个复合粒子的静止质量 m 和运动速度 $\boldsymbol{v}$。

解：根据四维动量的定义 $p_\mu=(\boldsymbol{p},\ \frac{\mathrm{i}}{c}W)$知：

对 m_1 粒子 $p_{1\mu}=(\boldsymbol{p}_1,\ \frac{\mathrm{i}}{c}W_1)=\left(\frac{m_1\boldsymbol{v}_1}{\sqrt{1-\frac{v_1^2}{c^2}}},\ \frac{\mathrm{i}}{c}\frac{m_1c^2}{\sqrt{1-\frac{v_1^2}{c^2}}}\right)$

对 m_2 粒子 $p_{2\mu}=(\boldsymbol{p}_1,\ \frac{\mathrm{i}}{c}W_2)=(0,\ \frac{\mathrm{i}}{c}m_2c^2)$

对复合粒子 $p_\mu=(\boldsymbol{p}_1,\ \frac{\mathrm{i}}{c}W)=\left(\frac{m\boldsymbol{v}}{\sqrt{1-\frac{v^2}{c^2}}},\ \frac{\mathrm{i}}{c}\frac{mc^2}{\sqrt{1-\frac{v^2}{c^2}}}\right)$

根据动量和能量守恒定律应有：

$$\frac{m_1\boldsymbol{v}_1}{\sqrt{1-\frac{v_1^2}{c^2}}}+0=\frac{m\boldsymbol{v}}{\sqrt{1-\frac{v^2}{c^2}}}$$

$$\frac{m_1c^2}{\sqrt{1-\frac{v_1^2}{c^2}}}+m_2c^2=\frac{mc^2}{\sqrt{1-\frac{v^2}{c^2}}}$$

由上面第一式得

$$\frac{m_1v_1^2}{1-\frac{v_1^2}{c^2}}=\frac{m^2v^2}{1-\frac{v^2}{c^2}}$$

由上面第二式得

$$\frac{m}{\sqrt{1-\frac{v^2}{c^2}}}=\frac{m_1}{\sqrt{1-\frac{v_1^2}{c^2}}}+m_2$$

两式消去 m 后给出

$$v^2=\frac{m_1v_1^2}{1-\frac{v_1^2}{c^2}}\frac{1}{\left(\frac{m_1}{\sqrt{1-v_1^2/c^2}}+m_2\right)}=\frac{m_1^2v_1^2}{\left(m_1+m_2\sqrt{1-\frac{v_1^2}{c^2}}\right)^2}$$

即

$$\boldsymbol{v}=\frac{m_1\boldsymbol{v}}{m_1+m_2\sqrt{1-v_1^2/c^2}}$$

$$m=\left(\frac{m_1}{\sqrt{1-v_1^2/c^2}}+m_2\right)\left[1-\frac{1}{c^2}\frac{m_1^2v_1^2}{(m_1+m_2\sqrt{1-v_1^2/c^2})}\right]^{1/2}$$

$$=\frac{m_1+m_2\sqrt{1-v_1^2/c^2}}{\sqrt{1-v_1^2/c^2}}\left[\frac{c^2\ (m_1+m_2\sqrt{1-v_1^2/c^2})^2-m_1^2v_1^2}{c^2(m_1+m_2\sqrt{1-v_1^2/c^2})}\right]^{1/2}$$

$$=\frac{\left[c^2\left(m_1^2+2m_1m_2\sqrt{1-v_1^2/c^2}+m_2^2(1-v_1^2/c^2)\right)-m_1^2v_1^2\right]^{1/2}}{c\sqrt{1-v_1^2/c^2}}$$

$$=\frac{\left[m_1^2(c^2-v_1^2)+m_2^2(c^2-v_1^2)+2m_1m_2c^2\sqrt{c^2-v_1^2}\right]^{1/2}}{\sqrt{c^2-v_1^2}}$$

$$=\left[m_1^2+m_2^2+\frac{2m_1m_2}{\sqrt{1-v_1^2/c^2}}\right]^{1/2}$$

5. 原子核反应时会放出或吸收能量，称为反应能。根据质能关系，反应能可以通过反应前后粒子静质量的变化来确定。试计算下面 α 衰变

$$^{210}\mathrm{Po}\rightarrow{}^{206}\mathrm{Pb}+\alpha$$

的反应能。已知反应中粒子的静质量分别为①

$$m_{\mathrm{Po}}=209.9829\mathrm{u}$$

$$m_{\mathrm{Pb}}=205.9745\mathrm{u}$$

$$m_{\mathrm{He}}=4.002603\mathrm{u}$$

解： 反应前后粒子静质量的变化

$$\Delta m=m_{\mathrm{Po}}-(m_{\mathrm{Pb}}+m_{\mathrm{He}})=209.9829-(205.9745+4.002603)$$

$$=0.005797\mathrm{u}$$

根据质能关系，相应能量变化即反应能为

$$Q=\Delta mc^2=5.4\mathrm{MeV}$$

科学巨匠——爱因斯坦

爱因斯坦(Albert Einstein，1879—1955 年)，20 世纪最伟大的科学家。

爱因斯坦 1879 年 3 月 14 日出生在德国巴登一符腾堡州乌尔姆市一个犹太人家庭，1880 年随全家迁往慕尼黑，在慕尼黑上中学。1896 年，爱因斯坦进入瑞士苏黎世联邦工业大学学习。1900 年大学毕业，两年后被伯尔尼瑞士专利局录用为技术员，从事发明专利申请的技术鉴定工作。在那里，他同朋友们一起成立了一个名叫“奥林匹亚科学院”的哲学小组，钻研科学和哲学著作。1912 年爱因斯坦任苏黎世联邦工业大学教授，1913 年应普朗克之邀任普鲁士科学研究所所长和柏林大学教授。1921 年，爱因斯坦因在光电效应方面的研

① α 粒子即氦核。u 表示原子物理中常用能量单位：$u=931.49432\mathrm{MeV}$，而 $1\mathrm{MeV}=1.6\times10^{-13}\mathrm{J}$。

究而被授予诺贝尔物理学奖。1933年由于纳粹德国反犹太主义狂潮，爱因斯坦被迫移居美国，同年10月开始在普林斯顿高等研究院任教，直至1945年退休。1940年，爱因斯坦获得美国国籍。

1905年，年仅26岁的爱因斯坦先后发表了五篇论文，相继刊载在有影响的德文期刊《物理学年鉴》上。其中最重要的一篇题为《论运动物体的电动力学》，提出了举世闻名的狭义相对论。狭义相对论的建立，使人类对空间、时间和物质运动关系的认识发生了革命性变化，标志着物理学新纪元的到来。这一年有的书上称做爱因斯坦奇迹年。1907年，爱因斯坦在论文《关于相对性原理和由此得出的结论》中，提出作为广义相对论基础的两个基本原理。1916年，爱因斯坦写成了两本著作：《广义相对论的基础》和《狭义相对论和广义相对论浅说》。爱因斯坦的广义相对论是继狭义相对论之后，近代科学的又一个重大成就。1919年，英国天文学家爱丁顿的日全食观测结果证实了爱因斯坦所作的光线经过太阳引力场会弯曲的预言。此外，爱因斯坦在光电效应、布朗运动和量子统计等方面都有突出贡献。他与玻尔进行的论战中提出的EPR佯谬，至今仍是理论物理学和科学哲学界不断探讨的话题。

爱因斯坦除了科学上举世皆知的杰出贡献外，也关心人类的进步事业。在美国居住的日子里，爱因斯坦还把相当多的精力投入到社会活动中。他呼吁人们对纳粹势力保持警惕。他反对美国的种族歧视政策，支持黑人的解放运动。他曾担任“原子科学家非常委员会”主席。1955年，爱因斯坦和罗素联名发表了反对核战争和呼吁世界和平的《罗素—爱因斯坦宣言》。

1955年4月18日，爱因斯坦因病去世。为了不使任何地方成为圣地，爱因斯坦留下遗嘱，不建坟墓，不立墓碑，骨灰撒在保密的地方。2005年是相对论发表100周年，爱因斯坦逝世50周年，为纪念这位科学巨子，联合国教科文组织宣布2005年为世界物理年。这年四月，各国科学家举行环球光信号接力活动，寓意物理学星空中的爱因斯坦之光照耀全球的每一个角落。

习 题 4

1. 一飞船以$u=10^4\,\mathrm{m\cdot s^{-1}}$的速率相对于地面匀速飞行。若飞船上的钟走了5s的时间，那么，用地面上的钟测量经过的时间会是多少？

2. 设有两根互相平行的尺，在各自静止的参考系中的长度均为a，它们以相同速率u相对于某一参考系运动，但运动方向相反，且平行于尺子。求从一根尺上测量另一根尺的长度。

3. 一列静止长度 1000m 的超快火车通过一个封闭式的车站，据车长讲车站长为 900m，火车通过时刚好装进车站，即站长观测到火车后端刚好在进口处时其前端刚好在出口处，火车的速率是多少?

4. 一辆以速度 u 运动的列车上的观察者，在经过某一高大建筑物时，看见其避雷针上跳起一脉冲电火花，电光迅速传播，先后照亮了铁路沿线上的两铁塔。求列车上观察者看到的两铁塔被电光照亮的时刻差。设建筑物及铁塔都在一直线上，且与列车前进方向一致，两铁塔到建筑物的地面距离都是 a。

5. 在地出上测到有两个飞船，分别以 $+0.8c$ 和 $-0.8c$ 向相反方向飞行。求一飞船相对于另一飞船的速度。

6. 一列固有长度 l_0 的列车匀速通过与它固有长度相等的站台时，站台上观察者发现，站台左端先与车尾重合，Δt 时间后，站台右端又与车头重合。求列车速度。

7. 一来自宇宙射线的质子以 $v=0.9c$ 的速度运动，求质子的相对论动量。

8. 在惯性系 S 中，有两个物体都以速度 u 沿 x 轴运动，在 S 系看来，它们一直保持距离 a 不变。今有一观察者以速度 v 沿 x 轴运动，他看到这两个物体的距离是多少?

9. 两列固有长度都是 l_0 的列车对开时，站台上观察者看到它们的速度均为 v。求：(1)两列车相对速度；(2)一列车上观察者看到另一列车的车长。

10. 设两个静止质量都是 m_0 的粒子，以大小相等、方向相反的速度相撞，反应合成一个复合粒子。试求这个复合粒子的静止质量和运动速度。

11. 质量为 m_0 的静止粒子衰变为两个粒子 m_1 和 m_2，求粒子 m_1 的动量和能量。

12. 求光子的质量和动量。

13. 惯性系 S' 相对惯性系 S 以速度 v 沿 x 方向运动。沿 S' 系 z' 轴放置一静止光源 L 和一反射镜 M，两者相距为 a。从 L 发出的闪光沿 z' 轴经 M 反射后又回到 L。求惯性系 S 和 S' 上观察者看到闪光发出和接收的时间和间隔。

14. 火箭由静止状态加速到 $v=\sqrt{0.99}\,c$，设瞬时惯性系上加速度为 $|a|=20\text{m}\cdot\text{s}^{-2}$，问按照静止系的时钟和按火箭内的时钟加速火箭各需多少时间?

15. 定义

$$a_\mu=\frac{\mathrm{d}u_\mu}{\mathrm{d}\tau}$$

式中：u_μ 是四维速度，τ 是固有时间，因此 a_μ 是一个矢量，称为四维加速度。

证明：

$$a_\mu u_\mu = 0$$

16. 证明，一质点相对某个惯性参考系运动速度若小于光速，则此质点相对任意惯性参考系运动速度也小于光速。

17. 利用四维速度的洛伦兹变换推导相对论中的速度合成公式。

18. 质量为 m 的静止粒子衰变成质量为 m_1 和 m_2 的两个粒子，求这两个粒子的能量和动量。

19. 计算下列核反应的反应能：

$^{9}\mathrm{Be}+\mathrm{P}\rightarrow{}^{6}\mathrm{Li}+\alpha$　　　　$^{14}\mathrm{N}+\alpha\rightarrow{}^{17}\mathrm{O}+\mathrm{P}$

反应中各粒子的静质量为

$m_{\mathrm{Be}}=9.012183\mathrm{u}$　　$m_{\mathrm{Li}}=6.015123\mathrm{u}$　　$m_{\mathrm{N}}=14.00307\mathrm{u}$

$m_{\mathrm{O}}=16.99913\mathrm{u}$　　$\alpha=4.002603\mathrm{u}$　　$m_{\mathrm{P}}=1.007825\mathrm{u}$

20. 利用相对论中动量、能量关系和动量、能量守恒定律证明，光子与自由电子相碰不可能发生光电效应①。

① 光照射在金属上使金属电子逸出表面的现象叫光电效应(参见 5.1 节)。

第5章　量子力学初步

本章内容包括微观粒子的波粒二象性、测不准关系、状态与波函数、力学量与算符、薛定谔方程、角动量与自旋算符和全同粒子等。

5.1　微观粒子的波粒二象性

5.1.1　经典物理学所遭遇的困难

19世纪末，经典物理学理论（牛顿力学、热力学与统计物理学、电动力学）已经发展得相当完善，同时人们也发现，一些新的物理现象却是经典理论所无法解释的。它们主要有：

1. 黑体辐射

在一定温度下，任何物体都能以电磁波形式向外辐射能量，这种依赖物体温度的辐射叫做热辐射。如果一个物体能够吸收入射到它上面的全部电磁波，那么这个物体便叫做黑体。平衡时，黑体辐射的能量分布只与温度有关。维恩从分析实验数据得到的经验公式为

$$E_\nu \mathrm{d}\nu = c_1 \nu^3 \mathrm{e}^{-c_2 \nu / T} \mathrm{d}\nu \tag{5.1.1}$$

式中：c_1，c_2 是两个经验参数，此公式在低频部分与实验不符。

端利和金斯利用经典电磁理论和统计物理学理论推导出的公式为

$$E_\nu \mathrm{d}\nu = \frac{8\pi\nu}{c^3} k T \nu^2 \mathrm{d}\nu \tag{5.1.2}$$

虽在低频部分与实验相符，但在高频部分将导致紫外发散困难（$\nu \to \infty$，$E_\nu \to \infty$），明显与实验不符。

2. 光电效应

光照射在金属上使金属电子逸出表面的现象叫光电效应，这种电子叫做光电子。光电效应最先是赫兹发现的。实验结果表明，光电效应显现如下特征：

对一定的金属，存在一个相应的临界频率 ν_0。当照射光频率小于 ν_0 时，无论光的强度多大，照射时间多长，都不会有光电子产生。

光电子的能量与光的强度无关，只与照射光的频率 ν 有关，ν 越高，光电子能量越大。光的强度只影响光电子的数目。

只要照射光频率大于 ν_0，不论光强如何，都会观测到光电子。

按照光的电磁理论，光的能量只决定于光的强度，而与光的频率无关，可见经典理论解释不了光电效应规律。

3. 原子光谱和原子稳定性

19 世纪后半期，原子的光谱分析发展很快。1885 年，巴耳末从实验中得出氢原子光谱可见谱线频率的公式为

$$\nu=Rc\left(\frac{1}{2^n}-\frac{1}{n^2}\right)\qquad(n=3,4,5,\cdots)\tag{5.1.3}$$

式中：$R=1096.77581\text{m}^{-1}$ 为里德伯常数。进一步分析表明，氢原子光谱中的巴耳末公式的一般形式为

$$\nu=Rc\left(\frac{1}{m^2}-\frac{1}{n^2}\right)\qquad(m=1,2,3,\cdots;\ n=2,3,4,\cdots;\ n>m)\tag{5.1.4}$$

由此可见，如果光谱中有频率为 ν_1 和 ν_2 的两条谱线，那么通常会有 $\nu_1+\nu_2$ 或 $|\nu_1-\nu_2|$ 的谱线，这一原则称为并合原则。而根据经典理论，若体系发射频率为 ν 的波，则它也会发射频率为 ν 的整数倍的不同谐波。氢原子光谱这些实验规律是经典理论难以解释的。

原子的核模型表明，原子中的电子在围绕原子核不停运转。按照经典电动力学，电子的这种加速运动会不断辐射能量，最终将撞到原子核上。但事实却是原子是稳定存在的。

4. 固体的比热容

实验表明，1 摩尔固体的定容热容为

$$C_V=3R\sim5.958\ \text{卡/度}$$

这就是杜隆-珀替定律。

根据经典统计力学中的能量均分定理，固体中的原子各自在其平衡位置附近作微小振动，每个原子的平均能量为 $3kT$，1 摩尔固体总能量 $3N_0kT$（N_0 为阿伏伽德罗常数），因此其定容热容 $C_V=3N_0k=3R$ 是个常数。但后来实验发现，低温下固体比热以 T^3 律趋近于零。这也是经典理论解释不了的。

以上这些问题都是经典物理学无法回答的，为了解决上述实验结果与经典理论的矛盾，人们开始不断地探讨，终于找到了突破口，这就是最先由普朗克提出的量子假设。

5.1.2　量子论的提出

1. 普朗克的量子假设

普朗克根据维恩公式和瑞利-金斯公式，利用内插法得到了一个与实验符合的黑体辐射公式

$$E_\nu \mathrm{d}\nu = \frac{8\pi\nu h}{c^3}\nu^3 \mathrm{e}^{-\frac{1}{e^{h\nu/kT}-1}} \mathrm{d}\nu \tag{5.1.5}$$

称为普朗克公式。

为了探索这个公式所蕴涵的更为深刻的本质，普朗克引进了量子概念。普朗克认为物体发射或吸收电磁波只能以量子的方式进行，每个量子的能量为

$$E = h\nu \tag{5.1.6}$$

$h=6.623\times10^{-34}\,\mathrm{J\cdot s}$ 称为普朗克常数。这意味着电磁辐射的能量是不连续的。在经典理论中，这当然是无法理解的，但普朗克却用它合理地解释了他所得到的符合实验结果的公式(5.1.5)。

2. 爱因斯坦的光量子

首先认识到普朗克量子概念深远意义的是爱因斯坦。爱因斯坦将普朗克的量子假设运用到光电效应，进一步提出了光量子的概念。爱因斯坦认为，辐射场由光量子(光子)组成，光子的能量仍由式(5.1.6)给出。光子射到金属表面时，电子吸收光子的能量克服脱出功 A 而逸出表面，其能量关系为

$$\frac{1}{2}mv^2 = h\nu - A \tag{5.1.7}$$

由此可见，光子的频率太低，以至电子吸收的能量不能克服脱出功而无法逸出表面，这时不会有光电子产生。光子的频率决定光子的能量，光的强度只决定光子的数目；光子数目越多，产生的光电子越多。应用光电子概念，经典理论所不能解释的光电效应这一难题便迎刃而解了。

随后，爱因斯坦将能量不连续概念运用到固体中原子的振动上，成功解释了为何温度趋近于绝对零度固体的比热亦趋近于零。

3. 玻尔的量子论

玻尔将普朗克的能量量子和爱因斯坦的光量子概念运用到原子结构上，引

入了一系列的量子假设，通常称为玻尔量子论。玻尔量子论认为：原子中的电子只能在一些特殊的轨道上运动，沿着这些特殊轨道运动的电子处于稳定状态(定态)中，处在定态的电子不会辐射电磁波。电子从一个定态跃过到另一个定态时，将辐射或吸收电磁波，其频率为

$$\nu=\frac{|E_m-E_n|}{h} \tag{5.1.8}$$

电子定态的轨道由量子化条件确定：

$$\oint p\,\mathrm{d}q=nh \tag{5.1.9}$$

玻尔的理论回答了原子的稳定性和光谱谱线的并合原则，成功说明了氢原子光谱的规律。玻尔量子论的建立，极大地推动了原子物理学的发展；但同时玻尔量子论也存在许多不足之处。

理论上，玻尔理论所提出的稳定轨道和量子化选择条件多少带有人为的性质，特别是在微观粒子的描写上保留了太多的经典力学痕迹。因此，玻尔的量子论俗称旧量子论。直至 1924 年德布罗意提出的物质波假设，揭示出微观粒子的波粒二象性后，一个较完整的描述微观粒子运动规律的理论——量子力学才建立起来。

5.1.3 德布罗意波和微观粒子的波粒二象性

1. 德布罗意波

人们从光的直线传播事实中认识到光的粒子性；人们从光的干涉、衍射现象中认识到光的波动性。普朗克-爱因斯坦光量子提出再次使人们认识到光的粒子性。所以，对光的本性全面正确的理解应该是：光既有波动性又有粒子性。

在对光的本性的细致分析中，德布罗意发现了光从 A 到 B 传播所满足的“最小光程原理”：

$$\delta\int_A^B n\,\mathrm{d}l=0 \tag{5.1.10}$$

和粒子从 A 到 B 运动的实际轨道所满足的“最小作用量原理”：

$$\delta\int_A^B p\,\mathrm{d}l=\delta\int_A^B\sqrt{2m(E-V)}\,\mathrm{d}l=0 \tag{5.1.11}$$

极其相似，于是提出实物粒子也应该具有波粒二象性。德布罗意认为，“整个世纪以来(指 19 世纪)，在光学中，比起波动的研究方法来，如果说是过于忽

视了粒子的研究方法的话，那么在实物的理论中，是否发生了相反的错误呢？是不是我们把粒子的图像想得太多，而过分地忽略波的图像呢？”这种和实物粒子相联系的波叫做物质波，也叫做德布罗意波。德布罗意进一步认为，实物粒子的能量 E 和动量 p 与其物质波频率 ν 和波长 λ 的关系正像光子和光波的关系一样：

$$E=h\nu=\hbar\omega \qquad p=\frac{h}{\lambda}=\hbar k \tag{5.1.12}$$

式中：$\hbar=\dfrac{h}{2\pi}$为约化普朗克常数。这个公式叫做德布罗意公式，或德布罗意关系。

德布罗意关于实物粒子具有波动性的假设是在 1927 年由戴维孙和革末用实验验证的。他们让电子束射到镍单晶上，然后测量不同方向散射电子束的强度。戴维孙和革末发现，散射强度随散射角 θ 变化，当 θ 满足

$$n\lambda=d\sin\theta \tag{5.1.13}$$

时，散射电子束强度极大，式中 d 是晶面光栅间距，λ 为“电子波”波长。他们据此计算出的电子德布罗意波长与式(5.1.12)相符。戴维孙和革末的电子衍射实验，证实了电子确实具有波动性。随后，在其他一些实验中也观察到原子、分子和中子等微观粒子的衍射现象，同时对实验数据的分析都表明德布罗意关系的正确。

对实物粒子波动性的理解，曾经有过各种不同的看法。一种观点认为波由它所描写的粒子组成。这种观点并不正确，因为实验表明，即使入射粒子流极其微弱，以至粒子几乎一个一个地被衍射，但只要时间足够长，所得到的衍射花样仍然相同。这意味着，粒子波动性并不依存于大量粒子的聚集，单个粒子也具有波动性。另一种观点是粒子由波组成，即所谓波包。这种观点也不正确，因为波包会扩散，一段时间后将扩散到很大的空间，而实验观测到的实物粒子总是定域在空间一个小区域中。

对实物粒子波动性的正确解释是玻恩首先提出的。如果在电子衍射实验中，减少入射电子流强度使电子几乎一个一个地从晶体表面反射，这时感光底板上会出现一个一个的点子。开始时，点子毫无规则地散布在底板上，随着时间延长，点子数目逐渐增多，最后在底板上形式显示电子波动性的衍射花样。玻恩认为，通过电子衍射实验所揭示的是电子在许多次相同实验中的统计结果。按照玻恩的理解，实物粒子呈现出的波动性实际上反映了微观客体运动的

一种统计规律，因此，描写粒子的波被称为几率波。

2. 微观粒子的波粒二象性

在经典理论中，物质存在两种形式：粒子和波。粒子是定域在空间中某一小区域的实体，粒子的运动有一定的轨道；而波却连续分布在空间中，可以产生干涉和衍射。粒子和波是截然不同的，“非此即彼”。但在微观世界，粒子和波却是一个统一体，“亦此亦彼”。例如，光是一种电磁波，然而在光电效应中，它却表现出粒子性，称为光量子或光子。又如电子，它是一种实物粒子，然而当电子束照射在晶体上被散射时却能显示出衍射图样，表现出波动性，是一种物质波。微观粒子这种同时具有波动和粒子双重性的特点称为微观粒子的波粒二象性。粒子的能量、动量与它的频率、波长的关系满足德布罗意公式(5.1.12)。

对于光的本性的认识从17世纪开始就存在微粒说和波动说两种，它们之间的争论一直持续到20世纪初。在普朗克提出量子假设以后，对于光的本性才算有了正确的认识。但对于实物粒子的波动性却长期未被人们认识到，这是因为 h 是一个非常小的量，实物粒子的波长实际上非常短，在一般宏观条件下，波动性不会表现出来。我们知道，波的干涉和衍射现象只有当研究对象的特征长度与波的波长可以比拟时才会显现出来。

下面我们用德布罗意公式估算一下物质波的波长。设粒子动能为 E，在非相对论近似下，$E=\frac{p^2}{2m}$，由式(5.1.12)知德布罗意波长

$$\lambda=\frac{h}{p}=\frac{h}{\sqrt{2mE}} \tag{5.1.14}$$

若以 e 表示电子电量大小，则用电子伏特表示的电子能量为 $E=\mathrm{e}V$，将 $h=6.626\times10^{-34}\,\mathrm{J\cdot s}$，$m_e=9.1\times10^{-31}\,\mathrm{kg}$，$e=1.602\times10^{-19}\,\mathrm{C}$ 代入上式得：

$$\lambda=\frac{h}{\sqrt{2m_e\mathrm{e}V}}\sim\sqrt{\frac{150}{V}}\,\text{Å} \tag{5.1.15}$$

由此可见，若 $V=15\mathrm{V}$，电子波波长 $\lambda\sim3$Å(氢原子中电子电离能13.6eV)。悬浮在流体中微粒的直径 $\sim1\mu\mathrm{m}=10^4$Å $\ll\lambda$，波动性不显著。但在微观世界，比如原子大小 ~1Å，与 λ 同数量级，电子波动性将明显表示出来，经典力学不再运用。这时需要一种新的力学规律来处理微观世界问题，这就是量子力学。

德布罗意提出物质波假设两年后，薛定谔在1926年以波动方程的形式建

立了量子力学，称为波动力学。在这之前，海森堡、玻恩与约当在 1925 年以矩阵方程的形式建立了量子力学，称为矩阵力学。波动力学和矩阵力学是量子力学两种不同的表述形式。不久，薛定谔便证明了这两种形式的等价性。不过，波动力学使用的数学工具主要是偏微分方程，人们对此比较熟悉，也易于掌握，所以波动力学被普遍认为是量子力学的通用形式。正如玻尔所言："波动力学简单明了，大大超过以前的一切形式，代表了量子力学的巨大进步。"有鉴于此，本书也将主要沿波动力学这条线讲述量子力学。

5.2　测不准关系

在经典力学中，粒子的状态可以用它的位置(坐标)和动量(速度)来描写，且位置和动量是完全可以同时确定的，即粒子可以有确切的轨道。但在微观世界中，由于粒子的波粒二象性，这两个物理量却是不可能同时确定的，即微观粒子不可能有经典力学的轨道概念。

下面我们以单缝衍射实验(图 5.1)来说明粒子的坐标和动量不可能同时具有确定值。设粒子入射方向沿 y 轴，狭缝与屏幕沿 x 轴展开，单缝宽 $2b$，则粒子穿过狭缝时坐标不确定度为

$$\Delta x = b \tag{5.2.1}$$

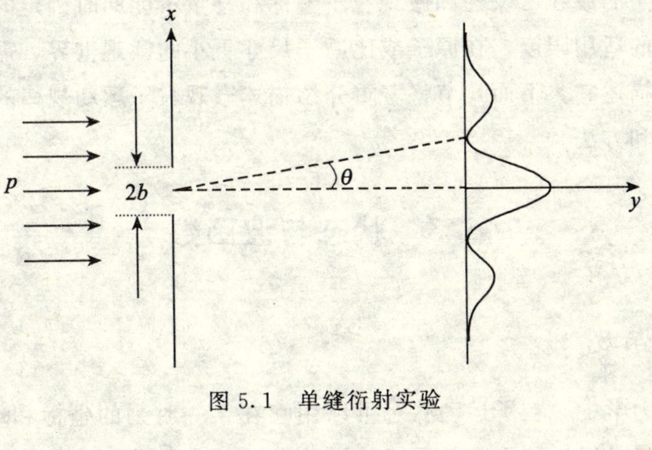

图 5.1　单缝衍射实验

粒子穿过狭缝前沿 y 方向运动，x 方向的动量 $p_x=0$。粒子穿过狭缝后，由于单缝衍射现象存在，粒子具有 x 方向的动量，设其不确度为 Δp_x。记由单

缝中心到第一次衍射极小的射线与 y 轴夹角为 θ，λ 为粒子的德布罗意波长，则根据光学中单缝衍射的知识有

$$\sin\theta=\frac{\lambda}{2b} \tag{5.2.2}$$

相应的动量不确定度为

$$\Delta p_x=p\sin\theta=\frac{p\lambda}{2b}$$

如果考虑次级衍射，测量不确定度范围应比上式要大，即

$$\Delta p_x\geqslant\frac{p\lambda}{2b}=\frac{p\lambda}{2\Delta x} \tag{5.2.3}$$

由德布罗意关系 $p=\dfrac{h}{\lambda}$得

$$\Delta x\Delta p_x\geqslant\frac{h}{2} \tag{5.2.4}$$

上式表明，狭缝越窄，粒子坐标越确定，而它相应的动量则越不确定。因为 Δx 和 Δp_x 不能同时为零，所以粒子的坐标和动量不能同时具有确定值，更严格的证明可以给出

$$\Delta q\Delta p\geqslant\frac{\hbar}{2} \tag{5.2.5}$$

式中：q，p 是一对共轭的坐标和动量。公式(5.2.5)称为海森堡测不准关系式。

微观粒子的波粒二象性和微观粒子坐标和动量不能同时确定的特征反映了经典物理学的适用限度。在原子或比原子尺寸更小的微观世界，需要一种新的理论体系来描述它。下面几节将着重介绍描述微观粒子运动规律的量子力学中的基本概念和方法。

5.3 状态与波函数

5.3.1 波函数

在经典力学中，粒子运动状态可以用它在某一时刻的坐标和动量来描写。但在微观世界，根据测不准关系，粒子的坐标和动量不会同时具有确定值，这种经典描写方法原则上是不可能的。遵循德布罗意物质波的思想自然地推出，粒子的运动状态可以用一个态函数 ψ 来描写，一般地，它是粒子坐标 $\boldsymbol{r}$ 和时间

t 的单值有界连续函数

$$\psi=\psi(\boldsymbol{r},\ t)=\psi(x,\ y,\ z,\ t) \tag{5.3.1}$$

这个态函数叫波函数。

按照玻恩对物质波的解释，实物粒子的波动性不同于经典力学所说的波动（如水波、声波等），它是一种概率波。这就是说，如果粒子的运动状态用波函数 ψ 描写，那么发现粒子处在体积元 $\mathrm{d}V=\mathrm{d}x\mathrm{d}y\mathrm{d}z$ 的概率为

$$\psi^*\psi\mathrm{d}V=|\psi(x,\ y,\ z,\ t)|^2\mathrm{d}x\mathrm{d}y\mathrm{d}z \tag{5.3.2}$$

这就是对波函数的统计诠释。

可见，波函数实际上是时刻 t 粒子在空间的概率分布，而它的绝对值（模）的平方则是概率密度。根据波函数的统计诠释，显然应有

$$\int|\psi(x,\ y,\ z,\ t)|^2\mathrm{d}x\mathrm{d}y\mathrm{d}z=1 \tag{5.3.3}$$

积分对波函数所在整个空间进行。式(5.3.3)称为波函数的归一化条件。

归一化条件要求波函数是平方可积的。一般地，波函数是一个复函数，即使加上归一化条件，仍有一个相位因子不确定。也就是说，如果 ψ 是归一化波函数，那么 $\mathrm{e}^{i\theta}\psi$（θ 为实常数）也是归一化波函数。这样的两个波函数描写了同一个几率波，或粒子同一个运动状态。

5.3.2　态叠加原理

在经典力学中，两个不同的波可以叠加成含这两个子波的合成波。同样地，在量子力学中，描写一个微观体系的不同波函数也可以叠加成一个新的波函数。确切地说，如果 ψ_1，ψ_2，…分别描写某个微观体系的不同的运动状态，那么它们的线性叠加 ψ 也描写了这个微观体系的一个可能的运动状态

$$\psi=c_1\psi_1+c_2\psi_2+\cdots=\sum c_i\psi_i \tag{5.3.4}$$

式中：c_i（$i=1$，2，…）为常数。这就是量子力学中的态叠加原理。

态叠加原理指的是波函数间的线性叠加。按此要求，作用在波函数上力学量算符都应该是线性算符。另外，在量子力学中两个相同波函数的叠加不生成新的运动状态。例如：

$$\psi+\psi=2\psi$$

在量子力学中，2ψ 不表示一个不同于 ψ 的新状态，但在经典力学中，这两个波叠加生成的波是一个无论振幅和能量都不同于子波的合成波。

5.4 力学量和算符

5.4.1 力学量的算符表示

在经典力学中，力学量(比如能量)一般是坐标和动量的函数，当坐标和动量确定后，力学量也随之确定了。在量子力学中，粒子的运动状态不可能同时用它的坐标和动量的确定值描写，经典力学中力学量描写方法不再适用。如同状态用波函数来表示一样，量子力学中，力学量(实验上可以观测的量)用相应的算符(算子)来表示。量子力学的这些特点(基本假设)是经典理论所没有的。

在量子力学中，两个最基本的算符是坐标 q 和动量(p)所对应的算符，即

$$\hat{q}=q \qquad \hat{p}=\frac{\hbar}{\mathrm{i}}\frac{\partial}{\partial q} \tag{5.4.1}$$

式中：q 是广义坐标，p 是 q 对应的(共轭)动量，字母上方标记"∧"表示力学量算符①。

一般地，对于经典力学中任何能表示成关于坐标与动量函数的力学量，我们只要将其中 p 用 $\hat{p}=\frac{\hbar}{\mathrm{i}}\frac{\partial}{\partial q}$代替便得到量子力学中相应该力学量的算符，即

$$\hat{f}(q,\ p)=f\left(q,\ \frac{\hbar}{\mathrm{i}}\frac{\partial}{\partial q}\right) \tag{5.4.2}$$

下面给出几个有代表性的力学量算符。

1. 动量算符

在直角坐标中 $q=x$，y，z，因此

$$\hat{p}_x=\frac{\hbar}{\mathrm{i}}\frac{\partial}{\partial x} \qquad \hat{p}_y=\frac{\hbar}{\mathrm{i}}\frac{\partial}{\partial y} \qquad \hat{p}_z=\frac{\hbar}{\mathrm{i}}\frac{\partial}{\partial z} \tag{5.4.3}$$

它们可以合并写成

$$\hat{p}=\frac{\hbar}{\mathrm{i}}\nabla \qquad \left(\nabla=\boldsymbol{e}_1\frac{\partial}{\partial x}+\boldsymbol{e}_2\frac{\partial}{\partial y}+\boldsymbol{e}_3\frac{\partial}{\partial z}\right) \tag{5.4.4}$$

∇ 即梯度算符。

2. 角动量算符

在经典力学中，角动量 $\boldsymbol{L}=\boldsymbol{r}\times\boldsymbol{p}$，相应的角动量算符为

---

① 式(5.4.1)描写 p，q 的方式叫做坐标表象。

$$\hat{\boldsymbol{L}}=\hat{\boldsymbol{r}}\times\hat{\boldsymbol{p}} \tag{5.4.5}$$

在直角坐标系中，它的三个分量算符可表示成

$$\hat{L}_x=y\hat{p}_z-z\hat{p}_y=\frac{\hbar}{\mathrm{i}}\left(y\frac{\partial}{\partial z}-z\frac{\partial}{\partial y}\right)\qquad \hat{L}_y=z\hat{p}_x-x\hat{p}_z=\frac{\hbar}{\mathrm{i}}\left(z\frac{\partial}{\partial x}-x\frac{\partial}{\partial z}\right)$$

$$\hat{L}_z=x\hat{p}_y-y\hat{p}_x=\frac{\hbar}{\mathrm{i}}\left(x\frac{\partial}{\partial y}-y\frac{\partial}{\partial x}\right) \tag{5.4.6}$$

利用直角坐标和球坐标的关系

$$x=r\sin\theta\cos\varphi\qquad y=r\sin\theta\sin\varphi\qquad z=r\cos\theta$$

$$\frac{\partial}{\partial x}=\sin\theta\cos\varphi\frac{\partial}{\partial r}+\frac{\cos\theta\cos\varphi}{r}\frac{\partial}{\partial\theta}-\frac{\sin\varphi}{r\sin\theta}\frac{\partial}{\partial\varphi}$$

$$\frac{\partial}{\partial y}=\sin\theta\cos\varphi\frac{\partial}{\partial r}+\frac{\cos\theta\cos\varphi}{r}\frac{\partial}{\partial\theta}+\frac{\sin\varphi}{r\sin\theta}\frac{\partial}{\partial\varphi}$$

$$\frac{\partial}{\partial z}=\cos\theta\frac{\partial}{\partial r}-\frac{\sin\theta}{r}\frac{\partial}{\partial\theta}$$

可以将上述角动量三个分量算符改写为

$$\begin{aligned}\hat{L}_x&=-\frac{\hbar}{\mathrm{i}}\left(\sin\varphi\frac{\partial}{\partial\theta}+\cot\theta\cos\varphi\frac{\partial}{\partial\varphi}\right)\\ \hat{L}_y&=-\frac{\hbar}{\mathrm{i}}\left(-\cos\varphi\frac{\partial}{\partial\theta}+\cot\theta\sin\varphi\frac{\partial}{\partial\varphi}\right)\\ \hat{L}_z&=\frac{\hbar}{\mathrm{i}}\frac{\partial}{\partial\varphi}\end{aligned} \tag{5.4.7}$$

而角动量平方算符为

$$\hat{L}^2=\hat{L}_x+\hat{L}_y^2+\hat{L}_z=-\hbar^2\left[\frac{1}{\sin\theta}\frac{\partial}{\partial\theta}\left(\sin\theta\frac{\partial}{\partial\theta}\right)+\frac{1}{\sin^2\theta}\frac{\partial^2}{\partial\varphi^2}\right] \tag{5.4.8}$$

3. 哈密顿算符

在经典力学中，自由粒子的哈密顿量即动能，在量子力学中动能算符为

$$\begin{aligned}\hat{T}&=\frac{\hat{p}^2}{2m}=\frac{1}{2m}\hat{\boldsymbol{p}}\cdot\hat{\boldsymbol{p}}=\frac{1}{2m}\left(\frac{\hbar}{\mathrm{i}}\nabla\right)\cdot\left(\frac{\hbar}{\mathrm{i}}\nabla\right)\\ &=\frac{-\hbar^2}{2m}\nabla^2=-\frac{\hbar^2}{2m}\left(\frac{\partial^2}{\partial x^2}+\frac{\partial^2}{\partial y^2}+\frac{\partial^2}{\partial z^2}\right)\end{aligned} \tag{5.4.9}$$

在经典力学中，保守力场中运动的粒子的哈密顿量就是它的总能量，即动能、势能之和 $H=T+U$。在量子力学中相应的哈密顿算符为

$$\hat{H}=\hat{T}+\hat{U}=-\frac{\hbar}{2m}\nabla^2+U(x,\ y,\ z) \tag{5.4.10}$$

5.4.2 算符的一般性质

如果某种运算 $\hat{F}$，将函数 u 变成函数 v，那么该运算 $\hat{F}$ 便称为算符，表示为

$$\hat{F}u = v \tag{5.4.11}$$

比如微分算符 $\hat{F}=\dfrac{\mathrm{d}}{\mathrm{d}x}$，将 $u=x^2$ 变成 $v=2x$；开方算符 $\hat{F}=\sqrt{\ }$ 将 $v=x^2$ 变成 $v=x$…

1. 算符的相等

若两个算符 $\hat{A}$，$\hat{B}$ 作用在任意一个函数 u 上都得到相同的 v，则这两个算符称为相等，即

若 $\hat{A}u=\hat{B}u$ 对任意 u 成立，则

$$\hat{A}=\hat{B} \tag{5.4.12}$$

2. 算符的相加

两个算符 $\hat{A}$ 与 $\hat{B}$ 之和 $\hat{A}+\hat{B}$ 定义为

$$(\hat{A}+\hat{B})u=\hat{A}u+\hat{B}u \tag{5.4.13}$$

式中：u 为任意函数，算符的加法满足交换律和结合律，即

$$\hat{A}+\hat{B}=\hat{B}+\hat{A} \qquad \hat{A}+(\hat{B}+\hat{C})=(\hat{A}+\hat{B})+\hat{C} \tag{5.4.14}$$

3. 算符的相乘

两个算符 $\hat{A}$ 与 $\hat{B}$ 之积 $\hat{A}\hat{B}$ 定义为

$$(\hat{A}\hat{B})u=\hat{A}(\hat{B}u) \tag{5.4.15}$$

式中：u 为任意函数①。一般地，

$$\hat{A}\hat{B}\neq\hat{B}\hat{A} \tag{5.4.16}$$

上面不等式成立，则称 $\hat{A}$ 与 $\hat{B}$ 不对易；若 $\hat{A}\hat{B}=\hat{B}\hat{A}$，则称 $\hat{A}$ 与 $\hat{B}$ 对易；若 $\hat{A}\hat{B}=-\hat{B}\hat{A}$，则称 $\hat{A}$ 与 $\hat{B}$ 反对易。记

$$[\hat{A},\ \hat{B}]=\hat{A}\hat{B}-\hat{B}\hat{A} \tag{5.4.17}$$

---

① n 个算符 $\hat{A}$ 之积称为 $\hat{A}$ 的 n 次幂，记为 $\hat{A}^n$。

它称为算符 $\hat{A}$，$\hat{B}$ 间的对易式。

4. 单位算符

保持函数不变的运算叫做单位算符，记为 $\hat{I}$，对任意 u 成立

$$\hat{I}u=u \tag{5.4.18}$$

5. 逆算符

如果两个算符 $\hat{A}$ 与 $\hat{B}$ 先后作用在任意函数上，该函数都保持不变，那么 $\hat{A}\hat{B}=\hat{B}\hat{A}=\hat{I}$。这时我们把其中一个算符(比如 $\hat{B}$)称为另一个算符(比如 $\hat{A}$)的逆算符，记为 $\hat{B}=\hat{A}^{-1}$。

6. 线性算符

满足下列运算规则的算符称为线性算符：

$$\hat{F}(c_1u_1+c_2u_2)=c_1\hat{F}u_1+c_2\hat{F}u_2 \tag{5.4.19}$$

式中：u_1 与 u_2 为任意函数，c_1 与 c_2 为任意常数。显然 $\frac{\mathrm{d}}{\mathrm{d}x}$，$\frac{\partial^2}{\partial x\,\partial y}$ 是线性算符，但开方运算 $\sqrt{\ }$ 不是线性算符。

7. 伴随算符，厄密算符与酉算符

为了定义以上算符，我们先引进两个函数的内积概念。记

$$(u,\ v)=\int u^*v\mathrm{d}V \tag{5.4.20}$$

式中：上标 * 表示该量取复共轭；dV 是体积元，它包含函数全部空间变量的变元；$(u,\ v)$ 叫做函数 u 和 v 的内积。

显然

$$\begin{gathered}(u,\ u)\geqslant 0 \qquad (u,\ v)^*=(v,\ u)\\ (u,\ c_1v_1+c_2v_2)=c_1(u,\ v_1)+c_2(u,\ v_2)\\ (c_1u_1+c_2u_2,\ v)=c_1^*(u_1,\ v)+c_2^*(u_2,\ v)\end{gathered} \tag{5.4.21}$$

式中：u，v 为任意函数，c_1，c_2 为任意常数。

若算符 $\hat{A}$ 与 $\hat{B}$ 满足

$$(\hat{B}u,\ v)=\int(\hat{B}u)^*v\mathrm{d}V=\int u^*\hat{A}v\mathrm{d}V=(u,\ \hat{A}v) \tag{5.4.22}$$

式中：u，v 为任意函数，则 $\hat{B}$ 称为 $\hat{A}$ 的伴随算符，或厄密共轭算符，记作 $\hat{B}=\hat{A}^+$。

若 $\hat{A}^{+}=\hat{A}$，则 $\hat{A}$ 叫做厄密算符，或自共轭算符。

若 $\hat{A}^{+}=\hat{A}^{-1}$，则 $\hat{A}$ 叫做酉算符，或么正算符。

5.4.3 厄密算符的本征值和本征函数

1. 本征值和本征函数

如果算符 $\hat{F}$ 作用在某一函数 u 上时成立

$$\hat{F}u=\lambda u \tag{5.4.23}$$

式中：λ 为常数，则 λ 称为 $\hat{F}$ 的本征值，u 是属于 λ 的本征函数，式(5.4.23)称为本征值方程。

如果对某一个本征值，存在一个以上的线性无关的本征函数，则称它是简并的，属于同一个本征值的所有线性无关的本征函数的个数叫做它的简并度。如果一个算符的本征值具有连续的值域，则称它为连续谱，如果具有分立的数值，则称它为分立谱。

2. 厄密算符的本征值是实数

证：设 λ 是厄密算符 $\hat{F}$ 的一个本征值，u_λ 是相应的本征函数，于是

$$\hat{F}u_\lambda=\lambda u_\lambda$$

两边与 u_λ 作内积有

$$(u_\lambda,\ \hat{F}u_\lambda)=(u_\lambda,\ \lambda u_\lambda)=\lambda(u_\lambda,\ u_\lambda) \tag{5.4.24}$$

由于 $\hat{F}$ 是厄密算符，满足 $\hat{F}^{+}=\hat{F}$，从式(5.4.22)得

$$(u_\lambda,\ \hat{F}u_\lambda)=(\hat{F}^{+}u_\lambda,\ u_\lambda)=(\hat{F}u_\lambda,\ u_\lambda)=\lambda^{*}(u_\lambda,\ u_\lambda) \tag{5.4.25}$$

比较式(5.4.24)和式(5.4.25)有

$$\lambda=\lambda^{*}$$

这就证明了此命题。

3. 属于厄密算符两个任意本征值的本征函数相互正交

证：设 λ_1，λ_2 是厄密算符 $\hat{F}$ 的任意两个本征值，且 $\lambda_1\neq\lambda_2$，u_1，u_2 分别是它们的本征函数，于是

$$\hat{F}u_1=\lambda_1 u_1 \qquad \hat{F}u_2=\lambda_2 u_2 \tag{5.4.26}$$

由 $\lambda_1(u_2,\ u_1)=(u_2,\ \hat{F}u_1)=(\hat{F}u_2,\ u_1)=\lambda_2^{*}(u_2,\ u_1)=\lambda_2(u_2,\ u_1)$

(5.4.27)

知
$$(\lambda_1-\lambda_2)(u_2,\ u_1)=0$$
式(5.4.27)中第二个等号的成立是由于 $\hat{F}$ 的厄密性，第四个等号的成立是因为厄密算符的本征值是实数。

因为
$$\lambda_1\neq\lambda_2$$
所以
$$(u_2,\ u_1)=0 \tag{5.4.28}$$
这就证明了相应本征函数的正交性①。

若厄密算符 $\hat{F}$ 的某个本征值 λ 的本征函数不止一个，设它们共 n 个(n 重简并)：u_1，u_2，…，u_n。一般地，这 n 个本征函数不一定正交，但可以证明，只要将它们适当地重新线性组合，即令
$$v_j=\sum_{i=1}^{n}\alpha_{ji}u_i \qquad (j=1,\ 2,\ \cdots,\ n) \tag{5.4.29}$$
就可得到一组新的正交函数：
$$(v_j,\ v_j')=0 \qquad (j\neq j',\ j,\ j'=1,\ 2,\ \cdots,\ n) \tag{5.4.30}$$

5.4.4　厄密算符本征函数的正交性和完全性

根据态叠加原理，表示力学量的算符应该是线性的；而由于测量力学量可能得到的数值无疑是实数，因此表示力学量的算符又应该是厄密的。如果一个算符既是线性的又是厄密的，那么该算符就称为线性厄密算符。量子力学中表示力学量的算符都是线性厄密算符。厄密算符的本征函数具有一些基本性质，这些性质在量子力学理论中占有重要地位。

1. 正交归性②

设厄密算符 $\hat{F}$ 本征值 λ_1，λ_2，…，λ_n，…相应的本征函数为 u_1，u_2，…，u_n，…，如前所述，它们满足
$$(u_i,\ u_i)=\int u_i u_i\,\mathrm{d}V=1 \tag{5.4.31}$$
事实上，若对某个 i，有
$$(u_i,\ u_i)=C\neq 1 \tag{5.4.32}$$
则可令
$$u_i'=\frac{1}{\sqrt{C}}u_i$$

① 若两个函数的内积为零，则称这两个函数正交。

② 为了简单计，我们以分立谱为例。

于是 $$(u_i', u_i')=\frac{1}{C}(u_i, u_i)=1 \tag{5.4.33}$$

满足归一化条件。综合式(5.4.30)和式(5.4.31)，我们可以认为

$$(u_i, u_j)=\int u_i^* u_j \cdot \mathrm{d}V=\delta_{ij} \tag{5.4.34}$$

式中：符号 δ_{ij} 具有如下性质：

$$\delta_{ij}=\begin{cases}0 & i\neq j\\ 1 & i=j\end{cases} \tag{5.4.35}$$

满足式(5.4.34)的函数系 u_1，u_2，…，u_n，…叫做正交归一系。

2. 完全性

数学上可以证明，满足一定条件的厄密算符 $\hat{F}$，任意一个函数 u 均可以按照它的本征函数 u_n 展开成如下形式：

$$u=\sum_n C_n u_n \tag{5.4.36}$$

具有这种性质的函数系叫做完全系，或完备系。

3. 力学量的平均值和可观测值

力学量 F 在某一给定状态 ψ 下的平均值 $\overline{F}$ 定义为

$$\overline{F}=(\psi, \hat{F}\psi)=\int\psi^* \hat{F}\psi\mathrm{d}V \tag{5.4.37}$$

将 ψ 按 $\hat{F}$ 的本征函数 u_1，u_2，… 所组成的正交归一完备集展开，得

$$\psi=\sum_i C_i u_i \tag{5.4.38}$$

式中：u_i 是属于特征值 λ_i 的本征函数。展开系数 C_i 可利用式(5.4.34) 得到：

$$(u_n, \psi)=\left(u_n, \sum_i C_i u_i\right)=\sum_i C_i(u_n, u_i)=\sum_i C_i\delta_{in}=C_n$$

即 $$C_n=(u_n, \psi)=\int u_n^*\psi\mathrm{d}V \tag{5.4.39}$$

将式(5.4.38) 代入式(5.4.37)，有

$$\begin{aligned}\overline{F}&=\left(\sum_i C_i u_i, \hat{F}\sum_i C_j u_j\right)=\sum_{ij}C_i^* C_j(u_i, \hat{F}u_j)\\&=\sum_{ij}C_i^* C_j\lambda_j(u_i, u_j)=\sum_{ij}C_i^* C_j\lambda_j\delta_{ij}=\sum_i |C_i|^2\lambda_i\end{aligned} \tag{5.4.40}$$

量子力学理论认为，测量力学量 F 的可能取值(可观测值)，都是相应线性厄密算符 $\hat{F}$ 的本征值，即式中的 λ_i。根据这一观点，式(5.4.40) 表明，力学

量 F 在状态 ψ 下的平均值 $\overline{F}$ 实际上是一个概率平均，它测量的结果为 λ_i 的概率 $|C_i|^2$。另外，由于态函数 ψ 的归一性，我们有

$$1=(\psi,\ \psi)=\left(\sum_i C_i u_i,\ \sum_j C_j u_j\right)=\sum_{i,\ j} C_i^* C_j (u_i,\ u_j)=\sum_i |C_i|^2 \tag{5.4.41}$$

可见，本征态 u_i 在状态 ψ 中出现的概率是 $|C_i|^2$。

5.4.5　不同力学量同时有确定值的条件

从上面讨论我们知道，力学量 F 在某一状态 ψ 具有确定值，则 ψ 必是 $\hat{F}$ 的本征函数。可见，不同力学量同时有确定值意指它们具有共同的本征函数。下面我们来证明这一充分必要条件。

定理：设 $\hat{A}$ 与 $\hat{B}$ 是任意两个力学量算符，那么它们存在一系列共同本征函数所构成的完备集的充分必要条件是它们彼此对易，即

$$[\hat{A},\ \hat{B}]=\hat{A}\hat{B}-\hat{B}\hat{A}=0 \tag{5.4.42}$$

证：必要性

设 u_1，u_2，… 是 $\hat{A}$，$\hat{B}$ 共同本征函数构成的完备集，且

$$\hat{A}u_i=\lambda_i u_i \qquad \hat{B}u_i=\mu_i u_i \tag{5.4.43}$$

由于 u_1，u_2，… 是完备集，因此任一波函数 ψ 都可以用它们展开，即

$$\psi=\sum_i C_i u_i \tag{5.4.44}$$

由式(5.4.43)知

$$\begin{aligned}\hat{A}\hat{B}\psi&=\sum_i C_i\hat{A}\hat{B}u_i=\sum_i C_i\hat{A}\mu_i u_i=\sum_i C_i\mu_i\hat{A}u_i\\&=\sum_i C_i\lambda_i\mu_i u_i\end{aligned}$$

$$\hat{A}\hat{B}\psi=\sum_i C_i\hat{B}\hat{A}u_i=\sum_i C_i\hat{B}\lambda_i u_i=\sum_i C_i\lambda_i\hat{B}u_i=\sum_i C_i\lambda_i\mu_i u_i$$

比较上面两式，并注意到 ψ 的任意性，有

$$[\hat{A},\ \hat{B}]=\hat{A}\hat{B}-\hat{B}\hat{A}=0 \tag{5.4.45}$$

即算符 $\hat{A}$ 与 $\hat{B}$ 对易。

充分性

设算符 $\hat{A}$ 的本征值为 λ_1，λ_2，…相应的本征函数为 u_1，u_2，…它们构成

一个完备集。下面我们证明，如果 $\hat{B}$ 与 $\hat{A}$ 对易，那么 u_1，u_2，…也是 $\hat{B}$ 的本征函数。为了简单起见，证明中假设 λ_i 都是非简并的。由

$$\hat{A}u_i=\lambda_i u_i \qquad [\hat{A},\ \hat{B}]=0$$

知

$$\hat{A}\hat{B}u_i=\hat{B}\hat{A}u_i=\hat{B}\lambda_i u_i=\lambda_i\hat{B}u_i \tag{5.4.46}$$

可见，$\hat{B}u_i$ 也是属于算符 $\hat{A}$ 的本征值 λ_i 的本征函数。但由于 λ_i 的非简并性，$\hat{B}u_i$ 与 u_i 只能相差一个常数，设为 μ_i，即

$$\hat{B}u_i=\mu_i u_i \tag{5.4.47}$$

上式表明：u_i 也是算符 $\hat{B}$ 的本征函数，相应的本征值是 μ_i。因为 u_i 是任意选取的，所以式(5.4.47)对所有本征函数均成立。这就证明了 u_1，u_2，…是算符 $\hat{A}$ 与 $\hat{B}$ 的共同本征函数所构成的完备集。

5.5 薛定谔方程

在经典力学中，质点的运动状态(如坐标和速度)随时间的变化由牛顿运动方程来描写。在量子力学中，微观粒子的运动状态用波函数刻画，而波函数随时间的变化则由薛定谔方程描写。薛定谔方程是 1926 年由薛定谔建立的，它在量子力学中的地位就相当于经典力学中的牛顿运动方程。薛定谔方程是量子学中一个基本假定，当然不可能严格证明，但形式上我们可以如此引进：

在保守力场中，经典力学系统的总能量 E 就是它的哈密顿量 H

$$E=H \tag{5.5.1}$$

按照量子力学中力学量用相应算符表示的假定，两边作如下替代：

$$E\rightarrow \mathrm{i}\hbar\frac{\partial}{\partial t} \qquad H\rightarrow\hat{H} \tag{5.5.2}$$

将上面算符同时作用到波函数 ψ 上，得

$$\mathrm{i}\hbar\frac{\partial\psi}{\partial t}=\hat{H}\psi \tag{5.5.3}$$

这就是薛定谔方程。式中：哈密顿算符 $\hat{H}$ 可以由经典哈密顿量 H 表示中以 $\frac{\hbar}{\mathrm{i}}\frac{\partial}{\partial q}$ 代替坐标 q 的相应正则共轭动量 p 而得到。对在势场 $V(\boldsymbol{r})$ 中运动的粒子，有

$$H=T+V=\frac{\boldsymbol{p}^2}{2m}+V(\boldsymbol{r})$$

$$\hat{H}=-\frac{\hbar^2}{2m}\nabla^2+V(\boldsymbol{r})$$

所以薛定谔方程为

$$\mathrm{i}\hbar\frac{\partial}{\partial t}\psi(\boldsymbol{r},t)=\left[-\frac{\hbar^2}{2m}\nabla^2+V(\boldsymbol{r})\right]\psi(\boldsymbol{r},t) \tag{5.5.4}$$

当哈密顿量不显含时间时，薛定谔方程可用分离变量法求解。比如对式(5.5.4)，令

$$\psi(\boldsymbol{r},t)=\varphi(\boldsymbol{r})f(t) \tag{5.5.5}$$

代入式(5.5.4)后两边同除以 $\psi(\boldsymbol{r},t)$，得

$$\frac{\mathrm{i}\hbar}{f}\frac{\mathrm{d}f}{\mathrm{d}t}=\frac{1}{\varphi}\left[-\frac{\hbar}{2m}\nabla^2\varphi+V(\boldsymbol{r})\varphi\right] \tag{5.5.6}$$

上式左边只是 t 的函数，右边只是 $\boldsymbol{r}$ 的函数，两边相等的条件必是都等于同一常数，记为 E。于是

$$\mathrm{i}\hbar\frac{\mathrm{d}f}{\mathrm{d}t}=Ef \tag{5.5.7}$$

$$-\frac{\hbar^2}{2m}\nabla^2\varphi+V(\boldsymbol{r})\varphi=E\varphi \tag{5.5.8}$$

式(5.5.7)可直接解得 $f(t)=c\mathrm{e}^{-\mathrm{i}Et/\hbar}$($c$ 为任意常数)，代入式(5.5.5)，得

$$\psi(\boldsymbol{r},t)=\varphi(\boldsymbol{r})\mathrm{e}^{-\mathrm{i}Et/\hbar} \tag{5.5.9}$$

具有这种形式的波函数所描写的状态称为定态。E 就是体系(或粒子)的能量本征值，$\varphi(\boldsymbol{r})$ 即相应的能量本征函数，它所满足的不含时间的薛定谔方程(5.5.8)或更一般的形式

$$\hat{H}\varphi=E\varphi \tag{5.5.10}$$

(式中 $\hat{H}$ 不显含 t)叫做定态薛定谔方程。

薛定谔方程是量子力学中最基本的方程，下面我们通过几个具体例子来说明它的应用。

1. 一维无限深方势阱

设势能函数为：

$$V(x)=\begin{cases}0 & |x|<a\\ \infty & |x|\geqslant a\end{cases} \tag{5.5.11}$$

由于势能曲线形状像阱，因此称为方势阱(见图 5.2)。粒子在这样的势阱中运

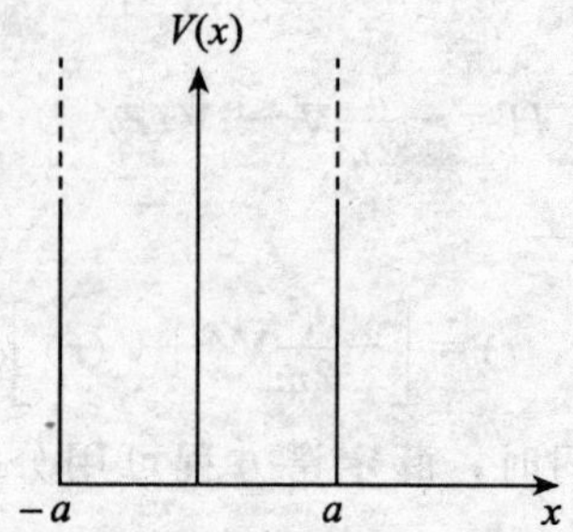

图 5.2　一维无限深方势阱

动时，由于阱外势场无穷大，粒子不可能跑到阱外，所以

$$\varphi(x)=0 \qquad |x|\geqslant a \tag{5.5.12}$$

阱内势场为零，粒子在阱内的运动犹如一个一维自由粒子，定态薛定谔方程(式(5.5.8))为

$$-\frac{\hbar^2}{2m}\frac{\mathrm{d}^2\varphi}{\mathrm{d}x^2}=E\varphi \tag{5.5.13}$$

令 $k^2=\dfrac{2mE}{\hbar^2}$，上式变成

$$\frac{\mathrm{d}^2\varphi}{\mathrm{d}x^2}+k^2\varphi=0 \tag{5.5.14}$$

这是一个二阶常系数微分方程。由于方势阱的对称性，波函数应满足

$$\varphi(-x)=\pm\varphi(x) \tag{5.5.15}$$

上式正号成立时，我们称 φ 具有偶宇称；负号成立时，我们称 φ 具有奇宇称。因此，式(5.5.14)的解必为

$$\varphi(x)=A\cos kx \qquad \varphi(x)=A\sin kx \tag{5.5.16}$$

分别具有偶宇称和奇宇称(见图 5.3)。

(1)对偶宇称态

$$\varphi(x)=A\cos kx \tag{5.5.17}$$

根据式(5.5.12)，有

$$\varphi(\pm a)=A\cos(\pm ka)=0$$

所以

$$ka=\frac{(2n-1)\pi}{2} \qquad (n=1,\ 2,\ \cdots)$$

即

$$E_{2n-1}=\frac{\hbar^2k^2}{2m}=\frac{\hbar^2}{2m}\left[\frac{(2n-1)\pi}{2a}\right]^2 \qquad (n=1,\ 2,\ \cdots) \tag{5.5.18}$$

从而　　$$\varphi_{2n-1}(x)=\frac{1}{\sqrt{a}}\cos\frac{(2n-1)\pi x}{2a}\qquad (n=1,\ 2,\ \cdots)\qquad (5.5.19)$$

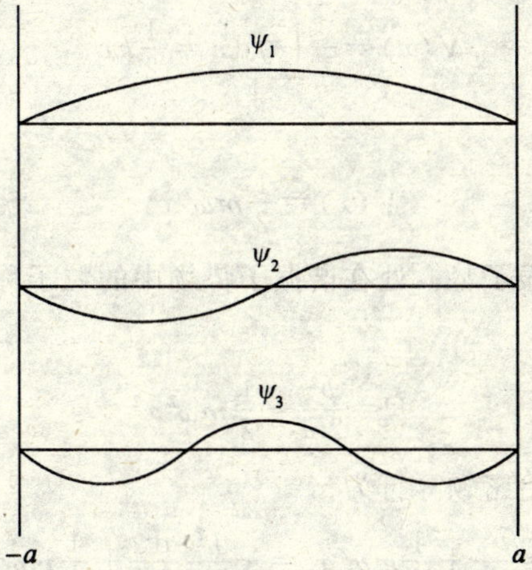

图 5.3　一维无限深方势阱几个最低能级的波函数

(2)对奇宇称态

$$\varphi(x)=A\sin kx$$

根据式(5.5.12)有

$$\varphi(\pm a)=A\sin(\pm kx)=0\qquad k=\frac{2n\pi}{2a}\qquad (n=1,\ 2,\ \cdots)$$

所以　　$$E_n=\frac{\hbar^2k^2}{2m}=\frac{\hbar^2}{2m}\left(\frac{2n\pi}{2a}\right)^2\qquad (n=1,\ 2,\ \cdots)\qquad (5.5.20)$$

$$\varphi_{2n}=\frac{1}{\sqrt{a}}\sin\frac{2n\pi x}{2a}\qquad (n=1,\ 2,\ \cdots)\qquad (5.5.21)$$

式中：$A=\frac{1}{\sqrt{a}}$ 是如下归一化条件所要求的

$$\int_{-\infty}^{\infty}|\varphi|^2\mathrm{d}x=\int_{-a}^{a}|\varphi|^2\mathrm{d}x=1\qquad (5.5.22)$$

式(5.5.18) 和式(5.5.20) 可以合并为

$$E_l=\frac{\hbar^2}{2m}\left(\frac{l\pi}{2a}\right)\qquad (l=1,\ 2,\ \cdots)\qquad (5.5.23)$$

可见，处在一维无限深方势阱中的粒子的能级是分立的。

2. 一维谐振子

经典力学中，质量为 m 的粒子在反抗弹性力 $f=-kx$ 作用时所具有的势能为

$$V(x)=-\int_0^x f\mathrm{d}x=\frac{1}{2}kx^2$$

令 $k=m\omega^2$，则

$$V(x)=\frac{1}{2}m\omega^2x^2 \tag{5.5.24}$$

这个势能函数称为谐振子势。处在谐振子势场中的粒子称为谐振子，它的经典哈密顿量为

$$H=\frac{p^2}{2m}+\frac{1}{2}m\omega^2x^2$$

在量子力学中的哈密顿算符为

$$\hat{H}=\frac{\hat{p}^2}{2m}+\frac{1}{2}m\omega^2x^2=-\frac{\hbar^2}{2m}\frac{\mathrm{d}^2}{\mathrm{d}x^2}+\frac{1}{2}m\omega^2x^2 \tag{5.5.25}$$

因此，定态薛定谔方程是

$$\left(-\frac{\hbar^2}{2m}\frac{\mathrm{d}^2}{\mathrm{d}x^2}+\frac{1}{2}m\omega^2x^2\right)\varphi(x)=E\varphi(x) \tag{5.5.26}$$

引入无量纲参数

$$\xi=\alpha x \qquad \lambda=\frac{2E}{\hbar\omega} \qquad (\alpha=\sqrt{m\omega/\hbar}) \tag{5.5.27}$$

将式(5.5.26)变成如下形式

$$\frac{\mathrm{d}^2\varphi}{\mathrm{d}\xi^2}+(\lambda-\xi^2)\varphi=0 \tag{5.5.28}$$

这是一个变系数二阶常微分方程。当 $\xi\to\pm\infty$时，成为

$$\frac{\mathrm{d}^2\varphi}{\mathrm{d}\xi^2}-\xi^2\varphi=0$$

其渐近解为

$$\varphi\sim \mathrm{e}^{\pm\frac{1}{2}\xi^2}$$

因为无限远处的 φ 之值必趋于零，所以 φ 的渐近行为应是

$$\varphi\sim \mathrm{e}^{-\frac{1}{2}\xi^2}$$

于是可令式(5.5.28)的解形如

$$\varphi=u(\xi)\mathrm{e}^{-\frac{1}{2}\xi^2} \tag{5.5.29}$$

将式(5.5.29)代入式(5.5.28)，得

$$\frac{\mathrm{d}^2 u}{\mathrm{d}\xi^2}-2\xi\frac{\mathrm{d}u}{\mathrm{d}\xi}+(\lambda-1)u=0 \tag{5.5.30}$$

上式称为厄密方程，除无穷远点外，方程无奇点。

对 $u(\xi)$ 作泰勒展开有

$$u(\xi)=\sum_{v=0}^{\infty}b_v\xi^v \tag{5.5.31}$$

将式(5.5.31) 代入式(5.5.30)，得

$$\sum b_v v(v-1)\xi^{v-2}-2\xi\sum b_v v\xi^{v-1}+(\lambda-1)\sum b_v\xi^v=0$$

比较同次幂系数，求得 b_v 间递推关系为

$$b_{v+2}=\frac{2v-(\lambda-1)}{(v+2)(v-1)}b_v \tag{5.5.32}$$

可见，所有的偶次幂系数均可用 b_0 表示，而所有的奇次幂系数均可用 b_1 表示。由于 b_0，b_1 是任意两个常数，因此求得式(5.5.30)两个线性无关解为

$$\begin{aligned}u_1(\xi)&=b_0+b_2\xi^2+b_4\xi^4+\cdots\\u_2(\xi)&=b_1+b_3\xi^3+b_5\xi^5+\cdots\end{aligned} \tag{5.5.33}$$

其系数满足关系式(5.5.32)。若令 $v=2m$，则由式(5.5.32)知

$$\frac{b_{v+2}}{b_v}=\frac{2v-(\lambda-1)}{(v+2)(v-1)}\xrightarrow[v\to\infty]{}\frac{2}{v}=\frac{1}{m} \tag{5.5.34}$$

而 u_1 与 $u_2'(u_2'=u_2/\xi)$ 与 e^{ξ^2} 的泰勒展开

$$e^{\xi^2}=\sum_{m=0}^{\infty}\frac{1}{m!}\xi^{2m}$$

相似，后者相邻项的系数比

$$\frac{1}{m!}\Big/\frac{1}{(m-1)!}=\frac{1}{m}$$

与式(5.5.34)相同。可见 u_1，u_2'与 e^{ξ^2} 有相似的渐近行为，即

$$u_1(\xi)\sim e^{\xi^2}\qquad u_2(\xi)=\xi e^{\xi^2} \tag{5.5.35}$$

将上式代入式(5.5.29)知，$\varphi(\xi)$在 $\xi\to\pm\infty$时也将趋于无穷大，与波函数的标准条件相违，故无穷级数的解不合要求。这意味着，式(5.5.33)给出的 u_1，u_2 必须在某一项中断而变为多项式，设该项标记为 n，于是 $v>n$，$b_v=0$。由式(5.5.32)知，这等价于

$$2n=\lambda-1\qquad\lambda=2n+1 \tag{5.5.36}$$

利用式(5.5.27)便得

$$E_n=\frac{\lambda}{2}\hbar\omega=\left(n+\frac{1}{2}\right)\hbar\omega \qquad n=0,1,2,\cdots \tag{5.5.37}$$

这就是谐振子能量的可能取值。这时，若 n 为偶数，u_1 中断为多项式，为一符合要求的解；若 n 为奇数，u_2 中断为多项式，为一符合要求的解。因此，不论 n 是奇是偶，总存在一个符合要求的多项式，其最高项为 n，记以 $H_n(\xi)$ 以代替前述的 u_1 或 u_2，称为厄密多项式。在式(5.5.30)中，以 $\lambda=2n+1$ 代入便得到 $H_n(\xi)$ 所满足的方程。

$$\frac{\mathrm{d}^2H_n(\xi)}{\mathrm{d}\xi^2}-2\xi\frac{\mathrm{d}H_n(\xi)}{\mathrm{d}\xi}+2nH_n(\xi)=0 \tag{5.5.38}$$

利用直接检验法可以证明上述方程式的解为

$$H_n(\xi)=(-1)^n\mathrm{e}^{\xi^2}\frac{\mathrm{d}^n}{\mathrm{d}\xi^n}(\mathrm{e}^{-\xi^2}) \tag{5.5.39}$$

其中最简单的几个是：

$$H(\xi)=1 \qquad H_1(\xi)=2\xi \qquad H_2(\xi)=4\xi^2-2 \qquad H_3(\xi)=8\xi^3-12\xi \tag{5.5.40}$$

多次利用分部积分法可以得到厄密多项式的正交公式

$$\int_{-\infty}^{\infty}H_m(\xi)H_n(\xi)\mathrm{e}^{-\xi^2}\mathrm{d}\xi=2^n n!\sqrt{\pi}\delta_{mn} \tag{5.5.41}$$

积分中的 $\mathrm{e}^{-\xi^2}$ 称为权重因子。

将 $H_n(\xi)$ 代替式(5.5.29)中的 $u(\xi)$，得到相应能量本征值 E_n（式(5.5.37)）的本征波函数

$$\varphi_n=N_n\mathrm{e}^{-\frac{1}{2}\xi^2}H_n(\xi)=N_n\mathrm{e}^{-\frac{1}{2}\alpha^2x^2}H_n(\alpha x) \tag{5.5.42}$$

式中：N_n 是归一化常数。利用式(5.5.41)可求得

$$N_n=\left(\frac{\alpha}{2^n n!\sqrt{\pi}}\right)^{\frac{1}{2}} \tag{5.5.43}$$

总结上述结果，我们看到，谐振子满足的定态薛定谔方程由式(5.5.26)给出，能量本征值由式(5.5.37)给出，相应的本征函数由式(5.5.42)给出。

3. 中心力场

前面例子涉及的只是粒子在一维空间的运动，下面我们讨论粒子在三维空间的运动。如果粒子所处的势场只与粒子的位矢有关，即 $V=V(r)$，这样的势场叫做中心力场或辏力场。这时，粒子的定态薛定谔方程式是

$$\left[-\frac{\hbar^2}{2m}\nabla^2+V(r)\right]\psi=E\psi \tag{5.5.44}$$

在球坐标中，拉普拉斯算符可表示成

$$\nabla^2=\frac{1}{r^2}\frac{\partial}{\partial r}\left(r^2\ \frac{\partial}{\partial r}\right)+\frac{1}{r^2}\left[\frac{1}{\sin\theta}\frac{\partial}{\partial\theta}\left(\sin\theta\ \frac{\partial}{\partial\theta}\right)+\frac{1}{\sin^2\theta}\frac{\partial^2}{\partial\varphi^2}\right]$$

$$=\frac{1}{r^2}\frac{\partial}{\partial r}\left(r^2\ \frac{\partial}{\partial r}\right)-\frac{\hat{L}^2}{\hbar^2 r^2} \tag{5.5.45}$$

式中：$\hat{L}^2$ 是角动量平方算符(式(5.4.8))，将式(5.5.45)代入式(5.5.44)，得

$$-\frac{\hbar^2}{2mr^2}\left[\frac{\partial}{\partial r}\left(r^2\ \frac{\partial}{\partial r}\right)+\frac{1}{\sin\theta}\frac{\partial}{\partial\theta}\left(\sin\theta\ \frac{\partial}{\partial\theta}\right)+\frac{1}{\sin^2\theta}\frac{\partial^2}{\partial\varphi^2}\right]\psi+V(r)\psi=E\psi \tag{5.5.46}$$

上述方程可用分离变量法求解。令

$$\psi(r,\ \theta,\ \varphi)=R(r)Y(\theta,\ \varphi) \tag{5.5.47}$$

代入式(5.5.46)后两边同除以$-\frac{\hbar^2}{2mr^2}R(r)Y(\theta,\ \varphi)$，得

$$\frac{1}{R}\frac{\mathrm{d}}{\mathrm{d}r}\left(r^2\ \frac{\mathrm{d}R}{\mathrm{d}r}\right)+\frac{2mr^2}{\hbar^2}[E-V(r)]=-\frac{1}{Y}\left[\frac{1}{\sin\theta}\frac{\partial}{\partial\theta}\left(\sin\theta\ \frac{\partial Y}{\partial\theta}\right)+\frac{1}{\sin^2\theta}\frac{\partial Y}{\partial\varphi^2}\right] \tag{5.5.48}$$

方程左边只与变量 r 有关，右边只与变量 θ，φ 有关，两边要相等，必须等于同一常数，记它为 λ。于是方程(5.5.48)分离成如下两个方程：

$$\begin{aligned}&\frac{1}{r^2}\frac{\mathrm{d}}{\mathrm{d}r}\left(r^2\ \frac{\mathrm{d}R}{\mathrm{d}r}\right)+\left[\frac{2m}{\hbar^2}(E-V(r))-\frac{\lambda}{r^2}\right]R=0\\&\frac{1}{\sin\theta}\frac{\partial}{\partial\theta}\left(\sin\theta\ \frac{\partial Y}{\partial\theta}\right)+\frac{1}{\sin^2\theta}\frac{\partial^2 r}{\partial\varphi^2}=-\lambda Y\end{aligned} \tag{5.5.49}$$

上式第一个方程称为径向方程，它决定能量本征值 E 和径向波函数$R(r)$，这个问题的真正解决，还必须知道中心力场 $V(r)$ 的具体表示。第二个方程只与角度 θ，φ 有关，由此得到的结论对任何中心力场均适用，下面我们来讨论它。回忆数学物理方法中所学过的球(谐)函数方程

$$\frac{1}{\sin\theta}\frac{\partial}{\partial\theta}\left(\sin\theta\ \frac{\partial Y}{\partial\theta}\right)+\frac{1}{\sin^2\theta}\frac{\partial^2 Y}{\partial\varphi^2}+l(l+1)Y=0 \tag{5.5.50}$$

我们知道，常数 λ 只能取 $\lambda=l(l+1)$，而 Y 即球谐函数

$$Y_{lm}(\theta,\ \varphi)=(-1)^m\sqrt{\frac{(l-m)\,!}{(l+m)\,!}\frac{2l+1}{4\pi}}\,p_l^m(\cos\theta)\,\mathrm{e}^{\mathrm{i}m\varphi}$$

$$(l=0,\ 1,\ 2,\ \cdots,\ m=-l,\ -l+1,\ \cdots,\ l-1,\ l) \tag{5.5.51}$$

式中：p_l^m 称为缔合勒让德函数；在量子力学中 l 称为角量子数；m 称为磁量子数。

由式(5.5.50)可以看出，本征值只与 l 有关，而与 m 无关，对一个确定的 l，可以有 $2l+1$ 个不同的 m，所以 l 的简并度为 $2l+1$。

4. 氢原子

作为中心力场最有代表性的例子，我们来考察氢原子情形。氢原子是由一个原子核带 $+e$ 电量的质子和一个绕核运动带 $-e$ 电量的电子所组成的最简单原子。质子与电子的相互作用是库仑相互作用，电子在库仑场中所具有的能量为(取无穷远点为势能零点)

$$V(r)=-\frac{e^2}{4\pi\varepsilon_0 r} \tag{5.5.52}$$

将上式代入径向运动方程(式(5.5.49))得

$$\frac{1}{r^2}\frac{\mathrm{d}}{\mathrm{d}r}\left(r^2\frac{\mathrm{d}R}{\mathrm{d}r}\right)+\left[\frac{2m}{\hbar^2}\left(E+\frac{e^2}{4\pi\varepsilon_0 r}\right)-\frac{l(l+1)}{r^2}\right]R=0 \tag{5.5.53}$$

式中：m 是电子质量；l 是氢原子角动量。

为了求解上述方程，先用如下变换使方程简化。令

$$R(r)=\frac{u(r)}{r} \tag{5.5.54}$$

从而

$$\frac{\mathrm{d}R}{\mathrm{d}r}=\frac{1}{r}\frac{\mathrm{d}u}{\mathrm{d}r}-\frac{u}{r^2}\qquad \frac{\mathrm{d}}{\mathrm{d}r}\left(r^2\frac{\mathrm{d}R}{\mathrm{d}r}\right)=r\frac{\mathrm{d}^2u}{\mathrm{d}r^2}$$

将上式代入式(5.5.53)，得到 $u(r)$ 满足的方程为

$$\frac{\mathrm{d}^2u}{\mathrm{d}r^2}+\left[\frac{2m}{\hbar^2}\left(E+\frac{e^2}{4\pi\varepsilon_0 r}\right)-\frac{l(l+1)}{r^2}\right]u=0 \tag{5.5.55}$$

然后引入无量纲量

$$\begin{aligned}&\rho=\frac{r}{a}\qquad a=\frac{4\pi\varepsilon_0\hbar^2}{me^2}=0.529\times10^{-11}m\\&\varepsilon=\frac{E}{2I}\qquad I=\frac{me^4}{32\pi^2\varepsilon_0^2\hbar^2}=2.178\times10^{-18}\mathrm{J}=13.6\mathrm{eV}\end{aligned} \tag{5.5.56}$$

于是方程(5.5.55)变成如下形式：

$$\frac{\mathrm{d}^2u}{\mathrm{d}\rho^2}+\left[2\varepsilon+\frac{2}{\rho}-\frac{l(l-1)}{\rho^2}\right]u=0 \tag{5.5.57}$$

电子束缚在原子内，$E<0$，$\varepsilon<0$，这样的态称为束缚态。

上述微分方程有两个奇点：$\rho=0$ 与 $\rho=\infty$。

$\rho\to\infty$时，式(5.5.57)化为如下形式：

$$\frac{\mathrm{d}^2u}{\mathrm{d}\rho^2}+2\varepsilon u=0$$

其解是

$$u \sim e^{+\sqrt{-2\varepsilon}\rho},\ e^{-\sqrt{-2\varepsilon}\rho}$$

前者在无穷远处为无穷大，不满足束缚态要求，所以

$$u \sim e^{-\sqrt{-2\varepsilon}\rho} \tag{5.5.58}$$

$\rho \to 0$ 时，式(5.5.57)化为如下形式

$$\frac{d^2 u}{d\rho^2} - \frac{l(l+1)}{\rho^2}u = 0$$

其解是

$$u \sim \rho^{l+1},\ \rho^{-l}$$

后者在零点处为无穷大，不满足波函数要求，所以

$$u \sim \rho^{l+1} \tag{5.5.59}$$

结合式(5.5.59)和式(5.5.58)，可令

$$u = \rho^{l+1} e^{-\beta\rho} f(\rho) \qquad (\beta = \sqrt{-2\varepsilon}) \tag{5.5.60}$$

将其代入式(5.5.57)，得

$$\rho \frac{d^2 f}{d\rho^2} + [2(l+1) - 2\beta\rho]\frac{df}{d\rho} - 2[2(l+1)\beta - 1]f = 0 \tag{5.5.61}$$

再令

$$\xi = 2\beta\rho \tag{5.5.62}$$

则式(5.5.61)转换成如下形式

$$\xi \frac{d^2 f}{d\xi^2} + [2(l+1) - \xi]\frac{df}{d\xi} - \left[(l+1) - \frac{1}{\beta}\right]f = 0 \tag{5.5.63}$$

这是一个合流超几何方程，它的一般形式为

$$\xi \frac{d^2 f}{d\xi^2} + (\gamma - \xi)\frac{df}{d\xi} - \alpha f = 0 \tag{5.5.64}$$

其解是合流超几何函数

$$f(\alpha,\ \gamma,\ \xi) = 1 + \frac{\alpha}{\gamma}\xi + \frac{\alpha(\alpha+1)\alpha(\alpha+2)}{\gamma(\gamma+1)(\alpha+2)}\frac{\xi^3}{3!} + \cdots \tag{5.5.65}$$

可以证明，当 $\xi \to \infty$ 时，上述无穷级数 $\sim e^{\xi}$，将其代入式(5.5.60)得到发散解，不满足无穷远处束缚态边界条件，因此 $f(\alpha,\ \gamma,\ \xi)$ 必须在某项中断而成为一个多项式。由式(5.5.65)可见，只要 α 等于零或负整数，就可满足这一要求。比较式(5.5.63)和式(5.5.64)，有

$$\gamma = 2(l+1) \qquad \alpha = l + 1 - \frac{1}{\beta} \qquad l = 0,\ 1,\ 2,\ \cdots \tag{5.5.66}$$

这等价于要求

$$l+1-\frac{1}{\beta}=-n_r \qquad (n_r=0,\ 1,\ 2,\ \cdots)$$

记

$$n=n_r+l+1 \qquad \frac{1}{\beta}=n \qquad (n=1,\ 2,\ 3,\ \cdots) \tag{5.5.67}$$

结合式(5.5.56)，式(5.5.60)和式(5.5.67)，给出能量的可能取值为

$$E_n=2I\varepsilon=-I\beta^2=-\frac{me^4}{32\pi^2\varepsilon_0^2\hbar^2}\frac{1}{n^2} \qquad (n=1,\ 2,\ 3,\ \cdots) \tag{5.5.68}$$

式中：n 称为主量子数。

结合式(5.5.54)、式(5.5.60)、式(5.5.65)和式(5.5.66)，给出相应能量本征值 E_n 的径向波函数

$$R_{nl}(r)=N_{nl}\mathrm{e}^{-\frac{1}{2}\xi}\xi^l f(-n+l+1,\ 2l+2,\ \xi) \tag{5.5.69}$$

式中：ξ 由式(5.5.56)和式(5.5.62)给出：

$$\xi=2\beta\rho=\frac{2r}{na} \tag{5.5.70}$$

注意到

$$n=n_r+l+1, \qquad n_r=0,\ 1,\ 2,\ \cdots \qquad n=1,\ 2,\ 3$$

有

$$n=1,\ 2,\ 3,\ \cdots \qquad l=0,\ 1,\ 2,\ \cdots,\ (n-1),\ m=-l,\ -l+1,\ \cdots,\ l-1,\ l \tag{5.5.71}$$

由此可见，对一个给定的 n，l 取值从 0 到 $n-1$；而对于一个给定的 l，m 有 $2l+1$ 个取值。因此能级 E_n 的简并度为

$$\sum_{l=0}^{n-1}(2l+1)=\frac{(1+2n-1)n}{2}=n^2 \tag{5.5.72}$$

总结上述结果，我们看到氢原子的能级 E_n 由式(5.5.68)给出，相应的波函数为

$$\psi_n l_m(r,\ \theta,\ \varphi)=R_{nl}(r)Y_{lm}(\theta,\ \varphi) \tag{5.5.73}$$

式中：$Y_{lm}(\theta,\ \varphi)$ 由式(5.5.51)给出，$R_{ml}(r)$ 由式(5.5.69)给出。那里归一化因子

$$N_{nl}=\frac{2}{a^{3/2}n^2(2l+1)!}\sqrt{\frac{(n+l)!}{(n-l-1)!}} \tag{5.5.74}$$

属于较低的前几个能级的归一化径向波函数是

$$
\begin{aligned}
n=1 \qquad & R_{10}=\frac{2}{a^{3/2}}\mathrm{e}^{-r/a} \\
n=2 \qquad & R_{20}=\frac{1}{\sqrt{2}\,a^{3/2}}\left(1-\frac{r}{2a}\right)\mathrm{e}^{-r/2a} \\
& R_{21}=\frac{1}{2\sqrt{6}\,a^{3/2}}\frac{r}{a}\mathrm{e}^{-r/2a} \\
n=3 \qquad & R_{30}=\frac{2}{3\sqrt{3}\,a^{3/2}}\left[1-\frac{2r}{3a}+\frac{2}{27}\left(\frac{r}{a}\right)^2\right]\mathrm{e}^{-r/3a} \\
& R_{31}=\frac{8}{27\sqrt{6}\,a^{3/2}}\frac{r}{a}\left(1-\frac{r}{6a}\right)\mathrm{e}^{-r/3a} \\
& R_{32}=\frac{4}{81\sqrt{30}\,a^{3/2}}\left(\frac{r}{a}\right)^2\mathrm{e}^{-r/3a}
\end{aligned}
\tag{5.5.75}
$$

图 5.4 给出的是电子在量子态 n，l 中的径向概率分布。

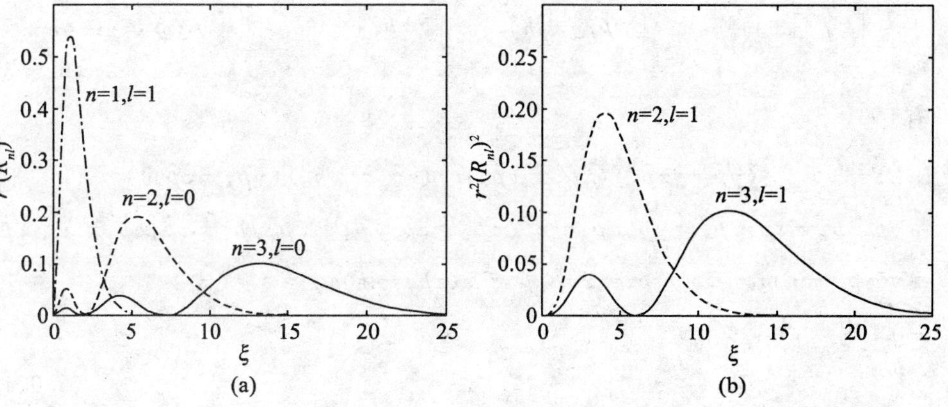

图 5.4　径向概率分布

前面几个球谐函数表达式是

$$
Y_{00}=\frac{1}{\sqrt{4\pi}} \qquad Y_{10}=\sqrt{\frac{3}{4\pi}}\cos\theta \qquad Y_{1\pm1}=\mp\sqrt{\frac{3}{8\pi}}\sin\theta\mathrm{e}^{\pm\mathrm{i}\varphi}
$$

$$
Y_{20}=\sqrt{\frac{5}{16\pi}}\,(2\cos^2\theta-1) \quad Y_{2\pm1}=\mp\sqrt{\frac{15}{8\pi}}\sin\theta\cos\theta\mathrm{e}^{\pm\mathrm{i}\varphi} \quad Y_{2\pm2}=\sqrt{\frac{15}{32\pi}}\sin^2\theta\mathrm{e}^{\pm\mathrm{i}2\varphi}
\tag{5.5.76}
$$

5.6 角动量和自旋算符

5.6.1 角动量

从5.4节中，我们知道角动量算符为

$$\hat{\boldsymbol{L}}=\hat{\boldsymbol{r}}\times\hat{\boldsymbol{p}} \tag{5.6.1}$$

它的分量表示和角动量平方算符的表示式分别由式(5.4.6)至式(5.4.8)给出。它们作用在球谐函数上的结果为

$$\begin{aligned}&\hat{L}^2Y_{lm}(\theta,\varphi)=\hbar^2l(l+1)Y_{lm}(\theta,\varphi)\qquad l=0,1,2,\cdots\\&\hat{L}_zY_{lm}(\theta,\varphi)=\hbar mY_{lm}(\theta,\varphi)\qquad m=-l+1,\cdots,l-1,l\end{aligned} \tag{5.6.2}$$

下面我们来计算角动量分量之间的对易关系。利用

$$[x\,\hat{p}_j]=\mathrm{i}\hbar\delta_{xj}\qquad[y\,\hat{p}_j]=\mathrm{i}\hbar\delta_{yj}\qquad[z\,\hat{p}_j]=\mathrm{i}\hbar\delta_{zj}\qquad(j=x,y,z) \tag{5.6.3}$$

有

$$\begin{aligned}\hat{L}_x\hat{L}_y-\hat{L}_y\hat{L}_x&=(y\hat{p}_z-z\hat{p}_y)(z\hat{p}_x-x\hat{p}_z)-(z\hat{p}_x-x\hat{p}_z)(y\hat{p}_z-z\hat{p}_y)\\&=y\hat{p}_zz\hat{p}_x-z\hat{p}_yz\hat{p}_x-y\hat{p}_zx\hat{p}_z+z\hat{p}_yx\hat{p}_z-z\hat{p}_xy\hat{p}_z+x\hat{p}_zy\hat{p}_z+z\hat{p}_xz\hat{p}_y-x\hat{p}_zz\hat{p}_y\\&=y(z\hat{p}_z-\mathrm{i}\hbar)\hat{p}_x+zx\hat{p}_y\hat{p}_z-zy\hat{p}_x\hat{p}_z-x(z\hat{p}_z-\mathrm{i}\hbar)\hat{p}_y\\&=\mathrm{i}\hbar x\hat{p}_y-\mathrm{i}\hbar y\hat{p}_x=\mathrm{i}\hbar\hat{L}_z\end{aligned} \tag{5.6.4}$$

同理

$$\hat{L}_y\hat{L}_z-\hat{L}_z\hat{L}_y=\mathrm{i}\hbar\hat{L}_x\qquad\hat{L}_z\hat{L}_x-\hat{L}_x\hat{L}_z=\mathrm{i}\hbar\hat{L}_y \tag{5.6.5}$$

对易关系式(5.5.4)、式(5.5.5)可以合并成

$$\hat{\boldsymbol{L}}\times\hat{\boldsymbol{L}}=\mathrm{i}\hbar\,\hat{\boldsymbol{L}} \tag{5.6.6}$$

式(5.6.1)只适用于轨道角动量，对于并非轨道运动的一般情形，只要力学量算符 $\hat{\boldsymbol{L}}$ 满足条件(5.6.6)，$\hat{\boldsymbol{L}}$ 就叫做角动量算符。

由式(5.6.2)知，$\hat{\boldsymbol{L}}^2$，$\hat{L}_z$ 具有共同的本征函数，因此它们彼此对易。对于一般的情形，我们记这一共同的本征函数为 ψ_{lm}。令

$$(L^2)_{l'm',\ lm}=\int\psi_{l'm'}^{*}\hat{L}^2\psi_{lm}\mathrm{d}V$$
$$(L_z)_{l'm',\ lm}=\int\psi_{l'm'}^{*}\hat{L}_z\psi_{lm}\mathrm{d}V \tag{5.6.7}$$

表示相应矩阵的矩阵元，$l'm'$ 是矩阵中行数的标记，lm 是列数标记。由于

$$(L^2)_{l'm',\ lm}=\int\psi_{l'm'}^{*}\hbar^2 l\ (l+1)_{lm}\mathrm{d}V=l(l+1)\hbar^2\delta_{l'l}\delta_{m'm}$$
$$(L_z)_{l'm',\ lm}=\int\psi_{l'm'}^{*}\hbar_m\psi_{lm}\mathrm{d}V=m\hbar\delta_{l'l}\delta_{m'm} \tag{5.6.8}$$

（式中利用了厄密算符本征函数的正交性），因此，算符 $\hat{L}^2$ 和 $\hat{L}_z$ 对应的矩阵都是对角矩阵。以 ψ_{lm} 为基矢时，$\hat{L}_x$，$\hat{L}_y$ 的矩阵元定义为

$$(L_x)_{l'm'}=\int\psi_{l'm'}^{*}\hat{L}_x\psi_{lm}\mathrm{d}V$$
$$(L_y)l'm'=\int\psi_{l'm'}^{*}\hat{L}_y\psi_{lm}\mathrm{d}V \tag{5.6.9}$$

可以证明，它们相应的矩阵是分块对角的，即对 l 而言，矩阵是对角的，而对相同 l，不同 m，只有如下矩阵元不为零

$$(L_x)_{m,\ m-1}=(L_x)_{m-1,\ m}=\frac{\hbar}{2}\sqrt{(l+m)\ (l-m+1)}$$
$$(L_y)_{m,\ m-1}=-(L_y)_{m-1,\ m}=-\mathrm{i}\frac{\hbar}{2}\sqrt{(l+m)\ (l-m+1)} \tag{5.6.10}$$

5.6.2　自旋

1. 电子的自旋

为了解释光谱分析中光谱精细结构及反常塞曼效应所遇到的矛盾，乌伦贝克和高德斯密特于 1925 年提出电子具有自旋的假设。他们认为，与地球运动相似，电子一方面绕核转动，具有轨道角动量；一方面又自转，具有自转角动量，即自旋。自旋在空间任一方向的投影只能取值 $\pm\hbar/2$，自旋相应的磁矩等于 $\mu_B=e\hbar/2m$，称为玻尔磁子。电子自旋及其磁矩的存在于斯特恩 - 革拉赫实验中得到证实。斯特恩 - 革拉赫让处于 S 态的氢原子束经狭缝通过一磁场射到照相底片上。实验结果表明，射线束通过磁场后发生偏转在照相底片上留下两条分立的谱线。由于氢原子处在 S 态，$l=0$，没有轨道角动量。原子束在磁场中发生偏转是磁场作用的结果，说明原子具有磁矩，这一磁矩应是电子的固有磁矩，即电子自旋磁矩。它在空间相应方向投影只有两个可能取值，因此留下

两条分立谱线。

不过将电子自旋简单理解成自转并不妥当，因为如果将电子视为一均匀分布的带电小球，其半径估计在10^{-13} cm 数量级，那么这样小的带电球要具有一个玻尔磁子的磁矩，其表面旋转速度将超过光速。显然这是不可能的。现在公认的看法是，电子自旋及其磁矩是电子内禀属性，它的存在表明电子还有一个新的自由度，即独立于空间“轨道”运动的内禀自由度。无数实验表明，除了质量、电荷外，自旋及其磁矩，也是各种基本粒子的重要属性。

2. 自旋态

如上所述，描写电子的运动除了它的空间部分外还应该包含自旋部分。电子的自旋状态(自旋态)用其自旋在某个给定方向(习惯上取为 z 轴方向)的可能取值(S_z)来标记。于是，电子波函数应为

$$\psi(\boldsymbol{r}, S_z, t)=\psi(x, y, z, S_z, t) \tag{5.6.11}$$

与连续变量 $\boldsymbol{r}$ 不同，S_z 只能取 $\pm\frac{\hbar}{2}$ 两个分立值，因此式(5.6.11)实际上是一个二分量波函数：

$$\psi\left(x, y, z, +\frac{\hbar}{2}, t\right) \qquad \psi\left(x, y, z, -\frac{\hbar}{2}, t\right)$$

通常写成

$$\psi=\begin{pmatrix} \psi\left(x, y, z, +\frac{\hbar}{2}, t\right) \\ \psi\left(x, y, z, -\frac{\hbar}{2}, t\right) \end{pmatrix} \tag{5.6.12}$$

根据波函数的统计诠释

$\int\left|\psi\left(\boldsymbol{r}, \frac{\hbar}{2}, t\right)\right|^2 \mathrm{d}V$ 表示 t 时刻电子自旋向上$\left(S_z=\frac{\hbar}{2}\right)$的几率，

$\int\left|\psi\left(\boldsymbol{r}, -\frac{\hbar}{2}, t\right)\right|^2 \mathrm{d}V$ 表示 t 时刻电子自旋向下$\left(S_z=-\frac{\hbar}{2}\right)$的几率，

显然

$$\begin{aligned} &\sum_{S_z=\pm\frac{\hbar}{2}}\int|\psi(\boldsymbol{r}, S_z, t)|^2 \mathrm{d}V \\ &=\int\left|\psi\left(\boldsymbol{r}, \frac{\hbar}{2}, t\right)\right|^2 \mathrm{d}V+\int\left|\psi\left(\boldsymbol{r}, -\frac{\hbar}{2}, t\right)\right|^2 \mathrm{d}V=1 \end{aligned} \tag{5.6.13}$$

当电子自旋与轨道运动间相互作用小到可忽略不计时，电子波函数可以分离变量成

$$\psi(x, y, z, S_z, t) = \varphi(x, y, z, t)\chi(S_z) \tag{5.6.14}$$

式中：$\chi(S_z)$是描写自旋态的波函数，即自旋波函数。

因为 S_z 只有两个可能的取值$\pm\frac{\hbar}{2}$，所以可以将 $\chi(S_z)$写成一个两行一列的矩阵：

$$\boldsymbol{\chi} = \begin{pmatrix} a \\ b \end{pmatrix} \tag{5.6.15}$$

式中：$|a|^2$ 表示 $S_z = \frac{\hbar}{2}$（自旋向上）的概率，$|b|^2$ 表示 $S_z = -\frac{\hbar}{2}$（自旋向下）的概率，且$|a|^2 + |b|^2 = 1$。如果记 $\boldsymbol{\chi}_{\frac{1}{2}}(S_z)$和 $\boldsymbol{\chi}_{-\frac{1}{2}}(S_z)$分别表示自旋向上和向下的状态，那么

$$\boldsymbol{\chi}_{\frac{1}{2}} = \begin{pmatrix} 1 \\ 0 \end{pmatrix} \qquad \boldsymbol{\chi}_{-\frac{1}{2}} = \begin{pmatrix} 0 \\ 1 \end{pmatrix} \tag{5.6.16}$$

而任意一个自旋态(5.6.15)则为

$$\boldsymbol{\chi} = a\boldsymbol{\chi}_{\frac{1}{2}} + b\boldsymbol{\chi}_{-\frac{1}{2}} \tag{5.6.17}$$

3. 自旋算符

由于自旋具有角动量特征，因此描写它的线性厄密算符 $\hat{\boldsymbol{S}}$ 应满足角动量的一般定义式(5.6.6)，即

$$\hat{\boldsymbol{S}} \times \hat{\boldsymbol{S}} = \mathrm{i}\hbar\boldsymbol{S} \tag{5.6.18}$$

为了简便起见，通常引入算符 $\hat{\boldsymbol{\sigma}}$，称为泡利算符，满足

$$\hat{\boldsymbol{S}} = \frac{\hbar}{2}\hat{\boldsymbol{\sigma}} \tag{5.6.19}$$

将其代入式(5.6.18)后，得

$$\hat{\boldsymbol{\sigma}} \times \hat{\boldsymbol{\sigma}} = 2\mathrm{i}\hat{\boldsymbol{\sigma}} \tag{5.6.20}$$

写成分量形式为

$$\begin{aligned} \hat{\boldsymbol{\sigma}}_x\hat{\boldsymbol{\sigma}}_y - \hat{\boldsymbol{\sigma}}_y\hat{\boldsymbol{\sigma}}_x &= 2\mathrm{i}\hat{\boldsymbol{\sigma}}_z \\ \hat{\boldsymbol{\sigma}}_y\hat{\boldsymbol{\sigma}}_z - \hat{\boldsymbol{\sigma}}_z\hat{\boldsymbol{\sigma}}_y &= 2\mathrm{i}\hat{\boldsymbol{\sigma}}_x \\ \hat{\boldsymbol{\sigma}}_z\hat{\boldsymbol{\sigma}}_x - \hat{\boldsymbol{\sigma}}_x\hat{\boldsymbol{\sigma}}_z &= 2\mathrm{i}\hat{\boldsymbol{\sigma}}_y \end{aligned} \tag{5.6.21}$$

由式(5.6.19)知，算符 $\hat{\boldsymbol{\sigma}}_x$，$\hat{\boldsymbol{\sigma}}_y$，$\hat{\boldsymbol{\sigma}}_z$ 的本征值均为±1。如果自旋波函数用式(5.6.15)表示，那么这些算符就可用二行二列的矩阵表示。特别地，当本征函数取为式(5.6.16)形式时，算符 S_z，σ_z 的形式为

$$\boldsymbol{S}_z=\frac{\hbar}{2}\begin{pmatrix}1&0\\0&-1\end{pmatrix}\qquad \boldsymbol{\sigma}_z=\begin{pmatrix}1&0\\0&-1\end{pmatrix}\tag{5.6.22}$$

根据线性代数知识，本征值均为 1 的矩阵是单位矩阵，因此

$$\boldsymbol{\sigma}_x^2=\boldsymbol{\sigma}_y^2=\boldsymbol{\sigma}_z^2=\boldsymbol{I}=\begin{pmatrix}1&0\\0&1\end{pmatrix}\tag{5.6.23}$$

于是

$$\begin{aligned}&\boldsymbol{\sigma}^2=\boldsymbol{\sigma}_x^2+\boldsymbol{\sigma}_y^2+\boldsymbol{\sigma}_z^2=3\begin{pmatrix}1&0\\0&1\end{pmatrix}\\&S^2=S_x^2+S_y^2+S_z^2=\frac{3}{4}\hbar^2\begin{pmatrix}1&0\\0&1\end{pmatrix}=S(S+1)\hbar^2\begin{pmatrix}1&0\\0&1\end{pmatrix}\end{aligned}\tag{5.6.24}$$

对照 $L^2=l(l+1)\hbar^2$，可见 S 与角量子数相当，S 称为自旋量子数，但它只有一个取值 $S=\frac{1}{2}$。由式(5.6.22)和式(5.6.24)可见 S^2 和 S_z 是同时对角化的，即它们具有共同的本征函数作基矢。作用在这一基矢下的 S_x，S_y 的矩阵形式可利用式(5.6.10)确定，以 S_x 代替 L_x，S_y 代替 L_y，$S=\frac{1}{2}$代替 l，$\pm\frac{1}{2}$代替 m，得

$$(S_x)_{\frac{1}{2},-\frac{1}{2}}=(S_x)_{-\frac{1}{2},\frac{1}{2}}=\frac{\hbar}{2}\sqrt{\left(\frac{1}{2}+\frac{1}{2}\right)\left(\frac{1}{2}-\frac{1}{2}+1\right)}=\frac{\hbar}{2}$$

$$(S_y)_{\frac{1}{2},-\frac{1}{2}}=-(S_y)_{-\frac{1}{2},\frac{1}{2}}=-\mathrm{i}\,\frac{\hbar}{2}$$

写成矩阵形式为

$$\boldsymbol{S}_x=\frac{\hbar}{2}\begin{pmatrix}0&1\\1&0\end{pmatrix}\qquad \boldsymbol{S}_y=\frac{\hbar}{2}\begin{pmatrix}0&-\mathrm{i}\\\mathrm{i}&0\end{pmatrix}\tag{5.6.25}$$

相应的泡利算符的矩阵形式为

$$\boldsymbol{\sigma}_x=\begin{pmatrix}0&1\\1&0\end{pmatrix}\qquad \boldsymbol{\sigma}_y=\begin{pmatrix}0&-\mathrm{i}\\\mathrm{i}&0\end{pmatrix}\qquad \boldsymbol{\sigma}_z=\begin{pmatrix}1&0\\0&-1\end{pmatrix}\tag{5.6.26}$$

这三个矩阵称为泡利矩阵。

5.6.3 总角动量

设电子的轨道角动量算符为 $\hat{\boldsymbol{L}}=\boldsymbol{r}\times\hat{\boldsymbol{p}}$，自旋算符为 $\hat{\boldsymbol{S}}$，定义

$$\hat{\boldsymbol{J}}=\hat{\boldsymbol{L}}+\hat{\boldsymbol{S}}\tag{5.6.27}$$

可以证明，$\boldsymbol{J}$ 满足角动量的一般定义式，即

$$\boldsymbol{J}\times\boldsymbol{J}=\mathrm{i}\hbar\boldsymbol{J} \tag{5.6.28}$$

因此，$\hat{\boldsymbol{J}}$ 称为总角动量算符。因为 $\hat{\boldsymbol{L}}$ 和 $\hat{\boldsymbol{S}}$ 属于不同自由度，所以它们彼此对易，即

$$[\hat{L}_\alpha,\ \hat{S}_\beta]=0 \qquad (\alpha,\ \beta=x,\ y,\ z) \tag{5.6.29}$$

当自旋轨道耦合作用 $\hat{\boldsymbol{S}}\cdot\hat{\boldsymbol{L}}$ 不可忽略时

$$[\hat{\boldsymbol{L}},\ \hat{\boldsymbol{S}}\cdot\hat{\boldsymbol{L}}]\neq 0 \qquad [\hat{\boldsymbol{S}},\ \hat{\boldsymbol{S}}\cdot\hat{\boldsymbol{L}}]\neq 0 \tag{5.6.30}$$

$\boldsymbol{L}$ 与 $\boldsymbol{S}$ 不再是守恒量。不过，这时有

$$[\hat{\boldsymbol{J}},\ \hat{\boldsymbol{S}}\cdot\hat{\boldsymbol{L}}]=0 \qquad [\hat{L}^2,\ \hat{\boldsymbol{S}}\cdot\hat{\boldsymbol{L}}]=0 \tag{5.6.31}$$

且

$$[\hat{J}^2,\ \hat{J}_\alpha]=0 \qquad [\hat{J}^2,\ \hat{L}^2]=0 \qquad [\hat{L}^2\hat{J}_\alpha]=0 \qquad (\alpha=x,\ y,\ z) \tag{5.6.32}$$

可见，$\hat{J}^2$，$\hat{J}_z$，$\hat{L}^2$ 是守恒量而它们又彼此对易，因此它们存在共同本征函数。设为

$$\psi(\theta,\ \varphi,\ s_z)=\begin{pmatrix}\psi\left(\theta,\ \varphi,\ \dfrac{\hbar}{2}\right)\\ \psi\left(\theta,\ \varphi,\ -\dfrac{\hbar}{2}\right)\end{pmatrix}\equiv\begin{pmatrix}\varphi_1(\theta,\ \varphi)\\ \varphi_2(\theta,\ \varphi)\end{pmatrix} \tag{5.6.33}$$

因为 ψ 是 $\hat{L}^2$ 的本征函数，所以

$$\hat{L}^2\varphi_j=\text{常数}\times\varphi_j \qquad \varphi_j\sim Y_{lmj} \qquad (j=1,\ 2) \tag{5.6.34}$$

又因为 ψ 是 $\hat{j}_z$ 的本征函数，所以

$$\hat{J}_z\begin{pmatrix}\varphi_1\\ \varphi_2\end{pmatrix}=j'_z\begin{pmatrix}\varphi_1\\ \varphi_2\end{pmatrix}$$

即

$$\hat{L}_z\begin{pmatrix}\varphi_1\\ \varphi_2\end{pmatrix}+\frac{\hbar}{2}\begin{pmatrix}1 & 0\\ 0 & -1\end{pmatrix}\begin{pmatrix}\varphi_1\\ \varphi_2\end{pmatrix}=j'_z\begin{pmatrix}\varphi_1\\ \varphi_2\end{pmatrix}$$

$$\hat{L}_z\varphi_1=\left(j'_z-\frac{\hbar}{2}\right)\varphi_1 \qquad \hat{L}_z\varphi_2=\left(j'_z+\frac{\hbar}{2}\right)\varphi_2 \tag{5.6.35}$$

可见，φ_1 和 φ_2 都是 $\hat{L}_z$ 的本征函数，但本征值相差 $\hbar$。这就是说，若 φ_1 属于 $Y_{l,m}$，则 φ_2 属于 $Y_{l,m+1}$。从而式(5.6.33)应写成

$$\psi(\theta,\ \varphi,\ s_z)=\begin{pmatrix} aY_{lm} \\ bY_{l,m+1} \end{pmatrix} \tag{5.6.36}$$

另外，

$$\begin{aligned}
\hat{J}^2 &= (\hat{\boldsymbol{L}}+\hat{\boldsymbol{S}})^2=\hat{L}^2+\hat{S}^2+2\hat{\boldsymbol{S}}\cdot\hat{\boldsymbol{L}} \\
&= \hat{L}^2+\frac{3}{4}\hbar^2 I+\hbar(\sigma_x\hat{L}_x+\sigma_y\hat{L}_y+\sigma_z\hat{L}_z) \\
&= \begin{pmatrix} \hat{L}^2 & 0 \\ 0 & \hat{L}^2 \end{pmatrix}+\frac{3}{4}\hbar^2\begin{pmatrix} 1 & 0 \\ 0 & 1 \end{pmatrix}+\hbar\left[\hat{L}_x\begin{pmatrix} 0 & 1 \\ 1 & 0 \end{pmatrix}+\hat{L}_y\begin{pmatrix} 0 & -\mathrm{i} \\ \mathrm{i} & 0 \end{pmatrix}+\hat{L}_z\begin{pmatrix} 1 & 0 \\ 0 & -1 \end{pmatrix}\right] \\
&= \begin{pmatrix} \hat{L}^2+\frac{3}{4}\hbar^2+\hbar\hat{L}_z & \hbar(\hat{L}_x-i\hat{L}_y) \\ \hbar(\hat{L}_x+\mathrm{i}\hat{L}_y) & \hat{L}^2+\frac{3}{4}\hbar^2-\hbar\hat{L}_z \end{pmatrix}=\begin{pmatrix} \hat{L}^2+\frac{3}{4}\hbar^2-\hbar\hat{L}_z & \hbar\hat{L}_- \\ \hbar L_+ & \hat{L}_2+\frac{3}{4}\hbar^2-\hbar\hat{L}_z \end{pmatrix}
\end{aligned} \tag{5.6.37}$$

式中：

$$\hat{L}_\pm=\hat{L}_x\pm\mathrm{i}L_y$$

$$\hat{L}_\pm Y_{lm}=\sqrt{(l\mp m)(l\pm m+1)}\,Y_{l,m\pm1}$$

因为 ψ 是 $\hat{J}^2$ 的本征函数，所以

$$\hat{J}^2\begin{pmatrix} a & Y_{lm} \\ b & Y_{lm+1} \end{pmatrix}=\lambda\hbar^2\begin{pmatrix} a & Y_{lm} \\ b & Y_{lm+1} \end{pmatrix} \tag{5.6.38}$$

将式(5.6.37)代入上式，有

$$\begin{aligned}
&\left[l(l+1)+\frac{3}{4}+m\right]aY_{lm}+\sqrt{(l-m)(l+m+1)}\,bY_{lm}=\lambda aY_{lm} \\
&\sqrt{(l-m)(l+m+1)}\,aY_{lm+1}+\left[l(l+1)+\frac{3}{4}-(m+1)\right]bY_{lm+1}=\lambda bY_{lm+1}
\end{aligned} \tag{5.6.39}$$

上面第一式乘 Y_{lm}^*，第二式乘 Y_{lm+1}^*，分别对$(\theta,\ \varphi)$积分得

$$\begin{aligned}
&\left[l(l+1)+\frac{3}{4}+m-\lambda\right]a+\sqrt{(l-m)(l+m+1)}\,b=0 \\
&\sqrt{(l-m)(l+m+1)}\,a\left[l(l+1)+\frac{3}{4}-(m+1)-\lambda\right]b=0
\end{aligned} \tag{5.6.40}$$

这是一个关于 a，b 的齐次方程组，它们有非零解的必要条件是

$$\begin{vmatrix} l(l+1)+\frac{3}{4}+m-\lambda & \sqrt{(l-m)(l+m+1)} \\ \sqrt{(l-m)(l+m+1)} & l(l+1)+\frac{3}{4}-(m+1)-\lambda \end{vmatrix}=0 \quad (5.6.41)$$

由此解得 $$\lambda_1=\left(l+\frac{1}{2}\right)\left(l+\frac{3}{2}\right), \qquad \lambda_2=\left(l-\frac{1}{2}\right)\left(l+\frac{1}{2}\right) \quad (5.6.42)$$

相应地 $$\lambda=j(j+1), \qquad j=l\pm\frac{1}{2} \quad (5.6.43)$$

综合式(5.6.41)、式(5.6.42)、式(5.6.43)及式(5.6.39)，给出

$$\begin{aligned} & j=l+\frac{1}{2} \qquad \frac{a}{b}=\sqrt{\frac{l+m+1}{l-m}} \\ & j=l-\frac{1}{2} \qquad \frac{a}{b}=-\sqrt{\frac{l-m}{l+m+1}} \end{aligned} \quad (5.6.44)$$

将式(5.6.42)代入式(5.6.36)并利用归一化条件，最后得到

$$\begin{aligned} & j=l+\frac{1}{2} \qquad \psi(\theta,\ \varphi,\ s_z)=\frac{1}{\sqrt{2l+1}}\begin{pmatrix}\sqrt{l+m+1}\,Y_{lm} \\ \sqrt{l-m}\,Y_{lm+1}\end{pmatrix} \\ & j=l-\frac{1}{2} \qquad \psi(\theta,\ \varphi,\ s_z)=\frac{1}{\sqrt{2l+1}}\begin{pmatrix}-\sqrt{l-m}\,Y_{lm} \\ \sqrt{l+m+1}\,Y_{lm+1}\end{pmatrix} \end{aligned} \quad (5.6.45)$$

它们是$(\hat{J}^2\hat{J}_z\hat{L}^2)$的共同本征函数，相应的本征值分别为

$$j(j+1)\hbar^2 \qquad \left(j=l\pm\frac{1}{2}\right) \qquad m_j\hbar=\left(m+\frac{1}{2}\right)\hbar,\ l(l+1)\hbar^2 \quad (5.6.46)$$

5.7　全同粒子体系

5.7.1　全同粒子的特性

质量、电荷、自旋等内禀属性完全相同的微观粒子叫做全同粒子，比如一组电子。在经典力学中，尽管两个粒子的固有特性完全相同，我们也能根据粒子的轨迹来追踪辨认它们。而在量子力学中，由于粒子的波动性和波的叠加原理，再也不能依靠跟踪其轨迹的办法来辨认全同粒子了。全同粒子的不可区分性在研究由全同粒子组成的体系时有着重要的意义。

对全同粒子体系，交换任意两个粒子所得到的量子态都是相同的，这意味

着，系统波函数具有交换对称性。记 $\hat{P}_{ij}$ 是交换第 i 个粒子和第 j 个粒子的算符，即

$$\hat{P}_{ij}\psi(q_1, q_2, \cdots, q_i, \cdots, q_j, \cdots, q_N)=\psi(q_1, q_2, \cdots, q_j, \cdots, q_i, \cdots, q_N) \tag{5.7.1}$$

由于全同粒子不可区分性，$\hat{P}_{ij}\psi$ 与 ψ 描写同一量子态，因此

$$\hat{P}_{ij}\psi=\lambda\psi \qquad (\lambda\ 为一常数) \tag{5.7.2}$$

再运算一次 $\hat{P}_{ij}$，得

$$\psi=\hat{P}_{ij}^2\psi=\lambda\hat{P}_{ij}\psi=\lambda^2\psi \tag{5.7.3}$$

所以

$$\lambda^2=1 \qquad \lambda=\pm 1$$

即

$$\hat{P}_{ij}\psi=\pm\psi \tag{5.7.4}$$

由此可见，任意交换一对粒子，全同粒子体系波函数或者保持不变(对称波函数)，或者改变符号(反对称波函数)。并且由于全同粒子的不可区分性，任意交换一对粒子，体系哈密顿算符也应保持不变：

$$\hat{H}(q_1, q_2, \cdots, q_j, \cdots, q_i, \cdots, q_N)=\hat{H}(q_1, q_2, \cdots, q_i, \cdots, q_j, \cdots, q_N)$$

从而

$$\begin{aligned}
&\hat{P}_{ij}\hat{H}(q_1, q_2, \cdots, q_i, \cdots, q_j, \cdots, q_N)\psi(q_1, q_2, \cdots, q_i, \cdots, q_j, \cdots, q_N)\\
&=\hat{H}(q_1, q_2, \cdots, q_j, \cdots, q_i, \cdots, q_N)\psi(q_1, q_2, \cdots, q_j, \cdots, q_i, \cdots, q_N)\\
&=\hat{H}(q_1, q_2, \cdots, q_i, \cdots, q_j, \cdots, q_N)\hat{P}_{ij}\psi(q_1, q_2, \cdots, q_i, \cdots, q_j, \cdots, q_N)
\end{aligned} \tag{5.7.5}$$

因为 ψ 的任意性，所以

$$\hat{P}_{ij}\hat{H}=\hat{H}\hat{P}_{ij} \qquad [\hat{P}_{ij}, \hat{H}]=0 \tag{5.7.6}$$

可见 $\hat{P}_{ij}$ 是一个守恒量，波函数的交换对称性不会随时间改变。

实验表明，全同粒子体系波函数的交换对称性与粒子的自旋有确定关系。自旋为整数的粒子，它们在统计物理中遵守玻色统计，称为玻色子。自旋为半整数的粒子，它们在统计物理中遵守费米统计，称为费米子。由基本粒子组成的复合粒子，比如 α 粒子或其他原子核，也可当做一类全同粒子看待。由任意多个玻色子组成的复合粒子仍然是玻色子。由奇数个费米子组成的复合粒子是

费米子；但由偶数个费米子组成的复合粒子则为玻色子。

5.7.2　全同粒子体系的波函数

不考虑粒子间相互作用时，两个全同粒子组成体系的哈密顿量算符

$$\hat{H}=\hat{h}(q_1)+\hat{h}(q_2) \tag{5.7.7}$$

式中：$\hat{h}$ 是一个粒子的哈密顿算符，它对两个粒子形式完全相同。$\hat{h}$ 的本征方程为

$$\hat{h}(q)\varphi_k(q)=\varepsilon_k\varphi_k(q) \tag{5.7.8}$$

设两个粒子中一个处在能级 ε_i 的 φ_i 态，一个处在能级 ε_j 的 φ_j 态，则 $\varphi_i(q_1)\varphi_j(q_2)$ 与 $\varphi_i(q_2)\varphi_j(q_1)$ 都对应能级 $\varepsilon_i+\varepsilon_j$，这种由于交换 q_1，q_2 而产生的能级 $\varepsilon_i+\varepsilon_j$ 的简并性叫做交换简并。但这些波函数并不具有交换对称性。为了满足交换对称性，对于玻色子，可如下构成对称波函数：

若 $i\neq j$　　$\psi_S(q_1, q_2)=\dfrac{1}{\sqrt{2}}[\varphi_i(q_1)\varphi_j(q_2)+\varphi_i(q_2)\varphi_j(q_1)]$

若 $i=j$　　$\varphi_S(q_1, q_2)=\varphi_i(q_1)\varphi_i(q_2)$　　(5.7.9)

对于费米子，可如下构成反对称波函数

$$\psi_A(q_1, q_2)=\frac{1}{\sqrt{2}}\begin{vmatrix}\varphi_i(q_1) & \varphi_i(q_2)\\ \varphi_j(q_1) & \varphi_j(q_2)\end{vmatrix} \tag{5.7.10}$$

式(5.7.10)表明，若 $i=j$，则 $\psi\equiv 0$，即这样的状态是不存在的。这就是说，不可能有两个全同费米子处在同一个量子态，此即泡利不相容原理。

对于由 N 个全同粒子组成的体系，若是玻色子，其对称波函数

$$\psi_S(q_1, q_2, \cdots, q_N)=\frac{1}{\sqrt{N!}}[\varphi_i(q_1)\varphi_j(q_2)\cdots\varphi_k(q_N)+\varphi_i(q_2)\varphi_j(q_1)\cdots\varphi_k(q_N)+\cdots] \tag{5.7.11}$$

括号中共 $N!$ 项，分别由 N 个全同粒子各种可能的交换得出。若是费米子，其反对称波函数为

$$\psi_A(q_1, q_2, \cdots, q_N)=\frac{1}{N!}\begin{vmatrix}\varphi_i(q_1) & \varphi_i(q_2) & \cdots & \varphi_i(q_N)\\ \varphi_j(q_1) & \varphi_j(q_2) & \cdots & \varphi_j(q_N)\\ \vdots & & & \vdots\\ \varphi_k(q_1) & \varphi_k(q_2) & \cdots & \varphi_k(q_N)\end{vmatrix} \tag{5.7.12}$$

5.8 粒子在电磁场中的运动

5.8.1 电磁场中的薛定谔方程

在经典力学中，粒子在有势力场中运动时，它的哈密顿量就是它的总能量，等于动能和势能之和：

$$H_0=\frac{1}{2}mv^2+V(\boldsymbol{r}) \tag{5.8.1}$$

对带电粒子在电磁场运动而言，粒子的势能即电势能

$$V(\boldsymbol{r})=q\varphi \tag{5.8.2}$$

上面式子中，m 是粒子质量，q 是带电粒子电量。但应该注意的是，粒子的机械动量 $m\boldsymbol{v}$ 并不等于它的正则动量 $\boldsymbol{p}$①，两者的关系是(参见第七章)

$$\boldsymbol{p}=m\boldsymbol{v}+\frac{q}{c}\boldsymbol{A} \tag{5.8.3}$$

因此，在不考虑自旋时，质量为 m，电荷为 q 的粒子在电磁场中的哈密顿量(高斯单位制)为：

$$H_0=\frac{1}{2m}\left(\boldsymbol{p}-\frac{q}{c}\boldsymbol{A}\right)^2+q\varphi \tag{5.8.4}$$

式中：$\boldsymbol{A}$ 和 φ 是电磁场的矢势和标势，它们与电磁场强度 $\boldsymbol{E}$ 和 $\boldsymbol{B}$ 的关系是

$$\boldsymbol{E}=-\nabla\varphi-\frac{1}{c}\frac{\partial\boldsymbol{A}}{\partial t}$$

$$\boldsymbol{B}=\nabla\times\boldsymbol{A} \tag{5.8.5}$$

于是粒子在电磁场中运动的薛定谔方程是

$$\mathrm{i}\hbar\frac{\partial\psi}{\partial t}=\hat{H}_0\psi=\left[\frac{1}{2m}\left(\hat{\boldsymbol{p}}-\frac{q}{c}\boldsymbol{A}\right)^2+q\varphi\right]\psi \tag{5.8.6}$$

式(5.8.4)右边的平方项可以展开成

$$\left(\hat{\boldsymbol{p}}-\frac{q}{c}\boldsymbol{A}\right)^2=\hat{\boldsymbol{p}}^2+\frac{q^2}{c^2}\boldsymbol{A}^2-\frac{q}{c}(\hat{\boldsymbol{p}}\cdot\boldsymbol{A}+\boldsymbol{A}\cdot\hat{\boldsymbol{p}}) \tag{5.8.7}$$

一般地，
$$\hat{\boldsymbol{p}}\cdot\boldsymbol{A}\neq\boldsymbol{A}\cdot\hat{\boldsymbol{p}}$$

事实上，对任意波函数 ψ，上式对其作用分别为

① 在量子力学中，与正则动量 $\boldsymbol{p}$ 对应的算符才是 $-\mathrm{i}\hbar\nabla$。

$$\hat{\boldsymbol{p}}\cdot\boldsymbol{A}\psi=\frac{\hbar}{\mathrm{i}}\boldsymbol{\nabla}\cdot(\boldsymbol{A}\psi)=\frac{\hbar}{\mathrm{i}}(\boldsymbol{\nabla}\cdot\boldsymbol{A})\psi+\boldsymbol{A}\cdot\frac{\hbar}{\mathrm{i}}\boldsymbol{\nabla}\psi$$

$$\boldsymbol{A}\cdot\hat{\boldsymbol{p}}\psi=\boldsymbol{A}\cdot\frac{\hbar}{\mathrm{i}}\boldsymbol{\nabla}\psi$$

因此
$$\hat{\boldsymbol{p}}\cdot\boldsymbol{A}=\boldsymbol{A}\cdot\hat{\boldsymbol{p}}+\frac{\hbar}{\mathrm{i}}(\boldsymbol{\nabla}\cdot\boldsymbol{A})$$

即
$$[\hat{\boldsymbol{p}}\cdot\boldsymbol{A},\ \boldsymbol{A}\cdot\hat{\boldsymbol{p}}]=\frac{\hbar}{\mathrm{i}}(\boldsymbol{\nabla}\cdot\boldsymbol{A})\tag{5.8.8}$$

它们并不对易，除非
$$\boldsymbol{\nabla}\cdot\boldsymbol{A}=0\tag{5.8.9}$$

上述条件称为横波条件。

将式(5.8.7)和式(5.8.8)代入薛定谔方程(式(5.8.6))，得

$$\mathrm{i}\hbar\frac{\partial\psi}{\partial t}=\left\{\frac{1}{2m}\left[\hat{\boldsymbol{p}}^2+\frac{q^2}{c^2}\boldsymbol{A}^2-\frac{q}{c}\left(2\boldsymbol{A}\cdot\hat{\boldsymbol{p}}+\frac{\hbar}{\mathrm{i}}\boldsymbol{\nabla}\cdot A\right)\right]+q\varphi\right\}\psi\tag{5.8.10}$$

如果横波条件(式(5.8.9))成立，那么上式可化成

$$\begin{aligned}\mathrm{i}\hbar\frac{\partial\psi}{\partial t}&=\left\{\frac{1}{2m}\left[\hat{\boldsymbol{p}}^2+\frac{q^2}{c^2}\boldsymbol{A}^2-\frac{2q}{c}\boldsymbol{A}\cdot\hat{\boldsymbol{p}}\right]+q\varphi\right\}\psi\\&=\left[-\frac{\hbar^2}{2m}\boldsymbol{\nabla}^2+i\frac{\hbar q}{mc}\boldsymbol{A}\cdot\boldsymbol{\nabla}+\frac{q^2}{2mc^2}\boldsymbol{A}^2+q\varphi\right]\psi\end{aligned}\tag{5.8.11}$$

当粒子(比如电子)具有自旋 $\boldsymbol{S}$ 时，它也具有自旋磁矩 $\boldsymbol{\mu}$，其值

$$\boldsymbol{\mu}=-\frac{e}{mc}\boldsymbol{S}=-\frac{e\hbar}{2mc}\boldsymbol{\sigma}\tag{5.8.12}$$

式中：e 是电子电量绝对值，m 是电子质量，$\boldsymbol{\sigma}$ 是泡利矩阵。电子由于自旋而具有的磁矩(自旋磁矩)在外磁场中具有能量

$$H'=-\boldsymbol{\mu}\cdot\boldsymbol{B}=\frac{e\hbar}{2mc}\boldsymbol{\sigma}\cdot\boldsymbol{B}\tag{5.8.13}$$

这里，电子的哈密顿算符 $\hat{H}$，除 $\hat{H}_0$ 外还应包含上面的附加势能，因此

$$\hat{H}=\hat{H}_0+\hat{H}'=\frac{1}{2m}\left(\hat{\boldsymbol{p}}+\frac{e}{c}\boldsymbol{A}\right)^2-e\varphi+\frac{e\hbar}{2mc}\boldsymbol{B}\cdot\boldsymbol{\sigma}\tag{5.8.14}$$

于是，电子在电磁场中的薛定谔方程是

$$i\hbar\frac{\partial\psi}{\partial t}=\hat{H}\psi=\left[\frac{1}{2m}\left(\hat{\boldsymbol{p}}+\frac{e}{c}\boldsymbol{A}\right)^2-e\varphi+\frac{e\hbar}{2mc}\boldsymbol{B}\cdot\boldsymbol{\sigma}\right]\psi\tag{5.8.15}$$

由于方程中泡利矩阵 $\boldsymbol{\sigma}$ 是二行二列的矩阵，而波函数 ψ 包含空间和自旋两部分，是一个二分量的列矩阵：

$$\psi=\begin{pmatrix}\psi_1(\boldsymbol{r},\ t)\\ \psi_2(\boldsymbol{r}t)\end{pmatrix}\tag{5.8.16}$$

因此，式(5.8.15)实际上是两个方程①：

$$i\hbar\frac{\partial}{\partial t}\begin{pmatrix}\psi_1\\\psi_2\end{pmatrix}=\hat{H}\begin{pmatrix}\psi_1\\\psi_2\end{pmatrix}\tag{5.8.17}$$

它们习惯上被称为泡利方程。

5.8.2 正常塞曼效应

1896年，塞曼发现，放置在磁场中的光源，它的每一条光谱线均会分裂成一组相邻的谱线，这种现象叫做塞曼效应。如果磁场较强，一条谱线在外磁场中将分裂成三条，这叫做正常塞曼效应，或简单塞曼效应。如果磁场较弱，谱线分裂的情况比较复杂，称为复杂塞曼效应，或称为反常塞曼效应。为简单起见，下面仅讨论正常塞曼效应。

设外磁场为均匀磁场，记为$\boldsymbol{B}$，令

$$\boldsymbol{A}=\frac{1}{2}\boldsymbol{B}\times\boldsymbol{r}\tag{5.8.18}$$

不难验证，由此确定的矢势$\boldsymbol{A}$，满足式(5.8.5)的第二个方程。事实上

$$2\nabla\times\boldsymbol{A}=\nabla\times(\boldsymbol{B}\times\boldsymbol{r})=(\boldsymbol{r}\cdot\nabla)\boldsymbol{B}+(\nabla\cdot\boldsymbol{r})\boldsymbol{B}-(\boldsymbol{B}\cdot\nabla)\boldsymbol{r}-(\nabla\cdot\boldsymbol{B})\boldsymbol{r}$$

对均匀磁场成立

$$(\boldsymbol{r}\cdot\nabla)\boldsymbol{B}=(\nabla\cdot\boldsymbol{B})\boldsymbol{r}=0$$

所以

$$2\nabla\times\boldsymbol{A}=3\boldsymbol{B}-\boldsymbol{B}=2\boldsymbol{B}$$

即

$$\boldsymbol{B}=\nabla\times\boldsymbol{A}$$

设原子为碱金属原子，它们只有一个价电子。价电子的哈密顿算符可表示成(见式(5.8.14))

$$\hat{H}=\frac{1}{2m}\left(\hat{\boldsymbol{p}}+\frac{e}{c}\boldsymbol{A}\right)^2+V(r)+\frac{e\hbar}{2mc}\boldsymbol{B}\cdot\boldsymbol{\sigma}\tag{5.8.19}$$

式中：$V(r)$是价电子所受除本身外原子其余部分产生的屏蔽库仑势，即式(5.8.14)中$(-e\varphi)$的等效项。由于式(5.8.18)确定的均匀磁场矢势A满足横波条件(式(5.8.11))，因此上式化简成

$$\hat{H}=-\frac{\hbar^2}{2m}\nabla+V(r)+\frac{h}{i}\frac{e}{mc}\boldsymbol{A}\cdot\nabla+\frac{e^2}{2mc^2}\boldsymbol{A}^2+\frac{e\hbar}{2mc}\boldsymbol{B}\cdot\boldsymbol{\sigma}\tag{5.8.20}$$

若选取Z轴方向沿磁场方向，即

$$B_x=B_y=0\qquad B_z=B\tag{5.8.21}$$

① 式(5.8.15)右边括号中其余两项应理解成与一个二行二列的单位矩阵相乘。

则由式(5.8.18)知

$$A_x=-\frac{1}{2}By \qquad A_y=\frac{1}{2}Bx \qquad A_Z=0 \tag{5.8.22}$$

继而

$$\frac{\hbar}{\mathrm{i}}\frac{e}{mc}\boldsymbol{A}\cdot\boldsymbol{\nabla}=\frac{\hbar}{\mathrm{i}}\frac{e}{mc}\left[-\frac{1}{2}By\frac{\partial}{\partial x}+\frac{1}{2}Bx\frac{\partial}{\partial y}\right]=\frac{eB}{2mc}\frac{\hbar}{i}\left(x\frac{\partial}{\partial y}-y\frac{\partial}{\partial x}\right)=\frac{eB}{2mc}\hat{L}_z$$

$$\frac{e^2}{2mc^2}\boldsymbol{A}^2=\frac{e^2}{2mc^2}\left(\frac{1}{4}B^2y^2+\frac{1}{4}B^2x^2\right)=\frac{e^2B^2}{8mc^2}(x^2+y^2)$$

$$\frac{e\hbar}{2mc}\boldsymbol{B}\cdot\boldsymbol{\sigma}=\frac{e\hbar}{2mc}B\sigma_z$$

代入式(5.8.20)得

$$\begin{aligned}\hat{H}&=-\frac{\hbar^2}{2m}\nabla+V(r)+\frac{eB}{2mc}\hat{L}_z+\frac{e^2B^2}{8mc}(x^2+y^2)+\frac{e\hbar}{2mc}B\sigma_z\\&=-\frac{\hbar^2}{2m}\nabla+V(r)+\frac{eB}{2mc}(\hat{L}_z+2\hat{S}_z)+\frac{e^2B^2}{8mc^2}(x^2+y^2)\end{aligned} \tag{5.8.23}$$

上式前两项是无外磁场时，辏力场(中心力场)中粒子的哈密顿量，后两项在数量级上

$$\left|\frac{e^2B^2}{8mc^2}(x^2+y^2)\right|\Big/\left|\frac{eB}{2mc}(\hat{L}_z+2\hat{S}_z)\right|\sim\left|\frac{eBa^2}{4c}\right|/\hbar\sim10^{-4}$$

(a 为原子线度$\sim10^{-8}$cm)，故最后一项可以忽略。于是

$$\hat{H}=-\frac{\hbar^2}{2m}\boldsymbol{\nabla}+V(r)+\frac{eB}{2mc}(\hat{L}_z+2\hat{S}_z) \tag{5.8.24}$$

相应的定态薛定谔方程为

$$\hat{H}\psi=E\psi$$

即

$$\left[-\frac{\hbar^2}{2m}\boldsymbol{\nabla}+V(r)+\frac{eB}{2mc}(\hat{L}_z+2\hat{S}_z)\right]\psi=E\psi \tag{5.8.25}$$

无外磁场时，粒子在中心力场中的本征波函数是

$$\psi_{nlm}(r,\ \theta,\ \varphi)=R_{nl}(r)Y_{lm}(\theta,\ \varphi) \tag{5.8.26}$$

所属的能量本征值是 E_{nl}①。对于自旋为$\frac{1}{2}$的粒子，比如电子，粒子整体波函数除包括上面空间部分外，还包括自旋部分，即

$$\boldsymbol{\Psi}_{nlms_z}=\psi_{nlm}\chi_{\frac{1}{2}}, \qquad \psi_{nlm}\chi_{-\frac{1}{2}}$$

---

① 在非库仑场的一般中心力场中，能级通常与 n，l 都有关。

$$\hat{L}_z\Psi_{nlms_z}=\hat{L}_zR_{nl}Y_{lm}\chi_{\pm\frac{1}{2}}=m\hbar R_{nl}Y_{lm}\chi_{\pm\frac{1}{2}}=m\hbar\Psi_{nlms_x}$$

$$\hat{s}_z\Psi_{nlms_z}=\hat{s}_zR_{nl}Y_{lm}\chi_{\pm\frac{1}{2}}=\pm\frac{\hbar}{2}R_{nl}Y_{lm}\chi_{\pm\frac{1}{2}}=\pm\frac{\hbar}{2}\Psi_{nlms_x} \tag{5.8.27}$$

有①

$$\left[-\frac{\hbar^2}{2m_e}\nabla+V(r)+\frac{eB}{2m_ec}(\hat{L}_z+2S_z)\right]\psi_{nlms_z}=\left(E_{nl}+\frac{eB\hbar}{2m_ec}(m\pm1)\right)\psi_{nlms_z} \tag{5.8.28}$$

这表明，ψ_{nlms_z}所属能量本征值

$$E_{nlm}=E_{nl}+\frac{e\hbar B}{2m_ec}(m+1)\qquad(s_z=+\hbar/2)$$

$$E_{nlm}=E_{nl}+\frac{e\hbar B}{2m_ec}(m-1)\qquad(s_z=-\hbar/2) \tag{5.8.29}$$

由此可见，在外磁场中，能级与 m 有关，原来由 m 不同引起的能级简并性被解除，且能级还与自旋有关。原来的一条能级分裂成一组等距离的能级，其相邻能级的间距是

$$\frac{eB}{2m_ec}\hbar=\omega_L\hbar \tag{5.8.30}$$

这里，$\omega_L=eB/2m_ec$ 称为拉莫尔频率。

由于能级分裂，相应的光谱线也发生分裂。考虑到跃迁选择定则：

$$\Delta l=\pm1,\qquad \Delta m=0,\ \pm1,\qquad \Delta s_z=0 \tag{5.8.31}$$

原来一条角频率为 ω 的光谱线在外磁场中分裂成三条，角频率为 ω，$\omega-\omega_L$，$\omega+\omega_L$。这便是正常塞曼效应。

5.9 定态微扰论

在许多实际问题中，用薛定谔方程确定微观粒子的运动，由于方程形式的复杂，大都无法精确求解，这时往往采取一些近似方法。微扰法就是一种常见的近似方法。微扰方法主要有定态微态和与时间有关的微扰两种。前者处理体系的状态，后者处理状态间的跃迁。本节介绍定态微扰方法，下节介绍与时间有关的微扰方法。

当体系的哈密顿算符 $\hat{H}$ 不显含时间 t 时，定态薛定谔方程为

① 为了避免混淆，以下电子的质量记为 m_e。

$$\hat{H}\psi = E\psi \tag{5.9.1}$$

若 $\hat{H}$ 可以分成两部分

$$\hat{H} = \hat{H}_0 + \hat{H}' \tag{5.9.2}$$

其中 $\hat{H}_0$ 与 $\hat{H}$ 的差别相当小，则 $\hat{H}'$ 可以看作加于 $\hat{H}_0$ 上的微扰。再如果 $\hat{H}_0$ 的解已知，即它的本征值 $\{\varepsilon_n\}$ 和相应的本征函数 $\{\varphi_n\}$ 已确定：

$$\hat{H}_0\varphi_n = \varepsilon_n\varphi_n \tag{5.9.3}$$

那么我们就可以由它们逐级近似地确定 $\hat{H}$ 的本征值 E 和相应的本征函数 ψ。这种方法就是微扰近似法。为了便于求解，我们先将式(5.9.2)改写成如下形式

$$\hat{H} = \hat{H}_0 + \lambda\hat{H}' \tag{5.9.4}$$

然后在最终结果中令 $\lambda=1$。这样，E 和 ψ 便可按 λ 的幂次展成

$$\begin{aligned} E &= E_0 + \lambda E_1 + \lambda^2 E_2 + \cdots \\ \psi &= \psi_0 + \lambda\psi_1 + \lambda^2\psi_2 + \cdots \end{aligned} \tag{5.9.5}$$

将它们代入式(5.9.1)得

$$\begin{aligned} \hat{H}\psi &= (\hat{H}_0 + \lambda\hat{H}')(\psi_0 + \lambda\psi_1 + \lambda^2\psi_2 + \cdots) \\ &= (E_0 + \lambda E_1 + \lambda^2 E_2 + \cdots)(\psi_0 + \lambda\psi_1 + \lambda^2\psi_2 + \cdots) \end{aligned} \tag{5.9.6}$$

比较 λ 的同次幂系数有

$$\begin{aligned} &\lambda^0: && \hat{H}_0\psi_0 = E_0\psi_0 \\ &\lambda^1: && \hat{H}_0\psi_1 + \hat{H}'\psi_0 = E_0\psi_1 + E_1\psi_0 \\ &\lambda^2: && \hat{H}_0\psi_2 + \hat{H}'\psi_1 = E_0\psi_2 + E_1\psi_1 + E_2\psi_0 \\ & && \cdots\cdots\cdots\cdots\cdots\cdots \end{aligned} \tag{5.9.7}$$

上面第一式给出未微扰时(零级)能量和波函数，第二式给出能量和波函数的一级修正值 E_1 和 ψ_1(一级微扰)，第二式给出能量和波函数的二级修正值 E_2 和 ψ_2(二级微扰)……由于一级和二级微扰计算比较简单，应用也比较广，我们的讨论也仅局限于这两种情形。下面分非简并和简并两种类型予以介绍。

5.9.1　非简并态微扰论

如果未受微扰，体系处于能量非简并的状态，即

$$\psi_0 = \varphi_m \qquad E_0 = \varepsilon_m \qquad \hat{H}_0\varphi_m = \varepsilon_m\varphi_m \tag{5.9.8}$$

将 ψ_1 按 $\hat{H}_0$ 的本征函数系(完备系)$\{\varphi_n\}$展开①:

$$\psi_1 = \sum_n a_n^{(1)} \varphi_n \tag{5.9.9}$$

将式(5.9.8)和式(5.9.9)代入式(5.9.7)的第二式,得

$$\sum_n a_n^{(1)} \hat{H}_0 \varphi_n + \hat{H}' \varphi_m = \sum_n a_n^{(1)} \varepsilon_m \varphi_n + E_1 \varphi_m \tag{5.9.10}$$

由于 φ_n 是 $\hat{H}_0$ 的相应本征值 ε_n 的本征函数,即

$$\hat{H}_0 \varphi_n = \varepsilon_n \varphi_n \tag{5.9.11}$$

所以

$$\sum_n a_n^{(1)} \varepsilon_n \varphi_n + \hat{H}' \varphi_m = \sum_n a_n^{(1)} \varepsilon_m \varphi_n + E_1 \varphi_m \tag{5.9.12}$$

将上式两边左乘 φ_l^* 并对整个空间积分,得

$$\sum_n a_n^{(1)} \varepsilon_n \int \varphi_l^* \varphi_n \mathrm{d}\tau + \int \varphi_l^* \hat{H}' \varphi_m \mathrm{d}\tau = \sum_n a_n^{(1)} \varepsilon_m \int \varphi_l^* \varphi_n \mathrm{d}\tau + E_1 \int \varphi_l^* \varphi_m \mathrm{d}\tau \tag{5.9.13}$$

利用

$$\int \varphi_l^* \varphi_n \mathrm{d}\tau = \delta_{\mathrm{ln}} \tag{5.9.14}$$

有

$$\varepsilon_l a_l^{(1)} + H'_{lm} = \varepsilon_m a_l^{(1)} + E_1 \delta_{lm} \tag{5.9.15}$$

这里,H'_{lm}叫做微扰矩阵元,它定义为

$$H'_{lm} = \int \varphi_l^* \hat{H}' \varphi_m \mathrm{d}\tau \tag{5.9.16}$$

当 $l=m$ 时,式(5.9.15)给出

$$E_1 = H'_{mm} = \int \varphi_m^* \hat{H}' \varphi_m \mathrm{d}\tau \tag{5.9.17}$$

这就是能量的一级修正值。

当 $l \neq m$ 时,式(5.9.15)给出

$$a_l^{(1)} = \frac{H'_{lm}}{\varepsilon_m - \varepsilon_l} \tag{5.9.18}$$

为了得到系数 $a_m^{(1)}$,可以利用波函数归一化条件:

① 式中 $a_n^{(1)}$ 的上标表示相应级别波函数修正值的系数。

$$\int \psi^* \psi \mathrm{d}\tau = 1 \tag{5.9.19}$$

即

$$\int (\psi_0 + \lambda\psi_1 + \lambda^2\psi_2 + \cdots)^* (\psi_0 + \lambda\psi_1 + \lambda^2\psi_2 + \cdots) \mathrm{d}\tau = 1$$

比较 λ 的同次幂系数有：

$$\begin{aligned}
\lambda^0: &\quad \int \psi_0^* \psi_0 \mathrm{d}\tau = 1 \\
\lambda^1: &\quad \int (\psi_0^* \psi_1 + \psi_1^* \psi_0) \mathrm{d}\tau = 0 \\
\lambda^2: &\quad \int (\psi_0^* \psi_2 + \psi_1^* \psi_1 + \psi_2^* \psi_0) \mathrm{d}\tau = 0 \\
&\quad \cdots\cdots\cdots\cdots
\end{aligned} \tag{5.9.20}$$

将式(5.9.9)代入上面第二式，得

$$\sum_n \int \varphi_m^* a_n^{(1)} \varphi_n \mathrm{d}\tau + \sum_n \int a_n^{(1)*} \varphi_n^* \varphi_m \mathrm{d}\tau = 0 \tag{5.9.21}$$

利用式(5.9.14)，上式变成

$$\sum_n a_n^{(1)} \delta_{mn} + \sum_n a_n^{(1)*} \delta_{nm} = 0$$

即

$$a_m^{(1)} + a_m^{(1)*} = 0$$

取 $a_m^{(1)}$ 为实数便有

$$a_m^{(1)} = 0 \tag{5.9.22}$$

将式(5.9.18)和式(5.9.22)代入式(5.9.9)，给出

$$\psi_1 = \sum_n{}' \frac{H_{nm}}{\varepsilon_m - \varepsilon_n} \varphi_n \tag{5.9.23}$$

这就是波函数的一级修正值。注：求和号上方的一撇表示对 n 的求和不包含 $n=m$ 的项，下同。

要计算能量和波函数的二级修正值，类似地，可令

$$\psi_2 = \sum_n a_n^{(2)} \varphi_n \tag{5.9.24}$$

然后将式(5.9.9)和式(5.9.24)代入式(5.9.7)中第三个式子，得

$$\sum_n a_n^{(2)} \hat{H}_0 \varphi_n + \sum_n a_n^{(1)} \hat{H}' \varphi_n = \varepsilon_m \sum_n a_n^{(2)} \varphi_n + \sum_n E_1 a_n^{(1)} \varphi_n + E_2 \varphi_m \tag{5.9.25}$$

再将上式两边同时左乘 φ_l^* 并对整个空间积分，有

$$\sum_n a_n^{(2)} \int \varphi_l^* \hat{H}_0 \varphi_n \mathrm{d}\tau + \sum_n a_n^{(1)} \int \varphi_l^* \hat{H}' \varphi_n \mathrm{d}\tau$$

$$=\varepsilon_m\sum_n a_n^{(2)}\int\varphi_l^*\varphi_n\mathrm{d}\tau+E_1\sum_n a_n^{(1)}\int\varphi_l^*\varphi_n\mathrm{d}\tau+E_2\int\varphi_l^*\varphi_m\mathrm{d}\tau$$

由式(5.9.14)知

$$\sum_n a_n^{(2)}\varepsilon_n\delta_{\mathrm{ln}}+\sum_n a_n^{(1)}H'_{\mathrm{ln}}=\varepsilon_m\sum_n a_n^{(2)}\delta_{\mathrm{ln}}+E_1\sum_n a_n^{(1)}\delta_{\mathrm{ln}}+E_2\delta_{lm}$$

即

$$a_l^{(2)}\varepsilon_l+\sum_n a_n^{(1)}H'_{\mathrm{ln}}=\varepsilon_m a_l^{(2)}+E_1 a_l^{(1)}+E_2\delta_{lm}\tag{5.9.26}$$

当 $l=m$ 时，式(5.9.26)给出

$$E_2=\sum_n a_n^{(1)}H'_{mn}-E_1 a_m^{(1)}=\sum_n a_n^{(1)}H'_{mn}=\sum_n{}'\frac{|H'_{mn}|^2}{\varepsilon_m-\varepsilon_n}\tag{5.9.27}$$

上式推导中利用了式(5.9.18)和式(5.9.22)。这就是能量的二级修正值。当 $l\neq m$ 时，式(5.9.26)给出

$$\begin{aligned}a_l^{(2)}&=\frac{1}{\varepsilon_m-\varepsilon_l}\left(\sum_n a_n^{(1)}H'_{ln}-E_1 a_l^{(1)}\right)\\&=\sum_n{}'\frac{H'_{ln}H'_{nm}}{(\varepsilon_m-\varepsilon_l)(\varepsilon_m-\varepsilon_n)}-\frac{H'_{mm}H'_{lm}}{(\varepsilon_m-\varepsilon_l)^2}\end{aligned}\tag{5.9.28}$$

为了得到系数 $a_m^{(2)}$，同样可利用式(5.9.20)的第三个式子。将式(5.9.8)、式(5.9.9)和式(5.9.24)代入式(5.9.28)中，得

$$\sum_n\int\varphi_m^* a_n^{(2)}\varphi_n\mathrm{d}\tau+\sum_{nn'}\int a_n^{(1)*}\varphi_n^* a_{n'}^{(1)}\varphi_{n'}\mathrm{d}\tau+\sum_n\int a_n^{(2)*}\varphi_n^*\varphi_m\mathrm{d}\tau=0$$

由式(5.9.14)知

$$\sum_n a_n^{(2)}\delta_{mn}+\sum_{nn'}a_n^{(1)*}a_{n'}^{(1)}\delta_{nn'}+\sum_n a_n^{(2)*}\delta_{nm}=0$$

即

$$a_m^{(2)}+\sum_n|a_n^{(1)}|^2+a_m^{(2)*}=0\tag{5.9.29}$$

取 $a_m^{(2)}$ 为实数，有

$$a_m^{(2)}=-\frac{1}{2}\sum_n|a_n^{(1)}|^2=-\frac{1}{2}\sum_n{}'\frac{|H'_{nm}|^2}{(\varepsilon_m-\varepsilon_n)^2}\tag{5.9.30}$$

式(9.28)和式(9.30)确定了波函数的二级修正值。

结合式(5.9.8)、式(5.9.17)、式(5.9.23)、式(5.9.24)、式(5.9.27)、式(5.9.28)和式(5.9.30)，给出在二级微扰近似下能量和波函数分别是

$$E_m=\varepsilon_m+H'_{mm}+\sum_n{}'\frac{|H'_{mn}|}{\varepsilon_m-\varepsilon_n}$$

$$\begin{aligned}\psi_m=\varphi_m&+\sum_n{}'\frac{H'_{nm}}{\varepsilon_m-\varepsilon_n}\varphi_n+\sum_n{}'\left[\sum_n{}'\frac{H'_{\mathrm{ln}}H_{n'm}}{(\varepsilon_m-\varepsilon_l)(\varepsilon_m-\varepsilon_n)}-\frac{H'_{mm}H'_{lm}}{(\varepsilon_m-\varepsilon_l)^2}\right]\varphi_l\\&-\frac{1}{2}\sum_n{}'\frac{|H'_{\mathrm{nm}}|^2}{(\varepsilon_m-\varepsilon_n)^2}\varphi_m\end{aligned}\tag{5.9.31}$$

5.9.2　简并态微扰论

如果未受微扰时，体系所处状态的能量本征值 ε_m 是 k 度简并的，即相应有 k 个本征函数 φ_{m1}，φ_{m2}，…，φ_{mk}，那么作为微扰波函数的零级近似应是这 k 个本征函数的线性组合

$$\psi_0=\sum_{j=1}^{k}C_j^{(0)}\varphi_{mj} \tag{5.9.32}$$

这时，式(5.9.7)的第一式为

$$\hat{H}_0\psi_0=\varepsilon_m\psi_0 \qquad E_0=\varepsilon_m \tag{5.9.33}$$

第二式为

$$(\hat{H}_0-\varepsilon_m)\psi_1=E_1\sum_{j=1}^{k}C_j^{(0)}\varphi_{mj}-\sum_{j=1}^{k}C_j^{(0)}\hat{H}'\varphi_{mj} \tag{5.9.34}$$

将式(5.9.8)代入式(5.9.34)，得

$$\sum_n(\varepsilon_n-\varepsilon_m)a_n^{(1)}\varphi_n=E_1\sum_{j=1}^{k}C_j^{(0)}\varphi_{mj}-\sum_{j=1}^{k}C_j^{(0)}\hat{H}'\varphi_{mj}$$

用 $\varphi_m^*(l=1, 2, \cdots, k)$乘上式两边，然后对空间积分有

$$\sum_n(\varepsilon_n-\varepsilon_m)a_n^{(1)}\delta_{nm}=E_1\sum_{j=1}^{k}C_j^{(0)}\delta_{jl}-\sum_{j=1}^{k}C_j^{(0)}\int\varphi_{ml}^*\hat{H}'\varphi_{mj}\,\mathrm{d}\tau$$

即

$$(\varepsilon_{ml}-\varepsilon_m)a_{ml}^{(1)}=E_1C_l^{(0)}-\sum_{j=1}^{k}C_j^{(0)}H'_{lj} \qquad (l=1, 2, \cdots, k) \tag{5.9.35}$$

式中：矩阵元

$$H'_{lj}=\int\varphi_{ml}^*\hat{H}'\varphi_{mj}\,\mathrm{d}\tau \tag{5.9.36}$$

因为 ε_m 是 k 度简并的，所以 $\varepsilon_{ml}=\varepsilon_m(l=1, 2, \cdots, k)$。式(5.9.35)成为

$$\sum_{j=1}^{k}(H'_{lj}-E_1\delta_{lj})C_j^{(0)}=0 \qquad (l=1, 2, \cdots, k)$$

即

$$\begin{aligned}
&(H'_{11}-E_1)C_1^{(0)}+H'_{12}C_2^{(0)}+\cdots+H'_{1k}C_k^{(0)}=0\\
&H'_{21}C_1^{(0)}+(H'_{22}-E_1)C_2^{(0)}+\cdots+H'_{2k}C_k^{(0)}=0\\
&\cdots\cdots\cdots\cdots\\
&H'_{k1}C_1^{(0)}+H'_{k2}C_2^{(0)}+\cdots+(H'_{kk}-E_1)C_k^{(0)}=0
\end{aligned} \tag{5.9.37}$$

这是一个关于 k 个变量 $C_1^{(0)}$，$C_2^{(0)}$，…，$C_k^{(0)}$ 的 k 个齐次方程组成的方程组，它有非零解的条件是

$$\begin{vmatrix} H'_{11}-E_1 & H'_{12} & \cdots & H'_{1k} \\ H'_{21} & H'_{22}-E_1 & \cdots & H'_{2k} \\ \vdots & & & \vdots \\ H'_{k1} & H'_{k2} & \cdots & H'_{kk}-E_1 \end{vmatrix}=0 \qquad (5.9.38)$$

这是一个关于 E_1 的 k 次方程，称为久期方程。由这个久期方程可以解出 E_1 的 k 个根 $E_1^{(i)}(i=1,\ 2,\ \cdots,\ k)$，从而能量的修正值为

$$E_m^{(i)}=\varepsilon_m+E_1^{(i)} \qquad (i=1,\ 2,\ \cdots,\ k) \qquad (5.9.39)$$

如果这 k 个根没有重根，那么一级微扰计算的结果将 k 度简并完全消除；如果这 k 个根中有重根存在，则简并只是部分消除；如果这 k 个根仍然完全相同，那么简单完全没有消除，则需考虑二级微扰①。将解得的 k 个根分别代入式(5.9.38)，对于每一个 $E_1^{(i)}$，可以解得一组 $C_j^{(0)}$ 系数，进而由式(5.9.32)即可确定与 $E_1^{(i)}$ 相应的零级波函数 $\psi_0^{(i)}$。

5.10 量子跃迁

由前节的定态微扰理论知道，微扰与时间无关时，体系的能量是运动积分，因此可以用这一理论确定能级和波函数的修正值。但是，当微扰与时间相关时，体系的能量不再守恒，不存在定态。这时，在外界微扰下，体系将从一个量子态跃迁到另一个量子态。下面就介绍如何利用与时间有关的微扰理论计算跃迁几率。

5.10.1 与时间有关的微扰

若式(5.9.2)中微扰项与时间有关：$H'=H'(t)$，则体系波函数 ψ 由含时间的薛定谔方程(式(5.5.3))确定：

$$\mathrm{i}\hbar\frac{\partial}{\partial t}\psi(t)=\hat{H}\psi(t)=(\hat{H}_0+\hat{H}')\psi(t) \qquad (5.10.1)$$

设初始时刻($t=0$)，系统未受扰动，$\hat{H}=\hat{H}_0$(不显含 t)，它的状态可由定态波函数(式(5.5.9))描写

① 系统在非简并态受微扰作用时，原来($\hat{H}_0$)的能级与本征函数只发生小的变化：$\varepsilon_m\to E_m$，$\varphi_m\to\psi_m$。而在简并态受微扰作用时，系统的简并态会被解除，能级发生分裂。因此，一级微扰后，对那些仍然简并的能级，需要考虑高级微扰，才有可能将它们分裂开来。

$$\psi_k(\boldsymbol{r},\ t)=\varphi_k(\boldsymbol{r})\mathrm{e}^{-\mathrm{i}E_k t/\hbar} \tag{5.10.2}$$

式中：$\varphi_k(\boldsymbol{r})$满足

$$\hat{H}_0\varphi_k=E_k\varphi_k \tag{5.10.3}$$

$t>0$，系统受到扰动，其状态由式(5.10.1)确定。为了求解此方程，可令①

$$\psi(\boldsymbol{r},\ t)=\sum_k a_k(t)\varphi_k(\boldsymbol{r})\mathrm{e}^{-\mathrm{i}E_k t/\hbar} \tag{5.10.4}$$

将它代入式(5.10.1)并利用式(5.10.3)，得

$$\mathrm{i}\hbar\sum_k \frac{\mathrm{d}a_k(t)}{\mathrm{d}t}\varphi_k(\boldsymbol{r})\mathrm{e}^{-\mathrm{i}E_k t/\hbar}=\sum_k a_k(t)\hat{H}'\varphi_k(\boldsymbol{r})\mathrm{e}^{-\mathrm{i}E_k t/\hbar} \tag{5.10.5}$$

两边左乘 $\varphi^*(\boldsymbol{r})$并对空间积分后，有

$$\mathrm{i}\hbar\frac{\mathrm{d}a_{k'}(t)}{\mathrm{d}t}=\sum_k a_k(t)H'_{k'k}\mathrm{e}^{\mathrm{i}\omega_{k'k}t} \tag{5.10.6}$$

式中：
$$H_{k'k}'=\int\varphi_{k'}(\boldsymbol{r})\hat{H}'\varphi_k(\boldsymbol{r})\mathrm{d}\boldsymbol{r}$$

$$\omega_{k'k}=\frac{E_{k'}-E_k}{\hbar}$$

一般讨论与时间有关的微扰论体系在未受扰动时，若处在某一本征态(比如第 n 个本征态 ψ_n)，那么受到扰动后处在或跃迁到另一个本征态(比如第 m 个本征态 ψ_m)的几率 W_{mn} 是多少。这一跃迁几率可以利用逐级近似法求解式(5.10.6)得到。

若未受微扰，系统处在第 n 个本征态，则零级近似解为

$$a_k^{(0)}=\begin{cases}1 & k=n\\ 0 & k\neq n\end{cases} \tag{5.10.7}$$

相应的零级近似方程为

$$\frac{\mathrm{d}a_k^{(0)}}{\mathrm{d}t}=0 \tag{5.10.8}$$

受到微扰 H'作用后，系统的状态发生改变，由于 H'很小，式(5.10.4)中系数 $a_k(t)$可展开成

$$a_k=a_k^{(0)}+a_k^{(1)}+a_k^{(2)}+\cdots \tag{5.10.9}$$

将它代入式(5.10.4)并注意到式(5.10.7)和式(5.10.8)，得到一级近似解

① 一般系统定态波函数组成一定备集，系统任意波函数可按此集展开。

满足的方程①：

$$i\hbar \frac{da_m^{(1)}}{dt} = \sum_k a_k^{(0)} H'_{mk} e^{i\omega_{mk} t} = H'_{mn} e^{i\omega_{mn} t} \tag{5.10.10}$$

其解为

$$a_m^{(1)} = \frac{1}{i\hbar} \int_0^t H'_{mn} e^{i\omega_{mn} t} dt \tag{5.10.11}$$

而在一级近似下的跃迁几率则为

$$W_{mn} = \frac{1}{\hbar^2} \left| \int_0^t H'_{mn} e^{i\omega_{mn} t} dt \right|^2 \tag{5.10.12}$$

类似地，可以确定 a_k 的更高一级近似值，不过，当 H' 很小时，一般只需取一级近似。

5.10.2 两种典型跃迁

要进一步计算 W_{mn}，还必须知道微扰算符的具体形式，下面考虑两种典型情况。

(1)常微扰

如果微扰作用只发生在(0, t)时间间隔，且在此段时间内，H' 与时间无关，这种微扰叫做常微扰。这时，式(5.10.12)可化成

$$\begin{aligned} W_{mn} &= \frac{1}{\hbar^2} \left| H'_{mn} \int_0^t e^{i\omega_{mn} t} dt \right|^2 \\ &= \frac{1}{\hbar^2} |H'_{mn}|^2 \left| \frac{e^{i\omega_{mn} t} - 1}{i\omega_{mn}} \right|^2 \\ &= \frac{1}{\hbar^2} |H'_{mn}|^2 \, |e^{i\omega_{mn} t/2}|^2 \left| \frac{e^{i\omega_{mn} t/2} - e^{-i\omega_{mn} t/2}}{2i\omega_{mn}/2} \right|^2 \\ &= \frac{1}{\hbar^2} |H'_{mn}|^2 \frac{\sin^2(\omega_{mn} t/2)}{(\omega_{mn}/2)^2} \end{aligned} \tag{5.10.13}$$

上式右边最后一个因子可写成狄拉克 δ 函数(也称 δ 函数，参见附录)：

$$\frac{\sin^2(\omega_{mn} t/2)}{(\omega_{mn}/2)^2} \xrightarrow{t\to\infty} \pi t \delta(\omega_{mn}/2) = 2\pi t \delta(\omega_{mn}) \tag{5.10.14}$$

事实上，不难看出，

---

① 为了便于理解，也可以与上节类似：在 H' 前添加因子 λ，在式(5.10.9)右边各项添加相应的 λ 幂次($\lambda^{(n)}$)，然后代入式(5.10.5)，再比较两边 λ 的幂次得到各级近似方程，而在最终结果中则令 $\lambda=1$。

$$\frac{\sin^2 \alpha x}{\pi \alpha x^2} \xrightarrow{\alpha \to \infty} \begin{cases} \frac{(\alpha x)^2}{\pi \alpha x^2} = \frac{\alpha}{\pi} \to \infty & x = 0 \\ 0 & x \neq 0 \end{cases}$$

$$\int_{-\infty}^{\infty} \frac{\sin^2 \alpha x}{\pi \alpha x^2} \mathrm{d}x = \frac{1}{\pi} \int_{-\infty}^{\infty} \frac{\sin^2 \alpha x}{(\alpha x)^2} \mathrm{d}(\alpha x) = \frac{1}{\pi}\pi = 1$$

可见　$\lim\limits_{\alpha \to \infty} \frac{\sin^2 \alpha x}{\pi \alpha x^2}$满足$\delta$函数的定义，所以

$$\lim_{\alpha \to \infty} \frac{\sin^2 \alpha x}{\pi \alpha x^2} = \delta(x) \tag{5.10.15}$$

由此导出式(5.10.14)成立。于是，当t很大时，式(5.10.13)变换成

$$W_{mn} = \frac{2\pi t}{\hbar^2} |H'_{mn}|^2 \delta(\omega_{mn}) \tag{5.10.16}$$

而跃迁速率为

$$w_{mn} = \frac{\mathrm{d}W_{mn}}{\mathrm{d}t} = \frac{2\pi}{\hbar^2} |H'_{mn}|^2 \delta(\omega_{mn}) = \frac{2\pi}{\hbar} |H'_{mn}|^2 \delta(E_m - E_n) \tag{5.10.17}$$

它与时间无关，且只有在末态能量与初态能量相差不大时，才有显著跃迁。

对能量连续分布的情形，设$\rho(E_m)$是末态能量密度，则体系在E_m附近的$\mathrm{d}E_m$范围内的能态数目是

$$\rho(E_m)\mathrm{d}E_m \tag{5.10.18}$$

从而，跃迁到E_m附近一系列可能末态的跃迁速率为

$$w = \int \mathrm{d}E_m \rho(E_m) w_{mn} = \frac{2\pi}{\hbar} \rho(E_m) \ |H'_{mn}|^2 \tag{5.10.19}$$

(2)周期性微扰

一个单频周期性微扰可以写成

$$\hat{H}'(\boldsymbol{r}, t) = \hat{F}(\boldsymbol{r}) 2\cos\omega t = \hat{F}(\boldsymbol{rr})(\mathrm{e}^{\mathrm{i}\omega t} + \mathrm{e}^{-\mathrm{i}\omega t}) \tag{5.10.20}$$

将它代入跃迁振幅的一级近似式得

$$a_m^{(1)}(t) = \frac{1}{\mathrm{i}\hbar} \int_0^t H'_{mn} \mathrm{e}^{\mathrm{i}\omega_{mn} t} \mathrm{d}t \tag{5.10.21}$$

式中：　$$H'_{mn} = \int \psi_m^*(\boldsymbol{r}) \hat{H}'(\boldsymbol{r}, t) \psi_m(\boldsymbol{r}) \mathrm{d}\boldsymbol{r} = F_{mn}(\mathrm{e}^{\mathrm{i}\omega t} + \mathrm{e}^{-\mathrm{i}\omega t})$$

$$F_{mn} = \int \psi_m^*(\boldsymbol{r}) \hat{F}(\boldsymbol{r}) \psi_n(\boldsymbol{r}) \mathrm{d}\boldsymbol{r}$$

于是　$$a_m^{(1)}(t) = \frac{1}{\mathrm{i}\hbar} \left[F_{mn} \int_0^t \mathrm{e}^{\mathrm{i}(\omega_{mn} + \omega)t} \mathrm{d}t + F_{mn} \int_0^t \mathrm{e}^{\mathrm{i}(\omega_{mn} - \omega)t} \mathrm{d}t \right]$$

$$= -\frac{F_{mn}}{\hbar} \left[\frac{\mathrm{e}^{\mathrm{i}(\omega_{mn} + \omega)t} - 1}{\omega_{mn} + \omega} + \frac{\mathrm{e}^{\mathrm{i}(\omega_{mn} - \omega)t} - 1}{\omega_{mn} - \omega} \right] \tag{5.10.22}$$

由此可见，只有当外界扰动频率 ω 与系统固有频率 ω_{mn} 相当时，才有显著跃迁发生。对于体系与光相互作用的情形，若 $\omega\sim\omega_{mn}=\dfrac{E_m-E_n}{\hbar}$，那么体系将从较低能级 E_n 吸收光子跃迁到较高能级 E_m，若 $\omega\sim-\omega_{mn}=\dfrac{E_n-E_m}{\hbar}$，那么体系将从较高能级 E_n 放出光子跃迁到较低能级 E_m。在两种情况下，跃迁几率可以统一由下式给出：

$$
\begin{aligned}
W_{mn}&=|a_m^{(1)}|^2=\frac{|F_{mn}|^2}{\hbar^2}\left|\frac{\mathrm{e}^{\mathrm{i}(\omega_{mn}\pm\omega)t}-1}{\omega_{mn}\pm\omega}\right|^2\\
&=\frac{1}{\hbar^2}|F_{mn}|^2\ |\mathrm{e}^{\mathrm{i}(\omega_{mn}\pm\omega)t/2}|^2\left|\frac{\mathrm{e}^{\mathrm{i}(\omega_{mn}\pm\omega)t/2}-\mathrm{e}^{-\mathrm{i}(\omega_{mn}\pm\omega)t/2}}{2\mathrm{i}(\omega_{mn}\pm\omega)/2}\right|^2\\
&=\frac{1}{\hbar^2}|F_{mn}|^2\ \frac{\sin^2[(\omega_{mn}\pm\omega)t/2]}{[(\omega_{mn}\pm\omega)/2]^2}
\end{aligned}
\tag{5.10.23}
$$

式中：正号相应辐射光子，负号相应吸收光子。

为具体起见，下面讨论吸收光子情形，即 $\omega\sim\omega_{mn}=(E_m-E_n)/\hbar$。至于辐射光子情形，完全可以类似进行。

当时间 t 充分大时，只有 $\omega\sim\omega_{mn}$ 的入射光对 $E_n\to E_m$ 的跃迁才有显著贡献。这时

$$
W_{mn}=\frac{1}{\hbar^2}|F_{mn}|^2 2\pi t\delta(\omega_{mn}-\omega)
\tag{5.10.24}
$$

相应的跃迁速率则为

$$
w_{mn}=\frac{2\pi}{\hbar^2}|F_{mn}|^2\delta(\omega_{mn}-\omega)=\frac{2\pi}{\hbar}|F_{mn}|^2\delta(E_m-E_n-\hbar\omega)
\tag{5.10.25}
$$

5.10.3　光的发射与吸收

在光的照射下，原子可以吸收光而从较低能级跃迁到较高能级，也可以从较高能级跃迁到较低能级而放出光。这样的现象分别叫做光的吸收和受激辐射。原子在不受光照射时，还可以自发地从较高能级跃迁到较低能级而放出光来，这种现象叫做自发辐射。原子吸收或发射光的过程，也就是光子湮没或产生的过程。严格处理这类问题，要利用到量子电动力学，即需将电磁场量子化，这超出初等量子力学课程的要求。本节将采取较简单的形式，即用量子力学处理原子体系，而仍用经典电场波来描写光波。首先，根据微扰论一级近似方法计算光作用下原子的跃迁速率及其光谱线的选择定则，然后根据爱因斯坦的一个半唯象理论来讨论原子的发射和吸收系数。

(1)跃迁速率、选择定则

假设反射光是平面单色光，其电磁场强度为①

$$\boldsymbol{E}=\boldsymbol{E}_0\cos(\omega t-\boldsymbol{k}\cdot\boldsymbol{r})\qquad \boldsymbol{B}=\boldsymbol{k}\times\boldsymbol{E}/|\boldsymbol{k}| \tag{5.10.26}$$

式中：$\boldsymbol{E}_0$ 为振幅，ω 为角频率，$\boldsymbol{k}$ 为波矢，其方向即光的传播方向。

首先，由于磁场与电场对电子的作用之比近似为：

$$\left|\frac{e}{c}\boldsymbol{v}\times\boldsymbol{B}\right|\Big/|e\boldsymbol{E}|\sim\frac{v}{c}\ll 1 \tag{5.10.27}$$

因此，磁场作用可以不考虑。其次，由于可见光波长～(4000－7000)Å≫原子线度～1Å，故在原子大小范围内，电场可视为均匀电场，即

$$\boldsymbol{E}=\boldsymbol{E}_0\cos\omega t \tag{5.10.28}$$

于是，入射光对原子的作用势为

$$H'=-e\varphi=e\boldsymbol{E}\cdot\boldsymbol{r}=e\boldsymbol{E}_0\cdot\boldsymbol{r}\cos\omega t \tag{5.10.29}$$

式中：$-e$ 是电子电量。对照式(5.10.20)知

$$\hat{F}(\boldsymbol{r})=\frac{1}{2}e\boldsymbol{E}_0\cdot\boldsymbol{r} \tag{5.10.30}$$

将式(5.10.30)代入式(5.10.25)得跃迁速率为

$$\begin{aligned} w_{k'k}&=\frac{\pi}{2\hbar}|e\boldsymbol{r}_{k'k}|^2\,|\boldsymbol{E}_0|^2\cos^2\theta\delta(E_{k'}-E_k-\hbar\omega)\\ &=\frac{\pi}{2\hbar}|\boldsymbol{D}_{k'k}|\,|\boldsymbol{E}_0|^2\cos^2\theta\delta(E_{k'}-E_k-\hbar\omega) \end{aligned} \tag{5.10.31}$$

式中：$\boldsymbol{D}=-e\boldsymbol{r}$ 是电偶极矩；θ 是 $\boldsymbol{D}_{k'k}$ 与 $\boldsymbol{E}_0$ 的夹角；下标 k' 与 k 分别表示初态与末态。

由于体系含有大量原子，$\boldsymbol{D}_{k'k}$ 方向分布是元规的，从而 θ 也是无规的，因此应取其平均值，结果为

$$\overline{\cos^2\theta}=\frac{1}{4\pi}\int_0^{\pi}\cos^2\theta\sin\theta\mathrm{d}\theta\int_0^{2\pi}\mathrm{d}\varphi=\frac{1}{3}$$

所以

$$w_{k'k}=\frac{\pi}{6\hbar}|\boldsymbol{D}_{k'k}|^2E_0^2\delta(E_{k'}-E_k-\hbar\omega) \tag{5.10.32}$$

在实际情况下，入射光一般并非平面单色光，而是自然光，这时还需对入射光频率求积分。上式中的 E_0 可以由电磁波的能量密度确定，事实上

---

① 本节采用的是高斯单位制，高斯单位制与国际单位制的换算关系见附录。

$$\rho(\omega)=\frac{1}{8\pi}\overline{(E^2+B^2)}=\frac{1}{4\pi}\overline{E^2}=\frac{1}{4\pi}E_0^2\int_0^T\frac{1}{T}\cos^2\omega t\,\mathrm{d}t=\frac{1}{8\pi}E_0^2 \tag{5.10.33}$$

由此得
$$E_0^2=8\pi\rho(\omega) \tag{5.10.34}$$

于是，自然光引起的跃迁速率应为

$$\begin{aligned}w_{k'k}&=\int\mathrm{d}\omega 8\pi\rho(\omega)\frac{\pi}{6\hbar}\,|\boldsymbol{D}_{k'k}|^2\delta(E_{k'}-E_k-\hbar\omega)\\&=\int\mathrm{d}\omega 8\pi\rho(\omega)\frac{\pi}{6\hbar}\,|\boldsymbol{D}_{k'k}|^2\frac{1}{\hbar}\delta(\omega-\omega_{k'k})\qquad\left(\omega_{k'k}=\frac{E_{k'}-E_k}{\hbar}\right)\\&=\frac{4\pi^2}{3\hbar^2}\,|\boldsymbol{D}_{k'k}|^2\rho(\omega_{k'k})=\frac{4\pi^2e^2}{3\hbar^2}\,|\boldsymbol{r}_{k'k}|^2\rho(\omega_{k'k})\end{aligned} \tag{5.10.35}$$

利用原子在光作用下由初态 k 到末态 k' 的跃迁公式可以确定光谱线的选择定则。原子中的电子在辏力场的状态可以用三个量子数：主量子数 n、角量子数 l 和磁量数 m 来刻画。这时，相应的波函数为

$$\psi_{nlm}(r,\theta,\varphi)=R_{nl}(r)Y_{lm}(\theta,\varphi) \tag{5.10.36}$$

而初态 k 和末态 k' 各自对应 $\psi_{nlm}(r,\theta,\varphi)$ 和 $\psi_{n'l'm'}$。为了计算式(5.10.35)中的矩阵元 $\boldsymbol{r}_{k'k}=x_{k'k}\boldsymbol{i}+y_{k'k}\boldsymbol{j}+z_{k'k}\boldsymbol{k}$ ($\boldsymbol{i}$，$\boldsymbol{j}$，$\boldsymbol{k}$ 是在三个直角坐标轴上的单位矢量)，求出它们不同时为零的条件①，可以利用直角坐标与球坐标的关系：

$$\begin{aligned}x&=r\sin\theta\cos\varphi=\frac{r}{2}\sin\theta(\mathrm{e}^{\mathrm{i}\varphi}+\mathrm{e}^{-\mathrm{i}\varphi})\\y&=r\sin\theta\sin\varphi=\frac{r}{2i}\sin\theta(\mathrm{e}^{\mathrm{i}\varphi}-\mathrm{e}^{-\mathrm{i}\varphi})\\z&=r\cos\theta\end{aligned} \tag{5.10.37}$$

可见，计算 $\boldsymbol{r}$ 的矩阵元就归结为计算矩阵元

$$\begin{aligned}(r\cos\theta)_{n'l'm',\,nlm}&=\int\psi^*_{n'l'm'}r\cos\theta\psi_{nlm}\mathrm{d}\boldsymbol{r}\\&=\int R^*_{n'l'}(r)R_{nl}(r)r^3\mathrm{d}r\int Y^*_{l'm'}(\theta,\varphi)Y_{lm}(\theta,\varphi)\cos\theta\sin\theta\mathrm{d}\theta\mathrm{d}\varphi\\(r\sin\theta\mathrm{e}^{\pm\mathrm{i}\varphi})_{n'l'm',\,nlm}&=\int\psi^*_{n'l'm'}r\sin\theta\,\mathrm{e}^{\pm\mathrm{i}\varphi}\psi_{nlm}\mathrm{d}\boldsymbol{r}\\&=\int R^*_{n'l'}(r)R_{nl}(r)r^3\mathrm{d}r\int Y^*_{l'm'}(\theta,\varphi)Y_{lm}(\theta,\varphi)\sin\theta\mathrm{e}^{\pm\mathrm{i}\varphi}\sin\theta\mathrm{d}\theta\mathrm{d}\varphi\end{aligned}$$

---

① 若 $|\boldsymbol{r}_{k'k}|=0$，则在偶极近似下，便不可能实现此种跃迁。这样的跃迁称为禁戒跃迁。

(5.10.38)

由球谐函数的性质

$$\sin\theta e^{\pm i\varphi} Y_{lm} = \pm\sqrt{\frac{(l\mp m)(l\mp m-1)}{(2l-1)(2l+1)}} Y_{l-1,m\pm1} \mp \sqrt{\frac{(l\pm m+1)(l\pm m+2)}{(2l+1)(2l+3)}} Y_{l+1,m\pm1}$$

$$\cos\theta Y_{lm} = \sqrt{\frac{(l+1)^2-m^2}{(2l+1)(2l+3)}} Y_{l+1,m} + \sqrt{\frac{l^2-m^2}{(2l-1)(2l+1)}} Y_{l-1,m} \tag{5.10.39}$$

推得，只有当

$$l'=l\pm1,\ m'=m、m\pm1 \tag{5.10.40}$$

时，$\boldsymbol{r}$ 的矩阵元才不全为零。因此，电偶极辐射的选择定则为

$$\Delta l=l'-l=\pm1 \qquad \Delta m=m'-m=0,\ \pm1 \tag{5.10.41}$$

(2) 发射和吸收系数

上面将电磁场看作外界扰动，讨论了原子在光作用下于不同能级之间跃迁的问题。但对于自发辐射，这个方法将不再适用。因为，按照量子力学理论，没有外界扰动时，原子的哈密顿量是守恒量；这时，原子处于定态，不会发生跃迁。为了处理这一问题，需要将光看作光子。原子体系与光的作用，即电子与光子的作用，其严格理论当属量子电动力学范畴。为了仍然能够采用上面较为简单的方法，下面介绍爱因斯坦的一个半唯象理论。

为此，爱因斯坦引进三个系数：$A_{kk'}$、$B_{kk'}$ 和 $B_{k'k}$。$A_{kk'}$ 称为自发辐射系数，它表示不受光照射，原子在单位时间内由 k' 态自发跃迁到 k 态的几率。$B_{kk'}$ 称为受激辐射系数，$B_{k'k}$ 称为吸收系数。它们的意义是：若记光的强度(能量密度)为 $\rho(\omega)$，则单位时间内原子从 $k'(k)$ 态跃迁至 $k(k')$ 态并辐射(吸收)光子的几率应与 $\rho(\omega_{k'k})$ 成正比，其比例系数即 $B_{kk'}(B_{k'k})$。用公式表示为

$$w_{kk'}=B_{kk'}\rho(\omega_{k'k}) \qquad w_{k'k}=B_{k'k}\rho(\omega_{k'k}) \tag{5.10.42}$$

爱因斯坦利用物体与辐射场达到平衡的条件建立了这三个系数之间的关系。设原子处在能量为 ε_k 的 k 态和能量为 $\varepsilon_{k'}$ 的 k' 态的数目分别是 n_k 和 $n_{k'}$，则达到平衡时，单位时间内原子从 k 态跃迁至 k' 态的数目与原子从 k' 态跃迁至 k 态的数目应该相等，即

$$n_k B_{k'k}\rho(\omega_{k'k}) = n_{k'}(B_{kk'}\rho(\omega_{k'k})+A_{kk'}) \tag{5.10.43}$$

一般地，原子可看成近独立子系，它们服从玻尔兹曼分布(参见第六章)：

$$\frac{n_k}{n_{k'}}=\frac{e^{-\varepsilon_k/k_BT}}{e^{-\varepsilon_{k'}/k_BT}}=e^{\hbar\omega_{k'k}/k_B} \qquad \left(\omega_{k'k}=\frac{\varepsilon_{k'}-\varepsilon_k}{\hbar}\right) \tag{5.10.44}$$

结合式(5.10.43)和式(5.10.44)给出：

$$\rho(\omega_{k'k})=\frac{A_{kk'}}{\frac{n_k}{n_{k'}}B_{k'k}-B_{kk'}}=\frac{A_{kk'}}{e^{\hbar\omega_{k'k}/k_BT}B_{k'k}-B_{kk'}} \tag{5.10.45}$$

而平衡时辐射场的能谱分布遵守普朗克辐射公式：

$$\varepsilon(\nu)=\frac{8\pi h\nu^3}{c^3}\frac{1}{e^{h\nu/k_BT}-1} \tag{5.10.46}$$

由于式(5.10.45)和式(5.10.46)描写的是同一对象的同一规律，因此两者形式上应该一致，即

$$\rho(\omega)\,d\omega=\varepsilon(\nu)\,d\nu \tag{5.10.47}$$

注意到 $\omega=2\pi\nu$，$d\omega=2\pi d\nu$，$h=2\pi\hbar$，从上式推得

$$B_{k'k}=B_{kk'}\qquad A_{kk'}=\frac{4h\upsilon_{k'k}^3}{c^3}B_{kk'}=\frac{\hbar\omega_{k'k}^3}{\pi^2c^3}B_{kk'} \tag{5.10.48}$$

利用式(5.10.35)和式(5.10.42)，最后求出三个系数为

$$B_{kk'}=B_{k'k}=\frac{4\pi^2e^2}{3\hbar^2}|\boldsymbol{r}_{k'k}|^2$$

$$A_{kk'}=\frac{\hbar\omega_{k'k}^3}{\pi^2c^3}B_{k'k}=\frac{4e^2\omega_{k'k}^3}{3\hbar c^3}|\boldsymbol{r}_{k'k}|^2 \tag{5.10.49}$$

由此可知，自发辐射的选择定则与受激辐射和光的吸收相同。

5.11 例　　题

1. 证明：对任意两个力学量 A，B 均成立

$$\overline{(\Delta A)^2(\Delta B)^2}\geqslant\frac{1}{4}\left[\overline{\hat{A},\ \hat{B}}\right]^2$$

式中：横线表示对状态求平均(见式(5.4.37))，

$\Delta\hat{A}=\hat{A}-\overline{A}$，$\Delta\hat{B}=\hat{B}-\overline{B}$，由此导出测不准关系

$$\Delta x\Delta p_x\geqslant\frac{\hbar}{2}$$

证：考虑积分

$$I(\xi)=\int|\xi\hat{A}\psi+i\hat{B}\psi|^2\,dV\geqslant 0$$

式中：ξ 为任意实参数，ψ 为任意波函数。上式左边展开式为

$$I(\xi)=(\xi\hat{A}\psi+i\hat{B}\psi,\ \xi\hat{A}\psi+i\hat{B}\psi)$$

$$=\xi^2(\hat{A}\psi,\ \hat{A}\psi)+\mathrm{i}\xi(\hat{A}\psi,\ \hat{B}\psi)-\mathrm{i}\xi(\hat{B}\psi,\ \hat{A}\psi)+(\hat{B}\psi,\ \hat{B})$$

$$=\xi^2(\psi,\ \hat{A}^2\psi)+\mathrm{i}\xi(\psi,\ [\hat{A},\ \hat{B}]\psi)+(\psi,\ \hat{B}^2\psi)$$

$$=\xi^2\ \overline{A^2}+\xi(\psi,\ \mathrm{i}[\hat{A},\ \hat{B}]\psi)+\overline{B^2}$$

推导中利用了力学量算符 $\hat{A}$，$\hat{B}$ 的厄密性。令

$$\hat{C}=-\mathrm{i}[\hat{A},\ \hat{B}]$$

由

$$\hat{C}^+=\mathrm{i}\,[\hat{A},\ \hat{B}]^+=\mathrm{i}[\hat{B}^+,\ \hat{A}^+]=i[\hat{A},\ \hat{B}]=-\mathrm{i}[\hat{A},\ \hat{B}]=C$$

知 $\hat{C}$ 也是厄密算符

$$(\psi,\ i[\hat{A},\ \hat{B}]\psi)=-(\psi,\ \hat{C}\psi)=-\overline{C}$$

将上述结果代入 $I(\xi)$ 中，得

$$I(\xi)=\xi^2\ \overline{A^2}-\xi\overline{C}+\overline{B^2}\geqslant 0$$

根据代数中二次式理论，上面等式不等式成立的条件是

$$\overline{C}^2-4\ \overline{A^2B^2}\leqslant 0 \qquad \overline{A^2B^2}\geqslant\frac{1}{4}\left[\overline{\hat{A},\ \hat{B}}\right]^2$$

由于 $\Delta\hat{A}=\hat{A}-\overline{A}$，$\Delta\hat{B}=\hat{B}-\overline{B}$，而 $\overline{A}$，$\overline{B}$ 均为实数，因此 $\Delta\hat{A}$，$\Delta\hat{B}$ 也是厄密算符。上面条件对这两个厄密算符也应该成立，又

$$[\Delta\hat{A},\ \Delta\hat{B}]=[\hat{A},\ \hat{B}]$$

所以

$$\overline{(\Delta A)^2(\Delta B)^2}\geqslant\frac{1}{4}\left[\overline{\Delta\hat{A},\ \Delta\hat{B}}\right]^2=\frac{1}{4}\left[\overline{\hat{A},\ \hat{B}}\right]^2$$

特别地，若 $\hat{A}=x$，$\hat{B}=\hat{p}_x$，则 $[x\,\hat{p}_x]=\mathrm{i}\hbar$，于是

$$\overline{(\Delta x)^2(\Delta p_x)^2}\geqslant\frac{\hbar^2}{4}$$

此即测不准关系

$$\Delta x\Delta p_x\geqslant\frac{\hbar}{2}$$

2. 设势函数为

$$V(x)=\begin{cases}0 & (x<0,\ x>a)\\ V_0 & (0<x<a)\end{cases}$$

这样的势场称为一维方势垒(见图 5.5)。若能量为 $E<V_0$ 的粒子沿 x 轴正向射

向方势垒，按照经典力学观点，粒子将全部被反射而不能透过势垒。试利用量子力学理论确定粒子流的反射系数(j_r/j)和透射系数(j_d/j)。j为几率流密度：

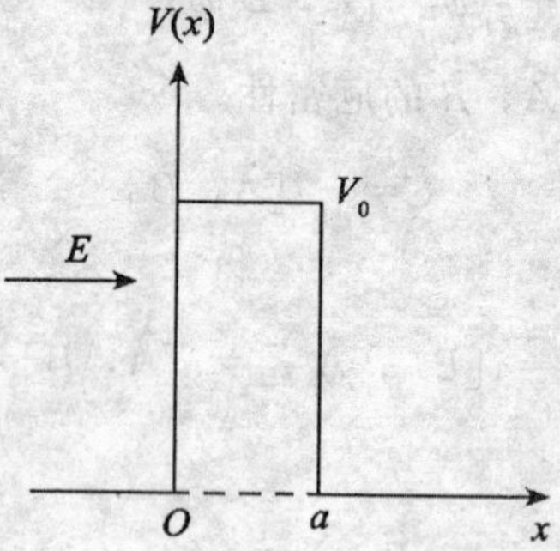

图 5.5

$$j=\frac{\hbar}{2m\mathrm{i}}\left(\psi^*\frac{\partial}{\partial x}\psi-\psi\frac{\partial}{\partial x}\psi^*\right)$$

解：粒子运动的薛定谔方程为

$$\frac{\mathrm{d}^2\psi}{\mathrm{d}x^2}+\frac{2mE}{\hbar^2}\psi=0\qquad(x<0,\ x>a)$$

$$\frac{\mathrm{d}^2\psi}{\mathrm{d}x^2}-\frac{2m(V_0-E)}{\hbar^2}\psi=0\qquad(0<x<a)$$

第一个方程的解为

$$\psi\sim\mathrm{e}^{\pm\mathrm{i}kx},\qquad k=\sqrt{2mE/\hbar^2}$$

粒子由左入射，对$x<0$，既有入射波，又有反射波；对$x>a$仅有透射波。所以

$$\psi(x)=\begin{cases}\mathrm{e}^{\mathrm{i}kx}+R\mathrm{e}^{-\mathrm{i}kx} & (x<0)\\ S\mathrm{e}^{\mathrm{i}kx} & (x<a)\end{cases}$$

由于反射和透射系数只与这些波的波幅有关，因此，为简单起见，这里取入射波幅为1，利用几率流密度计算式可得入射流密度：

$$j=\frac{\hbar}{2m\mathrm{i}}\left(\mathrm{e}^{-\mathrm{i}kx}\frac{\partial}{\partial x}\mathrm{e}^{\mathrm{i}ky}-\mathrm{e}^{\mathrm{i}kx}\frac{\partial}{\partial x}\mathrm{e}^{-\mathrm{i}kx}\right)=\frac{\hbar k}{m}=v$$

同理，反射流密度$|j_r|=|R|^2v$，透射流密度$j_d=|S|^2v$。

第二个方程的解为

$$\psi=A\mathrm{e}^{k'x}+B\mathrm{e}^{-k'x}\qquad k'=\sqrt{\frac{2m(V_0-E)}{\hbar^2}}$$

第一个方程和第二个方程的 ψ 和 $\frac{d\psi}{dx}$ 在边界 $x=0$ 和 $x=a$ 处应该连续，由此知，在 $x=0$ 处

$$1+R=A+B$$

$$\frac{ik}{k'}(1-R)=A-B$$

联立解得

$$A=\frac{1}{2}\left[\left(1+\frac{ik}{k'}\right)+R\left(1-\frac{ik}{k'}\right)\right] \qquad B=\frac{1}{2}\left[\left(1-\frac{ik}{k'}\right)+R\left(1+\frac{ik}{k'}\right)\right]$$

在 $x=a$ 处

$$Ae^{k'a}+Be^{-k'a}=Se^{ika} \qquad Ae^{k'a}-Be^{-k'a}=\frac{ik}{k'}Se^{ika}$$

联立解得

$$A=\frac{S}{2}\left[1+\frac{ik}{k'}\right]e^{ika-k'a} \qquad B=\frac{S}{2}\left[1-\frac{ik}{k'}\right]e^{ika+k'a}$$

比较 A 和 B 的两个表示式，有

$$\left(1+\frac{ik}{k'}\right)+R\left(1-\frac{ik}{k'}\right)=S\left(1+\frac{ik}{k'}\right)e^{ika-k'a}$$

$$\left(1-\frac{ik}{k'}\right)+R\left(1+\frac{ik}{k'}\right)=S\left(1-\frac{ik}{k'}\right)e^{ika+k'a}$$

从上面两式即可求出 R 和 S，最后得到：

透射系数

$$|S|^2=\frac{4k^2k'^2}{(k^2+k'^2)sh^2k'a+4k^2k'^2}$$

反射系数

$$|R|^2=\frac{(k^2+k'^2)^2sh^2k'a}{(k^2+k'^2)^2sh^2k'a+4k^2k'^2}$$

显见

$$|R|^2+|S|^2=1$$

可见，按照量子力学理论，透射系数一般不为零。粒子在其能量小于势垒高度 V_0 时仍能贯穿势垒的现象叫做隧道效应。

3. 定义函数

$$\delta(x)=\begin{cases}0 & (x\neq 0)\\ \infty & (x=0)\end{cases}$$

满足如下条件

$$\int_{-\infty}^{\infty} f(x)\delta(x)\,\mathrm{d}x = f(0)$$

称为狄拉克 δ 函数或 δ 函数。试证明连续谱的正交归一化条件可写成如下形式：

$$\int \psi_{\lambda'}^{*}\psi\lambda\,\mathrm{d}V = \delta(\lambda-\lambda')$$

证：若力学量算符 $\hat{A}$ 的本征值是连续谱，那么任一波函数应该可以表示成 $\hat{A}$ 的本征函数的线性叠加，对连续谱，ψ 的展开式为

$$\psi(\boldsymbol{r}) = \int c(\lambda)\psi_{\lambda}(\boldsymbol{r})\,\mathrm{d}\lambda$$

式中：$\psi_{\lambda}(\boldsymbol{r})$ 是属于 $\hat{A}$ 的本征值 λ 的本征函数

$$\hat{A}\psi_{\lambda} = \lambda\psi_{\lambda}$$

而 $c(\lambda)$ 应该具有概率振幅的意义，即 $|c(\lambda)|^{2}\mathrm{d}\lambda = \psi$ 态中 A 取值在 $(\lambda,\lambda+\mathrm{d}\lambda)$ 范围内的概率。

因此，有

$$\int \psi^{*}\psi\mathrm{d}V = \int c(\lambda)^{*}c(\lambda)\,\mathrm{d}\lambda = 1$$

另一方面

$$\int \psi^{*}\psi\mathrm{d}V \int \mathrm{d}V \int c(\lambda')^{*}\psi_{\lambda'}^{*}\,\mathrm{d}\lambda' \int c(\lambda)\psi_{\lambda}\,\mathrm{d}\lambda$$

$$= \iint c(\lambda')^{*}c(\lambda)\,\mathrm{d}\lambda'\mathrm{d}\lambda \int \psi_{\lambda'}^{*}\psi_{\lambda}\,\mathrm{d}V$$

要上面两式一致，必须

$$\int \psi_{\lambda'}^{*}\psi_{\lambda}\,\mathrm{d}V = \delta(\lambda-\lambda')$$

这就是连续谱本征函数的正交归一化条件。

4. 证明式(5.6.10)。

证：令

$$\hat{L}_{+} = \hat{L}_{x} + \mathrm{i}\hat{L}_{y} \qquad \hat{L}_{-} = \hat{L}_{x} - \hat{L}_{y}$$

不难验证：

$$\hat{L}_{z}\hat{L}_{+} = \hat{L}_{+}(\hat{L}_{z} + \hbar) \qquad \hat{L}_{z}\hat{L}_{-} = \hat{L}_{-}(\hat{L}_{z} - \hbar)$$

将上两式作用在 ψ_{lm} 上，得

$$\hat{L}_z\hat{L}_\pm \psi_{lm} = \hat{L}_\pm (\hat{L}_z \pm \hbar)\psi_{lm} = \hbar(m\pm 1)\hat{L}_\pm \psi_{lm}$$

这说明 $\hat{L}_\pm \psi_{lm}$ 也就是 $\hat{L}_z$ 的本征函数，对应的本征值分别为 $(m+1)\hbar$ 和 $(m-1)\hbar$。另外，我们知道，对应本征值 $(m+1)\hbar$ 的本征函数是 ψ_{lm+1}，对应本征值 $(m-1)\hbar$ 的本征函数是 ψ_{lm-1}，所以

$$\hat{L}_+ \psi_{lm} = C_{lm}\psi_{lm+1} \qquad \hat{L}_- \psi_{lm} = C'_{lm}\psi_{lm-1}$$

$\hat{L}_\pm$ 在以 $\hat{L}^2$，$\hat{L}_z$ 的共同本征函数为基矢构成的矩阵中的矩阵元：

$$(\hat{L}_+)_{l'm'lm} = \int \psi^*_{l'm'}\hat{L}_+ \psi_{lm}\,\mathrm{d}V = C_{lm}\int \psi^*_{l'm'}\,\mathrm{d}V = C_{lm}\delta_{l'l}\delta_{m'm+1}$$

$$(\hat{L}_-)_{l'm'lm} = \int \psi^*_{l'm'}\hat{L}_- \psi_{lm}\,\mathrm{d}V = C'_{lm}\delta_{l'l}\delta_{m'm-1}$$

考虑到

$$\hat{L}^2 = \hat{L}_x^2 + \hat{L}_y^2 + \hat{L}_z^2 = (\hat{L}_x + \mathrm{i}\hat{L}_y)(\hat{L}_x - \mathrm{i}\hat{L}_y) + \hat{L}_z^2 - \hbar\hat{L}_z = \hat{L}_+\hat{L}_- + \hat{L}_z^2 - \hbar\hat{L}_z$$

有

$$(L^2)_{mm} = [L_+L_-]_{mm} + (L_z^2)_{mm} - \hbar(L_z)_{mm}$$

即

$$\begin{aligned} l(l+1)\hbar^2 &= \sum_{m'}(L_+)_{mm'}(L_-)_{m'm} + m^2\hbar^2 - m\hbar^2 \\ &= (L_+)_{mm-1}(L_-)_{m-1m} + m^2\hbar^2 - m\hbar^2 \end{aligned}$$

由于 L_x 和 L_y 都是厄密矩阵，因此

$$\begin{aligned} (L_-)_{m-1m} &= (L_x - \mathrm{i}L_y)_{m-1m} = (L_x)_{m-1m} - \mathrm{i}(L_y)_{m-1m} \\ &= (L_x)^*_{mm-1} - \mathrm{i}(L_y)^*_{mm-1} = (L_x + \mathrm{i}L_y)^*_{mm-1} = (L_+)^*_{mm-1} \end{aligned}$$

代入上式得

$$l(l+1)\hbar^2 = |(L_+)_{m,m-1}|^2 + \hbar_2 m(m-1)$$

选取波函数适当相因子，使 $(L_+)_{mm-1}$ 为实数，于是

$$(L_+)_{m,m-1} = \hbar\sqrt{(l+m)(l-m+1)} = (L_-)_{m-1m}$$

由此得

$$C_{lm} = (L_+)_{m+1,m} = \hbar\sqrt{(l+m+1)(l-m)}$$

$$C'_{lm} = (L_-)_{m-1,m} = \hbar\sqrt{(l-m+1)(l+m)}$$

利用

$$\hat{L}_x = \frac{1}{2}(\hat{L}_+ + \hat{L}_-) \qquad \hat{L}_y = \frac{1}{2\mathrm{i}}(\hat{L}_+ - \hat{L}_-)$$

有

$$(L_x)_{m,m-1}=\frac{1}{2}[(L_+)_{m,m-1}+(L_-)_{m,m-1}]=\frac{\hbar}{2}\sqrt{(l+m)(l-m+1)}=(L_x)_{m-1,m}$$

$$(L_y)_{m,m-1}=\frac{1}{2\mathrm{i}}[(L_+)_{m,m-1}-(L_-)_{m,m-1}]=-\mathrm{i}\,\frac{\hbar}{2}\sqrt{(l+m)(l-m+1)}$$

$$=-(L_y)_{m-1,m}$$

此即式(5.6.10)。

5. 根据波函数的统计诠释，粒子在时刻 t 和位置 $\boldsymbol{r}$ 周围单位体积出现的几率(几率密度)

$$\rho(\boldsymbol{r},\ t)=\psi^*(\boldsymbol{r},\ t)\psi(\boldsymbol{r},\ t)$$

今定义

$$\boldsymbol{J}=\frac{\mathrm{i}\hbar}{2m}(\psi\,\nabla\psi^*-\psi^*\,\nabla\psi)$$

为几率流密度(矢量)。证明：

(1)几率守恒定律

$$\frac{\partial\rho}{\partial t}+\boldsymbol{\nabla}\cdot\boldsymbol{J}=0$$

(2)量子力学中的质量守恒定律 $\quad\dfrac{\partial\rho_m}{\partial t}+\boldsymbol{\nabla}\cdot\boldsymbol{J}_m=0$

和电荷守恒定律 $\quad\dfrac{\partial\rho_e}{\partial t}+\boldsymbol{\nabla}\cdot\boldsymbol{J}_e=0$

式中：$\rho_m=m\rho$，$\rho_e=e\rho$，$\boldsymbol{J}_m=m\boldsymbol{J}$，$\boldsymbol{J}_e=e\boldsymbol{J}$。$m$ 是粒子质量，e 是粒子电荷。

证：(1)将几率密度表达式两边对时间求导，得

$$\frac{\partial\rho}{\partial t}=\frac{\partial}{\partial t}(\psi^*\psi)=\psi^*\,\frac{\partial\psi}{\partial t}+\frac{\partial\psi^*}{\partial t}\psi$$

根据薛定谔方程有：

$$\mathrm{i}\hbar\,\frac{\partial\psi}{\partial t}=-\frac{\hbar^2}{2m}\boldsymbol{\nabla}^2\psi+V\psi$$

两边取复共轭并注意到势能是实数($V^*=V$)，得

$$-\mathrm{i}\hbar\,\frac{\partial\psi^*}{\partial t}=-\frac{\hbar^2}{2m}\boldsymbol{\nabla}^2\psi^*+V\psi^*$$

将上面两式中第一式左乘 ψ^*，第二式右乘 ψ 后相减给出

$$\mathrm{i}\hbar\left(\psi^*\,\frac{\partial\psi}{\partial t}+\frac{\partial\psi^*}{\partial t}\psi\right)=-\frac{\hbar^2}{2m}(\psi^*\,\boldsymbol{\nabla}^2\psi-\psi\,\nabla^2\psi^*)$$

$$=-\frac{\hbar^2}{2m}\nabla\cdot(\psi^*\,\boldsymbol{\nabla}\psi-\psi\boldsymbol{\nabla}^*\psi)$$

即
$$\frac{\partial}{\partial t}(\psi^* \psi)=\mathrm{i}\,\frac{\hbar}{2m}\nabla \cdot (\psi^* \boldsymbol{\nabla} \psi-\psi \boldsymbol{\nabla}^* \psi)$$

这便是几率守恒

$$\frac{\partial \rho}{\partial t}+\boldsymbol{\nabla} \cdot \boldsymbol{J}=0$$

的微分表达式，它与流体力学中的连续性方程具有相同的形式。

(2)将几率守恒定律微分表达式两边同乘粒子质量 m，得

$$\frac{\partial \rho_m}{\partial t}+\boldsymbol{\nabla} \cdot \boldsymbol{J}_m=0$$

这便是量子力学中的质量守恒定律。

式中：$\rho_m=m\rho$ 是质量密度，$\boldsymbol{J}_m=m\boldsymbol{J}$ 是质量流密度。

将几率守恒定律微分表达式两边同乘粒子电荷 e，得

$$\frac{\partial \rho_e}{\partial t}+\boldsymbol{\nabla} \cdot \boldsymbol{J}_e=0$$

这便是量子力学中的电荷守恒定律。

式中：$\rho_e=e\rho$ 是电荷密度，$\boldsymbol{J}_e=e\boldsymbol{J}$ 是电流密度。

6. 量子力学的理论表述常采用狄拉克符号，它是由狄拉克引进的，因其简洁方便，而被物理学界广泛使用。量子体系的微观状态用波函数描写，它们可以表示成一个抽象空间(希尔伯特空间)的矢量。这种矢量称为态矢，用狄拉克符号 $|\ \rangle$ 表示，叫做右矢；而它的共轭矢量①叫做左矢，用 $\langle\ |$ 表示。若将式(5.4.20)中的态函数 u 和 v 分别以右矢 $|u\rangle$ 和 $|v\rangle$ 代替，而式(5.4.20)则对应它们的标积(或内积)，试利用狄拉克符号来表示内积性质(式(5.4.21))和定义厄密共轭算符(式(5.4.22))。

解：设 $|u\rangle$ 和 $|v\rangle$ 是任意右矢。

(1)内积性质如下

$$\langle u \mid u\rangle \geqslant 0 \qquad \langle u \mid v\rangle^* = \langle v \mid u\rangle$$

$$\langle u \mid c_1 v_1 + c_2 v_2\rangle = c_1\langle u \mid v_1\rangle + c_2\langle u \mid v_2\rangle$$

$$\langle c_1 u_1 + c_2 u_2 \mid v\rangle = c_1 * \langle u_1 \mid v\rangle + c_2^* \langle u_2 \mid v\rangle$$

(2)厄密共轭算符定义如下：

若算符 $\hat{A}$ 与 $\hat{B}$ 满足

---

①　互相共轭的矢量分量为共轭复量。

$$\langle \hat{B}u \mid v\rangle=\langle \hat{A}^{+}u \mid v\rangle=\langle u \mid \hat{A}v\rangle$$

则 $\hat{B}$ 称为 $\hat{A}$ 的伴随算符，或厄密共轭算符，记作 $\hat{B}=\hat{A}^{+}$。

学科建立——量子力学的建立

19 世纪末和 20 世纪初，经典物理学理论已经发展得非常完善，但也存在不少经典理论难以解决的问题。几个主要的问题是：黑体辐射中的紫外发散困难；光电效应中的临界频率和光电子能量只与光的频率有关，而与光强无关；原子的线状光谱及其选择法则；原子的稳定性；固体与分子比热值和能量均分定理结果的差别等。量子理论正是在解决这些实践与经典物理学理论的矛盾中逐步建立起来的。

历史上，为了解决黑体辐射中的紫外发散困难，普朗克最先提出量子论。爱因斯坦利用普朗克的量子假设解释了光电效应现象，进一步提出了光量子概念。玻尔将量子概念运用到原子结构上，提出了原子的量子论，说明了原子的稳定性和光谱的规律。在玻尔理论的基础上，经过德布罗意、海森堡、薛定谔、狄拉克等人的努力最终创立了量子力学。量子力学原理引入统计物理建立了量子统计理论。爱因斯坦、德拜等人利用量子统计理论得到了与实验相符的固体(分子)比热值。

普朗克(Max Planck，1858—1947 年)1858 年 4 月 23 日出生于德国基尔城一个贵族家庭。父亲是基尔大学的法学教授。1874 年，普朗克中学毕业后，进入了慕尼黑大学，攻读数学和物理学，1878 年，毕业于慕尼黑大学。1885—1888 年任基尔大学理论物理学教授。1888 年，任柏林大学理论物理研究所负责人。1899 年任柏林大学理论物理学教授。1912 年，他成为普鲁士科学院常务院长。1926 年，他被选为英国皇家学会会员、苏联科学院的外籍院士。从 1930 年起，他担任柏林威廉皇帝研究所所长。二战结束后，该所迁到格丁根，命名为马克斯·普朗克研究所，普朗克任该所所长。1947 年 10 月 3 日，普朗克在格丁根逝世，终年 89 岁。

1900 年 10 月 19 日，普朗克在柏林物理学会集会上，报告了他依据维恩和瑞利-金斯两个公式，利用内插法得到的黑体辐射频谱分布公式，即普朗克公式。为了寻找隐藏在公式后面的物理实质，普朗克提出了一个大胆的具有革命性的假设：辐射体中线性谐振子的能量是不连续的，这些能量只能是某一最小能量(称为能量子)的整数倍，这个假设称为普朗克能量子假设。在这个假设中，普朗克提出了一个重要的常数，即普朗克常数。1900 年 12 月 14 日，普朗克在德国物理学会上报告了他的研究成果，宣布了这一划时代的发现，后来这一天被劳厄宣称为“量子论的诞生日”。

普朗克的伟大成就是创立了量子理论，它开辟了现代物理学发展的道路，结束了经典物理学一统天下的局面。他在量子假设中所提出的普朗克常数成了物理学中最重要的常数之一。普朗克因此获得了 1918 年诺贝尔物理学奖。

德布罗意(Louis de Broglie，1892—1987)出生在法国一个显赫的贵族家庭。中学毕业后进入巴黎大学攻读历史，1910 年获得历史学学士学位。他哥哥是一个 X 射线物理学家。受他哥哥和庞加莱著作的影响，对物理学产生了深厚的兴趣。第二次世界大战时，他曾在军队服役，战争结束后，他又继续从事物理学的研究工作，并在朗之万指导下攻读博士学位。

1923 年起，德布罗意把爱因斯坦关于光的波粒二象性的思想推广到所有的实物粒子，提出了实物粒子也具有波动性的设想，并于当年 9～10 月在《法国科学院通报》上先后发表了题为《波和量子》、《光量子衍射和干涉》、《量子、气体运动理论和费马原理》的三篇论文。1924 年他在博士论文《量子论的研究》中进一步提出了量子领域中所有实物粒子都具有波动性的假设。他把这种量子波称为相位波。论文还说明了相位波在物理学各领域中的具体应用。更完善地阐述了这一理论。

1927 年美国物理学家戴维森和革末、英国物理学家汤姆孙都从实验上验证了德布罗意关于物质波的理论。德布罗意波的理论，为量子力学的建立奠定了最直接的基础。为此，德布罗意和戴维森以及汤姆孙分享了 1937 年度的诺贝尔物理学奖。

海森堡(W. K. Heisenberg，1901—1976 年)1901 年 12 月 5 日生于德国维尔茨堡的一个中学老师家庭。1920 年海森堡进入慕尼黑大学，在索末菲那里受到了严格的数学物理训练。1923 年，海森堡和玻恩在格丁根一起用微扰法对氢原子进行精确的计算，但结果与实验差距很大。1924 年夏，玻恩尝试建立新量子力学，海森堡参与了这项工作。1925 年 4 月，海森堡从哥本哈根回到格丁根。随后，海森堡完成了一篇具有历史意义的论文——《关于运动学和力学关系的量子论新解释》。这是公认的矩阵力学的第一篇奠基性论文。1925年7月9日，海森堡把论文寄给泡利，在得到泡利的明确支持和鼓励之后，海森堡才把自己的手稿交给他的老师玻恩。然而海森堡有了新思想，找到了新方法，却没有掌握相应的数学工具。幸好玻恩的助手约丹(P. Jordan)是格丁根大学数学系的学生，精通矩阵理论。几天后他与玻恩成功地写出了重要论文——《关于量子力学》。与此同时，海森堡奋起直追，很快补上了有关矩阵的知识，并与玻恩、约丹合作写了著名的"三人文"——《量子力学》，完善并严格地表述了矩阵力学，成为矩阵力学的经典文献。它宣告了矩阵力学的诞生。

此外，海森堡从用薛定谔方程去描述云室中的电子遇到的困难，认识到经典力学中电子的轨迹这一提法不正确。在量子力学中，力学体系的一对共轭变量不可能同时具有确定值。这一结论称为海森堡测不准原理。测不准原理反映了微观粒子的波粒二象性，是物理学中又一条基本原理。

薛定谔(Erwin Schrödinger，1887—1961年)于1887年8月12日出生在奥地利维也纳，父亲是一位爱好科学的厂主。薛定谔11岁时入大学预科学习。1906—1910年在维也纳大学物理系学习。1910年他获得维也纳大学博士学位，次年在该大学物理研究所工作。1920年到耶鲁大学，在维恩实验室担任助手，1921年受聘于瑞士苏黎世大学，任数学物理学教授，波动力学就是在这一时期创建的。1927年他接替普朗克，任柏林大学理论物理学教授。

薛定谔是受爱因斯坦的启迪，通过对德布罗意的物质波论文的研究，于1926年创立波动力学的。1926年，薛定谔先后发表题为《量子化是本征值的问题》(共4篇)、《从微观力学到宏观力学的连续过渡》和《论海森堡、玻恩、约丹的量子力学和薛定谔的量子力学的关系》的论文。《量子化是本征值的问题》的第一篇建立了氢原子的定态薛定谔方程；第二篇建立了一般的薛定谔方程；第三篇论述了定态微扰理论及其应用；第四篇论述了含时微扰理论及其应用。《论海森堡、玻恩、约丹的量子力学和薛定谔的量子力学的关系》一文证明了矩阵力学和波动力学这两种形式的等效性，可以统称为量子力学。《从微观力学到宏观力学之间的连续过渡》，则给出了量子力学和牛顿力学之间的联系，指出在经典力学极限的情况下，薛定谔方程可以过渡到哈密顿方程。

由于波动力学运用的数学工具是偏微分方程，人们对它比较熟悉，也易于掌握，所以，波动力学从一开始就被广为使用，至今，波动力学仍被认为是量子力学的一种通用形式。

习　题　5

1. 求下列粒子德布罗意波长：①能量为 10eV 的电子；②能量为 1eV 的中子；③室温($T\sim300$K)下动能为 $3kT/2$ 的分子。

2. 氢原子中电子—质子间库仑吸引力远大于万有引力，求这两种力的比率。理论上，电子与中子间的万有引力也可以使它们形成类似于氢原子的构造，试求这种"引力原子"的基态半径公式及数值。

3. μ^-子电荷为$-$e，质量 $m_\mu=207m_e$，μ^-子与原子核(电荷 Ze)由于库仑吸引力的作用而形成类似氢原子的构造，称为 μ 原子，视原子核为点电荷，求 μ 原子的半径公式。

4. 设粒子波函数为 $\psi(x, y, z, t)$，求时刻 t 粒子处在$(x, x+\mathrm{d}x)$的概率。

5. 设粒子波函数为 $\psi(r, \theta, \varphi)$，求①在球壳$(r, r+\mathrm{d}r)$内找到粒子的概率；②在(θ, φ)方位的立体角 $\mathrm{d}\Omega$ 内找到粒子的概率。

6. 设粒子波函数为 $\psi(x)=A\mathrm{e}^{-\alpha^2x^2/2}$，试利用归一化条件确定 A。

7. 设粒子波函数为 $\psi(x)=A\sin\dfrac{\pi x}{a}$，试利用归一化条件确定 A。粒子在何处概率最大?

8. 证明基本对易式

$$[x\,\hat{p}_\alpha]=\mathrm{i}\hbar\delta_{x\alpha}\qquad[y,\ \hat{p}_\alpha]=\mathrm{i}\hbar\delta_{x\alpha}\qquad[z\,\hat{p}_\alpha]=\mathrm{i}\hbar\delta_{x\alpha}\qquad(\alpha=x,\ y,\ z)$$

9. 利用上面基本对易式，计算$[p_x, \hat{l}_y]$，$[p_x, \hat{l}_z]$，并写出另外几个下标轮换($x\to y\to z\to x$)公式。

10. 证明算符关系：

$$r\times\hat{l}+\hat{l}\times r=2\mathrm{i}\hbar r\qquad\hat{p}\times\hat{l}+\hat{l}\times\hat{p}=2\mathrm{i}\hbar\hat{p}$$

11. 设力学量 K 的算符可以表示成两个不对易算符之积：$\hat{K}=\hat{A}\hat{B}$。而 $\hat{A}$，$\hat{B}$ 的对易式为$[\hat{A}, \hat{B}]=1$。若记 $\hat{K}$ 的本征函数、本征值为 ψ_n，λ_n($n=1$，2，…)，试证明：函数 $\hat{A}\psi_n$，$\hat{B}\psi_n$ 如存在，则它们也是 $\hat{K}$ 的本征函数，本征值分别为(λ_n-1)，(λ_n+1)。

12. 设 $\hat{A}$，$\hat{B}$ 都是厄密算符，定义 $\hat{F}_\pm=\hat{A}\pm\mathrm{i}\hat{B}$，证明：$\hat{F}_\pm^+=\hat{F}_\mp$。

13. 证明：$\mathrm{i}(\hat{p}_x^2x-\hat{p}_x^2)$是厄密算符。

14. 设体系处在如下态：$\psi=\lambda_1 Y_{11}+\lambda_{-1}Y_{1-1}$，求 $\hat{l}_\alpha$ ($\alpha=x,\ y,\ z$)的可能值和 $\hat{l}^2$ 的本征值。

15. 证明：在 $\hat{l}_z$ 的本征态下，$\overline{l}_x=\overline{l}_y=0$。

16. 证明：对任意厄密算符 $\hat{F}$，成立$\overline{F^2}\geqslant 0$。

17. 设 $\psi_1(\boldsymbol{r},\ t)$ 和 $\psi_2(\boldsymbol{r},\ t)$ 是两个满足薛定谔方程波函数，证明 $\int_{全}\psi_1^*\psi_2\mathrm{d}\tau$ 之值与时间无关。

18. 证明：一维束缚态本征值都是非简并的。

19. 质量为 m 的粒子被限制在 $0<x<a$ 的无限深势阱运动，求它的束缚态能级和归一化波函数。

20. 粒子在下列势阱中运动，

$$V(x)=\begin{cases}\infty, & x\leqslant 0\\ -V_0, & 0<x<a\\ 0, & x\geqslant a\end{cases}$$

试求存在束缚态($E<0$)的条件和相应的能级方程。

21. 已知势函数为 $V(x)=\begin{cases}0, & x<0\\ V_0, & x>0\end{cases}$

具有动能 $E=\dfrac{\hbar^2k^2}{2m}$的粒子从左方入射，求反射系数和透射系数。

22. 利用分离变量法求二维各向同性谐振子的能级、定态波函数及各能级的简并度。二维各向同性谐振子的哈密顿算符为

$$\hat{H}=-\frac{\hbar^2}{2m}\left(\frac{\partial^2}{\partial x^2}+\frac{\partial^2}{\partial y^2}\right)+\frac{1}{2}m\omega^2(x^2+y^2)$$

23. 利用分离变量法求三维各向同性谐振子的能级、定态波函数及各能级的简并度。二维各向同性谐振子的哈密顿算符为

$$\hat{H}=-\frac{\hbar^2}{2m}\nabla^2+\frac{1}{2}m\omega^2(x^2+y^2+z^2)$$

24. 利用测不准关系估算谐振子基态能量。

25. 用测不准关系估算氢原子基态能量。

26. 证明 σ 的三个分量彼此反对易，即

$$\sigma_z\sigma_y+\sigma_y\sigma_z=0,\ \sigma_z\sigma_y+\sigma_y\sigma_z=0,\ \sigma_z\sigma_z+\sigma_z\sigma_z=0$$

27. 令 $P_\pm=\dfrac{1}{2}(1+\sigma_z)$，证明：

$$P_+ + P_- = 1, \ P_+^2 = P_+, \ P_-^2 = P_-, \ P_+ P_- = P_- P_+ = 0$$

28. 证明：总角动量算符 $\hat{\boldsymbol{j}} = \hat{\boldsymbol{l}} + \hat{\boldsymbol{s}}$ 满足角动量算符一般对易式

$$\hat{\boldsymbol{j}} \times \hat{\boldsymbol{j}} = \mathrm{i}\hbar \hat{\boldsymbol{j}}$$

29. 证明：$(\sigma_x + \mathrm{i}\sigma_y)^2 = 0$，$(\sigma_x - \mathrm{i}\sigma_y)^2 = 0$。

30. 证明：(1) $[\hat{j}^2, \hat{j}_\alpha] = 0$，$[\hat{l}^2, \hat{j}_\alpha] = 0$　　$(\alpha = x, y, z)$；

(2) $[\hat{j}^2, \hat{l}^2] = 0$，$[\hat{\boldsymbol{j}}, \hat{\boldsymbol{s}} \cdot \hat{\boldsymbol{l}}] = 0$，$[\hat{l}^2, \hat{\boldsymbol{s}} \cdot \hat{\boldsymbol{l}}] = 0$。

31. 写出二电子体系的对称自旋波函数(自旋三重态)和反对称自旋波函数(自旋单态)。

32. 证明：二电子体系的自旋三重态和自旋单态分别是二电子体系的总自旋平方量算的本征函数，求出相应的本征值。

33. 证明自旋单态和三重态 χ_{00}，χ_{11}，χ_{10}，χ_{1-1} 都是 σ_1、σ_2 的本征态，本征值分别为 1 和 -3。

34. 一维谐振子处在基态：

$$\psi(x) = \sqrt{\frac{\alpha}{\pi^{1/2}}} \mathrm{e}^{-\alpha^2 x^2/2}$$

求：(1) 势能平均值

$$\overline{U} = \int \psi^* U \psi \mathrm{d}x = \frac{1}{2} m\omega^2 \overline{x^2} = \frac{1}{2} m\omega^2 \int \psi^* x^2 \psi \mathrm{d}x$$

(2) 动能平均值

$$\overline{T} = \int \psi^* T \psi \mathrm{d}x = \frac{1}{2m} \overline{p^2} = -\frac{\hbar^2}{2m} \int \psi^* \frac{\mathrm{d}^2}{\mathrm{d}x^2} \psi \mathrm{d}x$$

(3) 动量的几率分布函数

$$c(p) = \int \varphi_p^* \psi \mathrm{d}x \quad \varphi_p = \frac{1}{\sqrt{2\pi\hbar}} \mathrm{e}^{\mathrm{i}px/\hbar}$$

式中：φ_p 是动量本征函数。

35. 已知一维粒子波函数是

$$\psi(x) = \begin{cases} \lambda x \mathrm{e}^{-\alpha x} & x \geqslant 0 \\ 0 & x < 0 \end{cases}$$

其中 $\alpha > 0$，求粒子动量的几率分布函数及其平均动量。

36. 一粒子在硬壁球形空腔中运动，势能为

$$V(r)=\begin{cases}\infty & r\leqslant a\\ 0 & r>a\end{cases}$$

求粒子的能级与定态波函数。

37. 证明一个非厄密的线性算符总可以分解成两个厄密算符之和。

38. 证明施瓦茨(Schwarz)不等式：

$$|\langle u|v\rangle^2<\langle u|u\rangle\langle vv\rangle$$

式中：$|u\rangle$, $|v\rangle$是任意两个态矢量。

39. 在国际单位制中，写出式(5.10.26)和式(5.10.27)的表达式。

40. 令 $\boldsymbol{s}=\boldsymbol{s}_1+\boldsymbol{s}_2$，这里 $\boldsymbol{s}_1$ 和 $\boldsymbol{s}_2$ 是两个自旋为 1/2 的粒子的自旋算符。试求 $\boldsymbol{s}^2$ 和 s_z 的共同本征函数，并证明这些函数也是 $\boldsymbol{s}_1\cdot\boldsymbol{s}_2$ 的本征函数。

41. 一个自旋为 $\hbar/2$，自旋磁矩为 μ 的粒子，在一个只与时间有关的磁场 $\boldsymbol{B}(t)$中运动，其哈密顿算符为

$$\hat{H}=\hat{H}_0+\hat{H}'=\frac{1}{2m}\left(\hat{\boldsymbol{p}}-\frac{q}{c}\boldsymbol{A}\right)^2+q\varphi-\mu\boldsymbol{B}\cdot\boldsymbol{\sigma}$$

试写出粒子整体波函数中空间部分和自旋部分各自满足的波动方程。

42. 设上题中磁场沿 x 正方向，$t=0$ 时，电子处在$\sigma_z=1$ 的本征态。求任意时刻 $t(>0)$时，电子自旋波函数。

43. 当 $t=0$ 时，电子在一个均匀恒定磁场 $\boldsymbol{B}$ 中，自旋沿 z 轴方向取值 1/2，$\boldsymbol{B}$ 与 z 轴间夹角为θ。求时刻 t 时，电子自旋沿 z 轴方向取值$\pm 1/2$ 的几率各是多少?

44. 求自旋算符在($\cos\alpha$，$\cos\beta$，$\cos\gamma$)方向的投影

$$\hat{s}_n=\hat{s}_x\cos\alpha+\hat{s}_y\cos\beta+\hat{s}_z\cos\gamma$$

的本征值和所属的本征函数。在这些本征态中，测量 $\hat{s}_z$ 有哪些可能值？这些可能值各以多大的几率出现？$\hat{s}_z$ 的平均值是多少?

45. 一个非简并二能级系统受到外界微扰，在未微扰本征态的矩阵表示为

$$H=H_0+H'=\begin{bmatrix}E_1^{(0)}+c & b\\ b & E_2^{(0)}+c\end{bmatrix}$$

式中：c，b 为实数，并且远小于($E_2^{(0)}-E_1^{(0)}$)。求能级二级微扰近似值及其精确值，并比较两种结果。

46. 某物理体系在未微扰时有两条能级：$E_1^{(0)}$ 和 $E_2^{(0)}$($>E_1^{(0)}$)，其中 $E_2^{(0)}$ 是二度简并的。受到外界微扰后，体系哈密顿算符在未微扰本征态的矩阵表

示为

$$H=\begin{bmatrix} E_1^{(0)} & a & b \\ a^* & E_2^{(0)} & 0 \\ b^* & 0 & E_2^{(0)} \end{bmatrix}$$

求能级二级微扰近似值及其精确值，并比较两种结果。

47. 如果不把类氢原子的核当作点电荷，而是当作半径为 r_0、电荷均匀分布的小球，计算这种核电荷分布效应对类氢离子基态能级的一级微扰修正。

48. 若把电子间相互作用当作微扰，试确定氦原子(或类氦离子)基态能量的近似值。

49. 双原子分子的转动可看作一个三维自由转子，其哈密顿算符为 $\hat{H}_0=\hat{L}^2/2I$，I 是转子转动惯量。设转动受到微扰 $\hat{H}'=a\cos\theta$ 作用(θ 是转子与 z 轴夹角，α 是常数)，试确定其能级及简并度并求基态能级的二级近似修正。

50. 在 $t=0$ 时将处于基态的电荷为 q、质量为 m 的一维谐振子突然置入恒定电场 ξ 中，求谐振子受此微扰后跃迁到激发态的几率。

51. 在 $t=0$ 时将处于基态的氢原子置入电场 $\xi(t)=\xi\sin\omega t$ 中(ξ 及 ω 均为常数)，求能使原子电离的最小角频率 ω 和每单位时间原子被电离的几率。电离后电子的波函数可近似用平面波表示。

第 6 章　近独立粒子体系

本章内容包括宏观物体的统计规律、近独立粒子体系、近独立粒子体系的三种分布及麦克斯韦速度分布律等。

6.1　宏观物体的统计规律

6.1.1　随机变量

数学上有两类不同的变量。一类取值确定，比如：以速度 v 运动的粒子的路程，1 秒后取值 v，2 秒后取值 $2v$，3 秒后取值 $3v$……一类取值不确定，比如：扔钱币。若设出现正面，取值 1，出现反面，取值 -1，那么扔 1 次，可以出现 1，也可以出现 -1，扔 2 次，可以出现 1，也可以出现 -1……不过，如果钱币制作均匀，则出现 1 和 -1 的概率相等。这样的变量叫做随机变量。一般说来，在一定条件下以一定概率(几率)随机取值的变量都叫做随机变量。

一个随机变量 X 所有可能取的值 x_i 是有限个($i=1, 2, \cdots, n$)或可数无限个($i=1, 2, \cdots$)，这种随机变量叫做离散型随机变量。x_i 取各个可能值的概率(几率)为

$$\rho_i=\rho(X=x_i), \qquad i=1, 2, \cdots \tag{6.1.1}$$

它满足条件：

$$\rho_i\geqslant 0, \qquad \sum_i \rho_i=1 \tag{6.1.2}$$

一个随机变量的可能取值连续分布在空间某一区域，这种随机变量叫做连续型随机变量。它所取的值落在体积元 $d\Omega$ 内的几率为

$$\rho d\Omega \tag{6.1.3}$$

ρ 称为几率密度或(几率)分布函数，它满足

$$\rho\geqslant 0, \qquad \int \rho d\Omega=1 \tag{6.1.4}$$

随机变量及其性质是从微观结构上探讨宏观物体热性质的一种重要数学方法。

6.1.2　宏观物体的统计规律

统计物理学是从物质的微观结构出发，即从组成它们的原子、分子等微观粒子的运动及其相互作用出发，去研究宏观物体热性质的科学。力学上研究粒子和粒子组的运动，可以根据初始条件求解其运动方程来进行。但一个宏观物体是由大量微观粒子组成的。比如，一摩尔气体就含有大约 6×10^{23} 个分子。理论上求解数目如此巨大的运动方程和实验上确定这么多粒子的初始条件都是不可能的。然而，尽管从物质微观结构的角度来看，宏观物体是相当复杂的，但经验和事实均告诉我们，宏观物体的热性质却遵从确定而简单的规律。这种规律虽然是以宏观物体存在大量微观粒子为先决条件，但又决非其个别运动的简单机械的累积。它们是由于大量自由度的出现而导致的性质上全新的规律性。比如，气体对容器壁的压强是气体分子对器壁碰撞的结果。单个分子在碰撞瞬间动量发生改变而对器壁产生冲力。单位时间、单位面积器壁所受到的大量气体分子的平均冲量便是气体对容器壁的压强。虽然单个分子施与器壁的压力由于其运动的无规则性是涨落不定的，但大量分子对器壁碰撞的平均效果，即气体的压强却是完全确定的，遵守理想气体的状态方程。

统计物理学认为，系统宏观状态与微观状态之间的联系具有统计性质，在一定宏观条件下，虽然某一微观状态的出现具有偶然性，但它出现的几率却是确定的。所有宏观上可观测的物理量都是相应微观量的统计平均值。比如：一摩尔氦气的热力学能就是所有组成一摩尔氦气的氦原子运动总能量的统计平均值。虽然单个氦原子的运动是无规则的，但是在一定温度下，运动处在一定速度区间的氦原子数目却是确定的。因此，一定温度下一摩尔氦气的热力学能也是确定的。宏观上可观测的物理量与相应微观量的关系，在数学上可以表述为：若一个系统有 n 个微观状态，每个微观状态出现的几率是 ρ_i，那么一个微观量 u 的统计平均值

$$\overline{u}=\sum_{i=1}^{n}\rho_i u_i \tag{6.1.5}$$

即宏观上所测量到的值。

可见，微观量是一个随机变量，相应的宏观量则是它的统计平均值。而统计物理学的一个基本任务就是确定任何依赖于热力学系统微观状态的物理量取不同值的几率(或统计权重)。

6.1.3 物理量的涨落

由于统计物理学给出的只是表征宏观物体性质的物理量的平均值，因此，在某一个时刻观测到的值与平均值之间有可能存在偏差。我们把它叫做这个量的涨落或起伏。显然，一个量 u 的线性偏差的平均值为零：

$$\overline{(\Delta u)}=\overline{(u-\overline{u})}=\overline{u}-\overline{u}=0 \tag{6.1.6}$$

所以，作为偏差大小的量度，我们应该取二次偏差的平均值(均方涨落)。于是

$$\overline{(\Delta u)^2}=\overline{(u-\overline{u})^2}=\overline{u^2-2u\overline{u}+\overline{u}^2}=\overline{u^2}-\overline{u}^2 \tag{6.1.7}$$

上式表明，一个量的均方涨落等于这个量平方的平均值与其平均值平方的差。为了真实描写一个表征宏观物体性质的物理量实际涨落的程度，更有意义的是这个量的相对涨落，即

$$\sqrt{\overline{(\Delta u)^2}}\,/\,\overline{u} \tag{6.1.8}$$

可以证明，一般情况下，一个表征宏观物体的物理量相对涨落的大小与此宏观物体所含粒子数 N 的平方根同数量级

$$\sqrt{\overline{(\Delta u)^2}}\,/\,\overline{u}\approx 1/\sqrt{N} \tag{6.1.9}$$

由此可见，物理量的相对涨落随着其所表征的宏观物体的尺寸增加而迅速减少。比如，对 1 摩尔物质

$$N\approx 10^{23}$$

$$\sqrt{\overline{(\Delta u)^2}}\,/\,\overline{u}\approx 10^{-11} \tag{6.1.10}$$

这个值是极其微小的。这就是为什么在充分长时间间隔内，实验上观察到的任何一个表征宏观物体的物理量实际上都是常数(等于它的平均值)，而极少表现出任何明显偏差的原因。所以，统计物理学给出的规律是完全可靠的。

6.2 近独立粒子体系

6.2.1 热力学系统

热力学研究的对象叫做热力学系统，简称系统。一个热力学系统与周围环境(外界)的联系一般可分为三种：①完全没有相互作用，此系统被称为孤立系统；②有热量交换，这时外界可以看做一个大热源，此系统又被称为闭(合)系

(统)；③既有热量交换，又有粒子交换，这时外界可以看做一个大热源兼粒子源，此系统又被称为开(放)系(统)。

描写一个热力学系统的状态通常有两种方式：宏观描写和微观描写。利用宏观参量(比如：体积、压强等)来描写系统状态的方法叫做宏观描写，这样确定的状态叫做宏观态；以量子力学为基础来描写系统状态的方法叫做微观描写，这样确定的状态叫做微观态或量子态。应该注意的是，一个微观态对应一个宏观态，但一个宏观态一般可对应多个微观态。

6.2.2　粒子(系统)的经典力学描写

在经典力学中，微观粒子的运动被认为遵守经典力学的规律。粒子(系统)任一时刻的状态由它们的广义坐标和广义动量描写。一个具有 f 个自由度的粒子，它的运动状态由 f 个广义坐标 q_i 和 f 个广义动量 p_i 确定。它们满足哈密顿正则运动方程

$$\dot{q}_i=\frac{\partial H}{\partial p_i}\qquad \dot{p}_i=-\frac{\partial H}{\partial q_i}\qquad (i=1,\ 2,\ \cdots,\ f) \tag{6.2.1}$$

式中：H 为粒子的哈密顿量。一个由 N 个这样的粒子组成的系统，自由度 $s=Nf$。体系的微观状态由 s 个广义坐标和 s 个广义动量确定，它们满足 s 个形如式(6.2.1)的方程。为了形象地描写粒子(系统)的运动状态，通常引入一 $2f$ $(2s)$ 维空间，其中 $f(s)$ 个坐标代表广义坐标 (q_i)，$f(s)$ 个坐标代表广义动量 (p_i)。这样的空间叫做相空间(或相宇)。相空间中一点代表粒子(系统)一个运动状态，称为代表点。时间变化时，粒子(系统)的运动状态也发生变化，代表点相应地在相空间移动形成一条轨道(相轨道)，它由方程(6.2.1)确定。描写粒子运动状态的相空间叫 μ 空间(μ 宇)，描写系统运动状态的相空间叫 Γ 空间(Γ 宇)。显然，Γ 宇中一点相当于 μ 宇 N 个点的总体。处于保守力场中的粒子(系统)的能量在运动中保持不变，即哈密顿量是一个运动积分：

$$H(q_1,\ q_2,\ \cdots,\ q_n;\ p_1,\ p_2,\ \cdots,\ p_n)=E(\text{常数}) \tag{6.2.2}$$

它代表 $n=2f(2s)$ 维相宇中的一个曲面，叫做能量曲面。方程(6.2.1)也常称为能量曲面方程。

在经典力学中，刻画粒子(系统)性质的物理量通常取连续值，而粒子是可以分辨的。这种建立在经典力学基础上的统计理论称为经典统计。

6.2.3 粒子(系统)的量子力学描写

在量子力学中，粒子的运动状态用量子态描写，相应的物理量可以取分立值，全同粒子具有不可分辨性。在这种基础上建立的统计力学称为量子统计。用来刻画量子态的一组参数叫量子数。完全确定一个量子态所需量子数的数目一般等于它的自由度。比如：一维谐振子的自由度等于1，在经典力学中用它的坐标表示，在量子力学中则是用出现在能量表示式的量子数 n 表示。又如：自由转子的自由度等于2，在经典力学中用它的极角 θ，φ 表示，在量子力学中则是用角量子数 L 和磁量子数 m 表示。

6.2.4 全同粒子体系

具有相同物理性质的同类粒子，比如一组电子，叫做全同粒子。由全同粒子组成的体系叫做全同粒子体系。在经典力学中，对同类粒子，即使其物理性质相同，我们也能根据粒子的轨迹来追踪、辨认它们。因此，在经典力学中粒子是可以分辨的。

在量子力学中，由于物质的波动性，依靠跟踪其轨迹的办法来辨认同类粒子已成为不可能。全同粒子的这种完全不可分辨性在研究由同类粒子组成的系统(全同粒子体系)时有着重要的意义。对全同粒子体系，交换任意两个粒子所得到的量子态都是相同的。这意味着，系统波函数具有交换对称性。若记 $\Psi(q_1, \cdots, q_i, \cdots, q_j, \cdots, q_N)$ 为 N 个全同粒子所组成系统的波函数，交换第 i 个和第 j 个粒子后波函数为 $\Psi(q_1, \cdots, q_j, \cdots, q_i, \cdots, q_N)$。

由于它们描写同一量子态，因此应有

$$\Psi(q_1, \cdots, q_j, \cdots, q_i, \cdots, q_N)=\lambda\Psi(q_1, \cdots, q_i, \cdots, q_j, \cdots, q_N) \tag{6.2.3}$$

式中：λ 为一常数。

再把它们交换一次，又有

$$\Psi(q_1, \cdots, q_i, \cdots, q_j, \cdots, q_N)=\lambda^2\Psi(q_1, \cdots, q_i, \cdots, q_j, \cdots, q_N) \tag{6.2.4}$$

所以

$$\lambda^2=1, \qquad \lambda=\pm 1 \tag{6.2.5}$$

从而

$$\Psi(q_1, \cdots, q_j, \cdots, q_i, \cdots, q_N)=\pm\Psi(q_1, \cdots, q_i, \cdots, q_j, \cdots, q_N) \tag{6.2.6}$$

由此可知，任意交换一对粒子，全同粒子体系波函数或者保持不变(对称波函数)，或者改变符号(反对称波函数)。实验表明，全同粒子体系波函数的交换对称性与粒子的自旋有确定关系。自旋为整数的粒子，波函数是对称的，这种粒子叫做玻色子；自旋为半整数的粒子，波函数是反对称的，这种粒子叫做费米子。波函数反对称性是泡利不相容原理的要求。这个原理指的是：不可能有两个(或更多个)粒子同时处在同一量子态。由此可见，费米子遵守泡利不相容原理①，而玻色子则不然。

6.2.5　近独立粒子体系

对一个实际的热力学系统，组成此系统的微观粒子通常都存在相互作用。利用统计物理学方法计算这种系统的热力学量是相当困难的。作为一种极限情况，理论上分析得最多的是一种特殊的系统，即由近独立粒子组成的系统。如果组成一个系统的微观粒子间相互作用能与粒子本身的能量相比可以忽略不计，这样的体系就叫做近独立粒子体系。近独立粒子体系实际上就是一种广义上的理想气体。若粒子为分子(原子)，系统即通常的理想气体。若粒子为电子，其系统即电子气体(一种费米气体)。若粒子为光子，其系统即光子气体(一种玻色气体)。不考虑粒子间相互作用的费米气体和玻色气体又统称为量子理想气体。

6.3　近独立粒子体系的分布

6.3.1　等几率原理

如果一个系统不与外界发生任何联系，这样的系统被称为孤立系统。对于一个孤立系统，由于其不受外界影响，我们没有任何理由期待某个微观态要比其他微观态更易于发生。一个合理的假设是：系统各个可能的微观态出现的几率都相等。这个假设叫做等几率原理。

由于孤立系统总是自发地从非平衡态趋向平衡态，而绝不能自发地离开平衡态，因此，平衡态是几率最大的状态，它称为最可几态。

---

① 两个粒子处在同一量子态时，其反对称波函数恒为零，说明遵守泡利不相容原理。

6.3.2 热力学几率

考虑一个等间距排列的 N 个自旋非零的同类粒子组成的系统(自旋系统)①。假设粒子由于自旋而具有固有磁矩 μ。若 $s=1/2$，则 μ 在外磁场 B 中只存在两种取向：与磁场平行或反平行，分别相应于 $s_z=1/2$(自旋向上)、$s_z=-1/2$(自旋向下)。由此，每个粒子附加有能量 $\mp\mu B$，而此自旋系统的能量为

$$E(n)=n(-\mu B)+(N-n)\mu B=(N-2n)\mu B \tag{6.3.1}$$

式中：n 为 N 个粒子中磁矩取向与外磁场平行的粒子数。对每一给定的 n，系统有确定的能量 $E(n)$，代表系统一个可能的宏观态。不过，相应这个宏观态，一般却不止一个微观态。事实上，由于每个粒子有两个态(自旋向上和向下)，N 个粒子共有 2^N 个微观态。在这 2^N 个微观态中，n 个粒子都处在自旋向上的态，而 $N-n$ 个粒子都处在自旋向下的态的方式有：

$$W_n=\begin{pmatrix}N\\n\end{pmatrix}=\frac{N!}{n!\ (N-n)!} \tag{6.3.2}$$

因此，对应能量 $E(n)$ 的宏观态，微观态数是 W_n。我们称这个微观态数为相应宏观态的热力学几率。显然，当 $n=N$ 时，只存在一个微观态，热力学几率最小。这时，所有粒子自旋方向相同，系统处在完全有序态。当 $n=N/2$ 时，热力学几率最大②。这时，自旋向上和向下的粒子数相等，系统处在完全无序态。对 $N/2<n<N$ 的其他情形，系统处在部分有序的居间状态。由此可见，热力学几率是系统有序或无序的量度。

6.3.3 玻尔兹曼关系

玻尔兹曼将孤立系统的熵与其热力学几率联系起来，给出如下关系式

$$S=k\ln W \tag{6.3.3}$$

式中：k 为玻尔兹曼常数。上式便是著名的玻尔兹曼关系。

我们知道，发生在孤立系统中的过程是绝热过程。根据熵增加原理，系统在绝热过程中的熵永不减少。系统从非平衡态变成平衡态的过程是一个不可逆

---

① 这 N 个粒子虽是全同粒子，但它们被固定在各自位置上，仍可据此予以分辨。这样的粒子叫做定域粒子。

② 这里为简单起见，假设 N 为偶数。

过程，系统在不可逆绝热过程中的熵总是增加的。因此，系统达到平衡时熵达到极大值，根据玻尔兹曼关系式，这时系统的热力学几率也达到极大值。可见，平衡态是最可几态。

玻尔兹曼关系建立了宏观上可观测的熵与系统微观性质间的联系。基于玻尔兹曼关系可以推得，孤立系统在实际所发生的过程中熵总是增加的，在平衡态熵达到极大值。

6.3.4　近独立粒子体系的最可几分布

如果把近独立粒子体系当做一个孤立系统，那么利用平衡态是最可几态，即系统的熵(或热力学几率)应取极大值这一条件，便可确定近独立粒子体系平衡态分布。所以，这一分布又称为最可几分布，这种方法又称为最可几方法，它是由玻尔兹曼建立的。

确定相应系统某一宏观状态的热力学几率 W 等价于计算实现这一宏观状态的微观方式数目。假设近独立粒子体系由同一种粒子组成(全同粒子体系)，$\{n_l\}$为体系中粒子数的某一分布。它表示处在能量为 ε_l、简并度为 g_l 的第 l 个能级上的粒子数为 n_l。显然，实现这一粒子数分布的方式数目就是系统处在相应宏观状态的热力学几率，即

$$W=\prod_l W_l \tag{6.3.4}$$

式中：W_l 表示将 n_l 个粒子填充在 g_l 个能量均为 ε_l 的不同量子态上的方式数目。

为了具体计算 W_l，我们形象地将量子态比做盒子，将粒子比做球。这样，确定 W_l 就等同确定有多少种方法将 n_l 个球放进 g_l 个盒中。

对于费米系统(由费米子组成的系统)，粒子遵守泡利不相容原理，一个量子态至多有一个粒子。在这种情况下，问题变成：如果一个盒子最多只能放一个球，问将 n_l 个球放到 g_l 个盒子共有多少种方法？我们可以将 g_l 个盒子分成两组，一组 n_l 个，每个盒中放一个球，另一组 g_l-n_l 个，每个盒都是空的。显然，这种划分的方式数目为

$$W_l=\binom{g_l}{n_l}=\frac{g_l!}{n_l!\ (g_l-n_l)!} \tag{6.3.5}$$

于是

$$W=\prod_l W_l=\prod_l \frac{g_l!}{n_l!\ (g_l-n_l)!} \tag{6.3.6}$$

对于玻色系统(由玻色子组成的系统)，没有泡利不相容原理的限制，一个量子态能容纳任意多个粒子。这种情况下的 W_l 可以借助图 6.1 分析得到。

|○○○| |○|○○|

盒中球数任意的情况下，将 6 个球放入 4 个盒中的一种方法。这时第一个盒(自左至右)有 3 个球，第 2 个盒空，第 3 个盒有 1 个球，第 4 个盒有 2 个球

图 6.1

图中双杆||表示盒，圈 ○ 表示球。杆和圈的任意一种排列代表了把球分配到盒中的一种方式。因此，将 n_l 个球分配到 g_l 个盒中的方式数目(即 W_l)应为

$$W_l=\binom{g_l+n_l-1}{n_l}=\frac{(g_l+n_l-1)!}{n_l!\ (g_l-1)!} \tag{6.3.7}$$

于是

$$W=\prod_l W_l=\prod_l \frac{(g_l+n_l-1)!}{n_l!\ (g_l-1)!} \tag{6.3.8}$$

上面提到的两类系统(费米系统和玻色系统)都属于量子系统，组成此系统的全同粒子是不可分辨的。这时要计算的 W_l 是在不同条件下把 n_l 个完全不可分辨的球分配到 g_l 个可分辨的盒中所有可能的方式数目。如果系统中的粒子是可分辨的，如固体，它的每个原子只能在其平衡位置附近做微小振动，因而是可分辨的。这时要计算的 W_l 则是把 n_l 个可分辨的球分配到 g_l 个可分辨的盒中所有可能的方式数目。由于每个球均有 g_l 个选择方式，因此 n_l 个球共有 $g_l^{n_l}$ 种分配方式。另外还应注意，因为粒子的可分辨性，将 N 个粒子(N 为系统粒子总数)按分布 $\{n_l\}$ 分配到各个能级中又有 $\dfrac{N!}{\prod_l n_l!}$ 种方法，所以系统热力学几率为

$$W=\frac{N!}{\prod_l n_l!}\prod_l g_l^{n_l} \tag{6.3.9}$$

另一方面，当 $g_l \gg n_l$ 时，一个单粒子态被多于一个粒子所占据的几率非常小，这时，泡利不相容原理实际不起作用，费米系统和玻色系统的热力学几率应趋近同一极限。由式(6.3.6)和式(6.3.8)不难看出，其极限均是①

① 事实上 $\prod_l \dfrac{g_l!}{n_l!\ (g_l-n_l)!}=\prod_l \dfrac{g_l(g_l-1)\cdots(g_l-n_l+1)}{n_l!}\approx\prod_l \dfrac{g_l^{n_l}}{n_l!}$

$\prod_l \dfrac{(g_l+n_l-1)!}{n_l!\ (g_l-1)!}=\prod_l \dfrac{(g_l+n_l-1)(g_l+n_l-2)\cdots g_l}{n_l!}\approx\prod_l \dfrac{g_l^{n_l}}{n_l!}$

$$\frac{1}{\prod_l n_l!}\prod_l g_l^{n_l} \tag{6.3.10}$$

为了满足这一要求，式(6.3.9)需修正为

$$W=\frac{1}{\prod_l n_l!}\prod_l g_l^{n_l} \tag{6.3.11}$$

这意味着，在计算这样的系统的热力学几率时，我们应该把由 N 个粒子交换而产生的 $N!$ 个态看做一个态，即部分考虑粒子的全同性。

至此，我们已经完全确定了费米系统、玻色系统和粒子是可分辨的系统的热力学几率(式(6.3.6)、式(6.3.8)、式(6.3.11))，从而也就确定了系统的熵

$$S=k\ln W \tag{6.3.12}$$

由统计物理学的基本原理可知，一个孤立系统达到平衡时，它的熵取极大值，即 $\delta S=0$，或等价地 $\delta\ln W=0$。下面，我们据此推导系统的平衡态分布。

对费米系统，由式(6.3.6)有

$$\ln W=\sum_l\left[\ln g_l!\ -\ln n_l!\ -\ln(g_l-n_l)!\right] \tag{6.3.13}$$

利用斯特令公式

$$\ln N!\approx N(\ln N-1)\qquad (N\gg 1) \tag{6.3.14}$$

可以将式(6.3.13)化成

$$\ln W=\sum_l\left[g_l\ln g_l-n_l\ln n_l-(g_l-n_l)\ln(g_l-n_l)\right]$$

从而

$$\delta\ln W=\sum_l\ln\frac{g_l-n_l}{n_l}\delta n_l=0 \tag{6.3.15}$$

对于孤立系统，它的总粒子数和总能量有确定值

$$\sum_l n_l=N\qquad \sum_l n_l\varepsilon_l=E \tag{6.3.16}$$

因此

$$\sum_l\delta n_l=0\qquad \sum_l\varepsilon_l\delta n_l=0 \tag{6.3.17}$$

这是一个带有约束条件(6.3.17)求极值的问题，可以利用拉格朗日乘子法。将(6.3.17)中第一式乘以 $-\alpha$，第二式乘以 $-\beta$ 与(6.3.15)式相加得

$$\sum_l\left[\ln\frac{g_l-n_l}{n_l}-\alpha-\beta\varepsilon_l\right]\delta n_l=0 \tag{6.3.18}$$

根据拉格朗日乘子的性质，有

$$\ln\frac{g_l-n_l}{n_l}-\alpha-\beta\varepsilon_l=0$$

即 $$n_l=\frac{g_l}{e^{\alpha+\beta\varepsilon_l}+1} \tag{6.3.19}$$

这就是费米 - 狄拉克(FD) 分布，它表示费米系统第 l 个能级上的(平均) 粒子数。

对玻色系统，由式(6.3.8) 知

$$\begin{aligned}\ln W&=\sum_l\left[\ln(g_l+n_l-1)!\ -\ln n_l!\ -\ln(g_l-1)!\right]\\&=\sum_l\left[(g_l+n_l-1)\ln(g_l+n_l-1)-n_l\ln n_l-(g_l-1)\ln(g_l-1)\right]\end{aligned} \tag{6.3.20}$$

对最可几分布

$$\delta\ln W=\sum_l\left[\ln(g_l+n_l-1)\delta n_l-\ln n_l\delta n_l\right]=\sum_l\ln\frac{g_l+n_l}{n_l}\delta n_l=0 \tag{6.3.21}$$

式中：$g_l+n_l\gg1$。此时，式(6.3.17) 同样成立，利用拉格朗日乘子法得

$$\sum_l\left[\ln\frac{g_l+n_l}{n_l}-\alpha-\beta\varepsilon_l\right]\delta n_l=0 \tag{6.3.22}$$

从而 $$\ln\frac{g_l+n_l}{n_l}-\alpha-\beta\varepsilon_l=0$$

即 $$n_l=\frac{g_l}{e^{\alpha+\beta\varepsilon_l}-1} \tag{6.3.23}$$

它表示玻色系统第 l 个能级上的(平均) 粒子数，叫做玻色 — 爱因斯坦(BE) 分布。

若记

$$\zeta_l=\pm g_l\ln(1\pm e^{-\alpha-\beta\varepsilon_l}) \tag{6.3.24}$$

则有

$$\overline{n_l}=n_l=-\frac{\partial\zeta_l}{\partial\alpha} \tag{6.3.25}$$

定义 ζ 函数为

$$\zeta=\sum_l\zeta_l=\pm\sum_l g_l\ln(1\pm e^{-\alpha-\beta\varepsilon_l}) \tag{6.3.26}$$

式中："+" 号适用费米子，"—" 号适用玻色子。利用这个 ζ 函数可以得到玻色系统或费米系统的内能、粒子数、广义力及熵①

① 下面熵的表示式因需应用到系综理论，故证明从略。

$$\bar{N}=\sum_l n_l=-\sum_l \frac{\partial \zeta_l}{\partial \alpha}=-\frac{\partial \zeta}{\partial \alpha}$$

$$U=\bar{E}=\sum_l n_l\varepsilon_l=\sum_l \frac{\varepsilon_l g_l}{e^{\alpha+\beta\varepsilon_l}\pm 1}=-\frac{\partial}{\partial \beta}\sum_l\left[\pm g_l\ln(1\pm e^{-\alpha-\beta\varepsilon_l})\right]$$

$$=-\frac{\partial}{\partial \beta}\sum_l \zeta_l=-\frac{\partial \zeta}{\partial \beta}$$

$$\overline{X_j}=-\overline{\frac{\partial E}{\partial x_j}}=-\frac{1}{\beta}\frac{\partial}{\partial x_j}\sum_l\left[\pm g_l\ln(1\pm e^{-\alpha-\beta\varepsilon_l})\right]=-\frac{1}{\beta}\frac{\partial \zeta}{\partial x_j}$$

$$S=k\left(\zeta-\alpha\frac{\partial \zeta}{\partial \alpha}-\beta\frac{\partial \zeta}{\partial \beta}\right) \tag{6.3.27}$$

利用上面的式子便可以计算系统的其他热力学函数。

对粒子是可分辨的情形，由式(6.3.11)知

$$\ln W=\sum_l\left[n_l\ln g_l-\ln n_l!\right]=\sum_l\left[n_l\ln g_l-n_l(\ln n_l-1)\right] \tag{6.3.28}$$

对最可几分布，有

$$\delta\ln W=\sum_l \ln\frac{g_l}{n_l}\delta n_l=0 \tag{6.3.29}$$

考虑到条件(6.3.17)并利用拉格朗日乘子法，得

$$\ln\frac{g_l}{n_l}-\alpha-\beta\varepsilon_l=0$$

即

$$n_l=g_l e^{-\alpha-\beta\varepsilon_l} \tag{6.3.30}$$

它表示第 l 个能级上的粒子数，这就是玻尔兹曼分布。

6.4　玻尔兹曼统计的适用范围

6.4.1　对应定律

微观粒子的运动虽然遵守量子力学规律，不过，如果量子效应比较小，我们便可以利用半经典近似来处理问题。也就是说，粒子的运动仍然可以看做沿着相空间中某些确定的轨道进行，不过，这些轨道并非经典力学所允许的一切轨道，而只是其中满足量子化条件的那些轨道(量子化轨道)。这些量子化轨道与量子力学中的量子态相对应。这种对应关系可以由测不准原理确定。比如，一个做一维运动的粒子，它有一个自由度，粒子状态由其坐标 q 和动量 p 描写，于是根据测不准关系，粒子坐标测量的不确定度 Δq 和粒子动量测量的不

确定度 Δp 满足

$$\Delta q\Delta p \cong h \tag{6.4.1}$$

这说明一个可以分辨的运动状态所占相体积元 $\Delta q\Delta p$ 的大小为 h，或者说大小为 h 的相体积元中只能有一个量子态。将这个结果加以推广，即得到对应定律：对于一个具有 f 个自由度的粒子，每一个可能的量子态对应大小为 h^f 的一个相体积元。

利用对应定律，可以将粒子(系统）的微观状态由量子力学中用量子态来描写，转变成经典力学中用坐标与动量来描写。于是，在应用统计物理学理论的有关公式，比如计算一个微观量的统计平均值时，我们就有可能将对量子态的求和用对坐标与动量的积分来代替。这无疑在数学处理上带来了极大的方便。

6.4.2 玻尔兹曼统计的适用范围

在近独立粒子体系的三种分布中，玻尔兹曼分布具有纯粹指数函数的形式，这就使我们在实际应用中比较容易进行数学处理。不过，玻尔兹曼分布本质上并非完全量子的，它有一定的适用范围。下面我们就来较为细致地讨论一下玻尔兹曼统计的适用范围。

首先，如果粒子是可以分辨的，那么对于这样的系统，玻尔兹曼统计当然能够适用。比如固体，它的每个原子只能在其平衡位置附近做微小振动。像这样被固定在各自位置上的粒子叫做定域粒子，由定域粒子组成的系统叫做定域系统。定域粒子可以依据其位置加以区别，因此定域粒子是可分辨的粒子。对定域系统，玻尔兹曼统计就能适用。

其次，对同一种粒子组成的系统，若

$$e^{\alpha} \gg 1 \tag{6.4.2}$$

则有①

$$g_l \gg n_l \tag{6.4.3}$$

它表明，一个单粒子态被多于一个粒子所占据的几率非常小，泡利不相容原理实际不起作用，玻色-爱因斯坦分布和费米-狄拉克分布都趋于玻尔兹曼分布。可见，条件(6.4.2)和不考虑微观粒子的全同性这一条件是一致的。因此，可以将式(6.4.2)看做玻尔兹曼分布律的适用条件。将式(6.3.30)对所有能级求和便得到系统的粒子总数

---

① 这是因为 $e^{\alpha+\beta\varepsilon_l} > e^{\alpha} \gg 1$。

$$N=\sum_l g_l e^{-\alpha-\beta\varepsilon_l}$$

即

$$e^{\alpha}=\frac{1}{N}\sum_l g_l e^{-\beta\varepsilon_l} \tag{6.4.4}$$

一个粒子的能量 ε_l 为它的平动能量 $\varepsilon_j{}^t$ 及内在运动能量 $\varepsilon_k{}^i$ 之和。设平动能级 $\varepsilon_j{}^t$ 中有 $g_j{}^t$ 个量子态(即简并度为 $g_j{}^t$)，内在运动能级 $\varepsilon_k{}^i$ 中有 $g_k{}^i$ 个量子态(简并度为 $g_k{}^i$)，那么式(6.4.4)可写成

$$e^{\alpha}=\frac{1}{N}\sum_j g_j^t e^{-\beta\varepsilon_j^t}\sum_k g_k^i e^{-\beta\varepsilon_k^i} \tag{6.4.5}$$

通常粒子内在运动的最低能级与次低能级一般相差较大，可以认为粒子的内在运动都处在最低能级 $\varepsilon_0{}^i$。若取 $\varepsilon_0{}^i=0$，则式(6.4.5)中的第二个和式近似为一常数。因此，对它们的求和表现为在式(6.4.5)中相应增添一个因子 η。于是

$$e^{\alpha}=\frac{\eta}{N}\sum_j g_j^t e^{-\beta\varepsilon_j^t} \tag{6.4.6}$$

粒子的平动有 3 个自由度，利用对应定律

$$\sum_j g_j^t \leftrightarrow \frac{1}{h^3}\int d\omega=\frac{1}{h^3}\int\cdots\int dx\,dy\,dz\,dp_x\,dp_y\,dp_z \tag{6.4.7}$$

有

$$e^{\alpha}=\frac{\eta}{N}\frac{1}{h^3}\int d\omega\, e^{-\frac{\beta}{2m}(p_x^2+p_y^2+p_z^2)}=\frac{\eta}{N}\frac{V}{h^3}(2\pi mkT)^{3/2} \tag{6.4.8}$$

计算中用到了

$$\int dx\,dy\,dz=V \qquad \int_{-\infty}^{\infty}e^{-\lambda t^2}\,dt=\sqrt{\frac{\pi}{\lambda}} \tag{6.4.9}$$

V 是系统所占有的空间体积。因此，若要条件(6.4.2)得以成立，必须

$$\frac{\eta V}{Nh^3}(2\pi mkT)^{3/2}\gg 1 \tag{6.4.10}$$

上式指出了玻尔兹曼统计适用的范围。由此可见，只要系统的温度不太低，粒子数密度不太高，粒子质量不太小，玻尔兹曼统计就能适用。事实上，对通常原子或分子气体，这个条件总是成立的(见表 6.1)。因此，我们可以用玻尔兹曼统计来描写一般气体(见表 6.1)。但对一些特殊气体，如金属中的电子气体、固体中的声子气体、辐射场中的光子气体，条件(6.4.2)或式(6.4.10)不再能满足，玻尔兹曼统计也不再适用。这样的气体称为简并性气体。

表 6.1　　几种气体在 1 个大气压下沸点时的 e^{α} ($\eta=1$)

气体	He	H_2	Ne	Ar
1 个大气压下的沸点(K)	4.2	20.3	27.2	87.4
e^{α}	7.7	1.4×10^2	9.1×10^3	4.8×10^5

6.4.3　简并温度

由式(6.4.10)可以确定一个界限温度

$$T_0=\frac{h^2}{2\pi mk}\left(\frac{N}{\eta V}\right)^{\frac{2}{3}} \tag{6.4.11}$$

它称为简并温度。当 $T<T_0$ 时，系统是简并化的，此时气体称为简并性气体；而 $T=0K$ 时，气体称为完全简并性气体。

6.5　麦克斯韦速度分布律

理想气体是近独立粒子体系。如前节所述，玻尔兹曼统计对此系统是适用的。根据玻尔兹曼分布，系统第 l 个能级上的粒子数为

$$n_l=g_l e^{-\alpha-\beta\varepsilon_l} \tag{6.5.1}$$

将上式对各能级求和得出理想气体分子总数

$$N=\sum_l n_l=\sum_l g_l e^{-\alpha-\beta\varepsilon_l} \tag{6.5.2}$$

利用对应定律

$$\sum_l g_l \leftrightarrow \frac{1}{h^f}\int d\omega \tag{6.5.3}$$

式中：f 是分子自由度，式(6.5.2)变成

$$N=\int dn=\frac{1}{h^f}\int e^{-\alpha-\beta\varepsilon}\,d\omega \tag{6.5.4}$$

由此知

$$e^{-\alpha}=\frac{Nh^f}{\int e^{-\beta\varepsilon}\,d\omega} \tag{6.5.5}$$

将式(6.5.5)代入式(6.5.4)，得

$$dN=\frac{N}{\int e^{-\beta\varepsilon}\,d\omega}e^{-\beta\varepsilon}\,d\omega \tag{6.5.6}$$

分子的能量 ε 可分成两部分：一部分是分子质心的能量 ε_0，一部分是分子内在运动能量 ε_i。于是

$$\varepsilon=\varepsilon_0+\varepsilon_i \qquad \mathrm{d}\omega=\mathrm{d}p_x\mathrm{d}p_y\mathrm{d}p_z\mathrm{d}x\mathrm{d}y\mathrm{d}z\mathrm{d}\omega_i \tag{6.5.7}$$

将式(6.5.7) 对所有可能的内在运动状态积分后，我们得到分子质心处在坐标间隔($\boldsymbol{r}$，$\boldsymbol{r}+\mathrm{d}\boldsymbol{r}$) 和动量间隔($\boldsymbol{p}$，$\boldsymbol{p}+\mathrm{d}\boldsymbol{p}$) 内的分子数

$$\mathrm{d}N=\frac{N\mathrm{e}^{-\beta\varepsilon_0}\mathrm{d}p_x\mathrm{d}p_y\mathrm{d}p_z\mathrm{d}x\mathrm{d}y\mathrm{d}z}{\int\mathrm{e}^{-\beta\varepsilon_0}\mathrm{d}p_x\mathrm{d}p_y\mathrm{d}p_z\mathrm{d}x\mathrm{d}y\mathrm{d}z} \tag{6.5.8}$$

在无外场的情况下，分子质心的能量即它的平动能

$$\varepsilon_0=\frac{1}{2m}(p_x^2+p_y^2+p_z^2) \tag{6.5.9}$$

将上式代入式(6.5.8)完成对坐标的积分，并利用式(6.4.9)，我们就得到质心动量处在($\boldsymbol{p}$，$\boldsymbol{p}+\mathrm{d}\boldsymbol{p}$)内的分子数

$$\mathrm{d}N=N\left(\frac{\beta}{2\pi m}\right)^{\frac{3}{2}}\mathrm{e}^{-\frac{\beta}{2m}(p_x^2+p_y^2+p_z^2)}\mathrm{d}p_x\mathrm{d}p_y\mathrm{d}p_z\text{①} \tag{6.5.10}$$

由于

$$\boldsymbol{p}=m\boldsymbol{v} \qquad \mathrm{d}\boldsymbol{p}=m^3\mathrm{d}\boldsymbol{v} \tag{6.5.11}$$

故式(6.5.10)可写成

$$\mathrm{d}N=N\left(\frac{m}{2\pi kT}\right)^{\frac{3}{2}}\mathrm{e}^{-\frac{m}{2kT}(v_x^2+v_y^2+v_z^2)}\mathrm{d}v_x\mathrm{d}v_y\mathrm{d}v_z\text{②} \tag{6.5.12}$$

上式表示气体分子质心速度分布，称为麦克斯韦速度分布率。若只考虑质心速度的大小，而不考虑速度的方向，则需将式(6.5.12)写成球坐标形式然后对方位角积分。注意到

$$\int_0^{\pi}\sin\theta\mathrm{d}\theta\int_0^{2\pi}\mathrm{d}\phi=4\pi \tag{6.5.13}$$

得

$$\mathrm{d}N=4\pi N\left(\frac{m}{2\pi kT}\right)^{\frac{3}{2}}\mathrm{e}^{-\frac{m}{2kT}v^2}v^2\mathrm{d}v \tag{6.5.14}$$

它表示分子质心速率在(v，$v+\mathrm{d}v$) 的分子数，称为麦克斯韦速率分布。

利用式(6.5.14) 和微观量统计平均值的定义式(6.1.5)，不难得到气体分子运动的三种特征速率：平均速率 $\bar{v}$，方均根速率 $\sqrt{\overline{v^2}}$ (见表 6.2) 和最可几速率 v_p。它们分别是：

---

① 此处 $\mathrm{d}\boldsymbol{p}=\mathrm{d}p_x\mathrm{d}p_y\mathrm{d}p_z$

② $\mathrm{d}\boldsymbol{v}=\mathrm{d}v_x\mathrm{d}v_y\mathrm{d}v_z$。

$$\bar{v}=\int_0^{\infty}4\pi\left(\frac{m}{2\pi kT}\right)^{\frac{3}{2}}v^3\mathrm{e}^{-\frac{mv^2}{2kT}}\mathrm{d}v=\sqrt{\frac{8kT}{\pi m}}$$

$$\sqrt{\overline{v^2}}=\left[\int_0^{\infty}4\pi\left(\frac{m}{2\pi kT}\right)^{\frac{3}{2}}v^4\mathrm{e}^{-\frac{mv^2}{2kT}}\mathrm{d}v\right]^{\frac{1}{2}}=\sqrt{\frac{3kT}{m}}$$

$$v_p=\sqrt{\frac{2kT}{m}} \tag{6.5.15}$$

表 6.2　**几种气体分子 0℃ 时的方均根速率(m/s)**

气体	分子量	$\sqrt{\overline{v^2}}$	气体	分子量	$\sqrt{\overline{v^2}}$
氢气	2.016	1838	二氧化碳	44.010	393
氦气	4.003	1305	氪气	83.80	285
水蒸气	18.016	615	氙气	131.30	228
氖气	20.183	581	汞蒸气	200.59	184
氮气	32.000	493	空气	28.97	485
氧气	39.948	461	电子气	5.486×10^{-4}	1.1144×10^{5}
氩气	44.010	413			

最可几速率是速率分布函数

$$F(v)=4\pi N\left(\frac{m}{2\pi kT}\right)^{\frac{3}{2}}\mathrm{e}^{-\frac{m}{2kT}v^2}v^2 \tag{6.5.16}$$

取极大值，即

$$\frac{\mathrm{d}F(v)}{\mathrm{d}v}=0 \tag{6.5.17}$$

时相应的速率值。

由式(6.5.16)和式(6.5.17)即得式(6.5.15)第三式。以上三种特征速率的比值是

$$\sqrt{\overline{v^2}}:\bar{v}:v_p=\sqrt{\frac{3}{2}}:\frac{2}{\sqrt{\pi}}:1 \tag{6.5.18}$$

6.6　例　　题

1. 一个双原子分子的运动通常包括分子质心的平动、两个原子绕质心的

转动和原子间相对振动。试写出一个刚性双原子分子(即不考虑原子间的相对振动)的能量曲面方程，并计算能量曲面所包围的相体积。

解：刚性双原子分子的哈密顿量为

$$H=\frac{p^2}{2m}+\frac{1}{2I}\left(p_\theta^2+\frac{p_\varphi^2}{\sin^2\theta}\right)$$

式中：m、I 分别为双原子分子的质量及转动惯量。相应能量曲面方程为

$$\frac{p^2}{2m}+\frac{1}{2I}\left(p_\theta^2+\frac{p_\varphi^2}{\sin^2\theta}\right)=\varepsilon$$

此能量曲面所包围的相体积元为

$$\begin{aligned}\omega(\varepsilon)&=\int_{H\leqslant\varepsilon}p^2\mathrm{d}p\sin\alpha\mathrm{d}\alpha\mathrm{d}\beta\mathrm{d}p_\theta\mathrm{d}p_\varphi\mathrm{d}\theta\mathrm{d}\varphi\mathrm{d}x\mathrm{d}y\mathrm{d}z\\&=V\int\mathrm{d}\theta\mathrm{d}\varphi\int p^2\mathrm{d}p\sin\alpha\mathrm{d}\alpha\mathrm{d}\beta\int\mathrm{d}p_\theta\mathrm{d}p_\varphi\end{aligned}$$

式中：α、β 是动量 $\boldsymbol{p}$ 的方位角

$$\int\sin\alpha\mathrm{d}\alpha\mathrm{d}\beta=4\pi$$

而能量曲面在 p_θ、p_φ 所在平面内的投影是一个椭圆，其长半轴及短半轴分别为$\sqrt{2I(\varepsilon-p^2/2m)}$，$\sqrt{2I(\varepsilon-p^2/2m)}\sin\theta$，因此

$$\int\mathrm{d}p_\theta\mathrm{d}p_\varphi=\pi2I\left(\varepsilon-\frac{p^2}{2m}\right)\sin\theta$$

将上式代入 $\omega(\varepsilon)$ 的表示式中，得

$$\begin{aligned}\omega(\varepsilon)&=V4\pi^2 2I\int_0^\pi\sin\theta\mathrm{d}\theta\int_0^{2\pi}\mathrm{d}\varphi\int_0^{\sqrt{2m\varepsilon}}p^2\left(\varepsilon-\frac{p^2}{2m}\right)\mathrm{d}p\\&=V4\pi^2 2I\times2\times2\pi\times\frac{2}{15}(2m)^{3/2}\varepsilon^{5/2}\\&=\frac{32}{15}\pi^3V(2I)(2m)^{3/2}\varepsilon^{5/2}\end{aligned}$$

2. 证明：

(1) 量子力学中，满足周期性边界条件(周期为 L) 的一维自由粒子的动量和能量分别是

$$p_n=k_n\hbar=2n\pi\hbar/L=nh/L$$

$$E_n=\frac{2n^2\pi^2\hbar^2}{mL^2}\qquad(n\text{ 为正负整数})$$

(2) 满足周期性边界条件(周期为 L) 的一维自由粒子的一个量子态对应 μ 空间中大小为 h 的一个体积元。

证：(1) 一个自由运动的一维粒子，经典哈密顿量可以表示成：$H=p^2/2m$，相应的量子力学中的哈密顿算符

$$\hat{H}=\frac{1}{2m}\left(\frac{\hbar}{i}\frac{\mathrm{d}}{\mathrm{d}x}\right)^2=-\frac{\hbar^2}{2m}\frac{\mathrm{d}^2}{\mathrm{d}x^2}$$

定态薛定谔方程为
$$-\frac{\hbar^2}{2m}\frac{\mathrm{d}^2}{\mathrm{d}x^2}\Psi=E\Psi$$

这个二阶常微分方程的通解是

$$\Psi(x)=A\mathrm{e}^{ikx}\qquad(k=\pm\sqrt{2mE/\hbar^2})$$

如果我们给粒子的运动附加上周期性边界条件，即

$$\Psi(x+L)=\Psi(x)\qquad(L\text{ 为周期})$$

那么，
$$k_nL=\pm\sqrt{2mE/\hbar^2}\,L=2n\pi$$

所以
$$p_n=k_n\hbar=2n\pi\hbar/L=nh/L$$

$$E_n=\frac{2n^2\pi^2\hbar^2}{mL^2}\qquad(n\text{ 为正负整数})$$

可见动量和能量是量子化的。

(2)
$$p_n=k_n\hbar=2n\pi\hbar/L=nh/L$$

相应相空间中一条直线。这条直线与粒子运动的范围 L 构成一矩形，其面积为

$$\omega_n=p_nL=nh$$

两条相邻直线间面积的大小

$$\Delta\omega=\omega_{n+1}-\omega_n=h$$

相应一个量子态。这就是说，描写一维粒子的 μ 空间中大小为 h 的一个体积元相应一个量子态。

3. 证明能量均分定理：

粒子(系统)处于热平衡态时，它的能量表示式中每一个平方项的平均值等于 $kT/2$。

证明：设 ξ 是某一个广义坐标(q_i)或广义动量(p_j)，并以平方形式出现在粒子能量表示式中，即

$$\varepsilon=\lambda\xi^2+\varepsilon'$$

式中：λ 和 ε' 均与 ξ 无关。那么根据玻尔兹曼分布，系统第 l 个能级上的粒子数

$$n_l=g_l\mathrm{e}^{-\alpha-\beta\varepsilon_l}$$

将上式对各能级求和给出粒子总数

$$N=\sum_l n_l=\sum_l g_l\mathrm{e}^{-\alpha-\beta\varepsilon_l}$$

利用对应定律

$$\sum_l g_l \leftrightarrow \frac{1}{h^f}\int \mathrm{d}\omega$$

式中：f 是粒子自由度，上式变成

$$N=\int \mathrm{d}n=\frac{1}{h^f}\int \mathrm{e}^{-\alpha-\beta\varepsilon}\,\mathrm{d}\omega$$

由此知

$$\mathrm{e}^{-\alpha}=\frac{Nh^f}{\int \mathrm{e}^{-\beta\varepsilon}\,\mathrm{d}\omega}$$

从而

$$\overline{\lambda\xi^2}=\frac{1}{Nh^f}\int \lambda\xi^2 \mathrm{e}^{-\alpha-\beta\varepsilon}\,\mathrm{d}\omega=\frac{1}{\int \mathrm{e}^{-\beta\varepsilon}\,\mathrm{d}\omega}\int \mathrm{e}^{-\beta\varepsilon'}\,\mathrm{d}\omega'\int \lambda\xi^2 \mathrm{e}^{-\beta\lambda\xi^2}\,\mathrm{d}\xi$$

这里，$\mathrm{d}\omega'$ 是包含除 ξ 外粒子所有坐标、动量的积分元素。对后一个积分应用分部积分，得

$$\int_{-\infty}^{\infty}\lambda\xi^2 \mathrm{e}^{-\beta\lambda\xi^2}\,\mathrm{d}\xi=\frac{-\xi}{2\beta}\mathrm{e}^{-\beta\lambda\xi^2}\Big|_{-\infty}^{\infty}+\frac{1}{2\beta}\int \mathrm{e}^{-\beta\lambda\xi^2}\,\mathrm{d}\xi=\frac{1}{2\beta}\int \mathrm{e}^{-\beta\lambda\xi^2}\,\mathrm{d}\xi$$

代入 $\overline{\lambda\xi^2}$ 的表示式，有

$$\overline{\lambda\xi^2}=\frac{1}{2\beta}\,\frac{1}{\int \mathrm{e}^{-\beta\varepsilon}\,\mathrm{d}\omega}\int \mathrm{e}^{-\beta\varepsilon'}\,\mathrm{d}\omega'\int \mathrm{e}^{-\beta\lambda\xi^2}\,\mathrm{d}\xi=\frac{1}{2\beta}=\frac{1}{2}kT$$

这就证明了能量均分定理。

能量均分定理是经典统计理论的一个重要定理。利用能量均分定理可以相当简单地求出系统的内能和比热。虽然在推导能量均分定理的过程中，我们是以粒子为例，但其结论对系统也是成立的。

4. 证明：对处在重力场中的理想气体，成立气压公式

$$p=p_0\mathrm{e}^{-\frac{mgz}{kT}}$$

式中：$p_0=n_0kT$ 是 $z=0$ 处的压强。

证：气体分子在外场中具有势能。若势能只是它质心坐标的函数：$u=u(x,\ y,\ z)$，则

$$\varepsilon_0=\frac{1}{2m}(p_x^2+p_y^2+p_z^2)+u(x,\ y,\ z)$$

将上式代入式(6.5.8)并完成对动量的积分，我们得到处在点 $r=(x,\ y,\ z)$ 附近体积元为 $\mathrm{d}x\mathrm{d}y\mathrm{d}z$ 内的分子数

$$\mathrm{d}N=\frac{N\mathrm{e}^{-\beta u}\mathrm{d}x\mathrm{d}y\mathrm{d}z}{\int\mathrm{e}^{-\beta u}\mathrm{d}x\mathrm{d}y\mathrm{d}z}=n_0\mathrm{e}^{-\beta u}\mathrm{d}x\mathrm{d}y\mathrm{d}z$$

式中：
$$n_0=\frac{N}{\int\mathrm{e}^{-\beta u}\mathrm{d}x\mathrm{d}y\mathrm{d}z}$$

显然

$$\mathrm{d}\boldsymbol{N}=n\mathrm{d}\boldsymbol{r}\qquad n=n_0\mathrm{e}^{-\beta u}$$

n 给出点 r 处的分子数密度，而 n_0 是势能 $u=0$ 处的分子数密度。如果外场就是重力场，取 z 轴方向铅直向上，则

$$u(x,\ y,\ z)=mgz$$

将其代入 n 的表示式，得

$$n=n_0\mathrm{e}^{-\frac{mgz}{kT}}$$

对理想气体
$$p=\frac{NkT}{V}=nkT$$

由上两式知
$$p=p_0\mathrm{e}^{-\frac{mgz}{kT}}$$

式中：$p_0=n_0kT$ 是 $z=0$ 处的压强。此即气压公式，它表明气体在重力场中压强随高度的变化规律。

5. 对一般气体，玻尔兹曼统计都能运用。系统第 l 个能级上的粒子数为

$$n_l=g_l\mathrm{e}^{-\alpha-\beta\varepsilon_l}$$

将上式对各能级求和给出气体分子总数

$$N=\sum_l n_l=\sum_l g_l\mathrm{e}^{-\alpha-\beta\varepsilon_l}$$

由此得

$$\mathrm{e}^{\alpha}=\frac{1}{N}\sum_l g_l\mathrm{e}^{-\beta\varepsilon_l}$$

记①
$$Z=\mathrm{e}^{\alpha}=\frac{1}{N}\sum_l g_l\mathrm{e}^{-\beta\varepsilon_l}$$

叫做分子的配分函数。一个气体分子能量 ε_l 一般包括平动能、转动能、振动能和电子运动的能量，即

$$\varepsilon_l=\varepsilon_l^t+\varepsilon_l^r+\varepsilon_l^v+\varepsilon_l^e$$

假设平动能级 ε_l^t 中有 g_l^t 个量子态，转动能级 ε_l^r 中有 g_l^r 个量子态，振动能级 ε_l^v 中有 ε_l^v 个量子态，电子运动能级 ε_l^e 中有 g_l^e 个量子态，那么

---

① 式中因子 e 的添加是为了与系综理论的结果一致。

$$g_l = g_l^t g_l^r g_l^v g_l^e$$

分子配分函数 Z 可以写成

$$Z = Z^t Z^r Z^v Z^e$$

式中：

$$Z^t = \frac{e}{N}\sum g_l^t \mathrm{e}^{-\beta\varepsilon_l^t} \qquad Z^r = \sum g_l^r \mathrm{e}^{-\beta\varepsilon_l^t}$$

$$Z^v = \sum g_l^v \mathrm{e}^{-\beta\varepsilon_l^v} \qquad Z^e = \sum g_l^e \mathrm{e}^{-\beta\varepsilon_l^l}$$

分别为平动部分、转动部分、振动部分和电子运动部分的配分函数。证明：

(1) 分子的平均能量为

$$\overline{\varepsilon} = -\frac{1}{\beta}\frac{\partial}{\partial\beta}\ln Z$$

记 $\overline{\varepsilon^t} = -\frac{1}{\beta}\frac{\partial}{\partial\beta}\ln Z^t$，$\overline{\varepsilon^r} = -\frac{1}{\beta}\frac{\partial}{\partial\beta}\ln Z^r$，$\overline{\varepsilon^v} = -\frac{1}{\beta}\frac{\partial}{\partial\beta}\ln Z^v$，$\overline{\varepsilon^e} = -\frac{1}{\beta}\frac{\partial}{\partial\beta}\ln Z^e$ 为分子的平均平动能、平均转动能、平均振动能和平均电子运动能量，则

$$\overline{\varepsilon} = \overline{\varepsilon^t} + \overline{\varepsilon^r} + \overline{\varepsilon^v} + \overline{\varepsilon^e}$$

(2) $\qquad \overline{\varepsilon^t} = \frac{3}{2}kT \qquad \overline{\varepsilon^v} = \frac{1}{2}\hbar\omega + \frac{\hbar\omega}{\mathrm{e}^{\beta\hbar\omega} - 1}$

证：(1) $\overline{\varepsilon} = \sum_l n_l\varepsilon_l = \sum_l \varepsilon_l g_l \mathrm{e}^{-\alpha-\beta\varepsilon_l} = \mathrm{e}^{-\alpha}\frac{-1}{\beta}\frac{\partial}{\partial\beta}\sum_l g_l \mathrm{e}^{-\beta\varepsilon_l} = -\frac{1}{\beta}\frac{\partial}{\partial\beta}\ln Z$

而
$$-\frac{1}{\beta}\frac{\partial}{\partial\beta}\ln Z = -\frac{1}{\beta}\frac{\partial}{\partial\beta}(\ln Z^t Z^r Z^v Z^e)$$
$$= -\frac{1}{\beta}\left(\frac{\partial \ln Z^t}{\partial\beta} + \frac{\partial \ln Z^r}{\partial\beta} + \frac{\partial \ln Z^v}{\partial\beta} + \frac{\partial \ln Z^e}{\partial\beta}\right)$$

若记 $\overline{\varepsilon^t} = -\frac{1}{\beta}\frac{\partial}{\partial\beta}\ln Z^t$，$\overline{\varepsilon^r} = -\frac{1}{\beta}\frac{\partial}{\partial\beta}\ln Z^r$，$\overline{\varepsilon^v} = -\frac{1}{\beta}\frac{\partial}{\partial\beta}\ln Z^v$，$\overline{\varepsilon^e} = -\frac{1}{\beta}\frac{\partial}{\partial\beta}\ln Z^e$，则

$$\overline{\varepsilon} = \overline{\varepsilon^t} + \overline{\varepsilon^r} + \overline{\varepsilon^v} + \overline{\varepsilon^e}$$

(2) 分子的平动能级可以看做是连续的，能量均分定理适用，分子平动能表示式

$$\varepsilon^t = \frac{1}{2m}(p_x^2 + p_y^2 + p_z^2)$$

有 3 个平方项，每项对平均平动能的贡献为 $kT/2$，所以分子平均平动能为

$$\overline{\varepsilon^t} = \frac{3}{2}kT$$

分子的振动可以看做谐振子。在量子力学中，它的能量

$$\varepsilon_l^v=\left(l+\frac{1}{2}\right)\hbar\omega \qquad (l=0,\ 1,\ \cdots)$$

每个振动能级只有一个量子态，即 $g_l=1$，而 $\omega=2\pi\nu$，ν 为振子频率。分子振动配分函数为

$$Z^v=\sum_l \mathrm{e}^{\beta(l+\frac{1}{2})\hbar\omega}=\frac{\mathrm{e}^{-\frac{1}{2}\beta\hbar\omega}}{1-\mathrm{e}^{-\beta\hbar\omega}}$$

所以分子平均振动能为

$$\overline{\varepsilon^v}=-\frac{\partial}{\partial\beta}\ln Z^v=\frac{1}{2}\hbar\omega+\frac{\hbar\omega}{\mathrm{e}^{\beta\hbar\omega}-1}$$

学科建立——统计物理学的建立

统计物理学的建立包括气体分子动理论、涨落理论、统计力学三大部分。

一、气体分子动理论

关于气体分子动理论的思想早在伯努利和俄国科学家罗蒙诺索夫等人的著作中就有表述，瑞士物理学家丹尼尔·伯努利(Daniel Bernoulli，1700—1782年)1738年在他的《流体动力学》一文中指出气体对容器壁的压力是由大量分子单个碰撞的累积作用，并对波义耳定律作出了推导。意大利化学家阿伏伽德罗(A. Avogadro，1776—1856年)引入了与原子概念相区别的“分子”概念，得出有名的基本物理常数之一的阿伏伽德罗常数。不过，这些工作在当时并未得到应有的重视。

直到19世纪50年代，经过许多科学家的不懈努力，分子动理论才得以真正发展。三位物理学家：克劳修斯、麦克斯韦、玻尔兹曼在这方面作出了巨大贡献，被认为是气体分子动理论的奠基人。

克劳修斯在研究热力学第二定律的同时，也对分子动理论进行了探讨。他从分子对器壁的碰撞计算导出了压强公式；引入了分子平均自由程概念；提出了对推导真实气体的状态方程有用的维理定理。麦克斯韦确立了著名的麦克斯韦速度分布律。

玻尔兹曼(Ludwig Boltzmann，1844—1906年)是奥地利物理学家。1868—1871年玻尔兹曼把麦克斯韦速度分布律推广到有外力场存在的情况，得出了粒子按能量大小分布的规律，称为玻尔兹曼分布。1877年玻尔兹曼用统计的方法，导出了有关熵的公式。1900年普朗克在关于“热辐射”的讲义中

明确给出 S=klnW(其中 W 是热力学几率，k 是玻尔兹曼常数)。它被镌刻在维也纳玻尔兹曼没有墓志铭的墓碑上，这就是著名的玻尔兹曼关系式。它已成为物理学中最重要的公式之一。

二、涨落理论

涨落现象在光的散射中很容易观察到，瑞利(Rayleigh，1842—1919 年)用分子散射解释了天空呈蓝色的原因。他证明分子散射是一种涨落现象，后来把这种散射称为瑞利散射。英国植物学家布朗(Robert Brown，1773—1858)用显微镜观察到水中的花粉或其他微小粒子在不停地做无规则运动，这种运动后来被称做“布朗运动”。爱因斯坦和斯莫路霍夫斯基(M. V. Smoluhowski，1872—1917 年)发表了对布朗运动理论研究的结果，证明了布朗粒子的运动是由于液体分子从四面八方撞击引起的。所以，布朗运动与不可见的分子运动是紧密相关的。

三、统计力学的创立

统计力学的创立与麦克斯韦、玻尔兹曼和吉布斯等人的工作是密不可分的。麦克斯韦和玻尔兹曼的统计思想，后来在美国物理学家吉布斯的工作中得到发展，他在统计力学的建立与发展中起了巨大作用。

吉布斯(Josiah Willard Gibbs，1839—1903 年)1839 年 2 月 11 日生于康涅狄格州的纽黑文，美国物理学家和化学家。父亲是耶鲁学院教授。1854—1858 年吉布斯在耶鲁学院学习，1863 年获耶鲁学院哲学博士学位，留校任助教。1870 年后任耶鲁学院的数学物理教授。曾获得伦敦皇家学会的开普勒奖章。

1902 年，吉布斯在《统计力学的基本原理》中将玻尔兹曼和麦克斯韦所创立的统计理论推广和发展成为系统理论，从而创立了统计力学。此外，他在天文学、光的电磁理论、傅里叶级数等方面多有建树。他的科学成就是美国自然科学崛起的重要标志，被誉为美国理论科学的第一人。

吉布斯在科学上成就非凡，且人格高尚，从不张扬自己，也从不借助名人的声望来抬高自己。他一生淡泊名利，是一个献身事业且耐得住寂寞的罕见伟人。吉布斯一生未娶，过着清贫而深居简出的生活。吉布斯是一位地道的“在自己的本土上不享荣誉的先知”，他的美国同事直到他的晚年也没有察觉到他工作的意义。1903 年 4 月 28 日吉布斯在纽黑文逝世。他毫无疑问可以获得诺贝尔奖，但他在世时从未被提名。直到他逝世近半个世纪，才被选入纽约大学的美国名人馆，并且立半身像。

习 题 6

1. 打字员随机打印 26 个字母，求：

(1)求各种可能打印结果的数目；

(2)求其中出现一种恰好按 26 个字母顺序排列结果的几率；

(3)若打字员每 30 秒随机打印 26 个字母一次，两次出现(2)中情况平均要等多长时间？

2. 一容器装有气体，设想将容器分成左右两等份，每个气体分子处在左边与右边两个状态的几率相同，均是$\frac{1}{2}$。

(1)由 N 个分子组成的经典气体共有多少种可能的状态？

(2)全部分子都处在左边或右边的几率是多少？

(3)如果容器中盛有 200 个分子，问某时刻恰巧全部分子皆处在容器的左边(或右边)，期待下一次再出现此状态平均地应等多长时间。将此结果与地球年龄作一比较，设地球现在年龄 50 亿年(假定分子的平均自由飞行时间 $\tau\approx 10^{-12}$秒，分子碰撞一次气体的状态便改变一次)。

3. 试写出一个单原子分子的能量曲面方程，并计算能量曲面所包围的相体积。

4. 一个双原子分子的运动通常包括分子质心的平动、两个原子绕质心的转动和原子间相对振动。试写出一个刚性双原子分子(即不考虑原子间的相对振动)的能量曲面方程，并计算能量曲面所包围的相体积。

5. 若组成一个双原子分子的两个原子质量分别为 m_1、m_2，位矢为 $\boldsymbol{r}_1$、$\boldsymbol{r}_2$，它们间的相互吸引势为 $U(\boldsymbol{r})(\boldsymbol{r}=|\boldsymbol{r}_1-\boldsymbol{r}_2|)$。

(1)写出此双原子分子的哈密顿函数(能量)表示式。

(2)引入质心坐标 $\boldsymbol{R}=\frac{m_1\boldsymbol{r}_1+m_2\boldsymbol{r}_2}{m_1+m_2}$和相对坐标 $\boldsymbol{r}=\boldsymbol{r}_2-\boldsymbol{r}_1$ 及分子质量 $M=m_1+m_2$ 和约化质量 $\mu=\frac{m_1m_2}{m_1+m_2}$，将(1)化成两部分，说明质心部分运动相当于分子平动。

(3)将相对坐标写成球坐标形式，并考虑到原子间在平衡位置 r_0附近的振动一般很小，因而可用 μr_0^2 代替可变的转动惯量，说明相对运动的角度部分运动即相当于分子转动。

(4)将 $U(r)$ 在平衡位置作泰勒展开至平方项，说明相对运动的径向部分运动即相当于分子的谐振动(包含一常数项)。

6. 证明：满足周期性边界条件(周期分别为 L_x，L_y，L_z)的三维自由粒子，其一个量子态对应 μ 空间中大小为 h^3 的一个体积元。

7.(1)计算经典转子能量曲面所包围的相体积。

(2)利用式(4.2.25)，证明在大量子数极限下，一个量子态对应的相体积为 h^2。

8.(1)证明三维各向同性谐振子能量为 $\varepsilon=\left(n+\frac{3}{2}\right)\hbar\omega$，式中：$n=n_1+n_2+n_3$($n_1$、$n_2$、$n_3$ 为非负整数)。

(2)给出 $\varepsilon=\frac{5}{2}\hbar\omega$ 和 $\varepsilon=\frac{7}{2}\hbar\omega$ 时各种可能的 n_1、n_2、n_3 之值。从而确定相应的简并度。

(3)证明对任一 n，其简并度 $g=\frac{(n+1)(n+2)}{2}$。

9.(1)计算线性谐振子的能量曲面所包围的相体积。

(2)证明：线性谐振子的一个量子态对应 μ 空间中大小为 h 的一个体积元。

10.(1)计算三维谐振子能量曲面所包围的相体积。

(2)证明，三维谐振子的一个量子态对应 μ 空间中大小为 h^3 的一个体积元。

11. 气体对容器壁的压强是大量气体分子对器壁碰撞的平均效果。假设在体积为 V 的容器内盛有达到平衡的理想气体，气体分子质量为 m，分子总数为 N，分子数密度为 $n=\frac{N}{V}$，所考虑的器壁的外法线为 x 轴，$\mathrm{d}A$ 为此器壁上一面积元。分子与器壁碰撞是弹性碰撞。

(1)计算速度为 $\boldsymbol{v}_i(v_{ix}, v_{iy}, v_{iz})$ 的单个分子在 $\mathrm{d}t$ 时间内与 $\mathrm{d}A$ 发生碰撞后给予器壁的压力 $\mathrm{d}f_i$。

(2)若单位体积内速度为 $\boldsymbol{v}_i$ 的分子数为 n_i，计算 $\mathrm{d}t$ 时间能与 $\mathrm{d}A$ 发生碰撞的所有这类速度分子给予器壁的压力 $\mathrm{d}f$。

(3)各种可能速度的分子 $\mathrm{d}t$ 时间内对 $\mathrm{d}A$ 面元的总压力 $\mathrm{d}F$。

(4)利用平衡时 $\overline{v_x^{\ 2}}=\overline{v_y^{\ 2}}=\overline{v_z^{\ 2}}=\frac{1}{3}\overline{v^2}$，证明理想气体的压强满足伯努利公式 $p=\frac{2}{3}n\,\overline{\varepsilon}$，式中 $\overline{\varepsilon}=\frac{1}{2}m\overline{v^2}$ 是分子的平均平动能。

12. 由 N 个互相独立的线性谐振子所组成的系统处在总能量 $E=(M+\frac{N}{2})\hbar\omega$ 的状态。

(1)计算此状态的热力学几率 W。

(2)利用 $\frac{1}{T}=\frac{\partial S}{\partial E}=\frac{k\,\partial \ln W}{\partial E}$，确定系统温度与能量之间的关系。

13. 试判断由下述粒子组成的近独立子系统各适用哪一种统计分布，并说明其理由：

①电子　②质子　③氘核(由一个质子和一个中子组成)　④α 粒子(由两个质子和两个中子组成)　⑤振子　⑥C^{12} 原子　⑦C^{12+} 离子　⑧电子偶素原子

14. 证明对于费米-狄拉克分布和玻色-爱因斯坦分布成立以下涨落公式

$$\overline{(n_l-\overline{n}_l)^2}=\overline{n}_l\pm\frac{\overline{n}_l^{\,2}}{g_l}$$

式中：负号适用于费米-狄拉克分布，正号适用于玻色-爱因斯坦分布。

15. 假设双原子分子在平衡距离附近做简谐振动，这时分子的振动势能可表示为

$$U(r)=\frac{1}{2}\mu\omega^2\ (r-r_0)^2$$

式中：r_0 是两原子的平衡距离，试利用平衡态的经典统计理论证明这样的分子不会发生“热膨胀”(即分子的平均线度与温度无关)。

16. 利用表 6.2 给出的数据和公式(6.5.15)，计算 $\bar{v}$、$\sqrt{\overline{v^2}}$、v_p 并与表 6.2 所给数据进行比较。

17. 利用麦克斯韦速度分布律计算单位时间碰到单位面积器壁上速率介于 v 与 $v+dv$ 之间的分子数及分子碰壁总数。

附录A 矢量运算

一、矢量代数

1. 矢量

在物理学中，我们经常遇到两类变量：矢量和标量。标量的基本特征是没有方向，可以用一个数字和适当的单位来完整表示，比如质量和长度。标量遵守普通代数的运算法则。而矢量是既有大小又有方向的物理量。矢量的表示除了说明其大小以外，还要说明其方向。如力学中描述物体的运动速度，不但要说明物体运动的快慢，还要说明物体的运动方向，所以速度是矢量。矢量的运算与一般的代数不同，遵守矢量代数规则。

矢量常用黑体字母或带箭头字母来表示，比如 $\boldsymbol{A}$、$\vec{A}$。矢量在图形上常用一个带箭头的有向线段表示，线段表示矢量的大小，箭头的指向表示方向。矢量的大小叫做矢量的模。矢量 $\boldsymbol{A}$ 的模常用符号 $|\boldsymbol{A}|$ 表示。如果矢量 $\boldsymbol{A}$ 在空间中平移，矢量 $\boldsymbol{A}$ 的大小和方向都不会因平移而改变。矢量的这个性质称为矢量的平移不变性，它是矢量的一个重要性质。

2. 矢量的加法

矢量加法(或矢量合成)是最基本也是最重要的矢量运算。矢量加法的方法很多，有作图法和解析法，作图法常用三角形法和平行四边形法。为求得矢量之和 $\boldsymbol{a}+\boldsymbol{b}$，可以以 $\boldsymbol{a}$，$\boldsymbol{b}$ 为邻边作一平行四边形，这两邻边所夹的平行四边形对角线即合矢量 $\boldsymbol{a}+\boldsymbol{b}$。这种矢量相加的方法叫做平行四边形法。合矢量 $\boldsymbol{a}+\boldsymbol{b}$ 也可以由三角形法则确定，将 $\boldsymbol{a}$，$\boldsymbol{b}$ 首尾相接作一三角形，此三角形的第三边即合矢量 $\boldsymbol{a}+\boldsymbol{b}$。这种矢量相加的方法叫做三角形法。

矢量的加法符合交换律和结合律，即

$$\boldsymbol{b}+\boldsymbol{a}=\boldsymbol{a}+\boldsymbol{b} \qquad (\boldsymbol{a}+\boldsymbol{b})+\boldsymbol{c}=\boldsymbol{a}+(\boldsymbol{b}+\boldsymbol{c})$$

矢量减法是和矢量加法相关的一种运算，我们可以利用负矢量的概念，把矢量减法看作一种特殊的加法，以求得两个矢量的差。如为求矢量 $\boldsymbol{a}$ 和矢量 $\boldsymbol{b}$ 的差 $\boldsymbol{a}-\boldsymbol{b}$，我们把它看做是矢量 $\boldsymbol{a}$ 与矢量 $-\boldsymbol{b}$ 之和，即 $\boldsymbol{a}-\boldsymbol{b}=\boldsymbol{a}+(-\boldsymbol{b})$。

在矢量运算的解析法中，我们将矢量表示成

$$\boldsymbol{a}=a_1\boldsymbol{e}_1+a_2\boldsymbol{e}_2+a_3\boldsymbol{e}_3$$

式中：$\boldsymbol{e}_1$，$\boldsymbol{e}_2$，$\boldsymbol{e}_3$ 分别是 x_1，x_2，x_3(即 x，y，z)轴上的单位矢量，a_1，a_2，a_3 分别是矢量 $\boldsymbol{a}$ 在 x_1，x_2，x_3(即 x，y，z)轴上的投影，称为分量。利用矢量的分量表示法，我们有：

$$|\boldsymbol{a}|=\sqrt{a_1^2+a_2^2+a_3^2}$$

$$\boldsymbol{a}+\boldsymbol{b}=(a_1+b_1)\boldsymbol{e}_1+(a_2+b_2)\boldsymbol{e}_2+(a_3+b_3)\boldsymbol{e}_3$$

3. 矢量的乘法

矢量乘法常见的有两种：点乘和叉乘。两矢量作点乘时所得结果是一个标量，而作叉乘时所得的结果则是一个矢量。

(1)矢量的点乘

设 $\boldsymbol{a}$，$\boldsymbol{b}$ 是任意两个矢量，它们的夹角为 θ。两矢量的点乘(标积、点积)记以 $\boldsymbol{a}\cdot\boldsymbol{b}$，定义为

$$\boldsymbol{a}\cdot\boldsymbol{b}=ab\cos\theta$$

由点乘的定义可得点乘有如下性质：

(ⅰ)若两矢量平行，$\theta=0$，$\cos\theta=1$，这时 $\boldsymbol{a}\cdot\boldsymbol{b}=ab$。特别地，$\boldsymbol{a}\cdot\boldsymbol{a}=a^2$。

(ⅱ)若两矢量垂直，$\theta=\frac{\pi}{2}$，$\cos\theta=0$，这时 $\boldsymbol{a}\cdot\boldsymbol{b}=0$。

(ⅲ)对直角坐标系的单位矢量成立

$$\boldsymbol{e}_i\cdot\boldsymbol{e}_j=\delta_{ij}\qquad(i,\ j=1,\ 2,\ 3)$$

(ⅳ)$\boldsymbol{a}\cdot\boldsymbol{b}=(a_1\boldsymbol{e}_1+a_2\boldsymbol{e}_2+a_3\boldsymbol{e}_3)\cdot(b_1\boldsymbol{e}_1+b_2\boldsymbol{e}_2+b_3\boldsymbol{e}_3)=a_1b_1+a_2b_2+a_3b_3$

(ⅴ)矢量点乘满足交换律和分配律，即

$$\boldsymbol{a}\cdot\boldsymbol{b}=\boldsymbol{b}\cdot\boldsymbol{a}\qquad(\boldsymbol{a}+\boldsymbol{b})\cdot\boldsymbol{c}=\boldsymbol{a}\cdot\boldsymbol{c}+\boldsymbol{b}\cdot\boldsymbol{c}$$

(2)矢量的叉乘

设 $\boldsymbol{a}$，$\boldsymbol{b}$ 是任意两个矢量，它们的夹角为 θ。两矢量的叉乘(矢积、叉积)记以 $\boldsymbol{a}\times\boldsymbol{b}$，其大小

$$|\boldsymbol{c}|=|\boldsymbol{a}\times\boldsymbol{b}|=ab\sin\theta$$

其方向垂直于 $\boldsymbol{a}$ 和 $\boldsymbol{b}$ 所在的平面，指向由右手螺旋法则确定。即当右手四指与拇指垂直时，四指转向从 $\boldsymbol{a}$ 到 $\boldsymbol{b}$，拇指的指向就是矢积的方向。

由点乘的定义可得点乘有如下性质：

(ⅰ)若两矢量平行或反平行，$\theta=0$，π，$\sin\theta=0$，这时 $\boldsymbol{a}\times\boldsymbol{b}=\boldsymbol{0}$。特别地，$\boldsymbol{a}\times\boldsymbol{a}=\boldsymbol{0}$。

(ⅱ)矢量叉乘遵守分配律但不遵守交换律

$$(\boldsymbol{a}+\boldsymbol{b})\times\boldsymbol{c}=\boldsymbol{a}\times\boldsymbol{c}+\boldsymbol{b}\times\boldsymbol{c} \qquad \boldsymbol{a}\times\boldsymbol{b}=-\boldsymbol{b}\times\boldsymbol{a}$$

(ⅲ)对直角坐标系的单位矢量成立

$$\boldsymbol{e}_i\times\boldsymbol{e}_j=\boldsymbol{e}_k \qquad (i, j, k \text{ 为 } 1, 2, 3 \text{ 的一个轮换})$$

(ⅳ)
$$\begin{aligned}\boldsymbol{a}\times\boldsymbol{b}&=(a_1\boldsymbol{e}_1+a_2\boldsymbol{e}_2+a_3\boldsymbol{e}_3)\times(b_1\boldsymbol{e}_1+b_2\boldsymbol{e}_2+b_3\boldsymbol{e}_3)\\&=(a_2b_3-a_2b_2)\boldsymbol{e}_1+(a_3b_1-a_1b_3)\boldsymbol{e}_2+(a_1b_2-a_2b_1)\boldsymbol{e}_3\end{aligned}$$

利用行列式的概念，可将上式写成

$$\boldsymbol{a}\times\boldsymbol{b}=\begin{vmatrix}\boldsymbol{e}_1 & \boldsymbol{e}_2 & \boldsymbol{e}_3\\ a_1 & a_2 & a_3\\ b_1 & b_2 & b_3\end{vmatrix}$$

4. 三矢量的混合积和三重矢积

(1)三矢量的混合积

设 $\boldsymbol{a}$，$\boldsymbol{b}$ 和 $\boldsymbol{c}$ 是任意三个矢量，由它们构成的混合积

$$\boldsymbol{c}\cdot(\boldsymbol{a}\times\boldsymbol{b})$$

则是一个标量。由于 $|\boldsymbol{a}\times\boldsymbol{b}|=ab\sin\varphi$（$\varphi$ 是 $\boldsymbol{a}$，$\boldsymbol{b}$ 间夹角），故其数值等于由 a 和 b 构成的平行四边形面积。而 $\boldsymbol{a}\times\boldsymbol{b}$ 根据右手螺旋法则是与 $\boldsymbol{a}$ 和 $\boldsymbol{b}$ 垂直的矢量。混合积

$$\boldsymbol{c}\cdot(\boldsymbol{a}\times\boldsymbol{b})=|\boldsymbol{c}|\ |\boldsymbol{a}\times\boldsymbol{b}|\cos\theta$$

式中：$c\cos\theta$ 可以看作垂直于这个平行四边形的高（θ 是 $\boldsymbol{c}$ 与 $\boldsymbol{a}\times\boldsymbol{b}$ 间夹角）。因此，$\boldsymbol{c}\cdot(\boldsymbol{a}\times\boldsymbol{b})$ 等于由 a 和 b 构成的这一平行四边形底面积与高的乘积，即由这三个矢量构成的平行六面体的体积。同理，$\boldsymbol{a}\cdot(\boldsymbol{b}\times\boldsymbol{c})$ 和 $\boldsymbol{b}\cdot(\boldsymbol{c}\times\boldsymbol{a})$ 都等于这个体积。利用 $\boldsymbol{a}\times\boldsymbol{b}=-\boldsymbol{b}\times\boldsymbol{a}$ 又得，$\boldsymbol{c}\cdot(\boldsymbol{b}\times\boldsymbol{a})=-\boldsymbol{c}\times(\boldsymbol{a}\times\boldsymbol{b})$。

根据以上说明知，混合积具有如下性质：

$$\begin{aligned}&\boldsymbol{a}\cdot(\boldsymbol{b}\times\boldsymbol{c})=\boldsymbol{b}\cdot(\boldsymbol{c}\times\boldsymbol{a})=\boldsymbol{c}\cdot(\boldsymbol{a}\times\boldsymbol{b})\\&\qquad=-\boldsymbol{a}\cdot(\boldsymbol{c}\times\boldsymbol{b})=-\boldsymbol{b}\cdot(\boldsymbol{a}\times\boldsymbol{c})=-\boldsymbol{c}\cdot(\boldsymbol{b}\times\boldsymbol{a})\end{aligned}$$

上式表明，混合积按三矢量顺序轮换，其积不变；但把其中两矢量调换，其积变号。

(2)三矢量的三重矢积

$$\boldsymbol{c}\times(\boldsymbol{a}\times\boldsymbol{b})$$

由于$\boldsymbol{a}\times\boldsymbol{b}$是与$\boldsymbol{a}$和$\boldsymbol{b}$都垂直的一个矢量(记以$\boldsymbol{d}$)，而$\boldsymbol{c}\times\boldsymbol{d}$又是与$\boldsymbol{d}$垂直的一个矢量$\boldsymbol{f}$，因此$\boldsymbol{f}$必在$\boldsymbol{a}$和$\boldsymbol{b}$构成的平面上，即可表示为$\boldsymbol{a}$和$\boldsymbol{b}$的线性组合。三矢量的矢积可以利用其分量表示直接计算。从

$$\boldsymbol{d}=\boldsymbol{a}\times\boldsymbol{b},\qquad \boldsymbol{f}=\boldsymbol{c}\times(\boldsymbol{a}\times\boldsymbol{b})=\boldsymbol{c}\times\boldsymbol{d}.$$

先算$\boldsymbol{f}$的x_1分量f_1：

$$\begin{aligned}f_1&=c_2d_3-c_3d_2=c_2(a_1b_2-a_2b_1)-c_3(a_3b_1-a_1b_3)\\&=a_1(c_2b_2+c_3b_3)-b_1(c_2a_2+c_3a_3)\\&=a_1(c_1b_1+c_2b_2+c_3b_3)-b_1(c_1a_1+c_2a_2+c_3a_3)\\&=a_1(\boldsymbol{c}\cdot\boldsymbol{b})-b_1(\boldsymbol{c}\cdot\boldsymbol{a})\end{aligned}$$

类似地，有

$$f_2=a_2(\boldsymbol{c}\cdot\boldsymbol{b})-b_2(\boldsymbol{c}\cdot\boldsymbol{a})\qquad f_3=a_3(\boldsymbol{c}\cdot\boldsymbol{b})-b_3(\boldsymbol{c}\cdot\boldsymbol{a})$$

所以

$$\boldsymbol{f}=\boldsymbol{c}\times(\boldsymbol{a}\times\boldsymbol{b})=(\boldsymbol{c}\cdot\boldsymbol{b})\boldsymbol{a}-(\boldsymbol{c}\cdot\boldsymbol{a})\boldsymbol{b}$$

把$\boldsymbol{c}$和$(\boldsymbol{a}\times\boldsymbol{b})$对调，矢积差一负号，由上式得

$$(\boldsymbol{a}\times\boldsymbol{b})\times\boldsymbol{c}=(\boldsymbol{c}\cdot\boldsymbol{a})\boldsymbol{b}-(\boldsymbol{c}\cdot\boldsymbol{b})\boldsymbol{a}$$

二、矢量对时间的微分

若矢量$\boldsymbol{a}$是时间的函数$\boldsymbol{a}=\boldsymbol{a}(t)$，在时刻$t$，该矢量的值为$\boldsymbol{a}(t)$，在$t+\Delta t$时刻，该矢量为$\boldsymbol{a}(t+\Delta t)$，那么矢量$\boldsymbol{a}$对时间$t$的导数

$$\frac{\mathrm{d}\boldsymbol{a}}{\mathrm{d}t}=\lim_{\Delta t\to 0}\frac{\Delta\boldsymbol{a}}{\Delta t}=\lim_{\Delta t\to 0}\frac{\boldsymbol{a}(t+\Delta t)-\boldsymbol{a}(t)}{\Delta t}$$

在直角坐标系中

$$\frac{\mathrm{d}\boldsymbol{a}}{\mathrm{d}t}=\frac{\mathrm{d}a_1}{\mathrm{d}t}\boldsymbol{e}_1+\frac{\mathrm{d}a_2}{\mathrm{d}t}\boldsymbol{e}_2+\frac{\mathrm{d}a_3}{\mathrm{d}t}\boldsymbol{e}_3$$

显然

(ⅰ) $\frac{\mathrm{d}}{\mathrm{d}t}(\boldsymbol{a}+\boldsymbol{b})=\frac{\mathrm{d}\boldsymbol{a}}{\mathrm{d}t}+\frac{\mathrm{d}\boldsymbol{b}}{\mathrm{d}t}$

(ⅱ) $\frac{\mathrm{d}(c\boldsymbol{a})}{\mathrm{d}t}=c\,\frac{\mathrm{d}\boldsymbol{a}}{\mathrm{d}t}$ （其中c为常量）

(ⅲ) $\frac{\mathrm{d}}{\mathrm{d}t}(\boldsymbol{a}\cdot\boldsymbol{b})=\boldsymbol{a}\cdot\frac{\mathrm{d}\boldsymbol{b}}{\mathrm{d}t}+\boldsymbol{b}\cdot\frac{\mathrm{d}\boldsymbol{a}}{\mathrm{d}t}$

(ⅳ) $\frac{\mathrm{d}}{\mathrm{d}t}(\boldsymbol{a}\times\boldsymbol{b})=\boldsymbol{a}\times\frac{\mathrm{d}\boldsymbol{b}}{\mathrm{d}t}+\frac{\mathrm{d}\boldsymbol{a}}{\mathrm{d}t}\times\boldsymbol{b}$

(ⅴ)若$f(t)$是关于t的可导函数，则

$$\frac{\mathrm{d}}{\mathrm{d}t}[f(t)\boldsymbol{a}(t)]=f(t)\frac{\mathrm{d}\boldsymbol{a}}{\mathrm{d}t}+f'(t)\boldsymbol{a}$$

(ⅵ)泰勒公式

$$\boldsymbol{a}(t+\Delta t)=\boldsymbol{a}(t)+\dot{\boldsymbol{a}}(t)\Delta t+\frac{1}{2!}\ddot{\boldsymbol{a}}(t)(\Delta t)^2+\cdots+\frac{1}{n!}\boldsymbol{a}^{(n)}(t)(\Delta t)^n+\cdots$$

三、矢量对空间的微分

当矢量 $\boldsymbol{a}$ 和标量 φ 是空间位置的函数 $\boldsymbol{a}=\boldsymbol{a}(\boldsymbol{r})$，$\varphi=\varphi(\boldsymbol{r})$，它们通常被称为矢量场和标量场。为了具体显示所选择的坐标系，如直角坐标系、柱坐标系和球坐标系，下面我们将用它们各自常用的坐标符号来代替 x_1，x_2，x_3，比如用 x，y，z 代替 x_1，x_2，x_3。

1. 散度、旋度和梯度

(1)矢量场 $\boldsymbol{a}(\boldsymbol{r})=\boldsymbol{a}(x, y, z)$的散度

定义

$$\mathrm{div}\boldsymbol{a}=\lim_{\Delta V\to 0}\frac{\oint_S \boldsymbol{a}\cdot\mathrm{d}\boldsymbol{S}}{\Delta V}$$

这里，ΔV 为矢量场中某一体积，S 为包围 ΔV 的闭合曲面。式中 $\mathrm{div}\boldsymbol{a}$ 叫做 $\boldsymbol{a}$ 的散度。

(2)矢量场 $\boldsymbol{a}(\boldsymbol{r})=\boldsymbol{a}(x, y, z)$的旋度

定义

$$(\mathrm{rot}\boldsymbol{a})_n=\lim_{\Delta S\to 0}\frac{\oint_L \boldsymbol{a}\cdot\mathrm{d}\boldsymbol{l}}{\Delta S}$$

这里，ΔS 为矢量场中某一面积，L 为包围 ΔS 的闭合曲线。式中 $\mathrm{rot}\boldsymbol{a}$ 叫做 $\boldsymbol{a}$ 的旋度。

(3)标量场 $\varphi(\boldsymbol{r})=\varphi(x, y, z)$的梯度

定义

$$(\mathrm{grad}\varphi)_l=\frac{\mathrm{d}\varphi}{\mathrm{d}l}$$

为标量场 $\varphi(x, y, z)$在方向 $\boldsymbol{l}$ 上的变化率。上式也可以写成

$$\mathrm{d}\varphi=\mathbf{grad}\varphi\cdot\mathrm{d}\boldsymbol{l}$$

式中：$\mathrm{grad}\varphi$ 叫做 φ 的梯度。

(4)∇算符

根据散度、旋度和梯度的定义，可以得到它们在直角坐标系的表示式

$$\mathrm{div}\boldsymbol{a}=\frac{\partial a_x}{\partial x}+\frac{\partial a_y}{\partial y}+\frac{\partial a_z}{\partial z}$$

$$\mathrm{rot}\boldsymbol{a}=\left(\frac{\partial a_z}{\partial y}+\frac{\partial a_y}{\partial z}\right)\boldsymbol{e}_x+\left(\frac{\partial a_x}{\partial z}-\frac{\partial a_z}{\partial x}\right)\boldsymbol{e}_y+\left(\frac{\partial a_y}{\partial x}-\frac{\partial a_x}{\partial y}\right)\boldsymbol{e}_z$$

$$=\begin{vmatrix} \boldsymbol{e}_x & \boldsymbol{e}_y & \boldsymbol{e}_z \\ \frac{\partial}{\partial x} & \frac{\partial}{\partial y} & \frac{\partial}{\partial z} \\ a_x & a_y & a_z \end{vmatrix}$$

$$\mathbf{grad}\varphi=\frac{\partial\varphi}{\partial x}\boldsymbol{e}_x+\frac{\partial\varphi}{\partial y}\boldsymbol{e}_y+\frac{\partial\varphi}{\partial z}\boldsymbol{e}_z$$

定义

$$\nabla=\boldsymbol{e}_x\frac{\partial}{\partial x}+\boldsymbol{e}_y\frac{\partial}{\partial y}+\boldsymbol{e}_z\frac{\partial}{\partial z}$$

叫做∇算符。利用∇算符，可以把散度、旋度和梯度表示为

$$\mathrm{div}f=\nabla\cdot\boldsymbol{f}$$

$$\mathrm{rot}f=\nabla\times\boldsymbol{f}$$

$$\mathbf{grad}\varphi=\nabla\varphi$$

(5)∇算符运算公式

$\nabla\times\nabla\varphi=0$ 由此得出：若$\nabla\times\boldsymbol{a}=0$，则 $\boldsymbol{a}=\nabla\varphi$。

$\nabla\cdot(\nabla\times\boldsymbol{a})=0$ 由此得出：若$\nabla\cdot\boldsymbol{b}=0$，则 $\boldsymbol{b}=\nabla\times\boldsymbol{a}$。

$\nabla(\varphi\psi)=\varphi\nabla\psi+\psi\nabla\varphi$

$\nabla\cdot(\varphi\boldsymbol{a})=(\nabla\varphi)\cdot\boldsymbol{a}+\varphi\nabla\cdot\boldsymbol{a}$

$\nabla\times(\varphi\boldsymbol{a})=(\nabla\varphi)\times\boldsymbol{a}+\varphi\nabla\times\boldsymbol{a}$

$\nabla\cdot(\boldsymbol{a}\times\boldsymbol{b})=(\nabla\times\boldsymbol{a})\cdot\boldsymbol{b}-\boldsymbol{a}\cdot(\nabla\times\boldsymbol{b})$

$\nabla\times(\boldsymbol{a}\times\boldsymbol{b})=(\boldsymbol{b}\cdot\nabla)\boldsymbol{a}+(\nabla\cdot\boldsymbol{b})\boldsymbol{a}-(\boldsymbol{a}\cdot\nabla)\boldsymbol{b}-(\nabla\cdot\boldsymbol{a})\boldsymbol{b}$

$\nabla(\boldsymbol{a}\cdot\boldsymbol{b})=\boldsymbol{a}\times(\nabla\times\boldsymbol{b})+(\boldsymbol{a}\cdot\nabla)\boldsymbol{b}+\boldsymbol{b}\times(\nabla\times\boldsymbol{a})+(\boldsymbol{b}\cdot\nabla)\boldsymbol{a}$

$\nabla\cdot\nabla\varphi=\nabla^2\varphi$　　　　$(\Delta=\nabla^2=\partial^2/\partial x^2+\partial^2/\partial y^2+\partial^2/\partial z^2)$

$\nabla\times(\nabla\times\boldsymbol{a})=\nabla(\nabla\cdot\boldsymbol{a})-\nabla^2\boldsymbol{a}$

(6)曲线正交坐标系中的∇算符

在一般曲线正交坐标系中，空间一点 P 的位置用三个坐标 u_1，u_2 和 u_3 表示，沿这些坐标增加方向的单位矢量记作 $\boldsymbol{e}_1$，$\boldsymbol{e}_2$ 和 $\boldsymbol{e}_3$，这三个方向的线元为

$$\mathrm{d}l_1=h_1\mathrm{d}u_1,\ \mathrm{d}l_2=h_2\mathrm{d}u_2,\ \mathrm{d}l_3=h_3\mathrm{d}u_3$$

式中：h_1，h_2 和 h_3 为一般坐标的函数。在 P 点上任一矢量可以写成

$$\boldsymbol{a}=a_1\boldsymbol{e}_1+a_2\boldsymbol{e}_2+a_3\boldsymbol{e}_3$$

在曲线正交坐标系中∇算符运算为

$$\nabla\varphi=\frac{1}{h_1}\frac{\partial\varphi}{\partial u_1}\boldsymbol{e}_1+\frac{1}{h_2}\frac{\partial\varphi}{\partial u_2}\boldsymbol{e}_2+\frac{1}{h_3}\frac{\partial\varphi}{\partial u_3}\boldsymbol{e}_3$$

$$\nabla\cdot\boldsymbol{a}=\frac{1}{h_1h_2h_3}\left[\frac{\partial}{\partial u_1}(h_2h_3a_1)+\frac{\partial}{\partial u_2}(h_3h_1a_2)+\frac{\partial}{\partial u_3}(h_1h_2a_3)\right]$$

$$\begin{aligned}\nabla\times\boldsymbol{a}=&\frac{1}{h_2h_3}\left[\frac{\partial}{\partial u_2}(h_3a_3)-\frac{\partial}{\partial u_3}(h_2a_2)\right]\boldsymbol{e}_1\\&+\frac{1}{h_3h_1}\left[\frac{\partial}{\partial u_3}(h_1a_1)-\frac{\partial}{\partial u_1}(h_3a_3)\right]\boldsymbol{e}_2\\&+\frac{1}{h_1h_2}\left[\frac{\partial}{\partial u_1}(h_2a_2)-\frac{\partial}{\partial u_2}(h_1a_1)\right]\boldsymbol{e}_3\end{aligned}$$

$$\nabla^2\varphi=\frac{1}{h_1h_2h_3}\left[\frac{\partial}{\partial u_1}\left(\frac{h_2h_3}{h_1}\frac{\partial\varphi}{\partial u_1}\right)+\frac{\partial}{\partial u_2}\left(\frac{h_3h_1}{h_2}\frac{\partial\varphi}{\partial u_2}\right)+\frac{\partial}{\partial u_3}\left(\frac{h_1h_2}{h_3}\frac{\partial\varphi}{\partial u_3}\right)\right]$$

（ⅰ）柱坐标系

$$u_1=\rho,\ u_2=\varphi,\ u_3=z,$$

$$h_1=1,\ h_2=r,\ h_3=1.$$

$$\nabla\psi=\frac{\partial\psi}{\partial\rho}\boldsymbol{e}_\rho+\frac{1}{\rho}\frac{\partial\psi}{\partial\varphi}\boldsymbol{e}_\varphi+\frac{\partial\psi}{\partial z}\boldsymbol{e}_z,$$

$$\nabla\cdot\boldsymbol{a}=\frac{1}{\rho}\frac{\partial}{\partial\rho}(\rho a_\rho)+\frac{1}{\rho}\frac{\partial a_\varphi}{\partial\varphi}+\frac{\partial a_z}{\partial z}$$

$$\nabla\times\boldsymbol{a}=\left(\frac{1}{\rho}\frac{\partial a_z}{\partial\varphi}-\frac{\partial a_\varphi}{\partial z}\right)\boldsymbol{e}_\rho+\left(\frac{\partial a_\rho}{\partial z}-\frac{\partial a_z}{\partial\rho}\right)\boldsymbol{e}_\varphi+\left[\frac{1}{\rho}\frac{\partial}{\partial\rho}(\rho a_\varphi)-\frac{1}{\rho}\frac{\partial a_\rho}{\partial\varphi}\right]\boldsymbol{e}_z,$$

$$\nabla^2\psi=\frac{1}{\rho}\frac{\partial}{\partial\rho}\left(\rho\frac{\partial\psi}{\partial\rho}\right)+\frac{1}{\rho^2}\frac{\partial^2\psi}{\partial\varphi^2}+\frac{\partial^2\psi}{\partial z^2}$$

（ⅱ）球坐标系

$$u_1=r,\ u_2=\theta,\ u_3=\varphi,$$

$$h_1=1,\ h_2=r,\ h_3=r\sin\theta.$$

$$\nabla\psi=\frac{\partial\psi}{\partial r}\boldsymbol{e}_r+\frac{1}{r}\frac{\partial\psi}{\partial\theta}\boldsymbol{e}_\theta+\frac{1}{r\sin\theta}\frac{\partial\psi}{\partial\varphi}\boldsymbol{e}_\varphi,$$

$$\nabla\cdot\boldsymbol{a}=\frac{1}{r^2}\frac{\partial}{\partial r}(r^2a_r)+\frac{1}{r\sin\theta}\frac{\partial}{\partial\theta}(\sin\theta a_\theta)+\frac{1}{r\sin\theta}\frac{\partial a_\varphi}{\partial\varphi}$$

$$\nabla\times\boldsymbol{a}=\frac{1}{r\sin\theta}\left[\frac{\partial}{\partial\theta}(\sin\theta a_\varphi)-\frac{\partial a_\theta}{\partial\varphi}\right]\boldsymbol{e}_r+\frac{1}{r}\left[\frac{1}{\sin\theta}\frac{\partial a_r}{\partial\varphi}-\frac{\partial}{\partial r}(ra_\varphi)\right]\boldsymbol{e}_\theta$$

$$+\frac{1}{r}\left[\frac{\partial}{\partial r}(ra_\theta)-\frac{\partial a_r}{\partial\theta}\right]\boldsymbol{e}_\varphi$$

$$\nabla^2\psi=\frac{1}{r^2}\frac{\partial}{\partial r}\left(r^2\ \frac{\partial\psi}{\partial r}\right)+\frac{1}{r^2\sin\theta}\frac{\partial}{\partial\theta}\left(\sin\theta\ \frac{\partial\psi}{\partial\theta}\right)+\frac{1}{r^2}\frac{1}{\sin^2\theta}\frac{\partial^2\psi}{\partial\varphi^2}$$

四、矢量的积分

1. 不定积分

设 $\boldsymbol{a}=\boldsymbol{a}(t)$，$\boldsymbol{b}=\boldsymbol{b}(t)$是两个矢量（函数），则矢量微分方程

$$\frac{\mathrm{d}\boldsymbol{b}(t)}{\mathrm{d}t}=\boldsymbol{a}(t)$$

的解

$$\int\boldsymbol{a}(t)\,\mathrm{d}t=\boldsymbol{b}(t)+\boldsymbol{c}$$

(式中 $\boldsymbol{c}$ 是任意常矢量)叫做矢量函数 $\boldsymbol{a}=\boldsymbol{a}(t)$的不定积分。

2. 定积分

设 $\boldsymbol{a}=\boldsymbol{a}(t)$，$\boldsymbol{b}=\boldsymbol{b}(t)$是两个矢量（函数），$\boldsymbol{b}(t)$是由 1. 所定义的 $\boldsymbol{a}(t)$的一个不定积分，则

$$\int_{t_1}^{t_2}\boldsymbol{a}(t)\,\mathrm{d}t=\boldsymbol{b}(t_2)-\boldsymbol{b}(t_1)$$

叫做矢量函数 $\boldsymbol{a}(t)$定积分，t_1，t_2分别叫做积分的上、下限。

3. 积分公式

(1)高斯公式

$$\int_V \mathrm{div}\boldsymbol{a}\,\mathrm{d}\tau=\oint_S\boldsymbol{a}\cdot\mathrm{d}\boldsymbol{S}$$

式中：S 为空间区域 V 的边界曲面。

(2)斯托克斯公式

$$\int_S(\mathrm{rot}\boldsymbol{a})\cdot\Delta S=\oint_L\boldsymbol{a}\cdot\mathrm{d}\boldsymbol{l}$$

式中：L 为曲面 S 的边界曲线。

(3)格林公式

$$\oint_S(\varphi\nabla\psi-\psi\nabla\varphi)\cdot\mathrm{d}\boldsymbol{S}=\int_V(\varphi\Delta\psi-\psi\Delta\varphi)\,\mathrm{d}\tau$$

式中：S 为空间区域 V 的边界曲面，φ，ψ 是任意两个标量函数。

五、矢量的并矢

1. 定义

设 a 和 b 是任意两个矢量,将它们并列,不作任何运算,记作 ab,称为并矢。并矢是(二阶)张量的一种特殊情形。设直角坐标系的单位基矢量为 e_1,e_2 和 e_3,则

$$a = \sum_{i=1}^{3} a_i e_i \quad b = \sum_{i=1}^{3} b_i e_i$$

于是

$$ab = \sum_{i=1}^{3} \sum_{j=1}^{3} a_i b_j e_i e_j$$

式中:$e_i e_j$($i, j = 1, 2, 3$)称为并矢的基,$a_i b_j$($i, j = 1, 2, 3$)称为并矢的分量。并矢的分量共 9 个,通常写成

$$\begin{matrix} a_1 b_1 & a_1 b_2 & a_1 b_3 \\ a_2 b_1 & a_2 b_2 & a_2 b_3 \\ a_3 b_1 & a_3 b_2 & a_3 b_3 \end{matrix}$$

单位并矢为

$$I = e_1 e_1 + e_2 e_2 + e_3 e_3$$

它的三个对角分量为 1,其他分量为 0。

2. 运算公式

(1) 并矢 ab 与矢量 c 的点乘定义为

$$(ab) \cdot c = a(b \cdot c) = \sum_{i,j=1}^{3} a_i b_j c_j e_i$$

$$c \cdot (ab) = (c \cdot a)b = \sum_{i,j=1}^{3} c_i a_i b_j e_j$$

因此并矢与矢量的点乘是一个矢量,而且一般地

$$(ab) \cdot c = c \cdot (ab)$$

(2) 单位并矢和任一矢量的点乘等于该矢量

$$I \cdot a = a \cdot I = a$$

(3) 两个并矢的双点乘定义为

$$(ab) \cdot (cd) = (b \cdot c)(a \cdot d)$$

即先把靠近的两矢量点乘,再把剩下的两矢量点乘。因此,两个并矢的双点乘是一个标量。

(4)并矢的基和任一矢量的叉乘定义为

$$\boldsymbol{a}\times\boldsymbol{e}_i\boldsymbol{e}_j=(\boldsymbol{a}\times\boldsymbol{e}_i)\boldsymbol{e}_j \qquad \boldsymbol{e}_i\boldsymbol{e}_j\times\boldsymbol{a}=\boldsymbol{e}_i(\boldsymbol{e}_j\times\boldsymbol{a})$$

因此，并矢的基和任一矢量的叉乘仍是一个并矢。

(5)∇算符对并矢的作用

$$\nabla\cdot(\boldsymbol{ab})=(\nabla\cdot\boldsymbol{a})\boldsymbol{b}+(\boldsymbol{a}\cdot\nabla)\boldsymbol{b}$$

$$\nabla\times(\boldsymbol{ab})=(\nabla\times\boldsymbol{a})\boldsymbol{b}-(\boldsymbol{a}\times\nabla)\boldsymbol{b}$$

(6)并矢的积分变换式

$$\int_V \mathrm{d}\tau\nabla\cdot(\boldsymbol{ab})=\oint_S \mathrm{d}\boldsymbol{S}\cdot(\boldsymbol{ab})$$

$$\int_V \mathrm{d}\tau\nabla\times(\boldsymbol{ab})=\oint_S \mathrm{d}\boldsymbol{S}\times(\boldsymbol{ab})$$

附录B 特殊函数

一、厄密多项式

1. 定义

定义复解析二元函数

$$W(\xi, \eta)=e^{2\xi\eta-\eta^2}$$

式中：ξ，η 为独立复变数。将 W 展开成 η 的幂级数

$$W(\xi, \eta)=\sum_{n=0}^{\infty} H_n(\xi)\frac{\eta^n}{n!}$$

由此知

$$H_n(\xi)=\left.\frac{\partial^n W}{\partial \eta^n}\right|_{\eta=0}$$

记 $\lambda=\xi-\eta$，从而

$$W=e^{2\xi\eta-\eta^2}=e^{\xi^2-\lambda^2}$$

$$\frac{\partial^n W}{\partial \eta^n}=(-1)^n\frac{\partial^n W}{\partial \lambda^n}=(-1)^n e^{\xi^2}\left(\frac{d}{d\lambda}\right)^n e^{-\lambda^2}$$

$$\left.\left(\frac{d}{dt}\right)^n e^{-t^2}\right|_{\eta=0}=\left(\frac{d}{d\xi}\right)^n e^{-\xi^2}$$

故

$$H_n(\xi)=(-1)^n e^{\xi^2}\left(\frac{d}{d\xi}\right)^n e^{-\xi^2}$$

$H_n(\xi)$称为厄密(Hermite)多项式。它是一个 n 次多项式。$W(\xi, \eta)$称为 $H_n(\xi)$的生成函数或母函数。

2. 性质

(1) $H_n(-\xi)=(-1)^n H_n(\xi)$

(2)递推关系

将 W 展开式对 ξ 求导，得到

$$\sum_n \mathrm{H}_n'(\xi)\frac{\eta^n}{n!}=\frac{\partial W}{\partial \xi}=\frac{\partial}{\partial \xi}e^{2\xi\eta-\eta^2}=2\eta W(\xi,\ \eta)=\sum_n 2\mathrm{H}_n(\xi)\frac{\eta^{n+1}}{n!}$$

比较 η 同次幂系数得

$$\mathrm{H}_n'(\xi)=2n\mathrm{H}_{n-1}(\xi)$$

类似地，将 W 展开式对 η 求导，

$$\sum_n \mathrm{H}_n(\xi)\frac{\eta^{n-1}}{(n-1)!}=\frac{\partial W}{\partial \eta}=2(\xi-\eta)W(\xi,\ \eta)=2(\xi-\eta)\sum_n \mathrm{H}_n(\xi)\frac{\eta^n}{n!}$$

比较 η 同次幂系数得

$$2\xi\mathrm{H}_n(\xi)=\mathrm{H}_{n+1}(\xi)+2n\mathrm{H}_{n-1}(\xi)$$

以上二个联系相邻厄密多项式的式子就是基本递推关系。

(3)厄密方程

在二个基本递推关系中消去 H_{n-1} 得

$$2\xi\mathrm{H}_n(\xi)=\mathrm{H}_{n+1}(\xi)+H_n'(\xi)$$

再对 ξ 求导，得

$$2\xi\mathrm{H}_n'(\xi)+2\mathrm{H}_n(\xi)=\mathrm{H}_{n+1}'(\xi)+\mathrm{H}_n''(\xi)=2(n+1)\mathrm{H}_n(\xi)+\mathrm{H}_n''(\xi)$$

上式第二个等号的成立利用了第一个递推关系式。于是

$$\mathrm{H}_n''(\xi)-2\xi\,\mathrm{H}_n'(\xi)+2n\mathrm{H}_n(\xi)=0 \tag{6}$$

这便是厄密方程。厄密多项式是这个方程的唯一多项式解。

(4)正交归一性

若将 W 中 η 换成另一个变数 ζ，则

$$\mathrm{e}^{2\xi\zeta-\zeta^2}=\sum_{m=0}^{\infty}\mathrm{H}_m(\xi)\frac{\zeta^m}{m!}$$

再与 W 相乘有

$$\sum_n\sum_m \mathrm{H}_n(\xi)\mathrm{H}_m(\xi)\frac{\eta^n\zeta^m}{n!\ m!}=\mathrm{e}^{2\xi\eta-\eta^2}\mathrm{e}^{2\xi\zeta-\zeta^2}=\mathrm{e}^{\xi^2+2\eta\zeta-(\xi-\eta-\zeta)^2}$$

两边同乘 $\mathrm{e}^{-\xi^2}$ 并对 $\mathrm{d}\xi$ 积分得

$$\sum_n\sum_m\frac{\eta^n\zeta^m}{n!\ m!}\int_{-\infty}^{\infty}\mathrm{e}^{-\xi^2}\mathrm{H}_n(\xi)\mathrm{H}_m(\xi)\mathrm{d}\xi=\mathrm{e}^{2\eta\zeta}\int_{-\infty}^{\infty}\mathrm{e}^{-(\xi-\eta-\zeta)^2}\mathrm{d}\xi$$

$$=\mathrm{e}^{2\eta\zeta}\int_{-\infty}^{\infty}\mathrm{e}^{-x^2}\mathrm{d}x=\sqrt{\pi}\,\mathrm{e}^{2\eta\zeta}=\sqrt{\pi}\sum_{n=0}^{\infty}2^n\frac{(\eta\zeta)^n}{n!}$$

要使上式成立，必须

$$\int_{-\infty}^{\infty}\mathrm{e}^{-\xi^2}\mathrm{H}_n(\xi)\mathrm{H}_m(\xi)\mathrm{d}\xi=2^n n!\sqrt{\pi}\,\delta_{nm}$$

这便是厄密多项式的正交归一化公式，其中 $e^{-\xi^2}$ 为权函数。

(5)正交归一化完备函数系

$$\varphi_n(\xi)=(2^n n!\sqrt{\pi})^{-\frac{1}{2}}e^{-\xi^{2/2}}H_n(\xi)$$

(6)最前面几个厄密多项式表达式

$$H_0(\xi)=1\quad H_1(\xi)=2\xi\quad H_2(\xi)=4\xi^2-2\quad H_3(\xi)=8\xi^3-12\xi$$

$$H_4(\xi)=16\xi^4-48\xi^2+12\qquad H_5(\xi)=32\xi^5-160\xi^3+120\xi$$

二、球谐函数

1. 球谐函数的定义

球(谐)函数方程

$$\frac{1}{\sin\theta}\frac{\partial}{\partial\theta}\left(\sin\theta\frac{\partial Y}{\partial\theta}\right)+\frac{1}{\sin^2\theta}\frac{\partial^2 Y}{\partial\varphi^2}+l(l+1)Y=0$$

的解即球谐函数：

$$Y_{lm}(\theta,\ \varphi)=(-1)^m\sqrt{\frac{(l-m)!}{(l+m)!}\frac{2l+1}{4\pi}}\,p_l^m(\cos\theta)\,e^{im\varphi}\qquad l=0,\ 1,\ 2,\ \cdots,$$

$m=-l,\ -l+1,\ \cdots,\ l-1,\ l$

式中：p_l^m 称为缔合勒让德函数。若令 $x=\cos\theta$，$p_l^m(\cos\theta)=y(x)$，则缔合勒让德函数是满足缔合勒让德方程

$$\frac{d}{dx}\left[(1-x^2)\frac{dy}{dx}\right]+\left(\lambda-\frac{m^2}{1-x^2}\right)y=0$$

的解。

2. 勒让德多项式

当 $m=0$ 时，缔合勒让德方程化简为勒让德方程

$$\frac{d}{dx}\left[(1-x^2)\frac{dy}{dx}\right]+\lambda y=0$$

缔合勒让德函数化简为勒让德多项式

$$P_l^0(x)=P_l(x)=\frac{1}{2^l l!}\frac{d^l(x^2-1)^l}{dx^l}=\sum_{k=0}^{[l/2]}\frac{(-1)^k(2l-2k)!}{2^l k!\ (l-k)!\ (l-2k)!}x^{l-2k}$$

(1)勒让德多项式的母函数

$$\frac{1}{R}=\frac{1}{|\boldsymbol{r}-\boldsymbol{r}'|}=\frac{1}{\sqrt{r^2+r'^2-2r'r\cos\gamma}}=\sum_{l=0}^{\infty}\frac{r'^l}{r^{l+1}}P_l(\cos\gamma)$$

式中：γ 是 $\boldsymbol{r}$ 与 $\boldsymbol{r}'$ 之间的夹角。

(2)对称性　　$P_l(-x)=(-1)^l P(x)$

(3)正交归一性 $\int_{-1}^{1} P_l(x)P_{l'}(x)\,dx = \frac{2}{2l+1}\delta_{ll'}$

(4)递推关系和导数公式

$$(l+1)P_{l+1}(x)=(2l+1)xP_l(x)-lP_{l-1}(x)$$

$$P'_{l+1}(x)=xP'_l(x)+(l+1)P_l(x)$$

$$P'_{l-1}(x)=xP'_l(x)-lP_l(x)$$

$$(1-x^2)P'_l(x)=(l+1)xP_l(x)-(l+1)P_{l+1}(x)=lP_{l-1}(x)-lxP_l(x)$$

(5)不等式与特殊值

$$|P_l(x)|\leqslant 1 \qquad (-1\leqslant x\leqslant 1)$$

$$P_l(\pm 1)=(\pm 1)^l \quad P_l(0)=\begin{cases}(-1)^n\dfrac{(2n-1)!!}{(2n)!!}, & l=2n,\\ 0, & l=2n+1\end{cases}$$

(6)最前面几个勒让德多项式表达式:

$$P_0(x)=1 \quad P_1(x)=x \quad P_2(x)=\frac{1}{2}(3x^2-1) \quad P_3(x)=\frac{1}{2}(5x^3-3x)$$

$$P_4(x)=\frac{1}{8}(35x^4-30x^2+3) \quad P_5(x)=\frac{1}{8}(63x^5-70x^3+15x)$$

3. 缔合勒让德函数

$$P_l^m(x)=(1-x^2)^{\frac{|m|}{2}}\frac{d^{|m|}P_l(x)}{dx^{|m|}}$$

(1)洛德利格斯公式

$$P_l^m(x)=\frac{(1-x^2)^{m/2}}{2^l l!}\frac{d^{|l+m|}}{dx^{|l+m|}}(x^2-1)^l$$

(2)对称性

$$P_l^{-m}(x)=(-1)^m\frac{(l-m)!}{(l+m)!}P_l^m(x)$$

(3)正交归一性 $\int_{-1}^{1} P_l^m(x)P_k^m(x)\,dx = \frac{(l+m)!}{(l-m)!}\frac{2}{2l+1}\delta_{lk}$

(4)递推关系和导数公式

$$(2l+1)xP_l^m(x)=(l-m+1)P_{l+1}^m(x)+(l+m)P_{l-1}^m(x)$$

$$(2l+1)(1-x^2)^{1/2}P_l^{m-1}(x)=P_{l+1}^m(x)-P_{l-1}^m(x)$$

$$(2l+1)(1-x^1)\frac{d}{dx}P_l^m(x)=(l+1)(l+m)P_{l-1}^m(x)-l(l-m+1)P_{l+1}^m(x)$$

(5)最前面几个缔合勒让德函数表示式

$$P_1^1(x)=(1-x^2)^{1/2} \quad P_2^1(x)=3(1-x^2)^{1/2}x \quad P_2^2(x)=3(1-x^2)$$

$$P_3^1(x)=\frac{3}{2}(1-x^2)^{1/2}(5x^2-1) \quad P_3^2(x)=15(1-x^2)x \quad P_3^3(x)=15(1-x^2)^{3/2}$$

4. 球谐函数

(1)定义

$$Y_{lm}(\theta,\ \varphi)=(-1)^m\sqrt{\frac{(l-m)!}{(l+m)!}\frac{2l+1}{4\pi}}\,p_l^m(\cos\theta)\,e^{im\varphi}$$

$$(l=0,\ 1,\ 2,\ \cdots,\qquad m=-l,\ -l+1,\ \cdots,\ l-1,\ l)$$

(2)正交归一性

$$\int Y_{l'm'}^*(\theta,\ \varphi)Y_{lm}(\theta,\ \varphi)\sin\theta d\theta d\varphi=\delta_{ll'}\delta_{mm'}$$

(3)递推关系

$$\cos\theta Y_{lm}=\left[\frac{(l+m+1)(l-m+1)}{(2l+1)(2l+3)}\right]^{\frac{1}{2}}Y_{l+1,m}+\left[\frac{(l+m)(l-m)}{(2l-1)(2l+1)}\right]^{\frac{1}{2}}Y_{l-1,m}$$

$$e^{\pm i\varphi}\sin\theta Y_{lm}=\mp\left[\frac{(l\pm m+1)(l\pm m+2)}{(2l+1)(2l+3)}\right]^{\frac{1}{2}}Y_{l+1,m\pm1}\pm\left[\frac{(l\mp m)(l\mp m-1)}{(2l-1)(2l+1)}\right]^{\frac{1}{2}}Y_{l-1,m\pm1}$$

(4)展开公式

(ⅰ)利用 $Y_l^m(\theta,\ \varphi)$函数集的完备性，我们总可以把它展开成下列级数：

$$f(\theta,\ \varphi)=\sum_{l,\ m}C_{lm}Y_{lm}(\theta,\ \varphi),$$

其中，$f(\theta,\ \varphi)$是任意平方可积函数，系数

$$C_{lm}=\int Y_{lm}^*(\theta,\ \varphi)f(\theta,\ \varphi)\sin\theta d\theta d\varphi$$

(ⅱ)
$$P_l(\cos\gamma)=\frac{4\pi}{2l+1}\sum_{m=-l}^{l}Y_{lm}^*(\theta',\ \varphi')Y_{lm}(\theta,\ \varphi)$$

式中：γ是$\boldsymbol{r}$与$\boldsymbol{r}'$之间的夹角。

(ⅲ)
$$\frac{1}{R}=4\pi\sum_{l=0}^{\infty}\sum_{m=-1}^{l}\left(\frac{1}{2l+1}\right)\frac{r'^l}{r^{l+1}}Y_{lm}(\theta,\ \varphi)Y_{lm}^*(\theta,\ \varphi)$$

(5)最前面几个球谐函数表示式

$$Y_{00}=\frac{1}{\sqrt{4\pi}} \qquad Y_{10}=\sqrt{\frac{3}{4\pi}}\cos\theta$$

$$Y_{1,\pm1}=\mp\sqrt{\frac{3}{8\pi}}\sin\theta e^{\pm i\varphi} \qquad Y_{20}=\sqrt{\frac{5}{4\pi}}\frac{3\cos^2\theta-1}{2}$$

$$Y_{2,\pm1}=\mp\sqrt{\frac{15}{8\pi}}\sin\theta\cos\theta e^{\pm i\varphi}\quad Y_{2,\pm2}=\sqrt{\frac{15}{32\pi}}\sin^2\theta e^{\pm2i\varphi}$$

三、贝塞尔函数

1. 贝塞尔方程

$$\frac{d^2y}{dz^2}+\frac{1}{z}\frac{dy}{dz}+\left(1-\frac{v^2}{z^2}\right)y=0$$

式中：z，v是任意复数。

2. 第一类贝塞尔函数

(1)定义　贝塞尔方程的一个解是

$$J_v(z)=\sum_{k=0}^{\infty}\frac{(-1)^k}{k!\ \Gamma(v+k+1)}\left(\frac{z}{2}\right)^{2k+v}\qquad |\arg z|<\pi$$

称为第一类v阶贝塞尔函数。

(2)母函数和积分表达式　　$n=0$，±1，±2，…

$$e^{\frac{z}{2}\left(t-\frac{1}{t}\right)}=\sum_{n=-\infty}^{\infty}J_n(z)t^n\qquad (0<|t|<\infty,\ |z|<\infty)$$

$$J_v(z)=\frac{(z/2)^v}{\sqrt{\pi}\,\Gamma(v+1/2)}\int_{-1}^{1}(1-t^2)^{v-\frac{1}{2}}e^{izt}dt\qquad \left(\mathrm{Re}\,v>-\frac{1}{2}\right)$$

(3)对称性

$$\begin{cases}J_{-n}(z)=(-1)^nJ_n(z)\\ J_n(-z)=(-1)^nJ_n(z)\end{cases}\qquad n=0,\ 1,\ 2,\ \cdots$$

(4)渐近行为

$x\to0$ 时　　$J_0(0)=1\quad J_n(0)=0\quad (n\geqslant1)$

$x\to\infty$时　　$J_v(x)\approx\sqrt{\frac{2}{\pi x}}\cos\left[x-\left(v+\frac{1}{2}\right)\frac{\pi}{2}\right]$

(5)递推公式

$$\frac{d}{dz}[z^vJ_v(z)]=z^vJ_{v-1}(z)$$

$$\frac{d}{dz}[z^{-v}J_v(z)]=-z^{-v}J_{v+1}(z)$$

$$zJ_{v-1}(z)+zJ_{v+1}(z)=2vJ_v(z)$$

$$\frac{dJ_v(z)}{dz}=\frac{1}{2}[J_{v-1}(z)-J_{v+1}(z)]$$

(6)加法公式：

$$\mathrm{J}_0(R)=\mathrm{J}_0(\sqrt{r^2+r'^2-2rr'\cos\gamma})=\sum_{m=-\infty}^{\infty}\mathrm{J}_m(r)\mathrm{J}_m(r')\mathrm{e}^{\mathrm{i}m\gamma}$$

$$=\mathrm{J}_0(r)\mathrm{J}_0(r')+2\sum_{m=1}^{\infty}\mathrm{J}_m(r)\mathrm{J}_m(r')\cos m\gamma$$

3. 第二类贝塞尔函数(诺伊曼函数)

(1)定义

$$\mathrm{N}_v(z)=\frac{\mathrm{J}_v(z)\cos v\pi-\mathrm{J}_{-v}(z)}{\sin v\pi}\quad(|z|<\infty\ |\arg z|<\pi)$$

称为第二类贝塞尔函数(或诺伊曼函数)，它也是贝塞尔方程的解。

(2)对称性　　$\mathrm{N}_{-n}(x)=(-1)^n\mathrm{N}_n(x)$.

(3)渐近行为　　$x\to0$ 时　$\mathrm{N}_0(x)\to\frac{2}{\pi}\ln\frac{x}{2}$,

$$\mathrm{N}_n(x)\to-\frac{(n-1)!}{\pi}\left(\frac{x}{2}\right)^{-n}\ (n\geqslant1);$$

$$x\to\infty\text{时}\quad \mathrm{N}_v(x)=\sqrt{\frac{2}{\pi x}}\sin\left(x-\frac{v\pi}{2}-\frac{\pi}{4}\right)+o(x^{-3/2}).$$

(4)递推公式　　在对 $\mathrm{J}_v(z)$ 成立的递推公式中将 $N_v(z)$ 代替 $\mathrm{J}_v(z)$ 即可。

4. 第三类贝塞尔函数(汉克尔函数)

(1)定义

$$\mathrm{H}_v^{(1)}(z)=\mathrm{J}_v(z)+\mathrm{i}\mathrm{N}_v(z)\quad \mathrm{H}_v^{(2)}(z)=\mathrm{J}_v(z)-\mathrm{i}\mathrm{N}_v(z)$$

$\mathrm{H}_v^{(1)}$，$\mathrm{H}_v^{(2)}$ 分别称为第一类和第二类汉克尔函数。

(2)关系

$$\mathrm{H}_{-v}^{(1)}(z)=\mathrm{e}^{\mathrm{i}v\pi}\mathrm{H}_v^{(1)}(z)\quad \mathrm{H}_{-v}^{(2)}(z)=\mathrm{e}^{-\mathrm{i}v\pi}\mathrm{H}_v^{(2)}(z)$$

$$\lim_{v\to\infty}\mathrm{H}_v^{(1)}(z)=\mathrm{H}_n^{(1)}(z)\quad \lim_{v\to\infty}\mathrm{H}_v^{(2)}(z)=\mathrm{H}_n^{(2)}(z)$$

(3)递推公式与 $\mathrm{J}_v(z)$ 同。

5. 变型贝塞尔函数

(1)定义

$$\mathrm{I}_v(z)=\sum_{k=0}^{\infty}\frac{1}{k!\ \Gamma(k+v+1)}\left(\frac{z}{2}\right)^{v+2k}\qquad(|z|<\infty\ |\arg z|<\pi)$$

$$K_v(z)=\frac{\pi}{2}\frac{\mathrm{I}_{-v}(z)-\mathrm{I}_v(z)}{\sin(\pi v)}\qquad(|\arg z|<\pi\quad v\neq\pm1,\ \pm2,\ \cdots)$$

$I_v(z)$，$K_v(z)$分别称为第一类和第二类变型贝塞尔函数。它们是变型贝塞尔方程

$$\frac{d^2y}{dz^2}+\frac{1}{z}\frac{dy}{dz}-\left(1+\frac{v^2}{z^2}\right)y=0$$

的解。

(2)关系

$$I_v(z)=\begin{cases}e^{-iv\pi/2}J_v(iz) & -\pi<\arg x\leqslant\frac{\pi}{2}\\ e^{iv\pi/2}J_v(iz) & \frac{\pi}{2}<\arg x\leqslant\pi\end{cases}$$

$$K_{-v}(z)=K_v(z)$$

(3)对称性　　$I_n(x)=I_{-n}(x)$.

(4)渐近行为

$x\to 0$ 时　$I_0(0)=1$　$I_n(0)=0$　$(n\geqslant 1)$；

$$K_0(x)\to -\ln\frac{x}{2}\qquad K_n(x)\to\frac{(n-1)!}{2}\left(\frac{x}{2}\right)^{-n}\ (n\geqslant 1)$$

$x\to\infty$时　$I_v(x)=\dfrac{e^x}{\sqrt{2\pi x}}(1+o(x^{-1}))$　$K_v(x)=\sqrt{\dfrac{\pi}{2x}}e^{-x}(1+o(x^{-1}))$

(5)递推公式　　同 $J_v(x)$

6. 球贝塞尔函数

(1)定义

$$j_l(x)=\sqrt{\frac{\pi}{2x}}J_{l+\frac{1}{2}}(x)\qquad n_l(x)=\sqrt{\frac{\pi}{2x}}N_{l+\frac{1}{2}}(x)$$

$j_l(x)$，$n_l(x)$分别称为 l 阶球贝塞尔函数和球诺伊曼函数。它们是球贝塞尔方程

$$\frac{d^2y}{dz^2}+\frac{1}{z}\frac{dy}{dz}-\left(1+\frac{v^2}{z^2}\right)y=0$$

的解。

(2)生成函数

$$e^{ikr\cos\theta}=\sqrt{\frac{\pi}{2kr}}\sum_{l=0}^{\infty}(2l+1)i^l\cdot J_{l+\frac{1}{2}}(kr)P_l(\cos\theta)$$

(3)一般表示式

$$j_l(x)=(-1)^l\left(\frac{1}{x}\frac{d}{dx}\right)^l\frac{\sin x}{x}\qquad n_l(x)=(-1)^{l+1}x^l\left(\frac{1}{x}\frac{d}{dx}\right)^n\frac{\cos x}{x}$$

(4)最前面几个球贝塞尔函数和球诺伊曼函数表示式

$$\mathrm{j}_0(x)=\frac{\sin x}{x} \qquad \mathrm{n}_0(x)=-\frac{\cos x}{x}$$

$$\mathrm{j}_1(x)=\frac{\sin x-x\cos x}{x^2} \qquad \mathrm{n}_1(x)=-\frac{\cos x+x\sin x}{x^2}$$

$$\mathrm{j}_2(x)=\frac{3(\sin x-x\cos x)-x^2\sin x}{x^3}$$

$$\mathrm{n}_2(x)=-\frac{3(\cos x+x\sin x)-x^2\cos x}{x^3}$$

四、合流超几何函数

1. 合流超几何方程

$$z\frac{\mathrm{d}^2 y}{\mathrm{d}\xi^2}+(\gamma-z)\frac{\mathrm{d}y}{\mathrm{d}z}-\alpha y=0$$

2. 合流超几何函数

$$F(\alpha,\ \gamma,\ z)=\frac{\Gamma(\gamma)}{\Gamma(\alpha)}\sum_{n=0}^{\infty}\frac{\Gamma(n+\alpha)}{\Gamma(n+\gamma)}\frac{z^n}{n!}=1+\frac{\alpha}{\gamma}z+\frac{\alpha(\alpha+1)\alpha(\alpha+2)}{\gamma(\gamma+1)(\alpha+2)}\frac{z^3}{3!}+\cdots$$

是合流超几何方程的解。

3. 递推公式

$$(\gamma-\alpha-1)F(\alpha,\ \gamma,\ z)=(\gamma-1)F(\alpha,\ \gamma-1,\ z)-\alpha F(\alpha+1,\ \gamma,\ z)$$

$$\frac{\mathrm{d}^n}{\mathrm{d}z^n}F(\alpha,\ \gamma,\ z)=\frac{(\alpha)_n}{(\gamma)_n}F(\alpha+n,\ \gamma+n,\ z)$$

附录C　δ函数

一、δ 函数的定义

具有如下性质的函数 δ 称为 δ 函数：

$$\int_a^b f(x)\delta(x-x_0)\mathrm{d}x=f(x_0),\quad a<x_0<b$$

这里，$f(x)$表示任何具有良好解析性质的函数。上面定义式亦可写成

$$\int_{-\infty}^{\infty} f(x)\delta(x-x_0)\mathrm{d}x=\int_{x_0-\varepsilon}^{x_0+\varepsilon} f(x)\delta(x-x_0)\mathrm{d}x=f(x_0)$$

其中 ε 为任意小正数。通常，δ 函数还可改用下列等价定义：

$$\begin{cases}\delta(x-x_0)=0 & x\neq x_0\\ \int_{-\infty}^{\infty}\delta(x-x_0)\mathrm{d}x=1\end{cases}$$

二、一些 δ 函数的具体形式

1. $\delta(x)=\lim\limits_{\alpha\to 0}\dfrac{\sin\alpha x}{\pi x}$

2. $\delta(x)=\lim\limits_{\alpha\to 0}\dfrac{\sin^2\alpha x}{\pi\alpha x^2}$

3. $\delta(x)=\lim\limits_{\lambda\to 0}\dfrac{1}{\sqrt{2\pi\lambda}}\mathrm{e}^{-x^2/2\lambda}$

4. $\delta(x)=\dfrac{1}{2\pi}\displaystyle\int_{-\infty}^{\infty}\mathrm{e}^{\mathrm{i}kx}\,\mathrm{d}k$

三、δ 函数的基本性质

1. $\delta(-x)=\delta(x)$

2. $\delta(x)=\begin{cases}\infty & x=0\\ 0 & x\neq 0\end{cases}$

3. $\delta(ax)=\frac{1}{|a|}\delta(x)$

4. $x\delta(x)=0$

5. $\int_{-\infty}^{\infty}\delta(x-a)\delta(x-b)\mathrm{d}x=\delta(a-b)$

6. $\delta[f(x)]=\sum_i\frac{\delta(x-x_i)}{|f'(x_i)|}=\sum_i\frac{\delta(x-x_i)}{|f'(x)|}$，所有 $x_i(i=1, 2, 3, \cdots)$ 全是 $f(x)=0$ 的单根，特别地

(1) $\delta[(x-a)(x-b)]=\frac{1}{|a-b|}[\delta(x-a)+\delta(x-b)] \quad (a\neq b)$

(2) $\delta(x^2-a^2)=\frac{1}{2|a|}[\delta(x-a)+\delta(x+a)]=\frac{1}{2|x|}[\delta(x-a)+\delta(x+a)]$

7. $\delta'(-x)=-\delta'(x)$，$\delta^{(n)}(-x)=(-1)^n\delta^{(n)}(x)$

四、δ函数展开式

1. 傅里叶级数展开

$$\delta(x-x')=\frac{1}{2l}\sum_{n=-\infty}^{\infty}\mathrm{e}^{-\mathrm{i}\frac{n\pi}{l}(x-x')} \quad (-l\leqslant x\leqslant l)$$

2. 厄密多项式展开

$$\delta(x-x')=\sum_{n=0}^{\infty}\frac{1}{\sqrt{\pi}\,2^n n!}\mathrm{e}^{-(x^2+x'^2)/2}\mathrm{H}_n(x')\mathrm{H}_n(x)$$

3. 勒让德多项式展开

$$\delta(x-x')=\sum_{l=0}^{\infty}\frac{2l+1}{2}\mathrm{P}_l(x)\mathrm{P}_l(x') \quad (-1\leqslant x\leqslant 1)$$

4. 贝塞尔函数展开

$$\delta(x-x')=\sum_{n=0}^{\infty}\frac{2(xx')^{1/2}}{a^2}\frac{\mathrm{J}_m\left(\mu_n\frac{x'}{a}\right)\mathrm{J}_m\left(\mu_n\frac{x}{a}\right)}{\mathrm{J}_m'^2(\mu_n)} \quad (0\leqslant x\leqslant a)$$

式中：μ_n 是 $\mathrm{J}_m(\mu_n)=0$ 的根，$m>-1$。

五、二维和三维δ函数

1. 二维δ函数 $\delta(\boldsymbol{\rho}-\boldsymbol{\rho}')=\delta(x-x')\delta(y-y')$

三维δ函数 $\delta(\boldsymbol{r}-\boldsymbol{r}')=\delta(x-x')\delta(y-y')\delta(z-z')$

它们分别具有如下性质：

$$\int_{\Delta S}\delta(\boldsymbol{\rho}-\boldsymbol{\rho}')\mathrm{d}S=1\qquad(\boldsymbol{\rho}=\boldsymbol{\rho}'\text{ 的点在 }\Delta S\text{ 中})$$

$$\int_{\Delta V}\delta(\boldsymbol{r}-\boldsymbol{r}')\mathrm{d}\tau=1\qquad(\boldsymbol{r}=\boldsymbol{r}'\text{ 的点在 }\Delta V\text{ 中})$$

2. 球坐标系中的 δ 函数

$$\delta(\boldsymbol{r}-\boldsymbol{r}')=\frac{1}{r^2}\delta(r-r')\delta(\varphi-\varphi')\delta(\cos\theta-\cos\theta')$$

3. 柱坐标系中的 δ 函数为

$$\delta(\boldsymbol{r}-\boldsymbol{r}')=\frac{1}{\rho}\delta(\rho-\rho')\delta(\varphi-\varphi')\delta(z-z')$$

六、电荷分布的 δ 函数表示

1. 点电荷系电荷密度

$$\rho(\boldsymbol{r})=\sum_{i=1}^{n}q_i\delta(\boldsymbol{r}-\boldsymbol{r}_i)$$

2. 均匀分布于半径为 *R* 的球壳上的电荷密度

$$\rho(\boldsymbol{r}')=\frac{Q}{4\pi R^2}\delta(r'-R)$$

式中：Q 为电荷电量。

3. 均匀分布于半径为 *R* 的圆柱面上的电荷密度

$$\rho(\boldsymbol{r}')=\frac{Q}{2\pi R}\delta(\rho'-R)$$

式中：Q 为单位长度圆柱上的电荷。

4. 均匀分布的线电荷密度

$$\rho(\boldsymbol{r}')=\frac{Q}{2b}\frac{1}{2\pi r'^2}[\delta(\cos\theta'-1)+\delta(\cos\theta'+1)]$$

这里线电荷 Q 沿极轴方向，线长为 b，原点在 $\frac{b}{2}$ 处。

5. 均匀分布在半径为 *R* 的带电圆的电荷密度

$$\rho(\boldsymbol{r}')=\frac{Q}{2\pi R^2}\delta(r'-R)\delta(\cos\theta')\quad(\text{球坐标})$$

$$\rho(\boldsymbol{r}')=\frac{Q}{2\pi R}\delta(\rho'-R)\delta(z')\quad(\text{柱坐标})$$

6. 电偶极子 $\boldsymbol{p}$ 的电荷密度

$$\boldsymbol{\rho}(\boldsymbol{r}')=-\boldsymbol{p}\cdot\nabla'\delta(\boldsymbol{r}')$$

(偶极子中心在坐标原点上)

附录D　拉普拉斯方程的解

一、拉普拉斯方程

$$\Delta\psi=\nabla^2\psi=0$$

二、球坐标系中拉普拉斯方程的解

在球坐标系中，拉普拉斯方程表示式是

$$\frac{1}{r^2}\frac{\partial}{\partial r}\left(r^2\ \frac{\partial\psi}{\partial r}\right)+\frac{1}{r^2\sin\theta}\frac{\partial}{\partial\theta}\left(\sin\theta\ \frac{\partial\psi}{\partial\theta}\right)+\frac{1}{r^2\ \sin^2\theta}\frac{\partial^2\psi}{\partial\varphi^2}=0$$

用分离变量法解此方程，设 ψ 具有形式

$$\psi(r,\ \theta,\ \varphi)=R(r)Y(\theta,\ \varphi)$$

代入拉普拉斯方程得

$$\frac{1}{R}\frac{\mathrm{d}}{\mathrm{d}r}\left(r^2\ \frac{\mathrm{d}R}{\mathrm{d}r}\right)=-\frac{1}{Y\sin\theta}\frac{\partial}{\partial\theta}\left(\sin\theta\ \frac{\partial Y}{\partial\theta}\right)-\frac{1}{Y\ \sin^2\theta}\frac{\partial^2 Y}{\partial\varphi^2}$$

上式左边为 r 的函数，右边为 θ，φ 的函数，只有当它们都等于常数时才有可能相等。命此常数为 $l(l+1)$，则上式分离为两个方程

$$\frac{\mathrm{d}}{\mathrm{d}r}\left(r^2\ \frac{\mathrm{d}R}{\mathrm{d}r}\right)-l(l+1)R=0$$

$$\frac{1}{\sin\theta}\frac{\partial}{\partial\theta}\left(\sin\theta\ \frac{\partial Y}{\partial\theta}\right)+\frac{1}{\sin^2\theta}\frac{\partial^2 Y}{\partial\varphi^2}+l(l+1)Y=0$$

上面第一式的解为

$$R=ar^l+\frac{b}{r^{l+1}}$$

（a 和 b 为任意常数）。第二式的解即球谐函数

$$\mathrm{Y}_{lm}(\theta,\ \varphi)=(-1)^m\sqrt{\frac{(l-m)\,!}{(l+m)\,!}\frac{2l+1}{4\pi}}\,\mathrm{p}_l^m(\cos\theta)\,\mathrm{e}^{\mathrm{i}m\varphi}$$

$$(l=0,\ 1,\ 2,\ \cdots\qquad m=-l,\ -l+1,\ \cdots,\ l-1,\ l)$$

因此，球坐标系中拉普拉斯方程的通解为

$$\psi(r,\ \theta)=\sum_{l=0}^{\infty}\left(a_l r^l+\frac{b_l}{r^{l+1}}\right)Y_{lm}(\theta,\ \varphi)$$

三、柱坐标系中拉普拉斯方程的解

在柱坐标系中，拉普拉斯方程表示式是

$$\frac{1}{\rho}\frac{\partial}{\partial\rho}\left(\rho\frac{\partial\psi}{\partial\rho}\right)+\frac{1}{\rho^2}\frac{\partial^2\psi}{\partial\varphi^2}+\frac{\partial^2\psi}{\partial z^2}=0$$

用分离变量法解此方程，设 ψ 具有形式

$$\psi(\rho,\ \varphi,\ z)=R(\rho)\Phi(\varphi)Z(z)$$

代入拉普拉斯方程得

$$\frac{\rho^2}{R}\frac{\mathrm{d}^2R}{\mathrm{d}\rho^2}+\frac{\rho}{R}\frac{\mathrm{d}R}{\mathrm{d}\rho}+\rho^2\frac{Z''}{Z}=-\frac{\Phi''}{\Phi}$$

上式左边为 ρ，z 的函数，右边为 Φ 的函数，只有当它们都等于常数时才有可能相等。命此常数为 λ，则上式分离为两个方程

$$\Phi''+\lambda\Phi=0$$

$$\frac{\rho^2}{R}\frac{\mathrm{d}^2R}{\mathrm{d}\rho^2}+\frac{\rho}{R}\frac{\mathrm{d}R}{\mathrm{d}\rho}+\rho^2\frac{Z''}{Z}=\lambda$$

上面第一式的解为

$$\Phi(\varphi)=A\cos m\varphi+B\sin\varphi\quad \lambda=m^2\quad (m=0,\ 1,\ 2,\ \cdots)$$

将 λ 值代入第二式得

$$\frac{\rho}{R}\frac{\mathrm{d}^2R}{\mathrm{d}\rho^2}+\frac{1}{\rho}\frac{1}{R}\frac{\mathrm{d}R}{\mathrm{d}\rho}-\frac{m^2}{\rho^2}=-\frac{Z''}{Z}=-\mu$$

即

$$Z''-\mu Z=0$$

$$\frac{\mathrm{d}^2R}{\mathrm{d}\rho^2}+\frac{1}{\rho}\frac{\mathrm{d}R}{\mathrm{d}\rho}-\left(\mu-\frac{m^2}{\rho^2}\right)R=0$$

(1)如果 $\mu=0$，上式的解则为

$$Z=C+Dz\qquad R=E\rho^m+F\frac{1}{\rho^m}$$

(2)如果 $\mu\neq0$，

(ⅰ)若 $\mu>0$，令 $x=\sqrt{\mu}$，则上式 Z 的解为

$$Z(z)=Ce^{\sqrt{\mu}z}+De^{-\sqrt{\mu}z}$$

关于 R 的方程可化成下列形式

$$x^2\frac{d^2R}{dx^2}+x\frac{dR}{dx}+(x^2-m^2)R=0$$

这是一个贝塞尔方程，它的解是贝塞尔函数 $J_m(\sqrt{\mu}\rho)$或诺伊曼函数$N_m(\sqrt{\mu}\rho)$。

(ⅱ)若 $\mu<0$，令 $h=\sqrt{-\mu}$，则上式 Z 的解为

$$Z(z)=C\cosh z+D\sinh z$$

关于 R 的方程化成

$$x^2\frac{d^2R}{dx^2}+x\frac{dR}{dx}-(x^2+m^2)R=0$$

这是一个虚宗量贝塞尔方程(变型贝塞尔方程)，它的解是虚宗量贝塞尔函数 $I_m(h\rho)$或虚宗量诺伊曼函数 $K_m(h\rho)$。

附录 E　一些有用的公式

1. 斯特令公式

$$\ln n! \approx \left(n+\frac{1}{2}\right)\ln n - n + \frac{1}{2}\ln(2\pi) \approx n\ln n - n$$

2. $I=\int_{-\infty}^{\infty} e^{-\lambda x^2}\, dx=\sqrt{\frac{\pi}{\lambda}}$

证：$$I^2=\int_{-\infty}^{\infty} e^{-\lambda x^2}\, dx \int_{-\infty}^{\infty} e^{-\lambda y^2}\, dy=\iint_{-\infty}^{\infty} e^{-\lambda(x^2+y^2)}\, dx\, dy=\int_0^{2\pi} d\theta \int_0^{\infty} e^{-\lambda r^2} r dr=\frac{\pi}{\lambda}$$

$$I=\sqrt{\frac{\pi}{\lambda}}$$

3. $I(n)=\int_{-\infty}^{\infty} x^{2n} e^{-\lambda x^2}\, dx=\frac{(2n-1)!!}{2^n\lambda^n}\sqrt{\frac{\pi}{\lambda}}$

证：$I(n)=(-1)^n \frac{\partial^n}{\partial\lambda^n}\int_{-\infty}^{\infty} e^{-\lambda x^2}\, dx=(-1)^n \frac{\partial^n}{\partial\lambda^n}\sqrt{\frac{\pi}{\lambda}}=\frac{(2n-1)!!}{2^n\lambda^n}\sqrt{\frac{\pi}{\lambda}}$

4. 令 $\Gamma(z)=\int_0^{\infty} e^{-x} x^{z-1}\, dx\ (\mathrm{Re}z>0)$ 称为伽马函数，它满足如下递推关系：

$$\Gamma(z+1)=z\Gamma(z)$$

证：$\Gamma(z+1)=\int_0^{\infty} e^{-x} x^z\, dx=-zx^{z-1}e^{-x}\Big|_0^{\infty}+z\int_0^{\infty} e^{-x}x^{z-1}\, dx=z\Gamma(z)$

特别地，$\Gamma(1)=\int_0^{\infty} e^{-x}\, dx=1$　　　　$\Gamma(n+1)=n!$

5. $\int_0^{\infty} e^{-\lambda x^n}\, dx=\frac{\Gamma(1/n)}{n\lambda^{1/n}}\ (n>0,\ \lambda>0)$

证：　令 $t=\lambda x^n dt=\frac{1}{n\lambda^{1/n}}t^{\frac{1}{n}-1}\, dt$，于是

$$\int_0^{\infty} e^{-\lambda x^n}\, dx=\frac{1}{n\lambda^{1/n}}\int_0^{\infty} e^{-t}t^{\frac{1}{n}-1}\, dt=\frac{\Gamma(1/n)}{n\lambda^{1/n}}$$

6. $I(z)=\int_0^\infty \frac{x^{z-1}}{e^x-1}dx=\Gamma(z)\zeta(z)$　　式中　$\zeta(z)=\sum_{n=1}^\infty \frac{1}{n^z}$ 称黎曼 ζ 函数。

证：$I(z)=\int_0^\infty x^{z-1}e^{-x}\sum_{n=0}^\infty e^{-nx}dx=\sum_{n=0}^\infty\int_0^\infty x^{z-1}e^{-(n+1)x}dx=\sum_{n=0}^\infty\frac{1}{(n+1)^z}\Gamma(z)$
$=\Gamma(z)\zeta(z)$

特别地，$\zeta(3/2)=2.612$，$\zeta(5/2)=1.341$，$\zeta(2)=\pi^2/6$，$\zeta(3)=1.202$，$\zeta(4)=\pi^4/90$，$\zeta(5)=1.037$；$\Gamma(3/2)=\sqrt{\pi}/2$，$\Gamma(5/2)=3\sqrt{\pi}/4$

7. $I(z)=\int_0^\infty \frac{x^{z-1}}{e^x+1}dx=(1-2^{1-z})\Gamma(z)\zeta(z)$

证：
$$I(z)=\int_0^\infty x^{z-1}e^{-x}\sum_{n=0}^\infty(-1)^n e^{-nx}dx=\sum_{n=0}^\infty(-1)^n\int_0^\infty x^{z-1}e^{-(n+1)x}dx$$
$$=\sum_{n=0}^\infty\frac{(-1)^n}{(n+1)^z}\Gamma(z)$$
$$=\left\{\left[1+\frac{1}{2^z}+\frac{1}{3^z}+\cdots\right]-\left[\frac{2}{2^z}\left\{1+\frac{1}{2^z}+\frac{1}{3^z}+\cdots\right\}\right]\right\}\Gamma(z)$$
$$=(1-2^{1-z})\Gamma(z)\zeta(z)$$

8. 关于费米分布的积分

$$I_1=-\int_0^\infty\varphi(\varepsilon)\frac{df}{d\varepsilon}d\varepsilon=\left[1+\frac{(\pi kT)^2}{6}\frac{d^2}{d\mu^2}+\frac{7(\pi kT)^4}{360}\frac{d^4}{d\mu^4}+\cdots\right]\varphi(\mu)$$
$$I_2=\int_0^\infty\eta(\varepsilon)f d\varepsilon=\int_o^\mu\eta(\varepsilon)d\varepsilon+\frac{\pi^2}{6}(kT)^2\eta'(\mu)+\frac{7\pi^4}{360}(kT)^4\eta'''(\mu)+\cdots$$

式中：$f=\frac{1}{e^{(\varepsilon-\mu)/kT}+1}$ 为费米分布。

证：令 $z=\varepsilon-\mu$，$\varepsilon=\mu+z$，于是
$$\varphi(\varepsilon)=\varphi(\mu+z)=\varphi(\mu)+\frac{\partial\varphi}{\partial\mu}z+\frac{1}{2!}\frac{\partial^2\varphi}{\partial\mu^2}z^2+\cdots=e^{z\frac{\partial}{\partial\mu}}\varphi(\mu)$$
$$\frac{df}{d\varepsilon}=\frac{-e^{z/kT}}{(e^{z/kT}+1)^2}\frac{1}{kT}$$

从而　$I_1=-\int_{-\mu}^\infty\varphi(\mu+z)\frac{df}{dz}dz\approx-\int_{-\infty}^\infty\frac{-e^{z/kT}}{(e^{z/kT}+1)^2}\frac{1}{kT}e^{z\frac{\partial}{\partial\mu}}\varphi(\mu)dz$

若记 $x=\exp(-z/kT)$，$D=kT\partial/\partial\mu$，那么
$$I_1=-\int_{-\infty}^\infty\frac{-e^{-(-z/kT)}}{(e^{-(-z/kT)}+1)^2}e^{-\frac{z}{kT}\left(-kT\frac{\partial}{\partial\mu}\right)}\varphi(\mu)d\frac{-z}{kT}=-\int_\infty^0\frac{x^{-1}}{(x^{-1}+1)^2}x^{-D}\frac{dx}{x}\varphi(\mu)$$
$$=\int_0^\infty\frac{x^{-D}dx}{(1+x)^2}\varphi(\mu)=\frac{\Gamma(1-D)\Gamma(1+D)}{\Gamma(2)}\varphi(\mu)=[\pi D\csc\pi D]\varphi(\mu)$$

计算中利用了以下公式：

$$\int_0^{\infty} \frac{x^{m-1}}{(1+x)^{m+n}} \mathrm{d}x = \frac{\Gamma(m)\Gamma(n)}{\Gamma(m+n)}$$

$$\Gamma(1+D) = D\Gamma(D) \qquad \Gamma(D)\Gamma(1-D) = \frac{\pi}{\sin\pi D}$$

最后利用近似式 $\quad \csc x = \frac{1}{x} + \frac{x}{3!} + \frac{7x^3}{3\times 5!} + \cdots$

即得 $I_1 = -\int_0^{\infty} \varphi(\varepsilon) \frac{\mathrm{d}f}{\mathrm{d}\varepsilon} \mathrm{d}\varepsilon = \left[1 + \frac{(\pi kT)^2}{6} \frac{\mathrm{d}^2}{\mathrm{d}\mu^2} + \frac{7\,(\pi kT)^4}{360} \frac{\mathrm{d}^4}{\mathrm{d}\mu^4} + \cdots\right] \varphi(\mu)$

对积分 I_2 可令 $\varphi(\varepsilon) = \int_0^{\varepsilon} \eta(\varepsilon')\mathrm{d}\varepsilon'$，利用分部积分有：

$$I_2 = \int_0^{\infty} \eta(\varepsilon) f \mathrm{d}\varepsilon = \varphi(\varepsilon) f \Big|_0^{\infty} - \int_0^{\infty} \varphi(\varepsilon) \frac{\mathrm{d}f}{\mathrm{d}\varepsilon} \mathrm{d}\varepsilon = -\int_0^{\infty} \varphi(\varepsilon) \frac{\mathrm{d}f}{\mathrm{d}\varepsilon} \mathrm{d}\varepsilon$$

利用积分 I_1 的结果并注意到

$$\varphi(\mu) = \int_0^{\mu} \eta(\varepsilon)\mathrm{d}\varepsilon \qquad \frac{\mathrm{d}\varphi(\mu)}{\mathrm{d}\mu} = \eta(\mu)$$

即得

$$I_2 = \int_0^{\infty} \eta(\varepsilon) f \mathrm{d}\varepsilon = \int_o^{\mu} \eta(\varepsilon)\mathrm{d}\varepsilon + \frac{\pi^2}{6}(kT)^2 \eta'(\mu) + \frac{7\pi^4}{360}(kT)^4 \eta'''(\mu) + \cdots$$

附录F 常用物理单位

SI是国际单位制的法文(Le Système International d'Unites)缩写。SI基本单位共有七个，是相互独立最重要的七个基本物理量的单位，是所有单位的基本。其他单位为导出单位或组合单位。

SI基本单位

量的名称	单位名称	单位符号	定　义	量纲
长度	米	m	米是光在真空中于1/299 792 458秒的时间间隔内所经路径的长度	L
质量	千克	kg	千克等于国际千克原器的质量	M
时间	秒	s	秒是铯-133原子基态的两个超精细能级之间跃迁所对应的辐射的9 192 631 770个周期的持续时间	T
电流	安培	A	安[培]是放置在真空中截面积可忽略的两根相距1m的无限长平行圆直导线内所通过的恒定电流，它在导线间每米长度上产生的相互作用力为 2×10^{-7} 牛顿	I
热力学温度	开尔文	K	开[尔文]是水三相点热力学温度的1/273.16	Θ
物质的量	摩尔	mol	摩[尔]是一系统的物质的量，该系统中所包含的基本单元数与0.012千克的碳12的原子数目相等(这些基本单元可以是原子、分子、离子、电子及其他粒子，或是这些粒子的特定组合)	N
发光强度	坎德拉	cd	坎[德拉]是一光源在给定方向上发出频率 540×10^{12} 赫兹的单色辐射，且在此方向上的辐射强度为每球面度1/688瓦的发光强度	J

SI 词头

因数	词头名称		符号
	英文	中文	
10^{24}	yotta	尧[它]	Y
10^{21}	zetta	泽[它]	Z
10^{18}	exa	艾[可萨]	E
10^{15}	peta	拍[它]	P
10^{12}	tera	太[拉]	T
10^{9}	giga	吉[咖]	G
10^{6}	mega	兆	M
10^{3}	kilo	千	k
10^{2}	hecta	百	h
10^{1}	deca	十	da
10^{-1}	deci	分	d
10^{-2}	centi	厘	c
10^{-3}	milli	毫	m
10^{-6}	micro	微	μ
10^{-9}	nano	纳[诺]	n
10^{-12}	pico	皮[可]	p
10^{-15}	femto	飞[母托]	f
10^{-18}	atto	阿[托]	a
10^{-21}	zepto	仄[普托]	z
10^{-24}	yocto	幺[科托]	y

SI 导出单位

量的名称	单位名称		单位符号
	英文	中文	
[平面]角	radian	弧度	rad
立体角	steradian	球面度	sr
频率	hertz	赫[兹]	Hz＝1/s
力	newton	牛[顿]	N＝kg·m/s²
压强	pascal	帕[斯卡]	Pa＝N/m²
能量、功、热量	joule	焦[耳]	J＝N·m
功率、辐射通量	watt	瓦[特]	W＝J/s
电量、电荷	coulomb	库[仑]	C＝A·s
电势、电势差	volt	伏[特]	V＝W/A

续表

量的名称	单位名称 英文	单位名称 中文	单位符号
电阻	ohm	欧[姆]	$\Omega = V/A$
电导	siemens	西[门子]	$S=\Omega^{-1}$
电容	farad	法[拉]	$F=C/V$
磁通[量]	weber	韦[伯]	$Wb=V\cdot s$
磁感应强度	tesla	特[斯拉]	$T=Wb/m^2$
电感	henry	亨[利]	$H=Wb/A$
光通量	lumen	流[明]	$lm=cd\cdot sr$
[光]照度	lux	勒[克斯]	$lx=lm/m^2$

非 SI 单位

量的名称	单位名称	符号	换算关系
平面角	秒	(″)	$1''=(1/60)'$
	分	(′)	$1'=(1/60)^\circ$
	度	(°)	$1^\circ=(\pi/180)\text{rad}$
时间	分	min	1min=60s
	小时	h	1h=60min=3 600s
	天	d	1d=24h=86 400s
	年	a	1a=365d=8 760h
长度	光年	ly	$1\text{ly}=9.460\,7\times10^{15}\text{m}$
	秒差距	pc	$1\text{pc}=3.085\,7\times10^{16}\text{m}=3.26\text{ly}$
	天文单位	AU	$1\text{AU}=1.495\,978\,7\times10^{11}\text{m}$
	海里	1 n mil	1n mil=1 852m
	埃	Å	$1\text{Å}=10^{-10}\text{m}$
体积	升	L(l)	$1\text{L}=1\text{dm}^3=10^{-3}\text{m}^3$
质量	吨	t	$1\text{t}=10^3\text{kg}$
	原子质量单位	u	$1\text{u}=1.660\,540\,2\times10^{-27}\text{kg}$
力	达因	dyn	$1\text{dyn}=10^{-5}\text{N}$
压强	巴	bar	$1\text{bar}=10^5\text{Pa}$
能量	电子伏	eV	$1\text{eV}=1.602\,177\,33\times10^{-19}\text{J}$
	尔格	erg	$1\text{erg}=10^{-7}\text{J}$
	千瓦时(度)	kWh	$3.6\times10^6\text{J}$
热量	卡	cal	4.1868J

附录G　电磁场量与公式在国际单位制与高斯单位制中换算表

表1　　　　国际单位制与高斯单位制中电磁场量的对照

物理量	高斯单位制	国际单位制
电流	I	$(4\pi\varepsilon_0)^{-1/2}I$
电流密度	j	$(4\pi\varepsilon_0)^{-1/2}j$
电荷	q	$(4\pi\varepsilon_0)^{-1/2}q$
电荷密度	ρ	$(4\pi\varepsilon_0)^{-1/2}\rho$
电场强度	$\boldsymbol{E}$	$(4\pi\varepsilon_0)^{1/2}\boldsymbol{E}$
电位移矢量	$\boldsymbol{D}$	$(4\pi/\varepsilon_0)^{1/2}\boldsymbol{D}$
电势	φ	$(4\pi\varepsilon_0)^{1/2}\varphi$
极化强度	$\boldsymbol{P}$	$(4\pi\varepsilon_0)^{-1/2}\boldsymbol{P}$
磁感应强度	$\boldsymbol{B}$	$\left(\frac{4\pi}{\mu_0}\right)^{1/2}\boldsymbol{B}$
磁场强度	$\boldsymbol{H}$	$(4\pi\mu_0)^{1/2}\boldsymbol{H}$
磁化强度	$\boldsymbol{M}$	$\left(\frac{\mu_0}{4\pi}\right)^{1/2}\boldsymbol{M}$
磁矢势	$\boldsymbol{A}$	$\left(\frac{4\pi}{\mu_0}\right)^{1/2}\boldsymbol{A}$
介电常数	ε	$\frac{\varepsilon}{\varepsilon_0}$
电导率	σ_c	$\frac{\sigma_c}{4\pi\varepsilon_0}$
磁导率	μ	$\frac{\mu}{\mu_0}$
电感	L	$4\pi\varepsilon_0 L$
电容	C	$\frac{C}{4\pi\varepsilon_0}$

表 2 **国际单位制与高斯单位制中测量物理量的单位对照**

物理量及符号	高斯单位制	国际单位制
长度 l	1 cm	10^{-2} m
时间 t	1 s	1 s
质量 m	1 g	10^{-3} kg
功率 I	$1\ \mathrm{erg\cdot s^{-1}}$	10^{-7} W
真空介电常数 ε_0	1 CGSE	$10^7/(4\pi c)\,\mathrm{F\cdot m^{-1}}$ $=8.854187818\times10^{-12}\ \mathrm{F\cdot m^{-1}}$
真空磁导率 μ_0	1 CGSE	$4\pi\times10^{-7}\,\mathrm{H\cdot m^{-1}}$ $=12.5663706144\times10^{-7}\,\mathrm{H\cdot m^{-1}}$
光速 c	$c=2.99792458\times10^{10}\,\mathrm{cm\cdot s^{-1}}$	$c=\dfrac{1}{\sqrt{\mu_0\varepsilon_0}}$ $=2.997\,924\,58\times10^{10}\,\mathrm{cm\cdot s^{-1}}$
电荷 q	1 CGSE	$3.335\,64\times10^{-10}\,\mathrm{C}$
电荷密度 ρ	1 CGSE	$3.335\,64\times10^{-4}\ \mathrm{C\cdot m^{-3}}$
电流 I	1 CGSE	$3.335\,64\times10^{-10}$ A
电流密度 j	1 CGSE	$3.335\,64\times10^{-6}\ \mathrm{A\cdot m^{-2}}$
电场强度 E	1 CGSE	$2.997\,924\,58\times10^{4}\ \mathrm{V\cdot m^{-1}}$
电位移 D	1 CGSE	$2.654\,42\times10^{-7}\ \mathrm{C\cdot m^{-2}}$
电势 φ	1 CGSE	$2.997\,924\,58\times10^{2}$ V
电矩 p	1 CGSE	$3.335\,64\times10^{-12}\ \mathrm{C\cdot m^{-2}}$
电阻率 σ_c	$1\ \mathrm{S^{-1}}$	$1.112\,65\times10^{-10}\ \Omega\cdot\mathrm{m^{-1}}$
电阻 R	$1\ \mathrm{S\cdot cm^{-1}}$	$8.987\,55\times10^{11}\ \Omega$
电容 C	1 cm	$1.112\,65\times10^{-12}\,\mathrm{F}$
磁通量 Φ	1 Mx	10^{-8} Wb
磁感应强度 B	1 G	10^{-4} T
磁场强度 H	1 Oe	$79.577\,5\ \mathrm{A\cdot m^{-1}}$
磁化强度 M	1CGSM	$103\ \mathrm{A\cdot m^{-1}}$
电感 L	1 CGSM	$1.112\,65\times10^{9}\,\mathrm{H}$

表3 **国际单位制与高斯单位制中电磁公式的对照**

	高斯单位制	国际单位制
真空中电荷连续分布带电体的电场	$\boldsymbol{E}=\int\frac{\rho\boldsymbol{r}}{r^3}\mathrm{d}\tau'$	$\boldsymbol{E}=\frac{1}{4\pi\varepsilon_0}\int\frac{\rho\boldsymbol{r}}{r^3}\mathrm{d}\tau'$
真空中电流的电场	$\boldsymbol{B}=\frac{1}{c}\int\frac{\boldsymbol{j}\times\boldsymbol{r}}{r^3}\mathrm{d}\tau'$	$\boldsymbol{B}=\frac{\mu_0}{4\pi}\int\frac{\boldsymbol{j}\times\boldsymbol{r}}{r^3}\mathrm{d}\tau'$
麦克斯韦方程组	$\nabla\times\boldsymbol{E}=-\frac{1}{c}\frac{\partial\boldsymbol{B}}{\partial t}$ $\nabla\cdot\boldsymbol{D}=4\pi\rho$ $\nabla\cdot\boldsymbol{B}=0$ $\nabla\times\boldsymbol{H}=\frac{4\pi}{c}\boldsymbol{j}+\frac{1}{c}\frac{\partial\boldsymbol{D}}{\partial t}$	$\nabla\times\boldsymbol{E}=-\frac{\partial\boldsymbol{B}}{\partial t}$ $\nabla\cdot\boldsymbol{D}=\rho$ $\nabla\cdot\boldsymbol{B}=0$ $\nabla\times\boldsymbol{H}=\boldsymbol{j}+\frac{\partial\boldsymbol{D}}{\partial t}$
洛伦兹力公式	$\boldsymbol{F}=q\left(\boldsymbol{E}+\frac{1}{c}\boldsymbol{v}\times\boldsymbol{B}\right)$	$\boldsymbol{F}=q(\boldsymbol{E}+\boldsymbol{v}\times\boldsymbol{B})$
场与势的关系	$\boldsymbol{B}=\nabla\times\boldsymbol{A}$ $\boldsymbol{E}=-\nabla\varphi-\frac{1}{c}\frac{\partial\boldsymbol{A}}{\partial t}$	$\boldsymbol{B}=\nabla\times\boldsymbol{A}$ $\boldsymbol{E}=-\nabla\varphi-\frac{\partial\boldsymbol{A}}{\partial t}$
连续性方程	$\nabla\cdot\boldsymbol{j}+\frac{\partial\rho}{\partial t}=0$	$\nabla\cdot\boldsymbol{j}+\frac{\partial\rho}{\partial t}=0$
洛伦兹条件	$\nabla\cdot\boldsymbol{A}+\frac{1}{c}\frac{\partial\varphi}{\partial t}=0$	$\nabla\cdot\boldsymbol{A}+\frac{1}{c^2}\frac{\partial\varphi}{\partial t}=0$
电磁场张量	$F_{\mu\nu}=\begin{bmatrix}0 & B_3 & -B_2 & -\mathrm{i}E_1\\ -B_3 & 0 & B_1 & -\mathrm{i}E_2\\ B_2 & -B_1 & 0 & -\mathrm{i}E_3\\ \mathrm{i}E_1 & \mathrm{i}E_2 & \mathrm{i}E_3 & 0\end{bmatrix}$ $\partial_\nu F_{\mu\nu}=\frac{4\pi}{c}\mathrm{j}_\mu$	$F_{\mu\nu}=\begin{bmatrix}0 & B_3 & -B_2 & -\frac{\mathrm{i}}{c}E_1\\ -B_3 & 0 & B_1 & -\frac{\mathrm{i}}{c}E_2\\ B_2 & -B_1 & 0 & -\frac{\mathrm{i}}{c}E_3\\ \frac{\mathrm{i}}{c}E_1 & \frac{\mathrm{i}}{c}E_2 & \frac{\mathrm{i}}{c}E_3 & 0\end{bmatrix}$ $\partial_\nu F_{\mu\nu}=\mu_0\mathrm{j}_\mu$

附录 H　常用物理常数

物理量	符号	数值
阿伏伽德罗常数	N_A	$6.0221367\times10^{23}\text{mol}^{-1}$
玻尔兹曼常数	k	$1.380658\times10^{-23}\text{J}\cdot\text{K}^{-1}$
		$8.617385\times10^{-5}\text{eV}\cdot\text{K}^{-1}$
普适气体常数	R	$8.314510\text{J}\cdot\text{mol}^{-1}\cdot\text{K}^{-1}$
摩尔体积	v_0	$22414.10\text{cm}^3\cdot\text{mol}^{-1}$
（标准状态下理想气体）		
标准大气压	atm	101325Pa
洛喜密特常数	$n_0=N_A/v_0$	$2.686763\times10^{25}\text{m}^{-3}$
普朗克常数	h	$6.6260755\times10^{-34}\text{J}\cdot\text{s}$
		$4.1356692\times10^{-16}\text{eV}\cdot\text{s}$
约化普朗克常数	$\hbar$	$1.05457266\times10^{-34}\text{J}\cdot\text{s}$
		$6.5821220\times10^{-16}\text{eV}\cdot\text{s}$
斯忒藩-玻尔兹曼常数	σ	$5.67051\times10^{-8}\text{W}\cdot\text{m}^{-2}\cdot\text{K}^{-4}$
维恩常数	$b=\lambda_m T$	$2.897756\times10^{-3}\text{m}\cdot\text{K}$
真空中光速	c	$299792458\text{m}\cdot\text{s}^{-1}$
真空磁导率	μ_0	$4\pi\times10^{-7}\text{N}\cdot\text{A}^{-2}$
真空介电常数（$1/\mu_0c^2$）	ε_0	$8.854187817\times10^{-12}\text{F}\cdot\text{m}^{-1}$
电子静止质量	m_e	$9.1093897\times10^{-31}\text{kg}$
		0.51099906MeV
电子磁矩	μ_e	$9.2847701\times10^{-24}\text{J/T}$
电子半径	r_e	$2.81794092\times10^{-15}\text{m}$
电子荷质比	$-e/m_e$	$-1.75881962\times10^{11}\text{C/kg}$
质子电荷	e	$1.60217733\times10^{-19}\text{C}$
质子静止质量	m_p	$1.6726231\times10^{-27}\text{kg}$

		938.27231MeV
中子静止质量	m_n	1.6749286×10^{-27} kg
		939.56563MeV
玻尔磁子	μ_B	9.2740154×10^{-24} J·T^{-1}
		5.78838263×10^{-5} eV·T^{-1}
玻尔半径	a_0	$0.529177249\times10^{-10}$ m
磁通量子($h/2e$)	Φ_0	2.06783372×10^{-15} Wb
电导量子($2e/h$)	G_0	7.748091733×10^{-5} S
法拉第常数	F	96485.3383C·mol^{-1}
万有引力常数	G	6.6742×10^{-11} m·kg^{-1}·s^{-2}
标准重力加速度	g	9.80665m·s^{-2}
原子质量单位	m_u	1.66053886×10^{-27} kg
电子伏(特)	eV	1.60217733×10^{-19} J

主要参考书目

[1] 彭恒武，徐锡申．理论物理基础[M]．北京：北京大学出版社，1998.

[2] 西北工业大学理论力学教研室．理论力学[M]．北京：科学出版社，2005.

[3] 郭硕鸿．电动力学[M]．北京：高等教育出版社，1997.

[4] 周世勋．量子力学[M]．北京：高等教育出版社，2009.

[5] Landau L D and Lifshitz E M. Course of theoretical physics. Beijing: Beijing World Pub. Co., 1999.